U0189646

天创科技 | 药师在线
Tianchuang Technology | 51YAOSHI.COM

国家执业药师资格考试 2020

决胜2020 国家执业药师资格考试

中药学专业真题试卷解析

（2015~2019）

药师在线教材编写组 ◎ 组织编写

"会讲课"的执业药师复习书 动手"扫一扫" 名师"码"上来

更多通关必备资料尽在二维码中

随书赠送 药师在线／**51YAOSHI.COM**／**20元**优惠学习卡

中国健康传媒集团

中国医药科技出版社

我国的五谷杂粮

粟

扬花时期的水稻

小麦

1. 燕麦
2. 燕麦籽粒

3. 甘薯茎、叶和花
4. 甘薯块根

5. 荞麦
6. 荞麦籽粒

7. 开花时期的蚕豆
8. 蚕豆籽粒

玉米

薯蓣科山药的茎叶

刘安发明豆腐发展史考

刘安（前179年—前122年）

刘安（淮南市）

黄豆

熏干

豆腐泡

豆腐丝

腐乳

豆腐

国家出版基金项目
NATIONAL PUBLICATION FOUNDATION

中国食品科技史
THE HISTORY OF CHINESE FOOD SCIENCE AND TECHNOLOGY

洪光住　著

中国轻工业出版社

图书在版编目(CIP)数据

中国食品科技史 / 洪光住著.—北京:中国轻工
业出版社,2019.12
　　国家出版基金项目
　　ISBN 978-7-5184-2286-9

　　Ⅰ.①中… Ⅱ.①洪… Ⅲ.①食品科学-技术史-中
国　Ⅳ.①TS2-092

中国版本图书馆 CIP 数据核字（2019）第 109322 号

责任编辑：史祖福　方晓艳　贺晓琴　　责任终审：李克力　　整体设计：奇文云海
策划编辑：史祖福　　　　　　　　　　　责任校对：吴大鹏　　责任监印：张　可

出版发行：中国轻工业出版社（北京东长安街 6 号，邮编：100740）

印　　刷：三河市万龙印装有限公司

经　　销：各地新华书店

版　　次：2019 年 12 月第 1 版第 1 次印刷

开　　本：787×1092　1/16　印张：32.75

字　　数：670 千字

书　　号：ISBN 978-7-5184-2286-9　定价：280.00 元

邮购电话：010-65241695

发行电话：010-85119835　传真：85113293

网　　址：http://www.chlip.com.cn

Email：club@chlip.com.cn

如发现图书残缺请与我社邮购联系调换

171136K1X101ZBW

余之《中国食品科技史》，那是早年就已铁定要撰写的作品。目的在于要填补国内的空白，也在于要完善撰写缺略，将过去发表过的少量拙文短篇，重新进行修订，了结那不成功的遗憾。

而今，本书已经如愿完成。虽然探讨的内容仍是冰山一角，不是全国灿烂多彩的所有食品科技史，但是夙愿得偿初就，早晚出现不嫌，篇幅多少无妨，已经可以出版发挥抛砖引玉的作用了。

纵观本书的篇幅说明，《刘安发明豆腐发展史考》是最重大的课题，意义也超越其他。对于"刘安发明豆腐"问题，自古以来，古今中外，许多专家学者，都尽过心力，研讨也不遗余力，但都未能达成一致，争论无果，众多学者一直牵挂惦念着。

为了实现梦想，余也艰辛努力，终于发现了关于豆腐的新证据，突破以往论述。独树的见解认为"刘安发明豆腐"是真实的，非徒托空言。或者说，刘安及其炼丹家们"发明豆腐"是真切的，有案可稽、有据可查，非荒诞流传，也非神话故事。

我国是饮食文明很特殊的大国之冠。自古以来，最大的特点是，绝大多数人都以"五谷杂粮"为主食。因此，"五谷杂粮"这一章非常重要。经过研讨已知，古籍中的"五谷""杂粮""粮食""粮食作物""食粮"等，都是有独特概念的，但是混为一谈或者混杂不清者，并不少见；还有，我国历代关于五谷杂粮仓储技术、粮食加工制作技术、粮食食品制作技术、节约粮食教育等，也是应当研讨借鉴的。

以上两例说明，在历史上，我国食品科学技术成就是丰富多彩的、辉煌灿烂的，非一部书所能和盘托出。这就是说，只有通过许多研讨与编著，才能更好地把成就展现在中外读者面前，这有赖于将来的研究成果。

由于笔者学识所限，书中不妥和错讹在所难免，恳请海内外专家和学者不吝赐教，明示斧正，笔者将衷心感谢。

中国科学院自然科学史研究所

洪光住

2018 年 10 月于北京

　　洪光住，1964 年毕业于北京化工学院，中国科学院自然科学史研究所研究员，从事食品科技史研究数十年。主要著作包括：《中国食品科技史稿》《中国酿酒科技发展史》《中国食品科技史》《中国豆腐》等，与他人合著《中国粮食史图说》（两卷）、《中国饮食文化》（日文），另与他人合作翻译《中国食物事典》《中国科学技术史·发酵与食品科学》。

目　录

第十二章

饮食文化
岁时记

第一章

五谷杂粮考

第一节

五谷名实考

　　在我国古文献中，"五谷"的概念最初始见于商周时代。在《周礼》《礼记》《论语》以及诸子百家著作中，都有"五谷"的内容。兹举例如下：

　　　　《周礼·天官》："疾医：掌养万民之疾病……以五味、五谷、五药养其病。"汉郑玄注："五谷：麻、黍、稷、麦、豆也。"[1] 又孔子《论语·微子》："子路问曰：子见夫子乎？丈人曰：四体不勤，五谷不分，孰为夫子？"[2]

　　然而，古籍上的"五谷"，实际上是统称或通称，它并不是具体指哪些谷物的。例如，出现于先秦时代的"六谷""八谷""九谷""百谷"等，那也是直指五谷杂粮的。兹举例如下：

　　　　《诗·小雅》："大田：播厥百谷，既庭且硕。"又《诗·周颂》："良耜：播厥百谷，实函斯活。"在《神农书》中有："八谷生长篇"。又《周礼·天官》："膳夫：凡王之馈，食用六谷；大宰：以九职任万民，一曰三农生九谷。"汉郑玄注："六谷：稌、黍、稷、粱、麦、苽；九谷：黍、稷、秫、稻、麻、大小豆、大小麦。"

　　根据上述端倪可知，在"五谷"出现之前的先秦时代，社会上已经有"九谷""百谷"等出现了。如果再根据郑玄注分析，所谓"六谷""九谷""百谷"等，虽然所明示的谷物有些不同，但是实际上也都是直指当时所有谷物的。正因为如此，所以"五谷"的概念并非五种，而是"统称"或"通称"。

　　到了春秋战国时代，古籍中出现的几乎都是"五谷"了，而以往的六谷、八谷、九谷、百谷等，几乎不见了。这件事说明，当时的阴阳五行家们所塑造的阴阳五行哲理，在社会上已经产生了强大的威力。可以认为，"五谷"名称是附会于阴阳五行思想而来的，通行至今，已有数千年历史。

---

[1] 汉郑玄注. 周礼注疏. 唐贾公彦疏［M］. 上海：上海古籍出版社，1990.

[2] 春秋孔子. 论语·微子［M］. 北京：中华书局，1990.

在此，还要特别提出来讨论的是，这"五谷杂粮"的概念应当如何理解？这"五谷杂粮"，实际上是谷物、豆类的统称，或各种粮食的统称，或五谷与杂粮的合称等。五谷与杂粮的概念相似，两者都有随时代变化的表现。

例如，在秦汉以前，黍、稷、粟是典型的五谷，最重要的粮食原料来源，可是到了近现代，除少数地区外，它们已经是典型的杂粮了。又如玉米，那是舶来品种，刚传入我国之初是杂粮，可是发展很快，现在已经是许多地区的主食原料来源，人们也称它是五谷了。

在全国范围内，五谷与粮食的内涵很相似，都是主食原料的统称。这统称，如今已经通用成俗。例如，粮食满仓，这"粮食"可以是指五谷、杂粮、大米或面粉等。兹再举例如下：

《周礼·地官》："廪人：凡邦有会同师役之事，则治其粮与其食。"汉郑玄注："行道曰粮谓糒也，止居曰食谓米也。"又《左传·襄公八年》："楚师辽远，粮食将尽。"

由此可知，"粮食"至晚始见于春秋战国时代。"粮"出现之初是指熟食品干粮"糒"的，作为外带食品，当时称糇粮。例如，《诗·大雅》："公刘：乃裹糇粮，于橐于囊。弓矢斯张，干戈戚扬，爰方启行。"另外，"食"出现之初是指居家主食品或主食原料的，即五谷杂粮或粮食，用于做饭的米等。

"米"的概念出现也很早。例如，《周礼·地官》："舍人：掌米粟之出入，辨其物。"唐贾公彦疏："黍稷稻粱菰大豆，六者皆有米，麻与小豆、小麦无米，故云九谷六米。"

总之，在全国范围内，人们自古以来最崇尚的是"五谷"。例如《墨子·七患》："凡五谷者，民之所仰也。"又汉王充《论衡·艺增篇》："五谷之于人也，食之皆饱。"当今亦然，常见的有五谷丰登、五谷为养、五谷丰收、五谷满仓等，其意义家喻户晓。

如前所述，五谷是谷物的统称。在谷物当中，最早栽培的是黍和稷，故自古已有"黍稷五谷之长"的传颂。

一、黍稷五谷之长

人们认为，我们中华民族是以农立国，以善种黍稷粟起家的。此话不无道理。因为，在五谷当中，先民最早种植的，的确是风靡远古的黍稷。这样说不是空穴来风，而是有诸多明显证据的。例如：

战国《韩非子·外储说左下》："仲尼对曰：丘知之矣！夫黍者，五谷之长也。祭先王为上盛。"

汉许慎《说文解字》："稷，五谷之长。"又汉班固《白虎通》："稷，五谷之长，故立稷而祭之也。"

宋苏颂《图经本草》："书传皆称稷为五谷之长，五谷不可偏祭，故祀其长为配社。"又清张自烈《正字通》："稷，五谷之长，有黄白紫黑，紫黑者有毛，唯祠事用之，故名穄。"

古人称颂"五谷"，实是感念满怀，对于大自然恩赐黍、稷的功德，深表感激与敬重。祖先们认为，黍、稷是养育苍生的宝物，是祭祀天地最好的供品，故称五谷之长。

在我国古代，有指"社"为土神，拜"稷"为谷神的信奉，设"社稷坛"而祭。有用"社稷"代表国家，含有深远的意义。每当祭祀之时，先民们总是把黍和稷作为供品放在正位上，以示不忘天地之恩，也对祖宗深表敬仰。这种传承古风的做法，至今民间仍然依稀可见。

二、禾谷粱粢秫名实

1. 禾之名实

根据《辞海》说，禾即粟，亦为黍、稷、稻等粮食作物的总称。例如，《诗·豳风》："七月：十月纳禾稼，黍稷重穋，禾麻菽麦。"其中，"禾麻菽麦"是指作物的专名，而"十月纳禾稼"的"禾稼"那是泛称作物的。这就是说，"禾"会有专名或泛称的不同意义。

在我国远古时代，"禾"出现于甲骨文和《诗经》中，这说明古人对于禾的敬重起源很早。《诗经》是我国最早出现的诗歌总集，时代背景大约始于西周至春秋中叶，地理背景在今陕西、山西、河南、山东等，所涉及的地域相当大。

因此，《诗经》里所出现的粮食作物相当重要，那是珍贵的史学证据。特别是黍和稷、还有禾、粟、粱古名物等，都是应当努力探明的。因此，特举例如下：

《诗·魏风》："代檀：禾稼不穑，胡取禾三百廛兮？"《诗·小雅》："甫田：禾易长亩，终善且有。"《诗·大雅》："生民：禾役穟穟。麻麦幪幪，瓜瓞唪唪。"

如果从上面的歌词看，则"禾"显然都是指田间作物的，有的在茂盛生长，有的被恶势力抢走。在歌词里，禾显然是泛称，不是指哪一种作物。

在古代，禾即粟是很具体又比较复杂的事项，还有禾、粟、粱的关系也是应当讨论的。现在要讨论的是，禾即粟及相关内容。

管仲（约公元前5世纪，春秋时）《管子·小问篇》："夫粟内甲以处，中有卷城，外有兵刃，未敢自恃，自命曰粟；粟，天下得之则安，不得则危，故命之曰禾。"汉许慎《说文解字》："禾，嘉谷也。二月始生，八月而熟，得时之中，故谓禾；粟，嘉谷实也。"

据研究认为，《管子》里的记载，是出现"禾即粟"的最早证据。出现这种情况的原因很多。在古代，由于古人习惯于把钟爱的一种作物名称，作为代表多种作物的总称，特别是同种作物更是如此；又由于时代或地区背景会有变化，所以一种作物的名称可能会有多个不同简称或俗称产生。这就是历史。例如禾即粟就是这种情况。

在先秦两汉时期，禾即粟的关系已经出现，同时出现的还有黍、稷、粱、秬等，初看起来似乎种类很多，但是经过研究表明，实际上只有数种，即黍、稷、粟等。其中，禾即粟的连带关系长期传承没有变化，到了北宋仍然如此。

> 北宋蔡卞《毛诗名物解》："禾，粟之苗秆，粟，禾之穗实；粟春生而秋实，方其以养生言之，则谓禾。禾麻菽麦，禾役穟穟是也。"在我国历史上，"禾"的主要意义如下：

（1）禾的概念　在古代，禾是作物的泛称或总称；在现代，禾是禾本科作物的统称。例如，唐李绅《悯农》诗："锄禾日当午，汗滴禾下土。谁知盘中餐，粒粒皆辛苦。"

（2）关于"禾即粟"　在古代，"禾即粟"指同种作物时，禾指田间作物的植株，粟指作物的谷粒。

（3）关于"禾即稻"　在古代，禾有时特指稻。例如，宋黄庭坚《戏咏江南风土》词："禾春玉粒送官仓"，指的是加工稻米。

2. 谷之名实

在古籍上，"谷"的内涵比较复杂。在通常情况下，谷是"五谷杂粮"的统称，是谷类作物的通称，是带壳谷物子实的俗称。也就是说，在历史上，"谷"不是哪种"五谷杂粮"的专用名，而是庄稼和粮食的总称。这种见解，可以用下列史料来说明：

> 汉许慎《说文解字》："谷，续也，百谷之总名。"北魏贾思勰《齐民要术·种谷》："谷者，五谷之总名。"唐徐坚《初学记》引晋杨泉《物理论》说："粱者，黍稷之总名；稻者，溉种之总名；菽者，众豆之总名；三谷各二十种，为六十；蔬、果之实助谷各二十，凡为百。故《诗》曰：播厥百谷者，谷乃众种之大名也。"

3. 粱之名实

在古书上，"粱"曾是粟类中优良品种的统称。例如，明李时珍《本草纲目》载："粟即粱也，穗大而毛长粒粗者为粱，穗小而毛短粒细者为粟。"然而，在西汉及以前，"粱"的本意已另有所指，即精美食物的别称。这类史料很多，兹举例如下：

> 《礼记·曲礼下》："岁凶，年谷不登……大夫不食粱。"疏："大夫食黍、稷，以粱为嘉，故凶年去之也。"战国《韩非子·五蠹》："故糟糠不饱者，不谋粱肉。"又《孟子·告子上》："'既醉以酒，既饱以德。'言饱乎仁义也，所以不愿人之膏粱。"

据上述说明，人们不能简单地认为"粱"就是粟，或者是"五谷杂粮"的一种名称。这项内容后面还会讨论到。

4. 粢之名实

在古书上，"粢"曾经是谷类作物的统称，也是谷类祭品在祭祀时的别称，再是粗粝食物的别名，如粢粝。相关史料很多，兹举例如下：

> 《周礼·春官》："小宗伯：辨六齐之名物与其用。"汉郑玄注："齐读为粢。六齐，谓六谷：黍稷稻粱麦菰。"又《左传·桓公六年》："粢盛丰备。"注："黍稷曰粢，在器曰盛。"

在上述史料中，前者之"粢"为统称，后者之"粢"为祭祀供品。所以，笔者认为，如果从文字结构来看，粱与粢都是由"米"构成的，多指食物而言，故不能轻易认为"粢"是"五谷杂粮"的一种别名。

5. 秫之名实

在古代，古人对于具有黏性的谷类作物或粮食产品，通常都冠以形容词"秫"，以示区别。例如，黏稻称秫稻，其米称秫米或糯米。这种情况最早出现于西汉，刘安《淮南子·时则训》载："乃命大酋，秫稻必齐，曲蘖必时……"但是，"秫"有时也被用作名词，如秫秸即高粱秆。

所以，人们不能简单地认为，历史上"秫"是"五谷杂粮"的一种别名。

黍稷粟名实考

现在已知，根据史料即可以证明，黍、稷、粟原是我国最早栽培的粮食作物，源远流长。可是，自东汉以来，这三种粮食作物的发展轨迹起伏不同，而且名称也出现了混淆不明。从史学研究角度来说，探明其真相责无旁贷，因为粮食作物的生产变化，与人民饮食生活的改变密切相关。

一、黍之名实

我国栽培黍的起源很早，在山西省万荣县荆村、河南省洛阳二里头等，都发现了新石器时代的黍粒。在历代史籍中，有关黍的史料很多。所出现的名称有黍、秬、秠、秫黍、黏黍、黑黍、黄穄、黄米和黍子等。这些名称的由来，需要耐心分别检索才能有所明白。兹举例如下：

《诗•王风》："黍离：彼黍离离，彼稷之苗。"《诗•魏风》："硕鼠：硕鼠硕鼠，无食我黍！"《诗•小雅》："黄鸟：无集于栩，无啄我黍。"《诗•大雅》："生民：诞降嘉种，维秬维秠。"《诗•鲁颂》："閟宫：有稷有黍，有稻有秬。"

《诗经》中的秬和秠是所谓的"嘉种"，即优良品种之意。由于《诗•大雅》中有："江汉：秬鬯一卣"的记载，所以说，秬和秠当是黍类，否则就不适合用于酿酒。据研究已知，秬鬯是酒名。

关于黍的其他连带名称与特性问题，还有下列记载可作参考。

汉许慎《说文解字》："黍，禾属而黏者也，以大暑而种，故谓之黍；孔子曰，黍可以为酒；诗曰，诞降嘉种，维秬维秠，天赐后稷之嘉谷也。"《书•洛诰》："予以秬鬯二卣。"疏："以黑黍为酒，煮郁金之草，筑而和之，使芬香调畅，谓之秬鬯。"宋朱熹《诗经集传》："秬，黑黍也。秠，黑黍一稃二米者也。"宋苏颂《图经本草》："谓黏黍为秫，皆因时因地而异名也。"

根据以上可知，黍、秬、秠之米，品质性黏可酿酒，故称秫黍或黏黍。其中，秬和秠又名黑黍。对于黍类谷物，根据笔者所知，还有下列俗称别名。

《礼记·内则》："饭：黍、稷、稻、粱、白黍、黄粱。"明李时珍《本草纲目·谷部》二十三："黍乃稷之黏者，亦有赤、白、黄、黑数种，其苗色亦然；稷与黍一类二种也；今俗通呼为黍子，不复呼稷矣。"清陈启源《毛诗稽古编草木辨》卷二十八："黍、稷即今北方之黍子。"

南宋赵彦卫《云麓漫钞》："黍米淡黄，稷米深黄。"明陆容《菽园杂记》卷四："今北人谓黍为黄稷，又名黄米，黏腻可酿酒，则黍之名稷明矣。"[1] 明王象晋《群芳谱·谷谱》："黍，种植苗穗与稷同；亦有黄、白、黎三色，米皆黄，比粟微大，北人呼为黄米。"[2]

根据研究已知，在黍的俗称别名中，现有下列事项值得关注认识与区别。

黍：其田间植株称禾，与其他"五谷"植株称呼一致，只要小心识别就不会张冠李戴。

黍：米质性黏，与其他糯性"五谷"相似，古人常冠以"秫"称呼，只要细心鉴别就能明辨是非。

黍：米色浅黄称黄米，稷米呈深黄称大黄米，只要小心观察，就不会混为一谈。

黍：谷粒与其他"五谷"的谷粒都称"谷"，但是外观等因素会有不同，只要认真思考即能判明真相。

总之，黍的俗称别名虽然不少，但古今相当一致，几乎与稷或粟没有混称表现，只要认真识别，就不会有大的差错。因此，笔者认为，黍之名实问题可以不再费心讨论了。

二、稷之名实

我国栽培稷的起源很早，在黑龙江省宁安市东康、河南省洛阳市、山西省万荣县荆村等，都发现了新石器时代的稷粒或谷穗。在历代史籍中，有关稷的史料相当多，但是关于名称，有名副其实可信的正名，也有阴差阳错需要讨论的问题。笔者浅见如下。

---

[1] 明陆容. 菽园杂记·饮食部［M］. 北京：中国商业出版社，1989.

[2] 明王象晋. 群芳谱［M］. 北京：农业出版社，1985.

1. 稷之正名

所谓"正名"，就是指稷在历史上自古存在的，古今一致且为人所公认的正确名称、俗称或别名。在历史上，稷的正名出现很早，相传至今的有稷和穄，曾经出现但没有传承至今的有穄穄等。兹举例作证如下：

《诗·王风》："黍离：彼黍离离，彼稷之实。"《诗·鲁颂》："闷宫：有稷有黍，有稻有秬。"《周礼·天官》："食医：凡会膳食之宜……羊宜黍，豕宜稷，犬宜粱。"《礼记·内则》："饭：黍、稷、稻、粱、白黍、黄粱。"

由上面内容可知，稷之名出现很早。此外，在《诗经》中，还可以见到"黍稷"的称呼。对于"黍稷"，这是应当探讨的新问题，早有不同见解。《辞海》及《简明生物学词典》说："黍稷"是个现实单独的品种。这或许是真知灼见，因为近缘基因是可以通过杂交得到新品种的。待考。

对于稷的其他名称，已知的出现于春秋战国时期及秦汉间。兹举例作证如下：

春秋战国吕不韦《吕氏春秋·本味篇》："饭之美者：玄山之禾，不周之粟，阳山之穄，南海之秬。"秦李斯《穆天子传》："壬申，天子西征。……羊牛三千，稷麦百载；己卯，天子北征……稷米百车。"

汉许慎《说文解字》："稷，齋（zi）也。五谷之长。齋，稷也。"南北朝顾野王《玉篇》："穄，似黍不黏，稷也；穄穄，稷黍也。"[1] 北宋蔡元庆《毛诗名物解》："稷，祭也。所以祭，故谓之穄。"清张自烈《正字通》："稷有黄、白、紫、黑，紫、黑者有毛，惟祠事用之……一名穄。"

自古至清朝，这稷之正名已几乎全部在上述中出现了。其中，"穄"之由来原因有两个，其发展过程也很自然。其一，稷与穄语音相仿，和谐舒畅；其二，稷为五谷之长，古人尊崇敬仰，祠事列为最珍供品，故美称为穄，与祭相仿。黍和稷是最早用于养育苍生的粮食作物，先民们对于大自然的这一恩赐，倍加感激。于是假祭祀之机袒露心意，传承古风把稷与"祭"联系起来，意义深远。

2. 稷之混称探讨

所谓"混称"，就是指稷在历史上，自古存在着一些名不副实的名称、俗称或别名。这种混称出现很早，误导时间长，影响大，这是应当进一步探讨的。例如，稷是谷、稷就是粟、稷就是穄、稷就是粱或高粱等。

（1）稷就是谷 "稷就是谷"之出现很早，最初见于南北朝贾思勰的《齐民要术》中。

---

[1] 南北朝顾野王. 玉篇［M］. 宋陈彭年重修. 北京：中国书店，1983.

后来，明徐光启的《农政全书》中，也有相似的见解。例如：

> 贾思勰《齐民要术·种谷》："谷，稷也，名粟。谷者，五谷之总名，非止谓粟也。然今人专以稷为谷，望俗名之耳。"明徐光启《农政全书·树艺》："稄则黍之别种，今人以音近误称为稷。古所谓稷，通称粟为谷，或称粟。"

根据本文前面的"五谷名实考"已知，自先秦两汉以后，"谷"都是谷类作物的统称，其中包括谷实。稷的轴心名称只是五谷之一，而不是谷类作物的统称。其实，贾思勰也承认，"谷者，五谷之总名也。"

那么，贾思勰的"谷，稷也，名粟。非止谓粟也。然今人专以稷为谷。"应当如何理解呢？笔者认为，贾思勰是说：当时的人们专以稷为谷，所以谷就是稷，稷亦名粟。贾思勰又说："谷"才是五谷之总名，谷并不是专指粟的，也包括稷。他的这些话，其实是在描写现实存在没有错。可是，贾思勰的"谷，稷也，名粟"之说，很容易使人产生误解。比如，"谷就是稷""稷就是谷""稷也就是粟"等，这是混称的自然结果。由此看来，笔者认为"稷就是谷"，甚至于"稷就是粟"的混称，都是始于《齐民要术》的。

宋朱熹《诗经集传》说："稷亦谷也，一名穄。"这很正确，理学家很清醒，没有受混称的影响。

（2）稷就是粟　关于"稷就是粟"的出现，可能始见于东汉至南北朝时期。兹举例如下：

> 据我国最早解释词义的专著《尔雅·释草》载："粢，稷。"三国魏孙炎注："稷，粟也；秫，黏粟也。"又西晋郭璞《尔雅》注："今江东人呼粟为粢。"又秦汉间《穆天子传》："膜稷三十车。"西晋郭璞注："稷，粟也。"又东汉班固《汉书·宣帝纪》第八："嘉谷玄稷。"东汉服虔注："玄稷，黑粟也。"

据上面引文可知，郭璞等人认为，粢、稷、玄稷就是粟，这见解显然是名不副实的。因为，在先秦两汉以前，古文献中的稷和粟是并列出现的，都是"五谷"之一，不见有稷就是粟的证据。后来，自从郭璞等人作训诂之后，古籍中就出现了以上混乱称呼。这就是说，这混乱称呼是始见于魏晋南北朝时期的，而且从此习非成是，对后世产生了误认误导误传的不良影响。例如：

> 北魏贾思勰《齐民要术·种谷》："谷，稷也，名粟；孙炎曰：稷，粟也。"清陆陇其《陆稼书文·黍稷辨》引《真定府志》（今河北正定）："土人咸以饭黍为稷。愚尝合而观之，黍贵而稷贱，黍早而稷晚，黍大而稷小，黍穗散而稷穗聚，稷即粟也。"

当然，对于稷就是粟的见解，古人也并非都是毫无异议地盲从，质疑声还是有的，正确识别也是有的。

> 唐陆德明《尔雅·释文》："相承云：稷，粟也；然《本草》云：稷米在下品，

别有粟米在中品，又似二物也。"又明李时珍《本草纲目》："稷与黍，一类二种也。稷黍之苗虽颇似粟，而结子不同。稷黍之苗似粟而低小有毛，结子成枝殊散。粟穗丛聚攒簇。孙氏（孙炎）谓稷为粟，误矣！"

据现代植物分类学考查已知，黍、稷、粟都是禾本科黍族植物，但黍和稷是稷属品种，而粟则是狗尾草属品种。

（3）稷就是粢 "稷就是粢"的出现，最初始见于《周礼》和《春秋左氏传》中。例如：

《周礼·天官》："甸师：以时入之，以共齍盛。"汉郑玄注："齍盛，祭祀所用谷也。粢，稷也。"唐贾公彦疏："六谷曰粢，在器曰盛。"[1]

《春秋左传·桓公六年》："粢盛丰备。"注："黍稷曰粢。"疏："粢为诸谷之总号。祭用米，黍稷为多，故云：黍稷为粢。"

据上述可知，这记载中的"粢"，那是指作为祭品时的五谷类。例如，稷作为祭品时，其俗称别名皆可称为粢或明粢，不称稷。因此，笔者认为，古文献中的"稷"，首先可能是指五谷之一，其次可能是指祭品，若是前者仍称稷，若是后者即称粢或明粢。这就是稷与粢有两种称呼的原因，在诠释"稷"或"粢"时应当小心识别，不可牵强附会地混为一谈。兹再举例说明如下：

明王象晋《群芳谱·谷谱》："稷，一名穄（五谷名称），一名粢（祭品明粢）；米似粟米而稍大，色黄鲜，麦后先诸米熟，炊饭疏爽香美，故以供祭。"

（4）稷就是粱或高粱 "稷就是粱或高粱"的见解出现很早，但史料不多，可是负面影响也很大，应当提出来讨论。兹举例如下：

春秋左丘明《国语·晋语》卷十："黍稷无成。"三国吴韦照注："稷，粱也。"

又清陆陇其《三鱼堂日记》："祭品中有黍、稷、稻、粱、粳五种。粱系高粱……与黍稷同一种，但黍黏稷不黏。"

清程瑶田《九谷考》："案：稷，齌大名也，黏者为秫，北方谓之高粱，或谓之红粱。元人吴瑞曰：稷苗似芦，粒亦大，南人呼为芦穄也。今北方富室食以粟为主，贱者食以高粱为主，是贱者食稷，而不可以冒粟为稷也。以今证古，穄万不能冒稷。"

据上面引文已知，"稷就是粱"的误解始见于三国魏晋时期，而"稷就是高粱"的误解始见于明清时期，两者的负面影响是不可忽视的。笔者认为，在先秦时代的古籍中，稷与粱已经并列出现，不可能是同种异名。自秦汉以来，古文献中的稷与粱不同，稷不是高粱的史料也非常多。所以，程瑶田等人的诠释误解，那纯属牵强附会，是扭曲真实的谬论。兹再举例说明如下：

---

[1] 汉郑玄. 周礼注疏. 唐贾公彦疏［M］. 上海：上海古籍出版社，1990.

《诗·小雅》："甫田：黍稷稻粱，农夫之庆。"又《周礼·天官》："食医：凡会膳食之宜……羊宜黍，豕宜稷，犬宜粱。"又《礼记·内则》："饭：黍、稷、稻、粱、白黍、黄粱。"又明宋应星《天工开物·乃粒》："凡黍与稷同类，粱与粟同类。"清陈启源《毛诗稽古篇·草木辨》："稷即今北方之黍子，黏者为黍，不黏者为稷。粟即北方之小米，大而毛长者为粱，细而毛短者为粟。"

《简明生物学词典》认为，除了黍与稷外，"黍稷"也是一品种，即穈，见图1-1所示。这或许有道理，因为杂交可得变种，待考。[1]

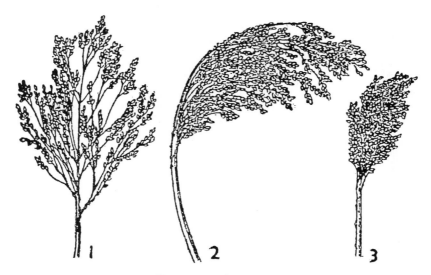

图 1-1 黍和稷与黍稷穗型
1—稷 2—黍 3—黍稷
（引自冯德培：《简明生物学词典》，上海辞书出版社，1982年）

三、粟之名实

我国栽培粟的起源很早，在河北省武安市的磁山、陕西省西安市的沣西等，都已经发现了新石器时代的粟。在历代古籍中，有关粟的史料也很多，其中"粟"的名称，有名副其实的正名，也有需要讨论的混称。因此，对粟作名实考很有必要。粟，如图1-2、图1-3所示。

---

[1] 冯德培等. 简明生物学词典［M］. 上海：上海辞书出版社，1982.

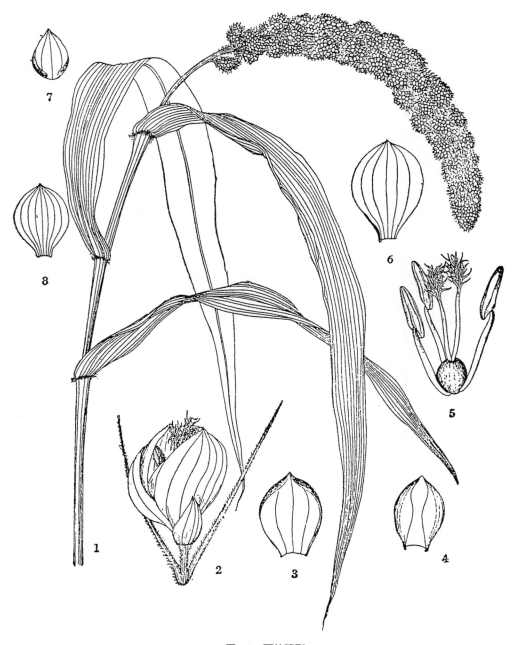

图 1-2　粟的穗型

1—部分植株　2—小穗及刚毛　3、4—孕性内颖　5—去颖片及内外稃

6—不孕性外颖　7—第一颖　8—第二颖

（引自《山东经济植物》编写组：《山东经济植物》，山东人民出版社，1988 年）

图 1-3 成熟的粟穗

据检索已知,在《诗经》《书经》等先秦古籍中,有关粟的记载相当多。兹举例如下:

《诗·小雅》:"黄鸟:黄鸟黄鸟,无集于谷,无啄我粟。"《诗·小雅》:"小宛:交交桑扈,率场啄粟。"又如《书·禹贡》:"三百里纳秸服,四百里纳粟。"又《周礼·地官》:"仓人:仓人掌粟入之藏,辨九谷之物。"

然而,有个现象很明显,即在春秋战国以前,经典著作中的黍稷史料很多,而粟、稻、麦的史料很少。例如,据笔者所知,在《诗经》中,黍史料出现15次、稷10次,而粟只有2次。到了春秋战国时期,粟已经发展成为国家兴衰的重要标志之一,古人对黍和稷的关注大减,而对粟却特别看重。这种起落变化表明,粟的食用价值和地位,已经快速提高到了取代黍和稷的水平。现举例证实如下:

战国墨翟《墨子·尚贤中》:"贤者之治……耕稼树艺聚菽粟,是以菽粟多而民足食乎。"又战国孟轲《孟子·尽心章句上》:"圣人治天下,使有菽粟如水火。"又管仲《管子·小问》："夫粟内甲以处，内有卷城，外有兵刃……天下得之则安，不得则危，故命之曰禾。"又汉《氾胜之书》："虽有石城汤池，带甲百万，而无粟者，不能守也。"

这种粟取代黍和稷的改变，对于史学研究来说，至少可以说明，古人已知粟的产量更高，品质更好，黍和稷不能与其媲美。在先民们长期精心选育下，粟的优良品种大量出现，成为国泰民安的保障。如今，我国的粟品种资源，在世界上仍然是最丰富的。

1. 粟之品种

我国是世界上人工栽培粟的发祥地，粟的品种资源最丰富。据《中国谷子品种志》说：自19世纪以来，科学家们已经收集到了粟的地方品种达23932份，已编入《中国谷子品种资源目录》的，共11678份。其中，特别可贵的是，我国拥有下列珍贵的粟品种。例如：

山东省金乡县金米粟品种　齐头钻、齐头黄、菠菜根；

山东省章丘市龙山米粟品种　黑汉腿、东路阴天旱；

河北省蔚县桃花米粟品种、隆化县有毛毛谷粟品种；

河南省辉县市有十里香、玉子青，安阳市有六月鲜粟品种；

山西省沁县有沁州黄粟品种；

辽宁省建昌县有六十日还仓粟品种等。

2. 粟之俗称别名

正如前面所说，粟的超越性发展取代了黍和稷的先驱优势，其传统古名也跟着发生了许多变化，有禾、谷、谷子、粱等称呼。如何正确认识这些不同称呼？作为史学研究来说，这是应当认真探讨的。现分别讨论如下。

（1）粟就是禾　在先秦两汉时期，粟的正称别名已有两个，即有时称"禾"，有时称"粟"。在通常情况下，粟的田间幼苗或植株称禾，而粟谷粒称粟。这种情况的例子不少，兹举例如下：

《诗·豳风》："七月：十月纳禾稼，黍稷重穋，禾麻菽麦。"《诗·大雅》："生民：禾役穟穟。"又《诗·小雅》："黄鸟：无啄我粟"。又《诗·小雅》："小宛：率场啄粟。"

在上面引文中，前两例的"禾"，显然是指粟或其他谷物的田间幼苗植株的，而后面的"粟"，则显然是指成熟粟粒或粟穗的，方可啄食。正如宋蔡卞《毛诗名物解》所言："禾，粟之苗秆；粟，禾之穟实。以养生方言之，则谓之禾，禾麻菽麦，禾役穟穟是也。以所用言之，则谓之粟，率场啄粟，握粟出卜是也。"

但是，自古以来，由于所有五谷作物的田间幼苗或植株几乎都称禾，包括粟。所以在生活实践或史学研究过程中，"禾"字是否指粟，则应当由循名责实决定，不可妄断。例如宋朱熹《诗经集传》所言："禾者，谷连稿秸之总名也。"此处的"禾"指植株与粟实。禾出现连带关系的，还有下列数例：

> 战国管仲《管子·小问》："粟……天下得之则安，不得之则危，故命之曰禾。"又汉许慎《说文解字》："粟，嘉谷实也。"又唐苏敬《新修本草·米部》："按《氾胜之书》：粱是秫粟，禾即是粟。董仲舒云：禾是粟苗名耳。"

（2）粟就是谷或称谷子　在古籍中，粟与谷或谷子之称，出现连带关系记载的，大约始见于北魏贾思勰的《齐民要术》中。直到清朝时期，这种称呼仍然有所见。虽然贾思勰的论述仅是三言两语，但是造成因循误导的影响却很深远。为了便于讨论，兹举例如下：

> 贾思勰《齐民要术·种谷》："谷，稷也，名粟。谷者，五谷之总名，非止（只）谓粟也。"明宋应星《天工开物·乃粒》："粱粟种类名号之多……总之不可枚举，山东人唯以谷子呼之，并不知粱粟之名也。"明王象晋《群芳谱·谷谱》："谷粟米之连壳者，本五谷中之一，粱属也。北方直名之曰谷，今因之。"清张尔歧《蒿庵闲话》："粟，北土恒食，正名曰谷，穗圆长如管，颗粒附着不散。"清陆陇其《三鱼堂日记》："其所谓谷子者，有红、白、黑三种，皆黏；有一种，其穗似狗尾草者，则谓之粱谷。"

贾思勰认为，粟就是谷，就是稷，这的确是个令人感到遗憾的表现。因为，贾氏在农业科技方面的造诣很深，不该分不清粟与稷的区别，也不该把粟、稷、谷混为一谈，不理解"谷"与"五谷"的概念。在历史上，谷或谷子的称呼不是粟的正名，而是俗称而已。贾氏对于粟名称的迷惑误解，是造成后世一些人跟着牵强附会的根源之一。

（3）粟就是粱　正如本章前文所言，"粱"出现于先秦时代。但是自古以来，粱具有多种意义，需要分别讨论才能明白。对于粟就是粱的出现来源，下列例子可以首先帮助我们揭开部分历史真相。

> 战国《韩非子》："糟糠不饱，不谋粱肉。"又汉许慎《说文解字》："粱，米名也。"又西晋杨泉《物理论》："粱者，黍稷之总名。"又唐苏敬《新修本草·米部》："凡云粱米皆是粟类，唯牙头色异为分别耳；然粱虽粟类，细论则别。"又明宋应星《天工开物·乃粒》："凡黍与稷同类，粱与粟同类。"又明李时珍《本草纲目·谷部》："粟即粱也，穗大而毛长粒粗者为粱，穗小而毛短粒细者为粟。"

根据上面引文分析已知，粟就是粱的结论是不能全信的，粱既是米名、美食名，也可能是指粟类作物。因此，对于"粱"的真实含义，只有通过讨论才能明白，不可以武断地下结论。笔者觉得，在古籍中，真正名副其实的"粟就是粱"的史料甚少。

为了便于识别黍、稷、粟的不同，特作表1-1明示。

表 1-1　黍、稷、粟主要不同特点

谷物名	谷物分类	俗称别名	谷物米名	谷物特点
黍	禾本科 黍族 稷属	秬 秠 黍子	黄米	株秆有毛 穗成枝疏散，有刺毛，谷米性黏 穗型仅3种
稷	同上	穄 穄穄 稷子	大黄米	株秆有毛 穗成枝疏散，有刺毛，谷米性不黏 穗型仅3种
粟	禾本科 黍族 狗尾草属	苞 谷子 粱粟	小米 黄粱米	株秆无毛 穗成枝团簇，有锤形、棒形等，谷米粳性 穗型特别多

四、黍稷粟食用简史

在我国食物史上，用黍稷粟为原料，可以制作成各种食品，表现于日常饮食生活中的主要有下面数类。

1. 用于直接烧烤做食品

例如，《礼记·礼运》："夫礼之初，始诸饮食，其燔黍捭豚，污尊而杯饮。"汉郑玄注："中古未有釜、甑，释米捭肉，加于烧石之上而食之耳。今北狄犹然。"孔氏曰："中古只有火化，未有釜、甑。燔黍者，以水消释黍米，加于烧石之上而燔之。"又汉桓宽《盐铁论·散不足》："古者燔黍食稗，而炀豚以相飨。"即烧烤黍米、稗子、小猪款待客人。炀，即烧烤。

2. 用于煮粥

煮粥的起源始于发明煮粥炊具，即新石器时代，有了陶器之后。在《礼记·檀弓上》中有："哭泣之哀，齐、斩之情，饘粥之食，自天子达。"孔氏曰："厚曰饘，稀曰粥，朝夕食米一溢，教子以此为食，故曰'饘粥之食'。"又《礼记·月令》说："仲秋之月……是月也，养衰老，授几杖，行糜粥之食。"清孙希旦《礼记集解》引："张子曰：老人津液少，不能干食，故糜粥为养老之具。"[1] 记载中的"糜"，可作烂粥讲，也可作糜子粥讲，糜子就是穄子的俗称。

现在已知，在各种五谷杂粮煮粥方法中，用黍、稷、粟煮粥的起源是最早的，然后

---

[1]　清孙希旦. 礼记集解［M］. 北京：中华书局，1989.

才是其他米粥之涌现。经笔者检索已知，在历代古籍中，虽然都有一些粥品引人注目，但是内容最丰富出色的论著，却始见于明朝和清朝。兹作些介绍如下。

在南朝宗懔的《荆楚少时记》、晋陆翙的《邺中记》、北魏贾思勰的《齐民要术·醴酪》中，有"寒食节"做"寒食粥"，悼念介子推的典故。寒食节与清明日靠近，于是后来演变成了清明节，寒食节就湮没无闻了。

自宋朝到清朝，我国古籍中已有很多粥品出现，例如《东京梦华录》中有"腊八粥"。后来，出现了多部《粥谱》著作，粥品达数百种。兹举例如下：

宋陈直《养老奉亲书》，载有粥品 48 种；

元忽思慧《饮膳正要》，载有粥品 23 种；

明李时珍《本草纲目》，载有粥品 41 种；

明高濂《饮馔服食笺》，载有粥品 38 种；

清曹庭栋《养生随笔》，载有粥品 100 种；

清黄云鹄《粥谱》，载有粥品 236 种。

3. 用于做米饭

在我国，自古以来，"饭"的概念是比较复杂的。例如，三餐吃饭无论是干米饭或粥，"饭"是用于指食物的。在古文献中，有"饭米""饭玉"的记载，"饭"是用于指祭品的。在日常生活中，吃饭了吗？"饭"是用于问候的。还有"饭桶"，"饭"是用于骂人的等。在古代经典著作中，有关饭的起源非常早，兹举例如下：

《周礼·春官》载："典瑞：大丧，共饭玉。"《周礼·地官》："舍人：丧纪，共饭米，熬谷。"《礼记·曲礼上》："毋扬饭，饭黍毋以箸。"又《礼记·内则》："饭：黍稷稻粱，白黍、黄粱。"孔氏曰："此饭凡有六种。"又战国吕不韦《吕氏春秋·本味篇》："饭之美者，玄山之禾，不周之粟，阳山之穄，南海之秬。"

但是，在秦汉以前的古籍中，很难见到论述做饭工艺的史料。到了东汉及南北朝时期，开始出现了做饭的方法论述，而且更可贵的是，首次出现了珍贵的"饭谱"。这是饭谱起源的先声。兹举例如下：

汉王充《论衡·量知篇》："粟，舂之于臼，簸其秕糠，蒸之于甑，成熟为饭，乃甘可食。"北魏贾思勰《齐民要术·飧饭》：书中有作粟飧（饭）法、折粟米法、治早稻赤米令饭白法、作粳米糗糒法、粳米枣糒法、菰米饭法、胡饭法等。

由上述可知，《齐民要术》中的"饭谱"虽然种类较少，但是可操作性强，极适合于在民间推广运用。例如蒸饭、做捞饭、做焖饭、做菜饭、做各种炒饭、手抓饭等，相传至今仍然很一致。这种情况说明，南北朝时期的做饭技术已经很高明。

4. 用于做糕点

关于"糕点""面点""点心"的含义，既有近似之处，又有不同区别。可是，本书现在只能用"糕点"为题进行讨论，因为用黍、稷、粟作为主要原料制作食品时，按照中国人的传统命名习惯命名的话，米类食品应当称为"糕点"。当然，用"糕点"为题也有缺憾，因为今日的糕点品种琳琅满目，有许多品种都是用面粉做成的。这就是说，选择"糕点"为题也不是恰如其分、完美无缺的。另外，关于用黍、稷、粟做糕点的起源问题，因篇幅所限，也不能全部讨论到，在此只能根据笔者所知的史料进行探讨。兹举例如下：

> 《周礼·天官》："笾人：羞笾之实，糗饵、粉餈。"汉郑玄注："此二物皆粉稻米、黍米所为也。合蒸曰饵，饼之曰餈。糗者，捣粉熬大豆为饵，餈之黏著以粉之耳。饵言糗，餈言粉，互相足。"[1] 又《诗·大雅》："公刘：乃裹糇粮。"宋朱熹《诗经集注》："糇，食。粮，糗也。"又屈原《楚辞·招魂》："粔籹蜜饵，有怅惶些。"汉王逸章句、宋洪兴祖补注："以蜜和米面，熬煎作粔籹，捣黍作饵。"

这上面出现的糗饵、粉餈、糇粮、粔籹等，都是我国先秦时期已有多种糕点祖型并流传于世的证据。其中，有蒸、烙、油炸的，有咸、甜、带馅的糕点，都是珍贵的创举。

5. 用于酿酒

据笔者《中国酿酒科技发展史》研究已知，我国谷物酿酒起源之初，首先使用的原料就是黍，其次是粟或其他。这方面的证据很多，兹举例如下：

> 在甲骨文中，有"鬯其酒"的记录；在《周易·震》中，有"震惊百里，不丧匕鬯"；在《尚书·洛诰》中，有"乃命宁予，以秬鬯二卣"；又《周礼·春官》："郁人：凡祭祀、宾客之祼事，和郁鬯以实彝而陈之；鬯人掌共秬鬯而饰之。"又《礼记·内则》："饮：重醴，稻醴清、糟，黍醴清、糟，粱醴清、糟。"又《荀子·礼论》载："飨尚玄尊，不用酒醴。"

自东汉至南北朝时期，用黍和粟酿酒的记载已经相当多，而用稷的则极少。这种现象表明，古人已经知道，选择酿酒原料之事举足轻重，只能用糯性米，不能随意取用。在糯性米原料中，黍米和糯稻米比粳粟好。在北魏贾思勰的《齐民要术》中，用黍米酿酒的13例，用糯米的12例，用粟米的4例，用稷米的仅一例。在东汉，也有同样文献记载，即用糯米酿酒为佳，不用稷米。

> 汉班固《汉书·平当传》："律稻米一斗，得酒一斗为上尊；稷米一斗，得酒一

---

[1] 汉郑玄注. 周礼注疏. 唐贾公彦疏［M］. 上海：上海古籍出版社，1990.

斗为中尊；粟米一斗，得酒一斗为下尊。"

这上面的引文，有三国魏如淳注《汉书·平当传》的引文。他认为稷即黍。唐颜师古作注《汉书·平当传》时说："中尊者宜为黍米，不当言稷，且作酒自有浓醇之异为上中下耳。"这件事说明，古人深知黍与稷虽然同科同属但是特性不同，稷不宜用于酿酒，如淳注错了。

现代酿造黄酒，虽然工艺设备超越古代千倍，但是，所使用的五谷却一如既往，都用糯性米酿酒。这种循规蹈矩之故，显然是遵循科学原理的事，而不是墨守成规，更不是愚昧无知的表现。

第三节

稻作简史

据《中国稻作学》说："水稻是我国最主要的粮食作物，现在播种面积和总产量，均占粮食作物的首位，总产量居世界各国之冠。"仅凭如此成绩，我们称颂稻米是育民瑰宝并不过分。

一、我国的野生稻

据科学家们研究认为，世界上稻属只有两种，即普通栽培稻与非洲栽培稻，它们都是起源于各自野生稻祖先的。现在，普通栽培稻在全世界各地都有分布，而非洲栽培稻则仅分布于西非一些地区。

科学家们认为，亚洲栽培稻的祖先起源于东南亚地区，是由多年生宿根性"普通稻"祖型演化来的，其染色体数为"2n=24"，同属于"AA"染色体组，两者杂交之后可以正常结果累累。这就是说，如果我国没有普通野生稻分布，则我国的稻作生产，就只能是舶来产业。

据综合研究证实，我国不仅有野生稻型，而且分布非常广泛。其分布地域及野生稻种，已知的如下：

已知分布地带　东起台湾，西至云南景洪，南起海南省，北至江西东乡

生长地海拔　30m ～ 600m

生长地理条件　江河两岸、沼泽、草塘、湿地

野生稻种如下：

普通野生稻　*O.satival.f.spontanea roschev.*

药用野生稻　*O.officinalis wall.*

疣粒野生稻　*O.meyeriana baill.*

据 1978—1981 年的全国性考研获悉，我国野生稻的分布地域都在南方。例如广东、云南、福建、台湾等省。在这些省内，有 111 个市和县

生长普通野生稻；有 38 个市和县，有药用野生稻；有 27 个市和县，有疣粒野生稻。我国三种野生稻的植株、谷粒、米粒等，其外观特征如图 1-4 所示。[1]

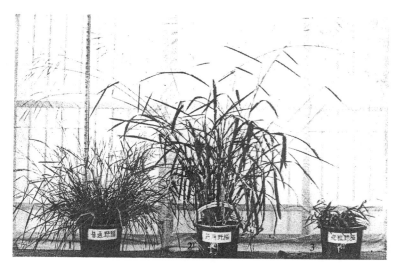

稻植株
1—普通野生稻　2—药用野生稻　3—疣粒野生稻

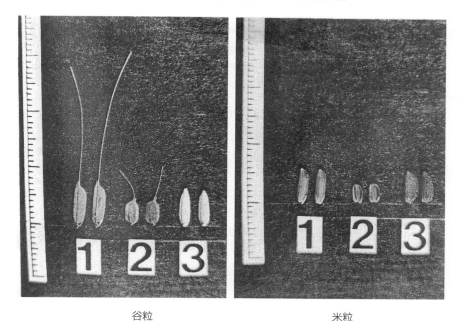

谷粒
1—普通野生稻　2—药用野生稻　3—疣粒野生稻

米粒
1—普通野生稻　2—药用野生稻　3—疣粒野生稻

图 1-4　我国三种野生稻外观特征

（引自中国农业科学院：《中国稻作学》，农业出版社，1986 年）

[1]　中国农业科学院. 中国稻作学 [M]. 北京：农业出版社，1986.

以上情况说明，我国不仅是世界著名稻作发祥地，也是稻种资源最丰富的国家之一。曾有外国学者认为，中国的稻是经由缅甸或泰国或日本或土耳其等，分别按不同路线自发源地传入的，是舶来品。[1] 他们的这种认识，显然是与中国的客观存在不相符的，也缺乏由他国传入中国的证据，所以不可信。

近现代大多数学者认为，稻种的起源地带可能在亚洲南部，沿喜马拉雅山脉南下，在延伸的线上生长，不会有国界框框限制。特别是中国长江以南各省、印度的阿萨姆、缅甸北部、泰国和老挝的北部，此外还有日本等，很可能都是稻种的发祥地，只是先后出现不同而已。

二、稻作起源证据

对于稻作起源于我国的证据，主要有两方面，首先是上述的野生稻资源，其次是考古发现。对于后者，已知的证据相当多，最早的始见于新石器时代。兹列表 1-2 明示如下。

表 1-2　考古发现的稻谷证据

省市名	考古发现地址	发现物名称	距今年代（年）	备注
云南	宾川县百羊村	稻谷 谷壳 稻秆	4165±105	zhk
	元谋县大墩子	粳稻谷	3470±155	zhk
	剑川县海门口	籼稻穗凝块	3345±155	未公布
	昆明市滇池官渡	带芒稻谷	新石器时代	未测年代
广东	韶关市曲江石峡	籼稻谷 粳稻米	4480±150	BK
	韶关市曲江泥岭	籼稻谷	新石器时代	未测年代
湖南	澧县彭头山	炭化稻谷	8210±200	研究报告
	石门县皂市	稻谷颗粒	7010±200	研究报告
江西	修水县跑马岭	稻谷壳	4825±150	zhk
	修水县清江	稻谷颗粒	新石器时代	未测年代
	萍乡市新泉	稻谷	新石器时代	未测年代
	萍乡市大宝山	稻谷壳	新石器时代	未测年代
湖北	京山县屈家岭	粳稻谷	4635±145	zhk
	京山县朱家嘴	红烧土中稻谷	新石器时代	未测年代
	宜都市红花套	稻谷	5338±310	zhk
	枝江市关庙山	稻谷壳	5365±310	zhk
	江陵县毛家山	稻谷 稻草	新石器时代	未测年代

---

[1]　［日］篠田统. 中国食物史研究［M］. 东京：八板书房，1978.

省市名	考古发现地址	发现物名称	距今年代（年）	备注
福建	福清市东张	稻草	新石器时代	未测年代
	永春县九兜山	稻草　稻秆	新石器时代	未测年代
台湾	台中市营浦	稻谷	3500	研究报告
浙江	余姚市河姆渡	籼稻　粳稻　稻草	6770±145	zhk
	杭州市水田畈	籼稻　粳稻谷	新石器时代	未测年代
	宁波市八字桥	炭化稻谷	6065±135	zhk
	桐乡市罗家角	籼稻　粳稻	6955±155	zhk
	湖州市吴兴钱山漾	成堆的稻谷	4760±135	zhk
上海	青浦区菘泽	炭化稻谷　籼稻	6180±130	BK
	嘉定区马桥	稻谷遗物	新石器时代	未测年代
江苏	吴江市澄州	籼稻　粳稻	新石器时代	未测年代
	吴江市草鞋山	粳稻　籼稻	6325±205	zhk
	无锡市锡山公园	稻谷	新石器时代	未测年代
	南京市庙山	稻谷壳	新石器时代	未测年代
安徽	五河县濠城镇	稻谷粒	新石器时代	未测年代
	肥东县大陈墩	粳稻谷凝块	新石器时代	未测年代
河南	淅川县黄楝树	粳稻谷	4750±145	研究报告

说明：zhk 表示由中国科学院考古研究所测定的年代。

　　　　BK 表示由北京大学考古实验室测定的年代。

　　根据上面的资料分析表明，我国的稻作起源与发展方向，或许是始于长江流域及江南地带的。

　　在考古发现资料中，由于绝大多数新石器时代的稻作遗址都在长江下游和中游，上游和长江以北较少，所以可以认为，稻作的传播、发展动向，可能是由东向西、由南向北的。

　　如果从史学文化发展方面看，可知湖南澧县彭头山发现的炭化稻历史最悠久，但是如果从所发现的新石器时代遗址数量看，浙江、江西、江苏的数量是最多的，因此现在可以认为，我国长江流域的下游和中游，应当是稻作的起源地。

三、稻作的发展

　　在秦汉以前，有关稻作的发展情况，除了前面所讨论的野生稻与考古发现外，早期的证据可以从古籍中求得答案。据前文所言，黍、稷、粟的崛起与发展早于稻。虽然稻的崛起较晚，但是在先秦时代，有关稻作的记录并非寥若晨星，而是相当多的。今举例供参考如下：

《诗·豳风·七月》："八月剥枣，十月获稻。为此春酒，以介眉寿。"又《周礼·地官》："稻人：掌稼下地，以潴蓄水，以防止水；舍人：掌米粟之出入。"唐贾公彦疏："黍稷稻粱菰。"又《山海经·海内北经》："都广之野，盖天下之中，爰有膏菽、膏稻、膏黍、膏稷，百谷自生。"

由上述可知，在商周时期，我国的稻作生产技术已很高明，而且有专管稻作的官员了。稻米除了食用外，还用于酿酒。到了汉朝，古人对于稻作的认识又有了很大的提高，不仅已知稻有多个品种，而且懂得不同稻有不同特性。这种情况，据《说文解字》中的一些诠释，即可证实。

汉许慎《说文解字》："稻：稌也从禾；稌：稻也，从余声，《周礼》曰牛宜稌；秏：稻属，从毛声，伊尹曰饭之美者玄山之禾，南海之秏；秜：稻今季落来季自生；糯：沛国谓稻曰糯；稴：稻不黏者；粳：稻属。"

在汉朝，稻作生产有了很大的发展，其特别明显的标志是，五谷丰收，粮食品种与产量大增。于是，汉朝人发明创造了许多造型优美的粮食仓储设施，有仓、囷、瓮三大类很多种，其中包括发现了贮存"稻种万石"的囷。其文物如图 1-5 和图 1-6 所示。

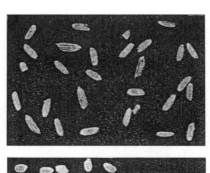
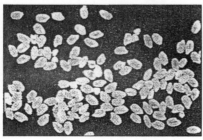

图 1-5　洛阳汉墓出土的稻谷和稻米

1—河南出土汉代粮囷

2—江苏出土汉代粮瓮

图 1-6　汉代粮食仓储设施

在汉朝，仓与囷都是较大型的粮食贮藏设施，瓮的贮存量较少。关心粮食与种子贮存很重要，那是发展生产的强力保障，是增产节约的重要措施之一。

到了南北朝时期，古人对于稻作生产的认识，又有了许多新突破。例如，在贾思勰的《齐民要术》中就有内容丰富的关于稻作生产管理的专章论述。贾思勰的这些论述，对于发展稻作生产来说，其重大贡献主要表现在下列方面。

（1）对于稻作起源作了开山研究　贾思勰研读了秦汉时期及先秦时代的许多著作，如《周礼》《诗经》《春秋左传》《淮南子》等。通过研读与研究，贾思勰把稻作起源的可靠证据写进了《齐民要术》中，起到了承前启后的作用。

（2）首先提出了稻种分类的见解　贾思勰认为，我国的稻有四类38种，有籼稻、粳稻、糯稻、秫稻，有水稻与旱稻。这种分类方法与现代分类法基本上一致。水稻与旱稻是按田间状况分类的，其他的是根据稻米性质分类的。

（3）论述了稻作生产管理科技方法　贾思勰认为，稻田必须深耕细作、育秧应当科学管理。还有，稻的灌溉与施肥、稻田的除草与灭虫害、稻谷收成与晒干、稻谷留种与谷物入库等，所有的步骤都会有一些不同的科技管理方法，必须循规蹈矩地做好，不能敷衍了事。贾思勰的这些论述，至今仍然众口称赞，认为是经典法则，是宝贵的贡献。

自唐朝以来，我国的稻作生产规模不断扩大，在国民经济中的地位不断提高，这是有据可查的。例如《新唐书·食货志》载："贞观四年，米（稻米）斗四五钱……人行千里不带粮。"[1] 这是稻作发展后粮食丰足的见证。

根据研究资料表明，我国现在仍然是世界上稻种资源最丰富的国家。主要表现在下列方面。

我国现在拥有栽培稻种50000余份，约占世界总量的1/2；

我国拥有引进的稻种约5000份，表明是稻种大国；

我国拥有野生稻种约4000份，表明是稻的故乡之一；

我国拥有数十种特种优良稻品种，是珍贵稻的大国。

我国的稻品种资源是祖先留给我们的无价瑰宝，也是世界人民的共同财富，通过交流可以惠及民生，意义深远。关于我国的特种稻品种分布，如表1-3所示，又如图1-7所示。

---

[1] 王雷鸣. 历代食货志注释（第一册）［M］. 北京：农业出版社，1984.

表 1-3　中国特种稻分布（部分）表

稻名	地名	特殊性
北京青粳油稻	北京市郊区特产	米粒青蓝色，透明油亮，5 月插秧 10 月收，饭清香油润
天津小站稻	天津市郊区特产	米粒较小晶莹光亮，粳型稻，4 月插秧 10 月收，饭香爽口
松江香粳稻	上海市郊区松江	米色亮丽，腹部乳白色，米粒偏小，饭清香爽口润滑
青浦薄粳稻	上海市郊区青浦	米粒外观湿润，稻壳很薄，饭晶莹发亮油光闪动味道好
东北三省粳稻	吉林、辽宁、黑龙江	米粒较大油性足，颗粒饱满无白嫩米夹杂，饭清香油润
明水香粳稻	山东章丘市明水	米粒洁白半透明，蒸饭香气浓厚，油光闪烁味道好
凤台仙粳稻	河南郑州市东郊	米粒较大颗粒坚硬，蒸熟洁白喷香油嫩，驰名稻种
常熟血糯稻	江苏常熟市交区	米粒扁平米色殷红，强糯性，饭红润芳香，名贵稻种
晋祠涌泉粳稻	山西太原市晋祠	米粒长大米色褐半透明，饭颗粒分明不粘连，口感油嫩清香
洋县香粳稻	陕西汉中洋县	米粒大而半透明，饭芳香爽口，营养成分丰富，珍贵稻种
洋县黑糯稻	陕西汉中洋县	米粒黝黑透红，饭营养丰富，名贵稻种
黄龙香粳稻	四川松潘县黄龙	米粒半透明呈油浸状态，饭微柔软清香，著名稻种
宣汉桃花粳稻	四川达州市宣汉	米粒细长呈映青色，富油性，饭清香润滑，保健稻种
曲江油占稻	广东韶关市曲江	米粒细长金黄色，两头尖呈梭状，饭柔软香美，珍贵稻种
东兰紫墨稻	广西河池市东兰	米粒紫黑色油性大，糯稻型，饭香软可口，保健稻种
环江香粳稻	广西河池市环江	米粒短圆粉红色，还有一种椭圆的色白，饭香美，珍贵稻种
靖西香糯稻	广西百色市靖西	米粒大糯性强，富含油性，饭芳香乳白，做竹筒饭特好
红河紫米稻	云南红河自治州	有米粒紫和米皮紫胚芽白两种，饭喷香不黏爽口，名贵稻种
景谷接骨糯稻	云南思茅市景谷	米粒特别细长，通常有断节，蒸饭自然接合，特珍稀稻种
惠水黑籼稻	黔南自治州惠水	米粒细长黑色，俗称黑珍珠，饭色香俱佳，特珍稀稻种
从江香灿稻	黔东南自治州从江	米粒大而洁白，油光闪烁，饭清香四溢，特名贵稻种

图 I-7　我国培育的优良特种稻
I—广东农科院育成特青早籼常规稻　2—杂交稻育苗场　3—湖南水稻研究中心育成威优杂交稻
4—辽宁稻作所育成黎优杂交稻
（引自林世成等：《中国水稻品种及其系谱》，上海科学技术出版社，1991 年）

四、稻米食用简述

大家都明白，稻谷是不能直接食用的，只有稻米才可以作为主食原料。或许就是这种原因，所以古人首先关心的是黍、稷、粟的发展，而稻作与稻米的开拓较晚。但是，到了秦汉时期，粮食加工技术水平大大提高了，除使用先秦时代发明的磨盘、磨棒加工粮食外，石杵臼、石碓、两扇圆形石磨等，已经发展到了逐步运用的时代。

石磨盘与磨棒、杵臼等，不太适合于稻谷脱壳和小麦磨粉，但是两扇圆形石磨很先进，完全可以把稻谷壳磨裂，通过简单分离得到洁白纯净的稻米。稻米是制作多种食品的好原料，可用于制作各种主食、糕点、节日食品等。由于稻米食品特别多，不可能全面讨论到，所以仅举例如下。

1. 用稻米煮粥

据前文"黍稷粟煮粥"的讨论已知，我国煮粥起源之初，很难见到用稻米煮粥的记载。后来，《礼记·内则》有："饮：重醴、稻醴、清、糟；或以酏为醴。"又南北朝宗懔《荆楚岁时记》载："《邺中记》曰：煮粳米及麦为酪，捣杏仁煮作粥。"由上述可知，我国用稻米煮粥的起源可能晚于用"黍稷粟煮粥"，但同样始见于秦汉以前。

自唐朝及宋代以来，有关用稻米煮粥的记载逐步增加，详见本章前面所叙述的有关内容。

2. 用于做干饭

在我国古文献中，"饭"的概念是比较复杂的，不容易说清楚。本文要讨论的内容，仅是用稻米做干饭而已，有别于做稻米粥。

在西汉司马迁的《史记·货殖列传》中，有"楚越之地……饭稻、羹鱼。"又《礼记·内则》载："饭：黍、稷、稻、粱。"这记载中的"饭"，可以是指稀饭，也可以是指干饭。虽然如此，但这两条史料至少可以说明，用稻米做饭的起源很早。

据检索已知，在北魏贾思勰的《齐民要术》与唐朝孟诜的《食疗本草》中，"稻米干饭"的概念已经明显出现。兹举例如下：

北魏贾思勰《齐民要术·飧饭》："治旱稻赤米令饭白法；菰米饭法：炊如稻米。"
又唐孟诜《食疗本草》卷下："粳米：炊作干饭食之，止痢；久陈者，蒸作饭，和醋，封毒肿；若常食干饭，令人热中，唇口干。"

如今，"饭"的概念通常都指干饭。干饭的品种很多，如果按做饭的方法分类，则有蒸饭、捞饭、焖咸饭、手抓饭、炒饭、八宝饭、竹筒饭等。

3. 用于做糕点

在我国古文献中，"糕点"的概念较复杂。如果从客观存在考证，则"糕点"的起源很早，但名称出现很晚，可说是隐姓埋名很久。宋朝王茂《野客丛语》说："六经中无馐字"。又宋史绳祖《学斋占笔》说："九经中无糕字。"但是，人们不能因宋朝人的话而信虚为真，应当循名责实为佐证。我国糕点的起源始于先秦时代。兹举例如下：

《周礼·天官》："笾人：羞笾之实，糗饵、粉餈。"汉郑玄注："此二物皆粉稻米、黍米所为也。合蒸曰饵，饼之曰餈。"战国屈原《楚辞·招魂》："粔籹蜜饵，有怅惶些。稻粱穱麦，挐黄粱些。"汉王逸注："言以蜜和米面熬煎作粔籹，捣黍作饵。"汉许慎《说文解字》："餈，稻饼也；饵，粉饼也。"

由此可知，先秦时代出现的糗饵、粉餈、粔籹、蜜饵等，这些食品都可以认为就是今日糕点的祖型。据今人研究表明，当时的糗饵是用面粉做成的炒面或蒸饼，糗饵的祖型是《诗经》中的糇粮；粉餈是用稻米粉做的饼；粔籹则似后代的馓子或麻花，是油炸食品。

笔者认为，粔籹蜜饵可以是一种食品，也可以是两种，即粔籹和蜜饵，因蜜和米粉做的饼很容易，与粔籹无关。对于粔籹是一种食品，北魏贾思勰《齐民要术》与宋朝朱熹《楚辞集注》都认为，粔籹即膏环，用秫稻米为原料，和蜂蜜，用油脂炸熟。

4. 用于做节日食品

我国有许多大小节日，而且各民族还有许多自己的节日。节日是美食佳肴展现风采的时候，所以相传已久的传统美食必然呈现。但是，这些传统食品较多而且非本文重点内容，所以不能全面讨论到，也不能详细考证，只能略举一二作为抛砖引玉之用。下面要首先讨论的是年糕。

（1）春节与年糕 春节是辞旧岁迎新年的传统大节日，食俗中的美馔珍馐很多。然而我国盛产糯稻，人们偏爱年糕，北方盛产冬麦，人们偏爱饺子。"饺子"又名角子、扁食等，出现于宋朝。新疆吐鲁番阿斯塔那出土了唐朝饺子。关于饺子本文后面还会再讨论到。关于年糕，在古籍中，"年糕"的名称初见于明朝，如刘侗的《帝京景物略》中，有啖"年糕"。但是，有关"年糕"的详细记载始见于清朝。兹举例如下：

清顾禄《清嘉录》卷十二："年糕：黍粉和糖为糕，曰'年糕'，有黄白之别。大径尺而形方者，俗称'方头糕'。为元宝式者，曰'糕元宝'。黄白磊砢，俱以备年夜祭神、岁朝供先，及馈贴亲朋之需。其赏赐仆婢者，则形狭而长，俗称'条头糕'。稍阔者，曰'条半糕'。富家，或雇工至家磨粉自蒸，若就简之家，皆买诸市。春前一二十日，糕肆门市如云。"清徐士鋐《吴中竹枝词》："片切年糕作短条，碧油煎出嫩黄娇。年年撑得风难摆，怪道吴娘少细腰。"

笔者认为，自明朝以来，黍的产地与产量已经很少，远远不如糯稻与粳稻丰富多彩。因此，在全国范围内，自明朝以来，人们餐桌上的年糕，也许都是用糯米或粳米做成的，用黍米的很少。这就是说，《清嘉录》上的记载，应当是一得之见，非指全国而言。另外，如果根据历史上做年糕的工艺分析，循名责实，则年糕可以为两类，即水磨年糕与打糕。我国的朝鲜族，日本与朝鲜，人们称年糕为打糕。做打糕的方法是：泡糯米，蒸饭，用杵臼捣饭成黏糕，然后沾白糖拌芝麻食用。做水磨年糕的方法是：泡糯米，磨浆取粉，成型蒸糕，放凉即得白粿年糕。白粿年糕的食用方法很多，可蒸软沾白糖及炒芝麻食用，或用油炸后沾白糖吃，或切成薄片用于炒菜食用，俗称炒年糕。

如果根据做年糕的工艺思考，循名责实，则水磨年糕与打糕的起源，肯定会早于明朝，待考。

（2）元宵节与元宵　这是美食与节日名称一致的称呼。

据研究认为，元宵节又称上元节，在农历正月十五日。关于元宵节的起源问题，学术界有多种见解，多数学者认为，此节日初始于汉朝，形成于唐朝，盛行于宋朝。有人认为，元宵节吃元宵的食俗，源于唐朝吃"油馇"的爱好，即"油馇"是元宵的祖型。[1]但是，有明确记载元宵节叫元宵的，始见于宋朝。兹举例如下：

> 宋陈元靓《事林广记》癸集卷五："新法浮圆：糯米三升，干山药三两，同处捣粉，筛治极细，搜圆如常法，急汤煮之，合糖清浇供。其丸子皆浮器面，虽经宿亦不沉。一法：用蓣子（山药）磨烂和粉搜治亦浮。又法：如常格造丸子，加真绿豆粉衣，入百沸汤煮亦浮。然皆不如用鸡子清和粉所为。"[2]又宋周必大《煮浮圆子•前辈似未曾赋此•坐间成四韵》诗："今夕是何夕，团圆事事同。汤官寻旧味，灶婢诧新功。"

如果根据古文献与周氏诗分析可知，宋朝时的元宵都是无馅的。在福建与台湾地区，客家人上元节吃的都是糯米圆子，无馅，但汤里加白糖、炒芝麻等。闽台地区的圆子，与古文献里的浮圆活脱相似至极，可说是元宵的祖型。

但是，上元节别称"元宵"始于宋朝，孟元老《东京梦华录》卷六："正月十五曰元宵"。可是，浮圆或圆子的别称"元宵"却不见于宋朝。据研究表明，在唐朝，已有上元节之夜观灯游乐的风俗，所以宋朝出现了上元夜或元夜别称"元宵节"或"元宵"很自然。宵即"夜"之意。到了明朝，元宵夜观灯游乐之际，饿了吃夜宵、汤圆不足为奇，出现浮圆或汤圆别称"元宵"自然而然。这种情况的证据如下：

> 明刘若愚《明宫史•正月》："十五日曰上元，亦曰元宵，喫元宵。其制法：用糯米细面，内用核桃仁、白糖、玫瑰为馅，洒水滚成，如核桃大，即江南所称汤圆

[1] 邱庞同. 中国面点史［M］. 青岛：青岛出版社，1995.

[2] 宋陈元靓. 事林广记［M］. 北京：中华书局，1999.

也。"[1]

如果根据文字记载分析，则这种节日与美食都称"元宵"的连带关系，的确仅始见于明朝。南方的圆子、汤圆无馅，北方的元宵有馅。

（3）端午节与粽子　粽，这是现代人对粽子的统称。粽有多种名，又称角黍，又名糉，后者名称是宋人徐铉校订《说文解字》时增补的，史学意义稍逊一筹。

粽之起源大约始于魏晋时期，原是夏至与端午日的美食。因做法独出心裁，用菰叶、竹叶等，包扎糯米馅料炖煮而成，品种与风味很多，所以传播与食用极为广泛。在食用方面，粽是典型的节日美食，可作为礼品与祭品，祭祀天地与祖先。在传说中，粽是农历五月初五日祭祀三闾大夫屈原的供品，是划龙船比赛时人们最爱的珍馐。

关于粽起源于魏晋时期的理由较多，兹举例讨论如下：

> 晋周处《风土记》："仲夏端午，烹鹜、角黍。"又南北朝宗懔《荆楚岁时记》："夏至节日食粽。周处谓为角黍，人并以新竹为筒粽。练叶插五彩系臂，谓为长命缕。"[2]南朝梁吴均《续齐谐记》："汉建武年，长沙欧回见人自称三闾大夫，谓回曰：见祭甚善，常苦蛟龙所窃，可以菰叶塞上，以彩丝约缚之，此物蛟龙所畏。回依其言。世人五月五日作粽，并带五色丝及楝叶，皆汨罗遗风也。"[3]

由上述可知，欧回见到屈原阴魂的对话，显然是一种文学创作，当然不可以作为信据。但是，由此引申出来的，夏至及端午吃粽子的风俗，粽子与悼念屈原爱国情操的连接，即是自然而然的。这种创意的导向，却是顺应民心的。因此，在全国范围内，端午节、划龙船、包粽子，轰轰烈烈的节日气氛出现了。古往今来，"角黍"的称呼已经成为历史，一脉相承的"粽子"文化引人入胜，丰富多彩的文化内容不胜枚举。兹再举例说明如下：

> 隋杜台卿《玉烛宝典》引周处《风土记》："角黍，以菰叶裹黏米杂以栗，以淳浓灰汗煮之令熟。"又唐玄宗诗句："四时花竞巧，九子粽争新。"唐元稹诗句："彩缕碧筒粽，香粳白玉团。"宋陆游《剑南诗稿》卷十："屈平乡国逢重五，不比常年角黍盘。"又《剑南诗稿》卷三十六："已过浣花天，行开解粽筵。"明李时珍《本草纲目·谷部》："粽：古人以菰芦叶裹黍米煮成，尖角，如棕榈叶心之形，故曰粽。近世多用糯米矣。今俗五月五日以为节物相遗送。或言为祭屈原，作此投江，以饲蛟龙也。"

---

[1]　明刘若愚. 明宫史［M］. 北京：北京古籍出版社，1982.

[2]　谭麟. 荆楚岁时记译注［M］. 武汉：湖北人民出版社，1985.

[3]　宋李昉. 太平御览［M］. 北京：中国商业出版社，1993.

麦作简史

在我国北方，人们历来认为"麦"是最可贵的唯一越冬作物，它每年首先成熟，为穷人及时提供了充饥之粮，化解啼饥号寒之苦，所以，春秋管仲《管子·轻重篇》说："麦者，谷之始也。"麦是做面食的重要原料，特别是小麦，更是位居众麦之首，举足轻重。我国自古栽培小麦，此外还有大麦、荞麦、燕麦、黑麦等。本书篇幅所限，不能全面讨论到，只能择重而为。

一、小麦

小麦是世界上最重要的粮食作物之一。据考古学家们说，普通栽培小麦是小麦中最主要的品种，它大约起源于公元前百世纪。例如，在埃及的金字塔内，已经发现了公元前约3300年时的小麦绘图。许多学者认为，小麦的发祥地并不是在埃及，而是在古地中海，或亚美尼亚，或小亚细亚地带。特别是亚美尼亚、土耳其、伊朗之间的交界地带，那里至今仍有野生小麦生长。

日本篠田统《中国食物史研究》说：中国太古时期的"麦"是大麦而不是小麦，中国大麦的原产地在西康。篠田氏认为，中国的小麦与小麦磨粉技术，始见于公元前约2世纪，是所谓"张骞通西域"传入之物。

但是，中国学者研究认为，不仅大麦原产于我国，而且中国也是小麦的发祥地之一。其理由如下：古文献中有小麦的记载；考古学家们已发现了许多新石器时代的小麦遗存；在西藏等地已发现了半野生小麦生长着。兹分别讨论如下。

1. 资源考查发现半野生小麦

为了探明我国农作物资源情况，自 19 世纪 60 年代起，由中国科学院、南京农业大学等，组成了"青藏高原综合科学考察队"，从四川西北部进入青藏高原进行调研考察多次，终于有了重大的发现。在昌都地区的察雅县吉塘，山南地区隆子县的三安曲林，在日喀则地区的仁布县，在加查县等，都采集到了一种形态很像西藏普通小麦，但野生于田岸间、空闲湿地上的特殊麦子。这种麦子成熟时，穗轴很容易断裂掉下，但它不是典型的野生小麦。

1975 年，科学家们将采集到的 17 个特殊小麦样品送到北京研究。经鉴定结果发现，这些麦子并非同种，而是有所区别，可以再分成若干变种。通过测定，这些麦子样品的根尖染色体属于六倍体，即 2n=42。[1]

据科学家们研究已知，六倍体小麦是没有野生类型的，只有原始小麦类型。原始小麦与野生小麦的主要区别是，原始小麦的穗轴在成熟脱粒受压时容易成小穗不易断裂脱落，而野生小麦的穗轴在成熟时则完全自动断裂脱落。西藏特殊麦子成熟时，穗轴是完全自然脱落的，它虽有原始小麦六倍体特性，但更接近于野生小麦特性。这种特性来源于杂交后代具有可育性。因此，科学家们称呼西藏特殊小麦为"西藏半野生小麦"。这项发现极为重要。

此外，中国农林科学院的金善宝，在云南境内的澜沧江流域，也发现了六倍体原始小麦。这种小麦，成熟时穗轴也很容易自然断裂掉下，颖壳坚硬，当地人称它为"铁壳麦"。

由于西藏半野生小麦和云南铁壳麦，都是世界上独一无二的小麦祖型，所以科学界认为，我国的普通栽培小麦品种并非舶来品，而是起源于祖国锦绣山野，江河湿地的。

2. 考古发现的小麦

小麦的种粒外皮坚硬，直接煮食很难下咽，不如粟、稻芳香可口。也许就是这种原因，所在远古时代，我国的小麦生产曾受到冷落，好像不存在一样。然而，近几十年来，根据考古发现证明，我国远古时期已有小麦生产，并非是舶来品种。现在已知的重大考古发现如表 1-4 所示。

---

[1] 中科院等科考队. 西藏作物［M］. 北京：科学出版社，1984.

表 1-4　考古发现的部分小麦遗存

遗址地名	遗存物	时代	距今年限	参考资料
河南陕县庙底沟	红烧土中有小麦遗存	新石器时代	约 6500 年	《考古学报》1957 年（1）
安徽亳县钓鱼台	土台上鬲里有炭化小麦粒和穗	新石器时代	约 4000 年	《考古》1963（11）
云南剑川海门口	有炭化小麦粒和穗	新石器时代	未测定	《文物参考》1957（6）

3. 古文献中的小麦

在我国古代著作中，例如，在甲骨文《诗经》《周礼》《大戴礼记》等作品中，都有"麦"或"来牟"记录，但是没有"小麦"的称呼。兹举例说明如下：

《诗·魏风》："硕鼠：无食我麦！"又《诗·周颂》："思文：贻我来牟，帝命率育。"又《周礼·夏官》："正东曰青州，……其谷宜稻、麦。"又《周礼·天官》："食医：凡会膳食之宜……犬宜粱，雁宜麦，鱼宜菰。"又《大戴礼记·夏小正》："三月祈麦实。麦实者，五谷之先见也。"

如果根据上述内容分析，则在先秦时代，我国已有"麦作"生产了。但是，当时的"麦"是麦类的统称，包括大麦、小麦、荞麦等。至于"小麦"的称呼，以及《诗经》中的"来牟"，那是需要另行讨论才能明白的。有关"来牟"的内容，请参见本书大麦章节的讨论。

关于"小麦"的称呼，据笔者检索已知，"小麦"不见于先秦时代，也不见于西汉。到了东汉，始有小麦的名称出现。在西汉时，冬小麦称"宿麦"，春小麦称"旋麦"。兹举例说明如下：

西汉刘安《淮南子·时则训》："乃命有司，趣民收敛蓄采多积聚，劝种宿麦，若或失时，行罪无疑。"又《淮南子·主术训》："大火中，则种黍、菽。虚中，则种宿麦。"[1] 又西汉《氾胜之书》："夏至后七十日，可种宿麦；春冻解，耕和土，种旋麦。"[2] 汉班固《汉书·武帝本纪》："遣谒者劝有水灾郡种宿麦。"唐颜师古注："秋冬种之，经岁乃熟，故云宿麦。宿麦，谓其苗经冬也。"

东汉许慎《说文解字》："麸，小麦屑皮也。麲，小麦屑之覈也。"又东汉崔寔《四民月令》："五月：籴大小麦；六月：是月二十日，可捣小麦，磑之；八月：凡种大小麦得白露节，可种薄田。"[3]

自东汉以来，"小麦"的正名已经俯拾即是，自立门户。其他内容待考。古今小麦如图 1-8 所示。

[1]　西汉刘安. 淮南子［M］. 上海：上海古籍出版社. 1989.

[2]　氾胜之. 氾胜之书［M］. 北京：科学出版社，1956.

[3]　缪启愉. 四民月令辑释［M］. 北京：农业出版社，1981.

小麥

（古代小麦）

图 I-8　古代与现代小麦
（古代小麦，引自元忽思慧《饮膳正要》）

二、大麦

大麦与小麦一样，也是世界上最古老的粮食作物之一。如果根据麦粒分类，则有二棱和六棱两类。如果根据麦稃分类，则有无稃和有稃两类。有稃大麦称皮大麦，无稃大麦称稞麦，如青稞就是后者。科学家们说，大麦的进化过程主要有下列两种变化状况。

（1）认为二棱大麦是多棱大麦的祖先，其发祥地在阿富汗，或伊拉克，或土耳其等。

（2）认为六棱大麦源于六棱野生大麦，其发祥地在东部亚细亚，如我国西藏及长江上游地带等，即是之一。

据研究已知，我国自远古时期开始已栽培大麦，是大麦的故乡之一。证据很多，可以从文献记载、考古发现和发现野生大麦等进行讨论。有许多史实可以证明，我国是大麦的发源地之一。

1. 资源考查发现野生大麦

据综合科考队的《西藏作物》一书说："西藏野生大麦在栽培大麦起源进化过程中，占有很重要的地位。理由是，栽培大麦的各种学说，都与西藏野生大麦有着密切的联系。"[1] 也就是说，在西藏，二棱野生大麦与六棱野生大麦都有分布，很容易收集到，因此我国是大麦的故乡，无可非议。

2. 考古发现的大麦

大麦与小麦相同，煮熟后麦粒仍然很坚硬，食后难消化。那么，大麦起源于何时呢？据考古发现已知，大麦在我国起源的证据与小麦雷同，二者都始见于新石器时代。例如，1979 年，在新疆哈密市五堡出土的，贮存于彩陶器内的青稞穗及壳，经中国社会科学院考古所等鉴定，证实是新石器时代的遗物。自新中国成立以来，我国在陕西咸阳的马泉、河南洛阳的西郊、湖南长沙的马王堆汉墓、新疆楼兰古城等，也都出土了西汉以前至新石器时代的大麦遗物。其中哈密、咸阳马泉、长沙马王堆出土的，经鉴定那是六棱大麦与青稞。这也说明，我国是大麦的故乡。

3. 古文献中的大麦

在先秦时代，古文献中的大麦与小麦称呼，最初出现于《诗经》中，叫做"来牟"或"来麰"。到了两汉时代，"来麰"的称呼则很常见。兹举例说明如下：

《诗·周颂》："思文：贻我来麰，帝命率育。"汉许慎《说文解字》："来，周所受端麦来麰，一来二缝象芒束之形，天所来也，为行来之来。《诗》曰：贻我来麰。来麰，麦也。"宋朱熹《诗经集传》："贻，遗也。来，小麦。麰，大麦。"

《周礼·天官》："大宰：以九职任万民，一曰三农生九谷。"汉郑玄注："三农：平地、山、泽也。九谷：黍稷秫稻麻，大小豆，大小麦。"又战国孟轲《孟子·告子上》："今夫麰麦。"东汉赵岐注："麰麦，大麦也。"又秦吕不韦《吕氏春秋·任地》："孟夏之昔，杀三叶而获大麦。"

由上述可知，在先秦时代，"来麰"原是麦类作物的统称。后来，来是小麦的祖名，麰是大麦的祖名，但都不多见。自汉朝以来，"大麦"的称呼逐渐普及，于是取代了"麰"。

[1] 中国科学院等青藏高原综合科学考察队邵启全. 西藏野生大麦［M］. 北京：科学出版社，1982.

这就是大麦名称由来的大概过程。

　　大麦与小麦的品质很不相同，食用价值也很不一样。如今，大麦是酿造啤酒的重要原料，小麦则是制作各种面食与糕点的重要原料。在少数民族地区，大麦仍然是做主食的重要原料，例如做糌粑、酿造青稞酒等。

三、荞麦

　　我国是荞麦的发祥地，品种资源十分丰富。作为理想的食物与药用作物，荞麦的用途很广，蛋白质营养价值比较高，含有大量不饱和脂肪酸、微量元素硒和芦丁等。

　　在作物分类学上，荞麦是蓼科荞麦属双子叶植物，通常可分为甜荞（普通栽培荞）、苦荞（鞑靼荞）、野生荞（山荞或金荞或胡实子）三种，荞麦和荞麦籽粒如图1-9和图1-10所示。关于荞麦起源于我国的理由，今可以从下列方面进行讨论。

图1-9　荞麦

图 I-10 荞麦籽粒

1. 资源考查发现野生荞麦

科学家们普遍认为，栽培荞麦是由宿根野生荞麦进化来的。为了考研我国荞麦生产发展情况，论证荞麦起源于我国，自19世纪50年代以来，我国已经开始了对荞麦品种作资源研究，出版了《中国荞麦科学研究论文集》[1]取得了丰硕的成果。这首先表现在，发现了野生荞麦的类型、分布概况及生长习性等。

据资源调查报告说，我国宿根性野生荞麦分布很广，自黑龙江省向西，到内蒙古武川、甘肃靖远、陕西榆林、四川凉山、西藏喜马拉雅山及澜沧江流域、云南永胜、贵州威武等，都有野生荞麦分布。其野生荞麦的类型很齐全，凡是科学界论及的，我国都有样本可参照。例如：有多年生、二年生、一年生野生荞麦；有草本、木质化、藤本野生荞麦；有块根、球状根、地下肉茎野生荞麦；有甜荞与苦荞的野生型品种等。[2]因此，科学家们认为，荞麦起源于我国的结论是可信的。

2. 考古发现的荞麦

关于荞麦起源于我国的理由，我们还可以从考古发现方面找证据。例如，1960年9期《考古》报道说：我国在甘肃省武威市磨嘴子出土的荞麦，经鉴定是东汉时期的遗物。又如，1977年10期《文物》报道说：我国在陕西省咸阳市杨家湾出土的荞麦，经鉴定

[1] 全国科研协作组. 中国荞麦科学研究论文集［C］. 北京：学术期刊出版社，1989.

[2] 全国荞麦科研组. 中国荞麦科研论集［C］. 北京：学术期刊出版社，1989.

那是西汉时期的遗物。因此，我国栽培荞麦的历史非常悠久。

3. 古文献中的荞麦

在我国古代文献中，有关荞麦的记载不少，而且始见于先秦时代，栽培历史十分悠久。兹举例说明如下：

据《中国农学遗产·粮食》说，在公元前约 3 世纪出现的《神农书·八谷生长篇》中有"荞麦生于杏，出于农石之山谷中，生二十五日，秀五十日熟"的记载。

但是，荞麦不见于汉许慎《说文解字》中，也不见于汉崔寔《四民月令》，自南北朝以来，才有了较多的荞麦史料出现。兹举例如下：

北魏贾思勰《齐民要术·杂说》："禾秋收了，先耕荞麦地，次耕余地，务遣深细，不得趁多；凡荞麦，五月耕地，经三十五日，草烂，得转并种。耕三遍，立秋前后皆十日内种之。"

唐白居易《夜行》诗："霜草苍苍虫切切，村南村北行人绝。独出门前望田野，月色荞麦花如雪。"又唐孙思邈《千金要方》卷二十六："千金食治：荞麦，味酸微寒无毒，食之难消……黄帝云，作面和猪、羊肉热食之，不过八九顿，则作热风。"又唐孟诜《食疗本草》卷下："荞麦：味甘平，寒无毒，实肠胃，益气力。作饭与丹石仁食之，良。"

五代晋刘昫《旧唐书·吐蕃传》："吐蕃在长安之西八千里，本汉西羌之地也，其地气候大寒，不生秔稻，有青稞麦、小麦、荞麦。"

据笔者检索已知，在宋陆游的《剑南诗稿》中，也有一些歌颂荞麦的诗句，表达了诗人对于广种荞麦的赞扬以及吃荞麦食品的喜悦心情。兹举例如下：

宋陆游《入蜀记》："自离黄州，虽行峡中，亦皆旷远，地形渐高，多种菽、粟、荞麦之属。"又《剑南诗稿》卷十三与十九："初冬：雪花漫漫荞将熟，绿叶离离菘可烹。饭饱身闲书有课，西窗趁美夕阳明。荞麦初熟割者满野喜：城南城北如铺雪，原野家家种荞麦。霜情收敛少在家，饼饵今冬不忧窄。胡麻压油油更香，油新饼美争先尝。"

在琳琅满目的荞麦食品品种中，有一种很驰名的面食叫"河漏"，值得颂扬。"河漏"之名并非江河漏沙漏水之意，而是一道别有风味、营养价值又很高的荞麦面条食物，今名"饸饹"。据元朝《王祯农书》载："荞麦：北方山后诸郡多种，治去皮壳，磨而为面，摊作煎饼，配蒜而食。或作汤饼，谓之河漏。"这是笔者见到的，关于"河漏"的最早记载，距今约有 700 年历史。

明李时珍《本草纲目·谷部》中也有关于"河漏"的记载：荞麦南北皆有，立秋前后下种，八九月收刈……磨而为面作煎饼，配蒜而食。或作汤饼，谓之河漏，以供常食，滑细如粉，亚于麦面。

在清朝，出现了以"合络"取替"河漏"的俗称。如西清在《黑龙江外记》中说："荞麦，出黑龙江者尤佳。面宜煎饼，宜河漏，甘滑洁白，他处所无。河漏挂面类，俗称合络。"这是古名辗转为今名的文字记录，也可说明我国的黑龙江流域是荞麦的发源地之一，历史悠久。

关于河漏的制作烹饪方法，清人高润生在《尔雅谷名考》中已有十分详细的说明：今案，荞麦实是北方农家常食之品。作河漏法：系以水和面为面团，用木机榨压而成。其木机则牝（pìn）、牡（mǔ）各一，联以活轴，可随手起落，外施以床，用时置机釜上，实面团于牝机内，其牝机之底，则嵌以铁片，密凿细孔，面入牝机内，乃下牡机压之，则面随孔出，作细条落釜沸水中，煮熟食之甚滑美也。其木机俗呼河漏床。河漏机如图1-11所示。

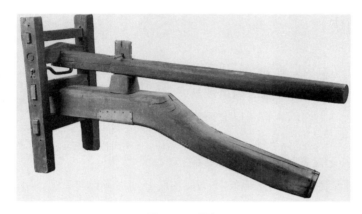

图1-11　河漏机
（引自中国粮食博物馆）

根据上述已知，我国在明清时期已经用木机压河漏了，木机设计精巧，一板一眼物尽其用，相当先进。荞麦食品历来是亚洲人最青睐的美食之一，其营养成分非常全面又特殊。近年来，我国不少科研单位对荞麦的食物成分进行了测定，所检测的荞麦有甜荞、甜翅荞、苦荞、苦翅荞等。学者们发现，西藏昌都苦荞、四川凉山苦荞、陕西榆林苦荞、云贵高原苦荞、黑龙江苦荞等，其食物品质是最优良的，其表现有下列方面。

在苦荞麦的食物成分中，蛋白质含量高达12%～14%，主要是谷蛋白和蛋清蛋白，人体能良好吸收，含有18种氨基酸，而且人体生长发育所需的8种氨基酸一应俱全。在脂肪成分中，不饱和脂肪成分占70%以上。含有7种维生素且富含纤维素，其中富含B族维生素、维生素E、维生素C、是防治多种疾病的重要成分。含有10种以上的矿物质微量元素，其中富含铜、铁、钙、镁、钾、磷、锌、硒等，具有防治心脑血管疾病，阻止血栓形成，促进脂质代谢，防治贫血等功能。在苦荞麦的花、叶、麦粒中，含有大量的芦丁（Rutin），可达 5%～8%。芦丁是黄酮类多元酚衍生物，其成分对高血压、糖尿病、心脑血管疾病有良好的防治作用，具有消炎、止咳、平喘、抗癌等功效。荞麦花很美，是养蜂采蜜的宝贵资源。作为商贸产品，荞麦是国家重要的出口商品。因此，多种荞麦常吃"河漏"利国利民，国泰民安两全其美，值得颂扬。

河漏床压河漏如图 1-12 所示。

图 1-12　尼泊尔人压河漏面条
（引自 [日] 石毛直道：《面类学文化》）

四、面食简史

自古以来，面粉都是制作各种"面食"的最重要基本原料。面粉用麦粒研磨或捶捣粉碎而成，所以不同的麦粒可以制得不同的面粉，如小麦粉、大麦粉、燕麦粉、荞麦粉等。"面粉"是各种麦粉的统称。那么，我国何时出现制作面粉生产呢？不同面粉又分别出现于何时呢？用不同面粉做不同面食概况如何呢？这些疑问都是很值得研究的，也是应当及早探明的事项。

1. 面粉起源简述

在秦汉以前的时代，我国的农业生产已经相当发达，黍、稷、粟、稻、麦的生产已经明显繁荣，丰收的五谷完全可以为面粉业的蓬勃发展提供充足的原料。在当时，古人的饮食生活水平也已经提高，除"粒食"外，对发展"面粉"业的要求也已经很迫切。于是，各种加工制作粮食的先进工具与设备，先后出现了。除了磨盘磨棒外，还有碓、两扇圆形石磨等，如图 1-13 所示。

（1）发现石磨盘和磨棒　这是我国最早出现的加工粮食的器具之一，造型大同小异，出土物件数量多，有大有小。这些文物的起源年代，应当早于文物的制作年代。将麦粒、稻谷、豆子等放在磨盘上，用横卧的磨棒在物料上来回反复滚压，即可以得到精品粮或面粉。这是符合科学道理与客观规律的。

图 1-13　陕西扶风法门寺地宫出土汉代石磨（曹章祺拍摄）

现代石磨（笔者拍摄于福建泉州）

图 1-14　近现代两扇圆形石磨

作为谷物加工精制的配套器具，石磨盘及磨棒的起源是最早的，在亚洲、欧洲、非洲、美洲都有所发现。在我国北方黄河流域，自旧石器时代到新石器时代，现已考古发现的石磨盘与磨棒的数量很多。兹举例如下：

在山西沁县下川、河南新郑裴李岗、河北武安磁山、陕西宝鸡北首岭、山东滕县（今滕州市）北辛、黑龙江东康和穆棱、甘肃武威皇娘娘台、新疆阿斯塔那、辽宁大连长海、陕西西安半坡村、内蒙古敖汉旗兴隆洼等。

如果从地理分布情况看，考古发现的这些文物几乎都出现于北方，南方则很少。这又可以说明，我国北方的中原地带应当是"面粉"的起源地，所精制的是旱地谷物或麦。郭沫若主编的《中国史稿》认为，石磨盘和磨棒可以用于谷物脱壳也可以用于磨碎。广西壮族自治区博物馆的陈文认为，"决不是用于磨粉的。"[1] 但是，如果挤压研磨很多次，那是可以把麦粒研成面粉的。据调查，在边远山区的农民家里，这种研粉方法现在仍然可以见到，可作为相传证据。

（2）发现杵臼和碓　这是两种捣舂谷物或糙米的器具。据汉许慎《说文解字》说："古者掘地为臼，其后穿木石。"汉哲学家桓谭《新论》："宓牺之制杵臼，万民以济。及后人加功，因延力借身重以践碓而利十倍杵舂。"这记载中的"掘地为臼"应诠释为，掘地穴以安放石臼入穴中，今仍如此。北宋刘恕《通鉴外纪》说："黄帝作杵臼，因谷粟始凿。"

根据这些古代文献分析可知，石磨盘和磨棒的起源显然早于杵臼，而杵臼的起源显然早于碓，而且都始于先秦时期。有关文献记载还有不少，兹再举例说明如下：

《诗·大雅》："生民：诞降嘉种：维秬维秠，维穈维芑；诞我祀如何？或舂或揄，或簸或蹂。释之叟叟，烝之浮浮。"在《周礼·地官》中有："舂人"。《周礼·秋官》："司厉：女子入于舂藁。"《汉书·惠帝纪》："舂者"唐颜师古引应邵曰："妇人不豫外徭，但舂作米。"

据上面描述可知，周朝人利用杵臼舂谷、脱壳、扬簸搓蹂、取米做饭，这精彩的描写活灵活现。因为《周礼·天官·笾人》中已有："糗、饵、粉、餈"，所以周朝人利用杵臼或碓将谷物捣舂作粉是真实存在的，很可信。对于用麦为原料制作面粉的记载，兹再举例如下：

《尚书·费誓》："峙乃糗粮"孔颖达引郑玄注："糗，捣熬谷也。谓熬米、麦使熟，又捣之以为粉也。"汉许慎《说文解字》："䵖，磨麦也；一曰捣也。"

根据考古发现已知，我国在新石器时代已有杵臼，在先秦时代已有碓。既然捣麦和磨麦都可以制作面粉，那么我国制面粉技术的起源，应当早于发明两扇圆形石磨之前，即始于先秦时代。有了面粉之后，制作各种面食也就易如反掌了。

2. 面食种类探讨

自秦汉以后，中国社会开始进入到封建时代，至今达 2000 余年。在此期间，中国人的饮食生活发生了许多变化，特别是发明了两扇圆形石磨之后，制作面粉技术开始广泛普及，发展很快。制作面粉业普及发展极为重要，反之促进了冬小麦的生产发展，造就了取代黍稷粟的生产局面。特别是中原地带，面食制品日新月异地发展着，这都是江

---

[1]　陈文. 论中国石磨盘［J］. 南昌，农业考古，1990（2）.

南产稻地带所望尘莫及的。时至今日，我国的面食品种已经很多，若按照"熟制方法"归纳，则可以分为下列数类。具体内容如表1-5所示。

表1-5　面食分类简表

	熟食方法	大约起源年代	参照面食名称
面食分类	烤熟类	秦汉时期	胡饼、胡麻饼、髓饼、烧饼、火烧、烤馕
	烙熟类	秦汉时期	烙饼、煎饼、鏊饼、春盘、春饼
	蒸熟类	秦汉时期	蒸饼、馒头、蒸包子、烧卖
	煮熟类	秦汉时期	汤饼、水溲饼、水引饼、馎饦、饺子、河漏、面条
	油炸类	战国时期	粔籹、膏环、细环饼、麻花、馓子、油条
	烘晒类	元朝	挂面、面线、龙须面、现代方便面
	炒熟类	先秦时期	糗（糇粮）、麨（炒面）、面茶

（1）炒面　在《诗·大雅》："公刘：笃公刘，匪居匪康。乃场乃疆，乃积乃仓。乃裹糇粮，于橐于囊。思辑用光。"《周礼·天官》："笾人：羞笾之实，糗饵、粉餈。"

在上面古文献记载中，"橐"（tuó）和"囊"（náng)都是用于装食物的袋子，"糗"和"糇粮"则是类似于后世的炒面。这类食物，是用米粉或面粉做成的"干粮"。

（2）胡饼　因我国先秦时代已经有烤熟食物的炊具，如陶器、青铜器等，也已经有炉灶，所以烤饼的起源应当很早。但是在古文献中，"胡饼"最初始见于汉刘熙《释名·释饮食》中："胡饼作之大漫沍也，亦言以胡麻著上也。"

古人认为，"漫沍"即"蛮胡"，那是从胡地舶来的食品。也有人认为，胡饼似圆龟甲，因饼上沾有香脆的芝麻故名胡麻饼。唐徐坚《初学记》引崔鸿《前赵录》说："石季龙讳胡，改胡饼为麻饼。"但是，胡饼名称仍然流行于世，直到明朝才逐渐消失，被烧饼或炉饼取代。

如果从烤熟方法分析，北魏贾思勰《齐民要术》中有："髓饼法：……便著胡饼炉中令熟，忽令反覆。"这种烤饼工艺，与今日的烧饼法及西北各民族的"烤馕"工艺如出一辙。据《三辅决录》载："赵岐避难至北海，于市中贩胡饼。"又晋司马彪《续汉书》载："灵帝好食胡饼，京师皆食胡饼。"灵帝即东汉刘宏，说明东汉时已经流行胡饼。

胡饼亦名炉饼或烧饼，其出现很早，如隋谢讽《食经》中已有"云头对炉饼"，在宋朝的《东京梦华录》和《梦粱录》中已有七色烧饼、糖蜜酥皮烧饼、开炉烧饼等。

（3）馒头　在古代，因为汉刘熙《释名》中已有"蒸饼"的记载，所以馒头的起源可能很早。但是"馒头"不见于汉朝，初见于晋束皙《饼赋》、卢谌《祭法》和荀氏的《四时列馔传》中。例如：

束皙《饼赋》："三春之初，阴阳交际，寒气即消，温不至热，于是享宴，曼头宜设。"

唐徐坚《初学记》引《四时列馔传》及范汪《祠祭》说："春祠用曼头，夏祠以薄也代曼头。"

宋高承《事物纪原》说："诸葛武侯之征孟获，人曰蛮地多邪术须祈于神，假阴兵以助之。然其俗必杀人，以其首祭之，神则飨之为其出兵。武侯不从，因杂用牛、羊、猪之肉，而包之以面，像人头以祀，神亦享焉，而为出兵，后人由此为馒头。至晋卢谌《祭法》，春祀用馒头始列于祭祀之品。而束皙《饼赋》也有其说，则馒头疑自武侯始也。"

在两宋时期，有关馒头的品种已经很多，例如在吴自牧的《梦粱录·荤素从食店》卷十六及"四月"等章节中，就有下列 16 种馒头相映呈现。兹列举如下：

独下馒头、炙焦馒头、生馅馒头、灌浆馒头、杂色剪花馒头、糖肉馒头、羊肉馒头、鱼肉馒头、蟹肉馒头、笋肉馒头、笋丝馒头、假肉馒头、太学馒头、裹蒸馒头、菠菜果子馒头、辣馅锓头、糖馅馒头等。

对于上述馒头，大概可以分为有馅与无馅两类。有馅馒头相传始于诸葛武侯，后世发展成为包子。无馅馒头后世则发展为各种现代馒头，如烤馒头、奶油馒头、杂粮有色馒头等。需要特别提及的是，我国的发酵面馒头出现于何时？

对于发酵面馒头，因为《周礼·天官》中有："醢人：羞豆之实，酏食、糁食。"郑司农注："酏食，以酒酏为饼。"唐贾公彦疏："以酒酏为饼，若今起胶饼。"所以有学者认为，这上面记载中的"胶"又可写作"教"，《汉书》中有"酒教"，于是认为"酒酏"是一种发面引子，可以使湿面团发酵。

但是笔者发现，在《周礼·天官》中也有"酒正：辨四饮之物，一曰清，二曰医，三曰浆，四曰酏。"汉郑司农注："酏，今之粥也。"唐贾公彦疏："酏者，今之薄粥也。"据此说明，这"酏"是用于酿酒的粥。熟粥因淀粉质糊化而具有黏性，很适合于调和米面或面粉用于做饼饵，此时的酏食或酒酏可能非"发面引子"。当然，天然微生物发酵菌在自然界不必人为干预也能使湿面团发酵，而且我国在先秦时代已有很先进的制曲技术运用，所以发酵面食品起源于先秦时代很可信。这种疑问有待于再探讨。

据目前所知，汉崔寔《四民月令·五月》中的"酒溲饼"；北魏贾思勰《齐民要术·饼法》中的"作饼酵法"；元忽思慧《饮膳正要》卷一："征饼"条用酵子、盐、碱及温水和面；明宋诩《宋氏养生部·面食制》中的用"醇酵"及用"酵肥"制作面食或馒头等，那都是发酵技术运用的显然证据。

（4）包子　在古籍中，"包子"的名称最初始见于五代陶谷《清异录·馔羞门》，书中有：张手美家食肆出售"伏日绿荷包子"。但没有制作方法的论述。

然而，包子的起源应当很早，而且显然与馒头出现有关。最明显的证据是，相传起源于诸葛武侯之征孟获，用包肉馅馒头祭神之时。这种肉馅馒头即是包子，所以包子与馒头同源，或包子早于馒头出现。至于这名称古今不同原因，或许是因传承与食物分类发展所致，这是很有可能的。据唐陈藏器《本草拾遗》小麦条记载说："麦末味甘平无毒，……可和醋蒸包。"由此看来，这"包子"的起源显然早于五代，那是相当清晰明了的。

据史料记载已知，包子区别于馒头，而自成一类始于宋朝。例如，宋孟元老《东京梦华录·饮食果子》："更有外卖软羊诸色包子；梅花包子。"又宋吴自牧《梦粱录·荤素从食店》："且如蒸作面行，卖四色馒头，细馅大包子；水晶包儿，笋肉包儿，虾鱼包儿，江鱼包儿，蟹肉包儿，鹅鸭包儿。"这并列称呼表明，包子与馒头已为两类。

自元朝以来，包子的品种不断增加。例如元忽思慧《饮膳正要·聚珍异馔》中，有天花包子，又蟹黄包子，又藤花包子。明刘基《多能鄙事·饮食类》中，有馒头皮猪肉馅包子，羊肉馅包子。明刘若愚《明宫史·饮食好尚》中，有炙羊肉与羊肉包子。清李斗《扬州画舫录》中有灌汤包，松毛包子。清曹雪芹《红楼梦》第八回中有豆腐皮包子。

在清傅崇榘《成都通览》中，有很多包子名称，几乎是全国包子的集录。例如，大肉包子、牛肉燋包、洗沙包子、糖包子、护油包子、干菜包子、火腿包子、羊肉包子、南虾包子、水晶包子、灌汤包子、口蘑包子、窝瓜包子、冬瓜包子、素包子、鸭蛋包子等。

（5）饺子　如果根据考古发现讨论，则我国1959年在新疆吐鲁番阿斯塔那村发现的饺子和馄饨，那是唐朝时期的产品（图1-15）。因此有学者认为，"饺子"至迟在我国唐朝时期已经有实物出现，但名称出现于宋朝，叫角子。

图1-15　阿斯塔那出土的唐朝饺子与馄饨

笔者认为，如果根据揉面擀皮，制作馅料工艺看，则最初的馒头、包子、饺子都是包馅食品类，只是外观造型略有改变而已。由于造型改变很容易办到，所以认为馒头、包子、饺子或许同源是有道理的，认为起源于唐朝以前是可信的。

关于饺子的古名"角子"的证据很多,其表现是,自宋朝以来屡见不鲜。兹举例如下:

> 宋孟元老《东京梦华录》卷九:"宰执亲王宗室百官入内上寿:凡御宴至第三盏时方有下酒肉,咸豉、爆肉、双下驼峰角子。"又宋周密《武林旧事》卷六:"蒸作从食:有诸色夹子,诸色包子,诸色角子,诸色果食。"又宋陆游《老学庵笔记•集英殿宴金国人使九盏》:"第二盏:爆肉双下角子。"

在上述文献记载中,"夹子"并非饺子别名。因为在宋周密《武林旧事•蒸作从食》中,夹子与角子并列。在宋吴自牧《梦粱录•荤素从食》中,有很多夹子食品名称都不像是饺子古名。在宋浦江吴氏《中馈录•甜食》中,有"油夹儿方",其制作工艺像是油煎馅饼类。

到了元明,始有角子的制作工艺出现。例如,元忽思慧《饮膳正要•聚珍异馔》中,有水晶角儿、撇列角儿、时萝角儿。元佚名氏《居家必用事类全集》庚集中,有驼峰角儿、烙面角儿、时萝角儿等。上述这些角儿的制作方法,与现代的做饺子法特别相似。由此证明,角子的确是饺子的祖名,也是饺子的祖型。

自明朝以来,古籍中除了有角子名称外,则开始出现了饺儿、汤饺、水饺、水点心、扁食、颠不棱等。兹举例如下:

> 明刘若愚《明宫史•正月》中有"喫水点心,即扁食也"。又明宋诩《宋氏养生部•面食制》中有汤角、酥皮角儿、蜜透角儿。又清顾禄《桐桥倚棹录》中有苏州的市食水饺、油饺。又清袁枚《随园食单•点心单》中有"颠不棱即肉饺也"。

如今,中国饺子的品种很多,不胜枚举。有煮饺、蒸饺、煎饺;有冷水和面饺、烫面饺、油酥面皮饺;有著名的北京宫廷饺、天津百饺园、济南扁食楼、上海城隍庙四喜蒸饺、太原认一力百饺馆、辽宁老边饺子、长沙丰雅亭鲜汤饺子、成都钟水饺、广州粉果饺、香港沙爹牛肉饺等。我国的饺子品种、风味、制作工艺等,正处于开拓创新时期。

(6)面条　笔者认为,我国制作面条的起源至晚始于汉朝,因为在古籍中已有"汤饼"或"索饼"的记载,例如:

> 汉刘熙《释名•释饮食》:"蒸饼、汤饼、蝎饼、髓饼……索饼之属,皆随形而名之也。"又汉崔寔《四民月令•五月》:"是月也;先后各十日,薄滋味,毋多食肥酸。距立秋,毋食煮饼及水溲饼。夏日饮水时,此二饼得水,即坚难消;唯酒溲饼入水即烂也。"

在古代,国人把用面粉做成的面食泛称为"饼",又根据形状成熟制作方法等命名,与近现代不同。因此,学术界对于《释名》中的数种"饼"作出了不同的见解。笔者认为,由于那些饼都没有制作方法论述,所以根据文字直接解读应当是可信的。例如,汤饼与索饼可能是指面条。

虽然《释名》中的饼没有制作方法的论述,但是汉朝以后很多朝代的文献中,几乎都有制作汤饼、蒸饼的史料可以作参考，证明汤饼是指面条。兹举例如下：

北魏贾思勰《齐民要术》载："水引馎饦法：细绢筛面以成，调肉臛汁，待冷溲之。水引揍如箸大，一只一断，著水盆中浸。宜以手临铛上，揍令薄如韭叶，逐沸煮……"。

宋欧阳修《归田录》卷二："汤饼，唐人谓之"不托"，今俗谓之馎饦。"

晋束晢《饼赋》载："玄冬猛寒，清晨之会，涕冻鼻中，霜凝口外，充虚解战，汤饼为最。"南朝刘义庆《世说新语·容止》载："何平叔美姿仪面至白，魏明帝疑其傅粉。正夏月，与热汤饼既啖，大汗出以朱衣自拭，色转皎然。"

由上述可知，古代汤饼即相当于今日用汤水或高汤煮成的汤面，说明面条的起源很早。在古籍中，汤饼、索饼、馎饦、不托等，都应当是今日面条食品的祖名。在古代，面条食品的名称不少，例如唐孟诜《食疗本草》中的"山药馎饦"，宋吴氏《中馈录》中的"水滑面"也应当是面条。

近年来，我国考古工作者在青海省发现了古代"面条"，如图1-16所示。由此说明，面条是中国人最先发明的，而非中东或意大利人首创。

图 1-16　新石器时代的面条
（引自吕厚远：《中国新石器晚期的小米面条》）

发现经过是，2002年10月，中国社会科学院考古研究所在青海省民和县喇家遗址发掘中，在一件深埋了3m的红陶碗底部，发现了粗细均匀，卷曲缠绕，直径约0.3cm，总长超过50cm的面条。经考证研究认为，那是一碗4000年前的小米面条。由此可知的是，我国的粮食制作面粉起源，也应当有4000年历史。[1]

笔者认为，黍和粟原产于我国，足有4000年历史，这两种米的特性与糯稻米、糯

[1]　吕厚远. 中国新石器晚期的小米面条［J］. 英国：自然，2005（10）.

高粱相似，适当糊化不添加黏高粱也可以用于做面条。另外，用黍米粉或小米粉为原料，用糊化的米汤调和，或用少量的热开水调和，所制得的面团也可以用于拉伸或用压河漏的方法制得面条，毫无困难，唾手可得。在我国福建、台湾农村，自古就是采用糊化普通稻米粉的方法，挤压制作稻米粉丝的。

如今，我国制作面条、粉丝的技术已经很高明。普及的品种有手工拉抻银丝面、手工刀切面、机制湿切面、机制干挂面、大米粉糊化制米线、绿豆粉丝、豌豆粉条等。兹列举若干品种的制作场景，如图1-17所示。

专家拉抻银丝面

作坊晾晒银丝面

自动化制作拉面一角

晾晒大米粉丝

图1-17　我国当代的面条与大米粉丝

第五节

舶来的五谷杂粮

相对于我国古代的"五谷"来说，舶来的粮食作物种类品种较少。但是独特的舶来种具有强大的互补作用，传播发展速度快，生命力强，食用意义深远。因此，应当讨论到，回忆传入者的用心、艰辛与功德也是应该的。兹分别探讨如下。

一、高粱

高粱古称蜀黍、蜀秫、芦粟等，禾本科一年生粮食作物。我国自古广泛播种高粱，以东北各省最盛，秆直立挺秀，叶窄长且厚，穗如散帚或棒槌，外观如图 1-18 所示。

据史学家研究认为，高粱的原产地在非洲赤道两侧。特别是在苏丹与埃塞俄比亚，栽培高粱已有 7000 年历史，埃及有 5000 年，印度有 2500 年。据报道说，在尼罗河上游田野边沿地带，现在仍然发现有野生高粱生长。

在我国古籍中，"高粱"名称的意义有 4 种：一是指地名，一是指饭菜，一是指粮食，一是指作物，后者是我们要讨论的主题。据检索古文献已知，在秦汉以前，甚至魏晋以前，古籍中至今

图 1-18　吐鲁番甜秆大弯头高粱
（引自辽宁农科院：《中国高粱品种志》，
农业出版社，1983 年）

不见有名实一致的"高粱"证据。这可以说明，食用作物高粱种，不大可能原产于我国。

可是近些年来，随着考古发现与史学研究的增加，对于高粱原产于我国的认定，似乎有些突破。其中"蜀黍"初见于晋朝，而"高粱"初见于唐朝。兹举例如下：

晋张华《博物志》："地三年种蜀黍，其后七年多蛇。"唐陆德明《尔雅释文》："按蜀黍，一名高粱，一名蜀秫，以种来自蜀，形类黍，故有诸名。"

宋朱熹《诗经集传》卷四："黍离：彼黍离离。传曰：黍，谷名，苗似芦，高丈余，穗黑色，实圆重。"明陆容《菽园杂记》卷四："朱子注《诗》云：黍，谷名。所谓苗似芦，高丈余者，即今南方名芦粟，北方名蜀秫，其秆似秫秸是也，盖自是一种非黍也。"

在上面原文中，朱熹所传注的显然是指高粱，但是用于诠释《诗经》中的"黍"不妥，或许朱子也是误认。因为朱子有不妥之处，所以陆容所指示的极是，可补充说明，高粱不是黍，也不是起源于《诗经》时代，而是"自是一种"。然而，以上原文可以说明，在宋朝，福建和江西已经种植高粱。朱熹是江西人长期客居福建。

自宋朝以后，有关高粱的史料开始增加。兹再举例如下：

元贾铭《饮食须知·谷类》卷二："蜀黍，高大如芦荻，一名芦粟，黏者与黍同功。种之可以济荒，可以养畜，梢堪作帚，茎可编制箔席，编篱，供柴火。《博物志》云：地种蜀黍，年久多蛇。"

明李时珍《本草纲目·谷部》卷二十三："蜀黍：俗名蜀秫、芦粟、高粱。蜀黍不甚经见，而今北方最多。茎高丈许，状似芦荻而内实，叶亦似芦，穗大如帚。种始自蜀，故谓之蜀黍。"

对于高粱的起源问题，近些年来，我国的考古发现有许多突破，发现了不少高粱证据。兹列表 1-6 如下。

表 1-6　我国考古发现的高粱

发现地址	发现物名称	所属时代	参考资料	附注
甘肃民乐县东灰山	炭化高粱	新石器	1986 年出土发现	
江苏新沂市三里墩	高粱秆及叶	西周	《考古》1960.7	
河北石家庄市庄村	栽培高粱	春秋战国	《考古学报》1957.1	
陕西长武县碾子坡	炭化高粱	新石器	1980 年出土发现	
辽宁辽阳市三道壕	栽培高粱	西汉	《考古学报》1957.1	
河南洛阳市烧沟	高粱种子	西汉	《洛阳烧沟汉墓》	
河南洛阳市老城	高粱结块	西汉	《考古》1964.8	
陕西咸阳市马泉	高粱秆	西汉	《考古》1979.2	
陕西西安市郊	高粱颗粒	西汉	《考古》1979.2	

我国是世界上最大的高粱生产国之一，仅次于印度。虽然考古发现了很多很早的高粱证据，足有 5000 年历史，但是在我国古文献中出现的记载很少。在史学界争论不明的情况下，认为我国栽培高粱种源于国外是可以的。

我国现在栽培的高粱，有食用与酿酒高粱，糖用植株高粱和植株工艺品高粱三大类。在食品科技史上，最重要的是食用高粱，用于酿酒或作为主食，还用于制作糕点、糖果或加工饲料。

二、玉米

玉米又称玉蜀黍、番麦、包谷、御麦等。作为粮食作物，玉米是世界上也是我国最重要的品种之一。玉米是禾本科草本植物，其生长过程别开生面。单性花雌雄同株，雄花顶生而雌花为肉穗花序。雌花萌生于叶腋间，果穗苞以卷筒叶紧包，成为棒槌形，丰润秀美，如图 1-19 所示。

我国现在栽培的玉米，有九种类型：即硬粒型、马齿型、蜡质型、粉质型、甜质型、甜粉型、糯质型、有稃型、爆裂型等。其中，糯质型玉米是我国优选培育成功的新型玉米。

研究认为，玉米起源于南美洲的亚马孙河流域，如秘鲁、巴西、玻利维亚等。但也有人研究认为，中美洲的墨西哥、危地马拉、洪都拉斯等，也是玉米的原产地。其中，在墨西哥发现的"大刍草"，据研究说它是各种玉米类型的祖先。如图 1-20 所示。

图 1-19　玉米果穗

图 1-20　玉米祖型大刍草
（引自冬屏亚：《玉米的起源传播和分布》，
《农业考古》，1986 年）

近代，考古学家已在墨西哥，南美洲的秘鲁、哥伦比亚、巴西等，从古墓和废墟里，先后发现了玉米果穗等证据，经测定约有 5000 年至 7000 年历史。其中，还有印第安人崇拜玉米的雕塑神像，如图 1-21 所示。

关于玉米品种传入我国的问题，据《中国玉米品种志》说："玉米 16 世纪前半期由欧洲传入我国，在明田艺衡《留青日扎》和李时珍《本草纲目》中都有记载"。据日本人星川清亲说，16 世纪初葡萄牙人将玉米传入印度，而后从印度传入中国。但是，新近的发现表明，玉米传入我国的时间显然早于明朝。兹举例如下：

图 1-21　印第安人崇拜玉米的雕像
（引自：同图 1-20）

元贾铭《饮食须知·谷类》卷二："玉蜀黍即番麦，味甘性平。"元李东垣《食物本草·谷部》卷五："玉蜀黍：一名玉高粱，种出西土。其苗叶俱似蜀黍而肥矮，亦似薏苡。苗高三四尺，六七月开花成穗，如秕麦状。苗腋别出一苞，如棕鱼形，苞上出白须垂垂。久则苞拆子出，颗颗攒簇。子亦大如棕子黄白色，可炸炒食之。炒柝白花，如炒柝糯谷状。"

明田艺衡《留青日扎》："御麦：种出西番，旧名番麦，以其曾经进御故名御麦。秆与叶类稷，花类稻穗，其苞如拳而长，其须如红绒，其粒如芡实大而白。开花于顶，结实于节，真异谷也。"

根据上面的记载分析已知，贾铭和李东垣所说的，正是玉米栽培已经传到我国的证据。由于有"种出西土"和"种出西番"的话，所以玉米首先自西域或印度传入我国西藏或新疆的设想，应当是有道理的。在元朝，我国疆域已通达西域及印度，丝绸之路畅通无阻，靠铁蹄马背传入玉米，既迅速又稳操胜券，是天赐的机遇。

贾铭，字文鼎，浙江海宁人，生于南宋，到明朝初已经百岁高龄，终年 106 岁。李东垣是元朝医药学家，生平不明。如果根据他们的记载推算，玉米传入我国至今，即从南宋末或元朝初至今，大约有 730 年历史。

三、燕麦

燕麦又称莜麦、油麦、乌味草、皮燕麦，古文献中称雀麦。禾本科一年生草本作物。

因为燕麦小穗的护颖像燕子翅膀，故名燕麦。

相传燕麦的原产地在中央亚细亚，小高加索地带，如亚美尼亚、土耳其、伊朗等。由于燕麦有很强的适应力，可以在不良的气候和贫瘠的土壤地开花结果，所以得到了发展，成为粮食作物，可作饲料或造纸原料等。

我国自古栽培燕麦，最初记载始见于秦汉间成书的《尔雅》里，又见于西汉司马迁的《史记》中。兹举例如下：

《尔雅》郭璞注："雀麦，即燕麦也。"司马迁《史记·司马相如传》："缘以大江，限以巫山，其地高燥，则生葴斯苞荔。"郭璞云："葴斯苞荔，江东名乌葴析。"晋郭义恭《广志》云："凉州地生析草，皆中国苗燕麦也。"

现在已知，燕麦与雀麦的外观特别相似，都是禾本科植物，顶生圆锥花序，小穗含小花，果粒相似，所以误称雀麦为燕麦。其实，它们是不同品种。燕麦及其植株、籽粒如图1-22、图1-23、图1-24所示。

图 1-22　燕麦

1—植株全形　2—小花　3—鳞被及雌雄花

（引自《山东经济植物》编写组：《山东经济植物》，山东人民出版社，1978年）

图 1-23　燕麦植株

图 1-24　燕麦籽粒

　　自唐朝以来，在古文献中有关燕麦的记载开始增加，歌颂燕麦的食用价值与特点的史料不少。兹举例如下：

　　唐李白《春日独坐寄郑明府》诗："燕麦青青游子悲，河堤弱柳郁金枝。长条一拂春风去，尽日飘扬无定时。"宋寇宗奭《本草衍义》："刘梦得所谓兔葵燕麦，动摇春风者也。"

在上面原文中，刘梦得即唐朝诗人刘禹锡。关于燕麦的其他内容与名称来源，大多出现于明朝和清朝的古籍中。兹举例如下：

明杨慎《丹铅总录》："乌味草即今之野燕麦，淮南谓麦曰昧，故史从音为文。"

明包汝《南中纪闻》："罗鬼国禾米佳过中国。彼地人亦以燕麦为正粮，间用禾谷。燕麦状如麦，外皆糖膜，内有芥子一粒，色黄可食，群苗以此为面。每人制一羊皮夹袋，装盛数升，途中遇饥，辄就山间调食，谓之香面。"

清沈涛《瑟榭丛谈》："油麦形似小麦而弱，味微苦，当即燕麦。"清刘逮《山西农家俚语浅解》："莜麦生性怪，寒了成熟快。莜麦，即燕麦也。"

在上面的原文中，"莜麦"的学名即裸燕麦。由于燕麦的证据不见于我国先秦时代，所以燕麦是舶来种，大约于西汉时期传入我国，已有 2200 年历史。

四、豌豆

豌豆又称胡豆、麦豆、淮豆、回回豆等。作为食用豆类，豌豆是一年生或越年生草本豆科植物。豌豆的花很美，有红、白、紫三色，成熟的豌豆颗粒是典型的粮食原料，鲜嫩的豌豆颗粒可以用于烹调上桌，成为顶尖的佳肴引人流涎。

豌豆，荚果如图 1-25 所示。

图 1-25　豌豆

据史学界研究认为，豌豆的原产地问题有两种见解。其一，原产于欧洲地中海北岸地带，如希腊、意大利等。其二，原产于亚洲西南部地带，如伊朗、阿富汗、巴基斯坦等。其实，以上地带是相连接的，在新石器时代已经发现有豌豆证据。除了发现有野生豌豆，在瑞典的古墓中，已发现了公元 10 世纪的豌豆证据。

在我国南北朝时期，北魏贾思勰的《齐民要术·大豆》中，引三国张揖《广雅》的话说："䝁豆、豌豆，留豆也。"贾思勰《齐民要术》说："今世大豆有黑白二种；䝁豆是大豆类，豌豆、豇豆是小豆类也。"

由上述内容说明，"豌豆"的名称及其传入我国的时间，大概始于三国张辑《广雅》时期，而且，已知䝁豆与豌豆非同一作物，后代认为张楫的说法是一种错误。贾思勰是古代著名农学家，他的绪论是可以相信的。自南北朝以来，有关豌豆的记载不少。兹举例如下：

唐韩鄂《四时纂要·夏令》卷三："五月杂事：收蚕豆、豌豆、蜀芥、胡荽子。"在《四时纂要·十月》里有："豌豆是月种之。"唐陆贽《鲁宣公请依京兆所请折纳事状》："京兆府先奏当官，虫食豌豆全然无收。"

北宋苏颂《图经本草》："豌豆：蔓生有须，叶如蒺藜，子可炒食，可造粉为面。可为糕，可久贮。"宋陆游《剑南诗稿》卷十五："巢菜：蜀蔬有两巢，大巢豌豆不实（嫩）者；小巢生稻畦中，东坡所赋元修菜是也。"

在上面诗文中，"大巢"指的是豌豆苗；"小巢"指的是"元修菜"，即巢元修喜欢吃的菜，实际上是野蚕豆苗，苏东坡雅称之为巢菜。关于豌豆源于国外的结论，除了"胡豆"名称外，还有下列史料也可以证实：

旧题元李东垣编，明李时珍参订，姚可成补辑《食物本草·菽豆类》卷五："豌豆：种出胡戎，八九月下种，三四月开小花，如蛾形淡紫色。子煮、炒皆佳。磨粉，面甚白细腻。百谷之中，最为先登。"明王象晋《群芳谱·谷谱》："豌豆：一名淮豆，一名国豆，种出西胡，北土甚多。"明李时珍《本草纲目》："豌豆即回回豆。"

五、蚕豆

蚕豆古代称胡豆，豌豆也称胡豆，这种混称有时会造成误解。蚕豆又称佛豆、罗汉豆、倭豆，豆科一年或二年生草本，茎方形中空，早春开花，荚果大而肥厚。如图1-26所示。

关于蚕豆的原产地问题，现在有两种见解。其一，认为原产于非洲北部，如阿尔及利亚、利比亚等，在那里已经发现了野生蚕豆。其二，认为原产地在亚洲西部，如黑海南岸、高加索地带、土耳其等，在那里已经发现了小粒种野生蚕豆。据研究称，在《圣经》中已经记载了种蚕豆食用的证据。

关于我国传入蚕豆的问题，古书上所说的，都是"张骞使西域得胡豆归。"开始种植的应是始于西汉。兹举例如下：

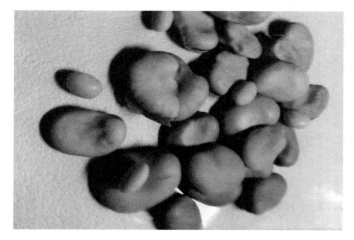

图 1-26　蚕豆与黄豆

　　宋李昉《太平御览》："张骞使外国得胡豆种归，故名。"元王祯《王祯农书·谷属》："本草经云：张骞往外国，得胡豆。"

　　明李时珍《本草纲目·谷部》卷二十四："蚕豆：豆荚状如老蚕故名，《王祯农书》谓其蚕时始熟故名，亦通。《吴瑞本草》以此为豌豆，误矣。此豆种亦自西胡来，虽与豌豆同名，同时种，但形性迥别。《太平御览》云：张骞使外国得胡豆种归，指此也。今蜀人呼此为胡豆，而豌豆不复名胡豆矣。蚕豆南土种之，蜀中尤多。八月下种，冬生嫩苗可茹。方茎中空，叶状如匙头，二月开花如蛾状，紫白色如豇豆花。结角连缀如大豆，颇似蚕形，蜀人收其子以备荒歉。"

　　至此，根据李时珍《本草纲目》的论述说明，蚕豆传入我国时，应当是在西汉张骞（公元前114年）时期。张骞是陕西汉中城固县人，他于公元前126年与公元前119年两次出使西域，到达古代的大月氏、大宛、大夏等，促进了汉朝与中亚人民的多种交流。可是，"蚕豆"的名称首次出现于宋苏颂的《图经本草》中："蚕豆荚状若老蚕。"自汉朝到唐朝期间，至今尚未见到使用"蚕豆"一词的证据。

　　现在，我们是蚕豆的新主人，对于蚕豆的青睐已经超越了古代的单调食用。除了作为粮食原料，新鲜蚕豆可以用于烹调佳肴，四川人把蚕豆酿造成辣瓣酱，全国各地还把蚕豆制作成五香豆、风味豆食品等。蚕豆的身价，已经超出平常人的想象。

六、甘薯

　　甘薯又称红薯、白薯、番薯、地瓜等，旋花科，在热带呈多年生草本。茎蔓生，叶心脏形至掌状深裂。在我国南方，开红紫色或白色花，成腋生聚伞花序，总花梗长，花萼五深裂，裂片不等长，花冠漏斗形，顶端五裂片不开展，雄蕊五枚不等长。甘薯的植株如图1-27所示。

图 1-27　甘薯植株
1—花枝　2—示全缘叶　3—花的纵剖面　4—雄蕊　5—雌蕊
（引自《山东经济植物》编写组：山东经济植物，山东人民出版社，1978年）

在我国古书中，"甘薯"名称最早出现于晋陈祈畅《异物志》和晋徐衷的《南方草木状》中。兹摘引如下：

　　陈祈畅《异物志》："甘薯：甘薯似芋，亦有巨魁。剥去皮肌肉正白如脂肪，南人专食，以当米谷。"徐衷《南方草木状》："甘藷：甘藷二月种，至十月乃成，大如鹅卵，小如鸭卵。掘食蒸食其味甘甜。"

我国六朝时期出现的"甘藷"，在其他古籍中称薯蓣，与现代的薯蓣科分类相同。番薯的原产地在中美洲，哥伦布发现"新大陆"（1493年至1498年三次出航）之后才传到亚洲，属于旋花科甘薯。在时间上，六朝与15世纪间相距甚远，所以我国古时候没有番薯，即现在的红薯。

旋花科的甘薯与薯蓣科的甘薯薯块如图1-28所示。

旋花科甘薯块根　　　　　　　　　薯蓣科甘薯（即山药）块茎

图 I-28　旋花科与薯蓣科的甘薯

根据国内外的研究表明，旋花科的甘薯原产于中美洲的墨西哥、危地马拉、洪都拉斯等。我国出版的《中国甘薯栽培学》认为，甘薯还原产于南美洲的厄瓜多尔、秘鲁等。虽然两种见解有些不同，但是原产于美洲是相同的。为了讨论方便，下面所有"甘薯"名称，都是指旋花科甘薯的，与薯蓣科甘薯无关。

关于甘薯传入我国的历史事项，特概述如下。

1493 年至 1502 年，意大利航海家哥伦布移居西班牙，奉国君伊萨伯拉和斐迪南之命，三次带着国书，决意出航要前往东方的中国与印度，定要探个究竟。结果，哥伦布及随从 80 余人，横渡大西洋到达了中美洲和南美，误航以为发现了中国和印度，称美洲是印第安。在航海探险过程中，他们发现了可爱的玉米和可敬的甘薯。

他们把甘薯种带回西班牙，拜谒并献给国君，从此甘薯传到了欧洲。到 16 世纪初，甘薯已经传遍了西班牙全国各地。1506 年，哥伦布病死。

1517 年，葡萄牙航海者麦哲伦移居西班牙。1519 年，麦哲伦接受国君的命令，率 265 人组成航海船队，跨越大西洋南下，到达火地岛，越过今麦哲伦海峡进入太平洋，于 1521 年到达菲律宾。不久麦哲伦被菲律宾人杀死，余众船员乘"维多利亚号"船于 1522 年 9 月回到了西班牙。由此得知，地球是圆的。

1565 年，西班牙人以麦哲伦被杀为由，攻占了菲律宾及南洋许多地方，实行殖民统治的同时，传入了从西班牙带来的甘薯。据清陈世元辑的《金薯传习录》说，甘薯最初传入我国，就是源自菲律宾吕宋岛的。兹转载原文如下：

陈世元《金薯传习录》："按番薯种出海外吕宋。明万历年间闽人陈振龙贸易其地，得藤苗及栽种法入中国；万历二十一年五月（1593年），陈振龙目观彼地土产朱薯被野，生熟可茹；询之，夷人咸称，薯有六益八利功同五谷；于是涉险带种而归，五月中抵厦门。"

根据以上记载说明，甘薯自菲律宾传入我国的时间，大约是在明万历二十一年，即1593年。但是，在16世纪末以前，西班牙人已经占领了菲律宾，传入了甘薯，而且当时已经有很多闽南人在菲律宾谋生，所以可能会有其他人，先于陈振龙将甘薯传入我国。为了探讨甘薯传入我国的真实时间，兹再举例如下：

明何乔远《闽书·金薯颂》："渡闽海而南有吕宋，闽人多贾吕宋，其国有金薯遍野，篓来中国，种时万历年。"

明周亮工《闽小纪》："番薯，万历中闽人得之国外，瘠土沙砾之地皆可以种。初种于漳郡，渐及泉州，渐及莆田，近则长乐、福清皆种之。"

清苏琰《朱薯蔬》："朱薯：万历甲申、乙酉（1584-1585年）间，漳（漳州）潮（潮州）之交有岛曰南澳，温陵（泉州古名）洋舶道之，携薯种归。晋江五都乡灵水种之园斋，苗叶供玩。至丁亥、戊子（1587-1588年）乃稍及旁乡，视为异物。甲午、乙未（1594-1595年），温陵饥，他谷皆贵，惟薯独廉，乡民活于薯者有十七八，由是名曰朱薯，其皮色赤故曰朱。"

根据检索已知，何乔远是福建晋江人，明万历进士，主编《闽书》一百五十卷，史学家，对甘薯传入我国福建闽南应当是清楚的。周亮工是河南祥符（今开封）人，明崇祯进士，在福建镇压过抗清明军。苏琰是福建晋江人，明万历进士，任明监察御史。

因为在上面史料中，不见有陈振龙传入甘薯的话，所以闽南传入甘薯的事与陈振龙传入甘薯的事项两者无关。另外，何乔远和苏琰都是晋江人，他们生活的年代几乎与甘薯传入的时间一致，同时代，而且是家乡人记述家乡事，所言的一切，当然很可信。周亮工在福建时间很长，对传入甘薯这种新鲜大事，一定会有许多了解。

总之，漳州和泉州传入甘薯的年代，应当早于陈振龙传入甘薯的年代，大约早了十余年。对于我国来说，甘薯已经是现在至关重要的粮食。

现在，世界上甘薯属约有500个品种，我国主要有20个品种。关于甘薯在我国的传播情况，现在已有一些史料可以参考。根据史料，可以知道一些地区传入甘薯的年代。兹列表1-7如下：

表 I-7   古代甘薯传播记载资料

省市名	传入地址	传入年代（年）	参考资料
福建	漳州　泉州　晋江	1584	何乔远《闽书》，苏琰《朱薯疏》
福建	福州　长乐　福清	1593	陈世元《金薯传习录》
山东	济南　淄博	1604	王象晋《群芳谱》
台湾	台中	1624	《台湾农家要览》
江苏	上海县	1628	徐光启《农政全书》
上海	上海市	1628	徐光启《农政全书》
浙江	宁波	1662	陈世元《金薯传习录》
浙江	嘉兴	1690	吴震方《岭南杂记》
四川	成都	1733	《中国社会科学》1980 年（3）
湖南	岳阳	1742	谢中坑《平江县志》
山东	青岛	1749	陈世元《金薯传习录》
天津	天津市	1750	黄可闻《畿辅见闻录》
河南	开封	1755	陈世元《金薯传习录》
北京	北京市	1755	陈世元《金薯传习录》

七、马铃薯

在古书上，马铃薯又称土豆、山药蛋，还有阳芋、地蛋、香芋、黄独等。它是茄科多年生草本植物，因为地上茎略呈三角，叶茂时易倒伏，所以古人说它是蔓生的，误认为它是黄独。

黄独的别名金丝吊蛋、金线吊蛤蟆，是薯蓣科多年生藤本植物。香芋前面已经讨论到，又名地栗子，是豆科多年生草本植物。土豆是马铃薯的俗称。山药是薯蓣科，有家山药和野山药两类。总之，马铃薯的名称很多，有的并不科学。马铃薯的薯块如图 1-29 所示。

图 I-29　马铃薯地下块茎

研究认为，马铃薯的原产地在南美洲，秘鲁南部"的的喀喀湖"沿岸，又说也原产于玻利维亚。马铃薯的传播，首先传入智利和墨西哥，公元1512年，西班牙人占领了墨西哥，将马铃薯传入西班牙，然后在欧洲传播。公元1586年，马铃薯传入英国，公元1587年传入意大利和德国，公元1588年传入俄罗斯。

关于马铃薯传入我国的问题，史料甚少。现在已知可以作为参考的如下：

明王象晋《群芳谱·蔬谱》："附录土芋：一名土豆、一名土卵、一名黄独。蔓生，叶如豆，根圆如卵，肉白皮黄，可用灰汁煮食，亦可蒸食。"

清吴其濬《植物名实图考》："阳芋，黔（贵州）滇（云南）有之。开花紫筒五角，间以青纹，根多白须，下结圆实。山西种之于田，俗呼山药蛋。"

清黄皖子《致富纪实》："洋芋出于俄罗斯，最宜高寒，亦能耐旱，花似茄，结子圆滑如球。"

在分类学上，马铃薯是茄科，伞房花序顶生，夏天盛开白、红、紫花，块茎钟状，块茎圆滑，皮黄肉白等。在上面例子中，有许多描述内容是与马铃薯的植物学特征相一致的。例如：土豆、阳芋、山药蛋、洋芋；开花紫色，花似茄；根圆如卵，地下结圆实，结子圆滑，皮黄肉白；最宜高寒耐旱等。特别是《致富纪实》中的描述，那只能是指马铃薯，可以首肯，无可厚非。由此可知，马铃薯可能是在明末清初时传入我国的。

参考文献

［1］汉郑玄注. 周礼注疏. 唐贾公彦疏［M］. 上海：上海古籍出版社，1990.

［2］战国屈原. 楚辞［M］. 上海：上海古籍出版社，1998.

［3］春秋孔子. 论语·微子［M］. 北京：中华书局，1990.

［4］王焕镳选注. 韩非子选［M］. 上海：上海人民出版社，1974.

［5］东汉许慎. 说文解字（影印本）［M］. 天津：天津古籍书店，1991.

［6］北魏贾思勰. 齐民要术［M］. 石声汉选释. 北京：农业出版社，1981.

［7］唐徐坚等. 初学记［M］. 北京：中华书局，1962.

［8］清孙希旦. 礼记集解［M］. 沈啸寰，王星贤点校. 北京：中华书局出版，1989.

［9］汉郑玄注. 礼记正义. 孔颖达疏. 国学整理社. 影印院刻十三经注疏附校刊记［M］. 上海：世界书局，1935.

［10］国学整理社. 尚书正义. 影印院刻十三经注疏附校刊本［M］. 上海：世界书局，1935.

［11］明陆容. 菽园杂记［M］. 王仁湘注释. 北京：中国商业出版社，1989.

［12］明王象晋. 群芳谱［M］. 北京：农业出版社，1985.

［13］战国吕不韦. 吕氏春秋·本味篇［M］. 王利器疏证. 王贞珉整理. 邱庞同

注释. 北京：中国商业出版社,1983.

［14］南北朝顾野王. 玉篇［M］. 北宋陈彭年重修. 北京：北京市中国书店，
1983.

［15］宋朱熹. 诗经集传［M］. 长春：吉林人民出版社，1999.

［16］西汉刘安. 淮南子［M］. 上海：上海古籍出版社，1989.

［17］石声汉. 氾胜之书今释. 初稿［M］. 北京：科学出版社，1956.

［18］明李时珍. 本草纲目［M］. 刘衡如点校本. 北京：人民卫生出版社，
1978.

［19］唐苏敬等. 新修本草［M］. 上海：上海古籍出版社，1985.

［20］汉班固. 汉书［M］. 唐颜师古注. 国学整理社. 四史上海：上海世界书局，
1935.

［21］唐孟诜. 食疗本草［M］. 北京：人民卫生出版社，1984.

［22］宋陈元靓. 事林广记［M］. 北京：中华书局，1999.

［23］谭麟. 荆楚岁时记译注［M］. 武汉：湖北人民出版社，1985.

［24］明刘若愚. 明宫史［M］. 北京：北京古籍出版社，1982.

［25］西汉刘安. 淮南子［M］. 上海：上海古籍出版社，1989.

［26］宋孟元老. 东京梦华录［M］. 北京：中国商业出版社，1982.

［27］明宋诩. 宋氏养生部：饮食部分［M］. 北京：中国商业出版社，1989.

［28］宋吴自牧. 梦粱录［M］. 北京：中国商业出版社，1982.

［29］中国农业科学院. 中国稻作学［M］. 北京：农业出版社，1986.

［30］中国农科院，山西农科院. 中国谷子品种志［M］. 北京：农业出版社，
1985.

［31］林世成，闵绍楷. 中国水稻品种及其系谱［M］. 上海：上海科学技术出版
社，1991.

［32］金善宝等. 中国小麦品种志［M］. 北京：农业出版社，1986.

［33］丁颖. 丁颖稻作论文选集［C］. 北京：农业出版社，1983.

［34］浙江农科院，青海农科院. 中国大麦品种志［M］. 北京：农业出版社，
1989.

［35］吉林农科院. 中国大豆品种志［M］. 北京：农业出版社，1985.

［36］辽宁农科院. 中国高粱品种志［M］. 北京：农业出版社，1983.

［37］中国农科院，山东农科院. 中国玉米品种志［M］. 北京：农业出版社，
1988.

［38］江苏农科院，山东农科院. 中国甘薯栽培学［M］. 上海：上海科学技术

出版社，1984.

［39］中国农业科学院. 中国油菜品种志［M］. 北京：农业出版社，1988.

［40］山东省花生研究所. 中国花生品种志［M］. 北京：农业出版社，1987.

［41］全国荞麦科研协作组. 中国荞麦科学研究论文集［C］. 北京：学术期刊出版社，1989.

［42］洪光注. 中国食品科技史稿［M］. 北京：中国商业出版社，1984.

［43］［日］篠田统. 中国食物史研究［M］. 东京：八坂书房，1978.

［44］王雷鸣. 历代食货志注释［M］. 北京：农业出版社，1984.

［45］中国科学院等科考队. 西藏作物［M］. 北京：科学出版社，1984.

［46］吕厚远. 中国新石器晚期的小米面条［J］. 英国：自然，2005（10）.

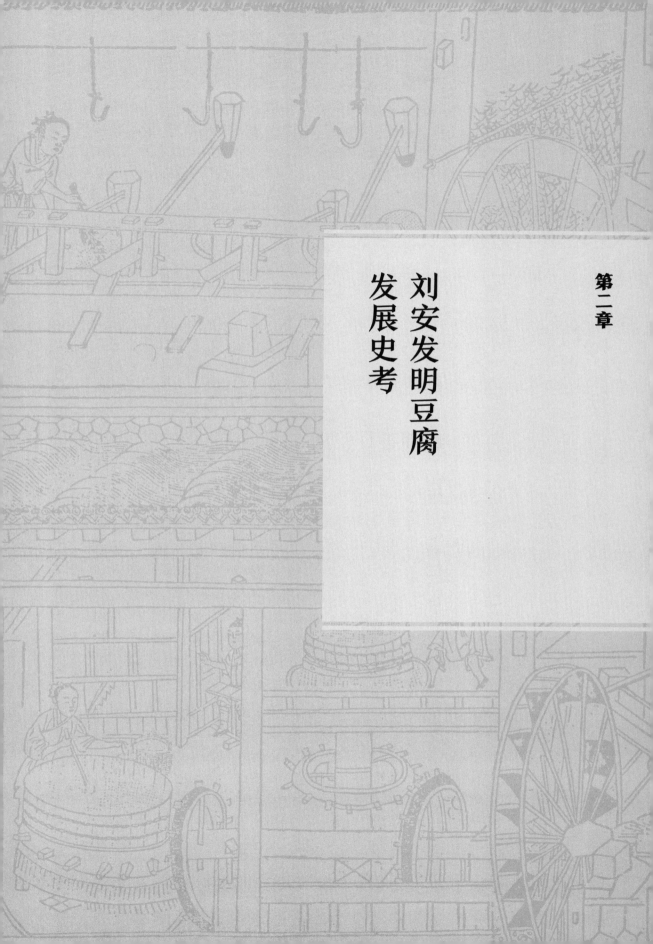

第二章

刘安发明豆腐发展史考

豆腐起源考

众所周知，豆腐源于用大豆为原料。所以，我国汉朝时期必须有大豆供应，汉淮南王刘安才能发挥才智，用于发明豆腐。根据研究已知，我国播种大豆的起源，显然始于秦汉以前，这是完全可以肯定的结论。兹举例如下：

> 《诗·小雅》："采菽：采菽采菽，筐之筥之。"《诗·小雅》："小宛：中原有菽，庶民采之。"《诗·豳风》："七月：七月亨葵及菽。"又《周礼·夏官》："职方氏：河南曰豫州……其谷宜五种。"汉郑玄注："黍稷菽麦稻。"又《吕氏春秋·审时篇》："大菽则圆，小菽则抟以芳。"

在上述的各引文中，"菽"都是大豆的古名。由"菽"改为"大豆"名称，最初始见于西汉《氾胜之书》。除文献记载外，在考古过程中，被发现的"大豆"证据也很多。例如表2-1所举示的，就是部分物证。

表2-1 考古发现的大豆资料

发现地址	大豆类型	鉴定年代	参考资料	附注
黑龙江大牡丹屯	栽培大豆	新石器时代	《考古通讯》1961年10月	有照片
山西省侯马市	大豆种子	商周时期	北京自然博物馆藏	实物
河南省洛阳市	大豆种子	西汉时期	《考古学报》1963年2月	有照片
陕西省扶风县	大豆种子	商周时期	《考古学报》1982年	有照片

关于大豆的史料证据，还可以参见本书的《五谷杂粮考》。至此，我们已可以肯定地说，在汉朝时期，特别是中原地带，如安徽省的淮南，

已有大豆可以用于做豆腐了。对于图 2-1 所举示的，那是在陕西扶风出土的商代炭化大豆。

图 2-1　扶风出土的商代大豆
（参见《考古学报》等）

一、古人论豆腐起源

1．宋朝时期

在教育家、哲学理论家朱熹（1130—1200）的《野蔬食》诗篇里，有一首涉及《豆腐》的诗，朱氏欣喜自详诠释，内容如下：

　　"世传豆腐本为淮南王术"，故颂曰："种豆豆苗稀，力竭心已腐。早知淮南术，安坐获泉布。"

朱熹画像如图 2-2 所示。

值得关注的是，朱熹是一位治学严谨的儒家典范，他的话不可能是凭空造就，也不会是抄袭不识大体的，自注必有依据。据他的"早知淮南术，安坐获泉布"表明，当时朱熹或许已亲自见到了宋朝以前的文献，其中有"刘安发明豆腐"的内容细节。

如果朱熹真的是见到了"刘安发明豆腐"的证据，那么他的《豆腐诗》显然意义重大。他似乎在说，早知"淮南术"早利用，利国利民，日进斗金，何乐而不为？

朱熹的话"早知淮南术"正好可以说明，在朱熹

图 2-2　朱熹（朱文公）
（引自宋陈元靓:《事林广记》）

时代以前，我国的确已有"刘安发明豆腐"的证据。

在文学家杨万里（1127—1206）的《诚斋集》一一七卷里，有《豆卢子柔传》副标题《豆腐》论文一篇，用拟人手法描写豆腐。其中有下面精彩的一段：

"豆卢子柔者，名鲋子，柔其字也，世居外黄祖。武帝时，……上曰：豆卢鲋（腐）洁白粹美，淡然于世，味有古大羹玄酒之风；太史公曰：豆卢氏在汉末显也，至后魏始有闻，而唐之名士曰钦望着，岂其苗裔耶。鲋以白衣遭遇武皇帝亦奇矣。"

杨万里的"豆腐身世"表明，豆腐曾显现于汉武帝时期。腐谐音鲋，豆卢子名腐（鲋）子，世居外黄县，是由黄豆揉制而成的，色白粹美，味有古大羹玄酒之风。日本人认为，杨氏文是暗示豆腐起源于汉武帝时，或许是暗示豆腐始于淮南王。据杨氏文，在北魏与唐代文献中，似能找到豆腐证据。日本人的研究精神用心良苦，中国人的追究信心现在也是令人钦佩的。在我国，豆卢氏自汉朝经魏、唐朝、五代，的确相传不断，且曾经是名门望族，非杨氏戏言或杜撰。

朱熹是哲学家，是教育界权威，他的话与杨万里的《豆卢子柔传》情节相似，都认为豆腐起源于汉朝。他们是发现"刘安发明豆腐"的最早灼见者。

2. 元朝时期

在元朝，也有关于"刘安发明豆腐"的记载。兹举例如下：

旧题元李东垣《食物本草·谷部·菽豆类》卷五："豆腐：其法始于汉淮南王刘安。凡黑豆、黄豆及白豆、豌豆、绿豆之类，皆可为之。"

在上述文献中，古人认为黑豆、黄豆、白豆、豌豆、绿豆等，都可以用于做豆腐，其实并非如此。在各种豆类中，唯有优质黄豆的蛋白质性质最适合于做豆腐，而其他豆不可。用于做豆腐的黄豆，其蛋白质含量才足够，在蛋白质成分中有90%以上的蛋白质是可溶性蛋白，而且具有两性电解质特性，蛋白质具有热变性、盐析作用、水解作用等。这些特性，对于豆浆形成胶体溶液，成为溶胶以及点豆腐后转变为凝胶，成为神奇的豆腐，都具有举足轻重的作用。其他豆子则没有如此齐全的性质。例如，豌豆与绿豆，含淀粉多蛋白质少，所以适合于做糕点、粉皮或粉丝，不能用于做豆腐。

3. 明朝时期

在明朝，有关"刘安发明豆腐"的文献记载很多。兹举例如下：

叶子奇（约1327—1390年前后）《草木子·染制篇》："豆腐，始于汉淮南王之术也。饮茶，始于唐陆羽著茶经也。"吴瑞《日用本草》："豆腐之法，始于汉淮南王刘安。"

明苏秉衡《豆腐》诗一首：

　　　　"传得淮南术最佳，皮肤褪尽见精华。

　　　　一轮磨上流琼液，百沸汤中滚雪花。

　　　　瓦缶浸来檐有影，金刀剖破玉无瑕。

　　　　个中滋味谁得知？多在僧家与道家。"

　　明宋诩《宋氏养生部·杂造制》卷六，在豆腐三制中说："朱文公先生诗云：种豆豆苗稀，力竭心已腐。早知淮南术，安坐获泉布。"又李时珍《本草纲目·谷部》卷二十五："豆腐之法，始于汉淮南王刘安。"又陈炜《山椒戏笔》："豆腐始自淮南王。"又陈继儒《群碎录》："豆腐，淮南王刘安所作。"又罗颀《物原》："刘安始作豆腐。"又方以智《通雅》卷三十九："以豆为腐传自淮南王。以豆为乳脂为酥。"如此之多的古人，文学家、医学家、科学家等，他们都一致认为刘安发明豆腐。今人有何理由否定？

4. 清朝时期

　　钱塘人高士奇（1644—1703年）《天禄识余》卷上："豆腐，淮南王刘安造。"又江苏巡抚两江总督梁章钜（1775—1849年）《归田琐记》："豆腐，古谓之菽乳，相传为淮南王刘安所造。"又李光洛（1769—1841年）《凤台县志·食货志》："俗谓豆腐创于淮南王，屑豆腐推珍珠泉所造为佳。"

　　在古文献中，自宋朝到清朝，众多古人都说刘安发明豆腐，这是有据可查的，无可非议。而且，我们看不出古人有任何夸大事实的表现，所以"刘安发明豆腐"很可信。

5. 刘安家族简谱

　　刘安（公元前179—公元前122年），西汉沛郡丰人（今江苏丰县），汉高祖刘邦孙，汉武帝刘彻叔，袭父封为淮南王。现在，安徽省淮南市建有刘安墓。八公山豆腐自古闻名，相关文物古迹依然历历在目。刘安博学多才，是古代著名思想家与文学家，著作多达20余种，可惜相传至今的很少，现在可见到的有《淮南子》等。刘安塑像与刘安墓如图2-3及图2-4所示。

图 2-3　刘安塑像
（笔者拍摄于安徽淮南）

图 2-4　刘安墓
（笔者拍摄于淮南）

刘安及家族简谱如下：

汉高祖刘邦 {
　高后吕雉
　薄姬
　赵姬—淮南厉王长 {
　　东城侯　刘良
　　庐江王　刘赐
　　衡山王　刘勃
　　淮南王　刘安 {
　　　男 {
　　　　刘迁
　　　　刘不害
　　　女 {
　　　　刘惠
　　　　刘陵

二、豆腐起源探讨

从"豆腐"名称探讨豆腐起源，这是一种研究事物起源的常用方法之一，中国人叫"顺藤摸瓜"又叫作"循名责实"。因此，探讨豆腐名称在国内外的传播情况很重要。

1. "豆腐"名称概要

"豆腐"的英文名"tou fu"，现在根据调查已知，在国际上或英文书里，只要用"tou fu"表达的，人们就都会明白那是指中国人发明的豆腐。这就是说，豆腐的名称正在成为国际上公认的专用名，已不必特别翻译与解释了。英国剑桥大学李约瑟的《中国科学技术史》说："尽管豆腐在英文里也写作'bean curd''pressed bean curd''pressed bean curd in blocks'等，但是都没有能够比'tou fu'更纯粹、淳朴与高雅。'tou fu'的英文名写法已被广泛运用与接受，已没有必要再改写了。"[1] 在国际上，"豆腐"的名称已经通用。

美国人威廉·舒特莱夫及其日本妻子青柳昭子（Willian Shurtleff & Aouagi），于1975年出版了《豆腐之书》。这部书向西方世界阐述了一个绚丽多彩而又神奇异常的东方豆腐大观，引起了地球另一端的波动，很多人深感兴趣。1979年，他们撰文说，把豆腐看作是大豆的干酪凝块，这是不恰当的。的确，干酪是由牛奶的凝块制成的，这与豆腐由豆浆凝块制成相似。但是其实不同，干酪还要加食盐发酵与成熟，而豆腐由豆浆凝块压成后，那已经是食物可以不必再加工了。

在我国，因为"刘安发明豆腐"的口信最为普遍，所以首先探明"豆腐"名称由来，是否与"刘安发明豆腐"有关？这个疑问已成为首要，必须竭尽全力破解。

1956年，袁翰青在所著《中国化学史论文集》里说："全部《淮南子》里只有一个'豆'字。那是在第十四卷里，有'豆之先泰羹'一语，这里的'豆'字不是指豆科植物的豆，而是一种古代餐具。因此，公元前2世纪的刘安首创豆腐的说法是不可信的。豆腐的开始创造和食用自然早于11世纪，但是无法证明其早到唐朝，更无法证明其早到汉初。豆腐的发明和制造应当是我国农民的功绩。"[2] 袁翰青的铁定结论使数十年来无人敢于提出异议。

笔者认为，袁翰青的话说得很肯定，甚至用铁定的话下结论，或许过于绝对。对于豆腐科技史研究来说，仍有许多事可做，许多疑问值得探讨。如果过早下结论，一槌定音，一叶蔽目，势必会造成他人轻信或误解，做科技史研究未知数甚多，大可不必这样做。

[1] ［英］李约瑟. 中国科学技术史：六卷五分册［M］. 北京：科学出版社，2008.
[2] 袁翰青. 中国化学史论文集［C］. 北京：三联书店，1982.

2.《淮南子》记载"豆腐"探讨

袁翰青在《中国化学史论文集》里说："遍查《淮南子》原书，却没有关于制造豆腐的记载；全书《淮南子》里只有一个'豆'字。"笔者为了撰著本文，终于下定决心重新研读《淮南子》，结果如愿以偿，受益匪浅。天道酬勤，在《淮南子》里终于发现了不少'豆'字。兹举例如下：

《诠言训》："俎之先生鱼，豆之先泰羹；俎豆之列次，黍稷之先后。"

《主术训》："觞酌俎豆，酬酢之礼，所以效善也。"《说山训》："至味不慊，至言不文，至乐不笑……大豆不具。"

《泰族训》："今夫祭者，屠割烹杀……列樽俎，设笾豆。"

《淮南子》里的"豆"字的确与黄豆无关，不是指做豆腐用的原料，但是袁翰青的话只有一个"豆"字显然失实，是不该出现的缺憾。那么，《淮南子》里有无"黄豆"证据呢？当然有，而且证据不少。兹举例如下：

《地形训》："河水中浊而宜菽；禽兽而寿，其地宜菽；禾春生秋死，菽夏生冬死。"汉高诱注："菽，豆也。"

《时则训》："孟夏之月，招摇指巳……食菽与鸡；仲夏之月，招摇指午……食菽与鸡。"汉高诱注："菽，豆连皮也。鸡、豆皆属火，之所以养也。"

《天文训》："摄提格之岁，蚕不登，菽与麦昌；大荒落之岁，蚕小登，麦昌，菽疾；协洽之岁，稻昌，菽不为，麦不为；大渊献之岁，蚕开，菽不为。"

《览冥训》："昔者黄帝治天下；百官正而无私；狗、猪吐菽、粟于路，而无岔争之心，于是日月精明，星辰不失其行。"

由上述可知，如果刘安想做豆腐，他是不必担心没有黄豆的。如果刘安想把黄豆磨成豆浆，则我国秦汉时期已有两扇圆形石磨，他可以信手使用。关于石磨，兹再举例如下：

河北邯郸出土了战国石磨；陕西秦都栎阳出土秦代石磨；江苏江都凤凰河出土西汉石磨；河南洛阳东区出土西汉石磨；江苏扬州出土西汉石磨。

刘安的《淮南子》如图2-5所示。在《淮南子》里，刘安还论述了石质"磨具"的强力作用。他的真知灼见显然是来源于生产实践的。兹举例如下：

图 2-5　刘安撰《淮南子》
（上海古籍出版社，1989 年 9 月）

《原道训》："攻大礳坚，莫能与之争。"又《修务训》："砥砺礳坚，莫见其损，有时而薄。"汉高诱注："礳，砲也。"汉许慎《说文解字》："礳，石砲也。砲，礳也。"

由上面原文分析可知，刘安已经认识到了石磨力大无比，黄豆虽然很坚硬但是无能与之抗争。有了石磨与黄豆，制备豆浆的愿望就很容易实现了。

在科技史上，做豆腐必须使用凝固剂，在汉朝最容易得到的凝固剂应当是盐卤。在《淮南子》里，关于食盐的食用记载不少，有了食盐自然会分解出一些盐卤。兹举例如下：

《地形训》："中央之美……鱼、盐出焉。"又《精神训》："人大怒破阴，大喜坠阳，盐汗交流，喘息薄喉。"汉高诱注："汗咸如盐，故曰盐汗。"又《说山训》："烹牛而不盐，败所为也。"汉高诱注："烹羹不与盐不成羹，故曰败所为。"

在科技史上，盐卤汁很容易得到，使用简单，经济实惠，古人用盐卤点豆腐是很高明的。盐卤汁是制盐时的副产品，其主要成分是氯化镁（$MgCl_2$），硫酸镁（$MgSO_4$），氯化钠（$NaCl$）等，以饱和溶液状态存在。当然，古人只知道使用并不知道盐卤的成分与性质。有关盐卤的性质前面已经讨论到，后面还会涉及，请参考。

有了豆浆与盐卤之后，制造豆腐的条件就更加成熟了。在汉朝，因为可以用布过滤豆浆除豆渣，用釜或锅将豆浆烧开，其他设备及用品更是唾手可得，所以如果刘安想采用黄豆炼丹，发明神秘的豆腐为丹药，那是有充足条件的。笔者深信，在刘安的著作中，一定会有发明豆腐的蛛丝马迹存在，只是可遇而一时不可求罢了。古人遇到了神秘的豆腐，可能会百思不解，一时看不懂猜不透，所以更加保密不宣在所难免。在这种情况下，我们最需要的是不懈努力，才会有研究成果。

刘安的著作很多，根据研究已知，约有20种，可惜大多数已经散失，或许包括发明豆腐的史料也已经失传了，只有《淮南子》最为珍贵。那么，《淮南子》里有无豆腐证据？笔者在再次细读《淮南子》的过程中，终于发现了下列史料，其详细内容如图2-6所示。

《淮南子·说林训》："君子有酒，鄙人鼓缶，虽不见好，亦不见丑；君子之居民上，若以腐索御奔马，若履薄冰蛟在其下，若入林而遇乳虎；清醴之美，始于耒耜。"[1]
这上面的原文应如何诠释呢？浅见试释如下。

《淮南子·说林训》："地位高上的君子有酒喝很快乐。地位低微的平民百姓没酒喝，击缶取乐也很好，他们的表现虽然不算高雅，但也不能说是丑陋之举。地位高的君子居室雍容华贵，地位低的平民百姓如果敢于妄为舍身犯上，那样做就会像是要用索然无味的'豆腐'要强换御用奔马一样，像是脚履薄冰冰下还有蛟龙在等待吃人一样，像是孤身闯入林海而且遇到了吃乳的小老虎一样。瓮中清香的酒很美，这种酒起源于农耕时代之初。"[2]

---

[1] 西汉刘安. 淮南子·说林训［M］. 上海：上海古籍出版社，1989.

[2] 本段的释义是作者根据自己的考证和研究得出的，谨代表作者观点。

图 2-6　刘安《淮南子》中的原文

笔者认为，上面《淮南子·说林训》里有"腐"字，应当就是今日"豆腐"的古代名称。那么，如何深入解释这结论是对的呢？浅见以为，根据《淮南子》的行文风格直译的诠释应当是可靠可信的。

3. 《淮南子》记载"豆腐"诠释

首先，《淮南子》是一部哲理深奥的巨著，要想准确地理解作者原意是很难的。因此，现在只想对上面引文中的"若以腐索御奔马"作重点解读。

根据引文可知，"若以腐索御奔马"的描写是极生动的。作者用心良苦，以"君子"对应"鄙人""平民"，用廉价的"腐"对应高贵的"御马"，用静态的"腐"对应动态的"马"，用豆科植物的制品"腐"对应大动物的"马"，用可供食用的"腐"对应可供御用的"宝马"等。[1] 这些对比或比喻的描写，是很深刻且真实合理的。

由此可知，"腐"只能是豆腐的祖名，很难是其他意义。在此，笔者并没有炫耀自己的理解，而是说若有更美妙的诠释，那是梦寐以求的，可以集思广益，择善而从。

值得说明的是，笔者认为，这《淮南子》里的比喻、隐伏、对峙写法，与大文学家杨万里在《诚斋集》里的《豆卢子柔传·豆腐》写法不谋而合，天然一致。文学家们的想法交相辉映，可说是妙趣横生，感受相通的。

那么，为何称豆腐为"腐"而不称"豆腐"呢？因为在西汉及先秦时代，"豆"是指盛装食物或者物品的盛器用具。自古以来，"豆"的种类较多，有陶瓷豆、木豆、藤条豆、石豆等。自西汉以后始有"大豆"名称，例如在《氾胜之书》中，初有豆科植物"大豆"的名称。

然而，在西汉及先秦时代，"菽"一直是豆科植物的总称，包括黄豆、黑豆、小豆等。所以，在"菽"的意义没有被豆科植物的"豆"取代之前，当时各种盛装物品的用具仍然称"豆"，大豆仍然称"菽"。在这种情况下，"豆腐"的名称很难出现，即使出现了，也很容易被误解，甚至不能理解。

正因为如此，由于"菽"与"大豆"的植物学名称，在历史上的混用过程非常悠久，所以到了清朝，古籍中仍然有称呼大豆为菽的记载。这种情况可以说明，自汉朝到唐朝，很难见到"豆腐"的原因，那是因为人们因循守旧称大豆为"菽"，长期没有改变，而不是没有豆腐存在。

在《淮南子》里，没有"豆腐"名称出现的原因就是如此。这件事说明，作为考证豆腐起源的因素，时代背景也很重要，如果忘记了顾及，那就有可能造成不该有的失误，觉得汉朝不可能有豆腐证据。

以史为鉴可以知兴替。众多古人的结论可以当镜子。在本文前面的"古人论豆腐起源"

---

[1] 此处是作者对《淮南子》中"若以腐索御奔马"的解读，谨代表作者观点。

章节中，许多古人都说"汉淮南王刘安发明豆腐"。现在，如果结合《淮南子》里的豆腐简称"腐"的证据看，古人的话已非空穴来风，而是有据可稽，可以肯定的了。笔者认为，如果照此推测，在刘安的其他著作中，或许还有关于豆腐的史料证据，应当继续努力研讨才是。

中国和日本有些学者认为，"腐"是腐烂、腐朽、腐败之意，很不雅，所以在古代不见有"腐"命名的食物，包括"豆腐"。学者们认为，豆腐一定有许多别名，应当加强探讨才能明白。这的确是个问题。

4.《淮南子》里的"腐鼠"探讨

笔者在《淮南子》的一些章节里，发现了下列一些记载，如腐鼠、腐肉、腐骴、臭腐等。因为这些名称里都有"腐"字，所以觉得应当进行探讨，识别其意义，看它是否与豆腐起源有关？兹举例如下。

《人间训》："鸢堕腐鼠，而虞氏以亡。何谓也？曰：虞氏梁之大富人也。"《说林训》："腐鼠在坛，烧熏于宫。"《齐俗训》："以为究民绝业，而无益于槁骨腐肉也。"《泰族训》："水之性淖以清……虽有腐骴流渐，弗能污也。"

《修务训》："今夫毛嫱西施，天下之美人。若使之衔腐鼠，蒙猬皮，衣豹裘，带残蛇，则布衣韦带之人过者，莫不左睥睨而掩鼻。"

在上面的记载中，"鸢"即鹰；"腐骴"即带腐肉禽兽腿；"梁"即梁国；"宫"指中庭。至于"腐鼠"则语出《庄子》，其内容意义如下。

《庄子·秋水》："庄子曰：南方有鸟，其名为鹓雏，子知之乎（庄子问惠子）？夫鹓雏发于南海而飞于北海，非梧桐不止，非练食不食，非醴泉不饮。于是鸱得腐鼠，鹓雏过之，仰而视之曰：吓！"

在上面的记载中，"鹓雏"是传说中的鸾凤，"鸱"是鸱鹰，"练食"是竹类食物。

至此我们已知，在《淮南子》里至少已有下列食物，即腐、腐鼠、槁骨腐肉、腐骴等。在这几种食物中，腐是讨论过的豆腐，后两种是带骨的腐肉和带腐肉的禽或兽腿，腐鼠则比较复杂。

如果从神鸟鹓雏害怕腐鼠，高贵香艳的美女西施绝不可以口衔腐鼠的情况看，则腐鼠不仅是老鹰的美食，还应当是各种"特种食物"的总称。例如，臭卤腐、蚕蛹、蛇肉、臭鸡枞、臭鲞等。北京著名的特种食品臭豆腐，嗜者赞其鲜美芳香，但有人害怕不敢沾唇。这臭豆腐是特种食品，可说是"腐鼠"的后代产物，闻着臭，吃着香。

豆腐富含蛋白质，很容易变质产生奇臭。或许汉代已有臭豆腐食品，被《淮南子》称之为腐鼠。我国现代已有众多臭豆腐乳和臭卤腐，产臭嗜臭带不少，例如浙江杭州、湖南长沙、云南昆明、北京等，食臭的怪诞成俗，或许源于《淮南子》。富人有美食，他们对于食臭会睥睨而掩鼻，但是穷困潦倒的草根们，他们是格外珍惜食物的，即使是臭芥卤腐或臭豆腐乳，他们也愿意频频光顾，喜形于色，不亦乐乎！

日本学者篠田统在《豆腐考》中说："古时的字书，如汉代的《说文解字》《释名》……降至清朝的《康熙字典》以及《淮南子》里，皆不见有豆腐。'腐'字的意义皆为烂也、朽也、败也。"如今看来，他的见解显然失误，与历史文献所记的真相并不一致。其实，在我国自古以来文献中，以"腐"为名的食物不少。

三、考古发现豆腐起源

1. 发现概述

1960年，河南省考古专家们在今密县打虎亭发掘了两座汉代古墓，其中一号墓耳室壁上，画有很生动的庖厨图。不久，"文化大革命"风暴席卷中原大地，到了1972年，发掘报告才刊登在《文物》上。

1981年，河南省博物馆撰著的《河南省考古工作三十年》发表，认为在庖厨画中，有"做豆腐工艺图"，引起了学术界的轰动与关注。中国社会科学院考古所的黄展岳在《汉代人的饮食生活》中，认同了"做豆腐工艺"说法。程步奎在《中国烹饪》上、郭伯南在《人民中国》上，也有相同见解。但是，他们都没有引用壁画上的"工艺图"。由于没有直观的古代壁画"工艺图"，所以当时学术界无法对"工艺过程"进行认真审视，没有出现异议，评论或反驳的报道，风平浪静，一如既往。

1990年，江西《农业考古》的陈文华主编，操作了《豆腐起源于何时？》的论文，并附有壁画照片与临摹壁画的素描插图，使工艺过程的操作场景生趣盎然，成为图文并茂的作品。

陈文华"做豆腐工艺素描"如图2-7所示 [1]。

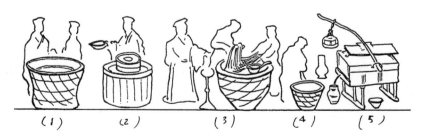

图 2-7　做豆腐工艺素描图
（引自《农业考古》，1991 年 1 期）

---

[1]　陈文华. 豆腐起源于何时［J］. 农业考古，1991，1：245。

2. 陈文华的论述

陈文华研讨了画像石上的操作活动场景之后，又与传统做豆腐工艺作了比较。他认为，画像石上所表现的，正是做豆腐工艺流程，共有五幅图六道工序，分别以（1）至（5）表达。他为了表明观点，分别讨论了各图与工序。

陈文华的论述要点如下：

浸豆 图2-7-（1）所表示的正是浸豆工序。浸泡的目的是，使大豆内呈凝胶状态的蛋白质成为溶胶液体。

磨豆 图2-7-（2）所表现的正是磨豆工序。磨碎的目的是，使蛋白质溶于水成胶体溶液。

过滤 图2-7-（3）所表现的正是两人各执滤布一端正在过滤豆渣。除去豆渣使豆浆纯净，以保证制成的豆腐洁白细嫩。

煮浆 画像石上没有煮浆的场面。可能是没有专设煮浆的锅灶，而利用厨房里其他锅灶来煮豆浆。

点浆 图2-7-（4）表现的一人执棍在缸中徐徐搅动，应当是在点浆。缸后地上置一壶，可能是装凝固剂的。目的是，使溶胶状态的豆浆，在短时间内改变胶体性质成凝胶。

镇压 图2-7-(5)表现的正是镇压工序。方法是,用布包裹凝胶放入豆腐箱中，然后压去水制成豆腐。

1990年8月，陈文华带着该论文，参加了在英国剑桥大学召开的"第六届国际中国科学技术史会议"。1991年，陈文华将他的会议论文发表在他们的《农业考古》上。于是，我国东汉时期已有做豆腐证据的轰动，立刻声扬中外，颂为佳话。

3. 学术界的激烈争论

1996年，孙机对于陈文华的见解提出了强烈的异议。他坚持认为，河南密县打虎亭汉墓出土的画像石上，所描绘的场景不是做豆腐工艺流程，而是酿酒工艺。

针对陈文华的"素描图"与贾思勰的《齐民要术》酿酒工艺内容，孙机论述了下列五项见解，作为质疑论据。兹摘要引述如下：

图2-7-（1） 那不是在浸泡大豆，而是酿酒处于冲缸前的操作程序。

图2-7-（2） 那不是用石磨磨碎豆子，那是一个大钵不是石磨，其所表现的正是续料酿酒工序。

图 2-7-（3） 那不是在过滤豆渣，而是发酵缸上放着一块板，像是在添加物料操作。

图 2-7-（4） 那不是在点豆腐，而是在轻轻搅动酒醪，促使发酵更完美。

图 2-7-（5） 那不是在挤压豆腐中沥水，压沥水用一块板一块石头即可。那是在用木箱压榨酒醪，使酒与糟分离。

孙机认为，在整个"素描图"里不见有煮豆浆工序，这是不科学的，而且，整个"工艺图"与《齐民要术》里的酿酒工艺流程一致，所以不是做豆腐而是酿酒。

1997 年，董晓娟与闻悟登报论述，支持孙机的见解，质疑陈文华的学术水平不高，缺少真知，散布了误导信息。

1998 年，陈文华与河南考古研究所的贾峨研究员，也认真地作出了激烈的回应。他们坚持自己的学识无误解，相信自己的研究是对的。他们补充说，对于图 2-7-（3）略有不当的描述。至今，学术界的论证可说是没有画上句号。

四、笔者对于考古发现的见解

2001 年，笔者在《中国酿酒科技发展史》上也曾经引用过河南密县打虎亭汉墓出土的这幅庖厨图，认为其中显然有酿酒工艺的证据，见图 2-8 所示。当时没有提及"做豆腐工艺"事项[1]。

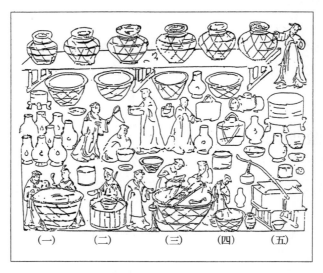

图 2-8 河南密县打虎亭汉墓庖厨图
（引自河南文物所：《密县打虎亭汉墓》，北京文物出版社，1993 年）

---

[1] 洪光住. 中国酿酒科技发展史 [M]. 北京：中国轻工业出版社，2001.

如今，密县打虎亭汉墓出土的庖厨图里，关于豆腐工艺图的争论已经波及中外，这是很出乎意料的。对于学术界的争论，笔者当然很关心，也特别认真地思考，受益匪浅。为了交流心得，探索求教，今特撰作本文于此。

笔者认为，特别是在古代，家庭里的食品加工设备、用具，作坊里的食品加工生产设备、用具，大多数都是可以"同舟共济"灵活交相利用的，专造专用的极少。例如，大陶瓷缸可用于酿酒或做豆腐，大铁锅可用于煮饭酿酒或烧豆浆，菜刀可用于切菜或其他等。通过不同组合，有限的设备、用具，完全可以组建成"酿酒工艺流程"与"做豆腐工艺流程"。这种思考方法很重要，因为"庖厨图"里的场景显然具有这种交相利用的条件。

现在学术界里还有一个问题需要关注，即"庖厨图"是一幅完美的整体，所反映的是家庭及社会的繁华。当研讨"做豆腐工艺"时，不可以剥离整体进行审视；当研讨"酿酒工艺"时，也不能剥离整体进行审视。

如果根据以上前提条件进行讨论，则笔者认为，这"庖厨图"里，既有"做豆腐工艺"也有"酿酒工艺"流程。为了证明存在"两种工艺"，笔者必须阐明道理提供见解。在进入探讨之前，应有下列三点说明。

首先，"密县打虎亭汉墓庖厨图"是探讨的基础准则。其次，陈文华的"做豆腐工艺素描"如图 2-7 所示，他的五道工序采用图（1）至图（5）表达。第三，河南"密县打虎亭汉墓庖厨图"如图 2-8 所示，其五道工序采用图（一）至图（五）表示。至此，可以分别进行讨论了。

1. 对图（一）作探讨

对于图（一），很显然这与陈文华所画的图（1）不同。在古代，图（一）的形状很常见，它始见于新石器时代。在"庖厨图"里有多幅如图（一）的，这种画像都可以称为钵。这些钵，都可以用于酿酒或做豆腐。对于做豆腐来说，与容器的形状可说是无关紧要，都能用于泡豆。对于不重要的因素可以另行讨论。陈文华所画的图（1），似乎不像是钵。

现在有个问题是应当提及的。陈文华说："泡豆的目的是，使大豆内呈凝胶状态的蛋白质成为溶胶液体。"[1] 泡豆只能使蛋白质结构吸水膨胀柔软，以利于研磨及蛋白质后来溶出，此工序的水中尚无蛋白质，不能成为溶胶液。

2. 对图（二）作探讨

对于图（二）是何种设备、用具的问题，正确判断极为重要。多数学者认为，那是

---

[1]　陈文华. 豆腐起源于何时［J］. 农业考古，1991，1：245.

一台石磨。孙机等认为，那是用于酿酒的钵。笔者认为，这图（二）与陈文华所绘制的图（2）有些不同，不能等同看待。如果从图（二）的整体外观看，它不像是钵，而好像是由两种设备与用具组成的，上面的那个部分是钵，而下面的那个部分好像是两扇圆形石磨。

这就是说，笔者对于图（二）的见解有些超然物外，明确认为图（二）上面的钵是用于酿酒的，与孙机的见解一致。而图（二）下面那个是磨用于做豆腐的，与陈文华的见解一致。这种认识的学术基础是，根据整个庖厨图里的活动场景进行审视而得到的。例如，因为庖厨里有不少钵，其外观都与图（二）上的那个钵一致，所以只能是钵而不可能是其他。其次是，因为图（二）下的那个设备与考古发现的汉代石磨相似，如图2-9所示，所以是两扇圆形石磨。之所以是两扇圆形石磨，其理由还与笔者的调查研究结果有关。

图2-9　洛阳出土汉代石磨

据笔者调查研究表明，我国常见的两扇圆形石磨的外观款式很多，自古至今足有30余种，磨的构造主要由上下扇及台基组成。上扇的造型大同小异，大多数都是扁圆形的圆柱体，进料口朝上靠边一侧。磨的下扇及台基其构造款式特别多，有的下扇与台基连为一体，有的没有台基。台基的构造更多，有木板的、石槽的、金属台基的等。对于图（二）下方的构造，应当是磨的下扇与台基连在一起的整体。

对于图（二）的表现场景，在此仍有需要破解的事项。例如图（二）后面那个操作者，手里拿着小瓢伸向图（一），好像是在准备继续舀要一些泡豆，以便用于研磨做豆浆，表情生动，活泼敏捷。那么，对于钵与磨的交相作用应当如何理解呢？孙机等认为，钵可以装入"发酵剂"或"物料"用于酿酒。这时的磨，那只是钵的台基了。反之，如果石磨上的那个钵，装的是浸泡好的豆子，那么钵应当是"进料斗"了。在乡村中，石磨安装进料斗不足为奇。

总之，图（二）设备及用具，可以用于做豆腐与酿酒，这"两种工艺"只要"分道扬镳"即可以顺利进行。这种设备重组使用，在今日的农村中，仍然到处可见。

3. 对图（三）作探讨

对于酿酒工艺来说，图（一）是冲缸前的培育发酵工序，图（三）后面的那两个人则是在作冲缸或加饭的发酵操作，而图（三）右侧稍后面的那个人，应当是在徐徐搅动醪液，目的在于促使发酵更完美。这一切表现与酿酒工艺的操作实情不谋而合，很相似。

对于做豆腐工艺来说，认为图（三）后面的那两个人，是在扯着滤布或滤袋作豆浆过滤的操作，这也是很有道理的见解，没有夸大其词表现，可以相信。笔者认为，对于探讨豆腐起源来说，其实豆浆过滤操作不如烧开豆浆操作重要，豆浆不过滤直接烧开后点豆腐，也可以得到一些豆腐。因此，豆浆过滤工序对于豆腐起源来说，不刨根问底也行。

4. 对煮浆作探讨

对于做豆腐工艺来说，把豆浆烧开的操作是必不可少的。但是，在图（三）之后没有烧煮豆浆画像，的确是个问题，必须探明真相。学术界的一方争论者认为，没有烧煮豆浆图只是"隐姓埋名"的现象而已，并非平白无故，亦非真的没有煮豆浆工序。学者们认为，有许多理由可以证明，烧煮豆浆操作是显然存在的事，不可以轻易否定。兹归纳说明如下。

（1）在整幅庖厨图中，由于另有烧煮豆浆的设备、用具存在，因此可以采用"草船借箭，借水行舟"的办法煮浆，图（三）后面没有煮浆图像，无关紧要。

（2）如果是从科技史审视，由于"高温煎酒"与"烧煮豆浆"所使用的设备、用具几乎完全一致，所以争论双方谁也难胜出，争论白费力，握手言和好。

（3）虽然图（三）右侧没有烧豆浆图，但是图（三）右侧有人在徐徐搅动缸中物料，那显然是在促使"点豆腐完美"或"酒醪发酵完美"。这事可以说明，庖厨图中的"酿酒工艺"与"做豆腐工艺"是并列存在的。

5. 对图（五）作探讨

对图（五），那是分离豆腐与泔水，酒液与酒糟的问题。争论一方认为，那不是在分离豆腐与泔水，一方认为那不是在分离酒与酒糟。双方的理由都是充足的。

笔者认为，对于图（五）的用途，当然可以用于分离豆腐与泔水。可是在古代，如此高雅的杠杆分离设备应当是用于分离酒与酒糟的，不大可能用于分离豆腐与泔水。因为分离豆腐与泔水可以因陋就简即可，用布把豆腐脑包起来，取一块案板一块石头一压就可以，甚至用双手一挤压也行。在汉朝，做些少量豆腐食用，没有必要使用杠杆设备。

然而在汉朝，酿酒已经是大批量出品，而且分离酒与酒糟不能着急，只能慢慢加压才能分离干净，突然加大压力会把滤袋挤破。这就必须利用杠杆，采用逐步加大压力的办法，长时间紧压着不靠人也能达到分离的目的。

笔者认为，孙机等的见解是正确的，如果是作坊式大量生产豆腐干，或许可以采用杠杆分离设备。采用箱式杠杆分离设备的好处是，依靠箱子的保护，装酒醪的袋子与包豆腐脑的布就不容易破裂，造成跑料损失。

笔者认为，因为《淮南子》里已经有豆腐的祖名"腐"，当今又考古发现了汉朝的"豆腐工艺图"，这是交相辉映的大突破，说明刘安发明豆腐的结论是对的。对于笔者的论述，特别是对于"豆腐工艺图"的见解，因来源于"庖厨图"的实在表现，丝毫没有"中庸之道"的意思。所以笔者认为，"豆腐之法，始于汉淮南王刘安"是很可信的。

五、豆腐"别名"探讨

在秦汉时期，虽然《氾胜之书》中已有豆科植物"大豆"的名称，但是"菽"仍然是正名，是豆科植物的总称。由于刘安《淮南子》里的大豆仍然称"菽"，所以明朝以来，古人称豆腐为"菽乳"很自然而然。袁翰青在《中国化学史论文集》里说："《淮南子》里只有一个'豆'字，没有豆腐。"这个结论有些意外。在"菽"没有被植物"豆"取代前，"豆腐"虽然不会出现，但是出现"别名"是很可能的。由于"腐"字不雅，所以古代豆腐会有"别名"，应当进行探讨。

现在已知，在古代，豆腐有"腐"以及小宰羊、黎祁、犁祁、脂酥、素醍醐、菽乳、豆乳等称呼。

1. "腐"是豆腐祖名

如本章前面所论述的，《淮南子》里已有豆腐的名称"腐"。自宋朝以来，"腐"的简称仍然很常见，兹举例如下：

> 北宋寇宗奭《本草衍义》："生大豆：炒熟，以枣肉同捣之为麨，代粮……又可砲为腐，食之。"宋葛长庚《琼琯先生集》："嫩腐虽云美，麨筋最清醇。"明宋应星《天工开物·乃粒》卷上："菽，种类之多与稻、黍相等；凡为豉、为酱、为腐，皆大豆中取质焉。"

虽然，自汉朝到五代期间，我们已经掌握的，以"腐"字为豆腐的证据还不多。但是不必担心，将来随着研究的不断深入，新的发现还会不断增加，让我们拭目以待。

2. "臭腐"与豆腐

在刘安《淮南子》里，不但有"腐鼠"还有"臭腐"名称，这一称呼也可以说明"食臭"的起源很早。现在已知，我国的嗜臭地域很广。例如浙江杭州的臭豆腐被尊称为"臭名远扬"；北京王致和的臭豆腐有人戏称为"惊城臭"；湖南长沙的臭豆腐是驰名的"神州臭"；云南昆明的臭豆腐是很出奇的"八怪臭"。有许多人认为，臭豆腐闻着臭，吃着香，看着爱，营养丰富，是穷人珍惜食物视为宝贝的产物，也是源于美德"谁知盘中餐，粒粒皆辛苦"的教养。对于"臭腐"的记载，还有下面典雅有趣的例子：

南朝刘义庆《世说新语·文学》卷上，有人问殷中军浩说"何以将得位而梦棺器？将得财而梦矢秽！殷曰：官本是臭腐，所以将得而梦官尸"。明李日华《蓬栊夜话》："黟县人喜于夏秋间醯腐……余曾一染指，直臭腐耳。"[1]

笔者认为，这记载中的"臭腐"，都是指豆腐或臭豆腐的，其理由可参见本书后面的章节，将会更加明白。

3. "乳腐"与豆腐

在国内外学术界，由于对我国古代"乳腐"的研究甚少，所以多数人都认为"乳腐"是牛羊奶食品，有人甚至认为是奶酪。笔者认为，"乳腐"的真相不能仅从字面上理解，只有通过深入研究才能明白。

在我国古籍中，"乳腐"初见于隋朝谢讽《食经》。自唐朝以来，有关"乳腐"的史料已经较多。兹举例如下：

隋谢讽《食经》："千日酱加乳腐，金丸玉菜擢鳖。"唐孟诜《食疗本草》卷中："乳腐：微寒，润五脏，利大小便，益十二经脉。微动气。细切如豆，面拌，醋浆水煮二十余沸，治赤白痢。"后晋刘昫、张昭远《唐书·穆宁传》："赞少俗然有格，为酪。质美而多实，为酥。员为醍醐。赏为乳腐。"

在上述原文中，赞、质、员、赏为穆宁四儿子之名。至此如果根据上面的例子分析，则不必再讨论也能明白，在我国唐朝不仅已有用牛羊奶做成的乳腐，可能也已经有用豆腐做成的乳腐了。这种情况说明，乳腐也指豆腐的结论是有案可稽的。对于"乳腐"也指豆腐之出现始于隋朝和唐朝的理由，还有下列根据。

（1）"乳腐"具有双向意义　在隋朝和唐朝时期，古籍中的"乳腐"可以看成是由"乳"和"腐"构成的。当乳腐是由牛羊奶做成的食物时，"乳"是主语"腐"是谓语，即乳腐像嫩豆腐。当乳腐是由豆乳做成的豆腐时，"乳"是形容词"豆腐"是名词，即豆腐像乳白的乳腐。作为史学研究，这种多方考虑应当是重要的研究方法之一。

（2）古代牛羊奶食品名称很特殊　自唐朝溯及汉朝，古书上的牛羊奶食品名称，有煤蠡、潼酪、乳酪、酪、酥、醍醐、乳饼、奶酪等，非常明显地与豆腐的名称相去甚远。这种情况说明，"乳腐"的名称与上面所列举的多种牛羊奶食品名称，明显是不同的两类，乳腐应当是豆腐的"别名"之一。在古代，有豆腐源于豆乳的说法。"乳腐"也可能是产生于比喻，所折射的正是古人认为豆腐脑有些像酸奶酪。

自唐朝以来，不知为何原因"乳腐"迅速减少，而明确它是酱豆腐乳的史料不断增

---

[1]　南朝刘义庆. 世说新语·文学［M］. 上海：上海古籍出版社，1982.

加。这也可以说明，古代的乳腐可能都是指豆腐的。

4. "小宰羊"与豆腐

在五代陶谷的《清异录》中，有小宰羊的记载："日市豆腐数简，邑人呼豆腐为小宰羊。"这记载中的"简"字与"个"同，显然是量词。如果按照乡下或小城镇的习惯称呼，一箱或一大板豆腐通常都称一简，而不是指一块豆腐。

在古代，把豆腐称作小宰羊虽然极少见。但是很重要，说明人们已经知道豆腐的营养价值很高，而且也说明豆腐的"别名"会有意想不到的存在。

5. "黎祁"与豆腐

在宋陆游的《剑南诗稿》卷五十六与卷七十中，有下列两首诗：

《剑南诗稿·邻曲》：

浊酒聚邻曲，偶来非宿期。

拭盘堆连展，洗釜煮黎祁。

《剑南诗稿·山庖》：

新春穤穊滑如珠，旋压犁祁软胜酥。

更剪药苗挑野菜，山家不必远庖厨。

陆游对诗中的"连展""黎祁""犁祁"作自注说："淮人以麦饵名连展，蜀人以豆腐名黎祁、犁祁。"在元虞集（1272—1348年）的《豆腐三德赞·序赞》中有："乡语呼豆腐为黎其，来其。"虞集的故乡在今四川省眉山市仁寿县，他为官至翰林直学士。由此可知，虞集所记的和陆游诗所歌颂的黎祁、犁祁、黎其、来其等相当一致。这书里所写的，都是豆腐的别名，别致而有趣味。

6. "脂酥"与豆腐

在北宋大诗人苏轼的著作里，有《蜜酒歌》如下：

"脯青苔，炙青蒲，烂蒸鹅鸭乃匏壶。煮豆作乳，脂为酥。高烧油烛斟蜜酒。"苏氏自己作注说："谓豆腐也。"[1]

对于《蜜酒歌》的理解，日本篠田统没有注意到"谓豆腐也"。所以他说："这豆乳是与鹅鸭酥蜜酒并陈的，若是视为贫民食品的豆腐，倒不如按照字面直接地解作豆乳较为妥当。"[2]

笔者认为，篠田氏的理解有缺憾。他只是从文字上解读《蜜酒歌》，没有从做豆腐

---

[1] 见《佩文韵府》，万有文库版，1703页。

[2] 见篠田统《豆腐考》［J］，1963（6）.

工艺上理解，于是标点符号出现了差错。很明显的，这"煮豆作乳"应当是指煮开豆浆成豆乳的，而"脂为酥"应当是指热豆浆加盐卤点豆腐的。这种不同理解，源于国情有别，很自然。

其实，"脂为酥"的"酥"可视为形容词，即酥松柔软易碎，这样的描写正是表达豆腐高雅的特性。在以往，曾有人认为"酥"是牛羊奶制品。现在看来，此处的"酥"不可能是指酥油，而应当是指煮沸豆浆为豆乳，豆粒不可能煮制为豆乳，"酥"是指豆腐。对于才华横溢的东坡先生来说，至少他见到了做豆腐。豆浆只有煮沸，才能成为胶体溶液，点出神奇的豆腐。做豆腐与做酥油奶酪不同，古人一定会发现，但很可能不明白其科技道理。所以，"煮豆作乳"即煮沸豆浆，"脂为酥"即点卤成豆腐，这才是古人的本意。

7. "素醍醐"与豆腐

在元朝谢应芳的《素醍醐·豆腐》诗中，有很生动的描写。兹转载如下：

《素醍醐·豆腐》："世传淮南豆为腐，山僧野人尝厌饫。谁信贫居寂寞滨，街头买来如八珍。闻名人如露人心，共语似醍醐灌顶。淡而不厌知者谁？中庸君子古来稀。"

谢应芳为官坎坷，于是晚年对豆腐情有独钟，常食毕唇齿留香，故喻豆腐为素醍醐。如今，中国人对于豆腐的依恋已经达到了不离不弃的程度。人们对于豆腐的理解已经超乎美食境界，达到了树人厚德，修身养性的高度。

8. "菽乳·豆乳"与豆腐

因为大豆自古称菽，后来改称豆、黄豆等，豆浆又称豆乳，所以古人称豆浆为菽乳或豆乳很自然。由于豆腐来源于豆浆，古人不知道胶体化学变化原理，所以称豆腐为菽乳或豆乳理所当然并不可笑。

明王志坚《表异录·饮食类》："豆腐亦名菽乳。"又明陈懋仁《庶物异名疏》："菽乳，豆腐也。煮豆为乳。"又明方以智《通雅》三十九："豆乳，脂酥，豆腐也。"又清王士雄《随息居饮食谱》："豆腐，一名菽乳。甘凉，清热润燥，生津解毒。"又清赵学敏《本草纲目拾遗》："腐乳，一名菽乳。"

在食品科技史上，豆腐的存在与传播是很神奇的，名号多而复杂，似明若暗。例如，出现了"豆腐亦名菽乳""豆乳、酯酥、豆腐也""豆腐，一名菽乳""腐乳，一名菽乳"等。古人的这些作注，虽然很随意，缺少学术水平，但是如果从时代背景审视，古人的作注是有价值的，不失真谛。

六、豆腐名实谱沿革

根据各项讨论之后，自西汉刘安发明豆腐以来，豆腐名实谱的演变沿革清晰可见。兹作表 2-2 明示如下。

表 2-2　豆腐名实谱演变沿革表

项目 朝代	豆腐名称	豆腐别名	参考资料
西汉	腐	腐鼠　臭腐	刘安《淮南子》
汉朝	腐	腐败　腐臭	《说文》《释名》《汉书·食货志》
东汉	豆腐工艺图		河南密县打虎亭汉墓考古发现
魏南北朝	腐　臭腐	腐臭	《论孝武》《世说新语》
隋朝	乳腐		谢讽《食经》
唐朝	乳腐　腐	臭腐	《国史补》《食疗本草》《穆宁传》
五代	豆腐	小宰羊	陶谷《清异录》
宋朝	豆腐	菽酥、黎祁、来其	《蜜酒歌》《剑南诗稿》
元朝	豆腐	素醍醐	谢应芳《豆腐》诗
明朝	豆腐　腐乳	菽乳、豆乳	《表异录》《通雅》《墨娥小录》
清朝	豆腐　腐乳	菽乳、豆乳	《随息居饮食谱》《随园食单》

本表注说明：

（1）制作"豆腐名实谱"的目的是，为了直截了当地表明豆腐发明发展史是一脉相传的。

（2）在"豆腐别名"栏目中，有些"别名"仍然需要继续探讨。

（3）在"参考资料"栏目中，所收入的"资料"并不是全部。

汉朝至唐朝豆腐考

如今已知，经过前面的论证说明，我国豆腐的起源始于汉朝。可是，也有令人不解的疑问，那就是自汉朝到唐朝期间，有关豆腐的史料及其他证据甚少。这是必须下大功夫探讨的任务，专家学者们也责无旁贷。

一、汉朝时期

我国的汉朝，自前汉刘邦称帝起到后汉刘协止，期间有王莽时代多年。因前汉国都在长安（今陕西西安），后汉国都在洛阳（今河南洛阳），长安在洛阳之西，故前汉又称西汉，后汉又称东汉。

在汉朝数百年期间，除了前面已经讨论过的内容外，还有无数的古代书籍史料可供我们研究，这是需要很长时间努力探讨才能完成的任务，个人渺小只能尽力而为，百折不回。

首先，当然是从文字意义上入手，例如腐烂、腐败、臭腐、腐心、腐儒等。兹举例讨论如下：

西汉司马迁《史记·刺客列传》："此臣之日夜切齿腐心也。"又《史记·黥布列传》："上折随何之功，谓何为腐儒。为天下安用腐儒？"

司马迁《报任安书》："最下腐刑极矣！"

因为司马迁受过"腐刑"，即宫刑，所以历史上有人称《史记》为"腐史"。对于上面的"腐心"，那是指刺客的痛恨心情已经达到了无以复加的程度。所谓"随何"，那是人名。对于司马迁所说的"最下腐刑极"，那是指宫刑最残暴。对于"腐儒"的称呼，那是指不明事理的读书人，此种人是不可能有真知灼见的。

根据上述例子可知，古代的"腐"字有时候是不能按照传统习惯，或传统字书上的烂、朽也、臭也，进行解释的。有关"腐"字的构词，还有下列例子：

《荀子·劝学》："肉腐出虫，鱼枯生蠹。"

《吕氏春秋·尽数》："流水不腐"。《淮南子·时则训》："孟冬之月，招摇指亥……水其味咸，其臭腐，其祀井。"又班固《汉书·食货志》："太仓之粟，陈陈相因，充溢露积于外，腐败不可食。"又三国魏曹丕《论孝武》："府库余钱帛，仓廪蓄腐米。"

根据上述例子说明，在我们检索的古籍中，至今没有发现唐朝以前已经有"豆腐"的明确证据，可是很有心得体会。我们经常检索了许多史籍，结果没能得到任何好报酬。其实，如果一翻古籍就能获得报酬，那又何必看书、学习、搞研究？

经过检索虽然没有发现明确证据，但是有下列心得体会。我们发现了"腐"的构词有多种，不全是《词典》或《辞典》里的简单解释，因此对"腐"的研究应当加强。我们把检索过的史籍写入本书是有意义的，可以避免将来重复再读，节省人力和时间，还可以供他人参考服务。对于研究人员来说，要学会努力奋斗，坚守信心，明白急功近利的心态是不可取的。正确的认识和拼搏的行动紧紧结合，是凡事创业成功的先声。

二、三国至南北朝时期

在我国历史上，三国鼎立，晋十六国，南北朝魏、宋、齐、梁、陈等，各王国之间的争夺几乎都是采用战争手段解决的，存亡交错。民族与民族之间，王国与王国之间，封建势力与封建势力之间，战争不断，民不聊生，生灵涂炭。这种破坏超过建设的社会意识形态，或许就是豆腐史料甚少，做豆腐工艺根本无法传播的重要原因。

根据历史年表所示已知，自三国到南北朝时期约经历 350 年，自隋朝到唐朝约经历 310 年，虽然历史年代相当，但是社会情况很不同。下面，先探讨三国魏晋南北朝时期。

首先，笔者在古代相关诗篇中，检索了魏曹操、曹植、晋陶渊明、谢灵运、南北朝薛道衡等的作品，但不见有豆腐踪迹。又在古代文献中，检索了魏曹植的《与杨修书》《洛神赋》；晋左思的《蜀都赋》；晋陶渊明的《归去来兮辞》《桃花源记》《闲情赋》；南北朝杨衒之的《洛阳伽蓝记》等著作，但不见有豆腐踪迹。此外，在曹植《七步诗》中，见到了"煮豆持作羹，漉豉以为汁。萁在釜下燃，豆在釜中泣。本是同根生，相煎何太急！"诗中的豉是指豆豉与汁，与豆腐无关。当然，笔者所检索到的诗文为数甚少，只希望能起到抛砖引玉的作用。

然而，终于有了意外的发现。笔者在南朝刘义庆的《世说新语》中，发现了一段很有教益的佳话，其原文如下：

南朝刘义庆《世说新语·文学》卷上："有人问殷中军，何以将得位而梦棺器？将得财而梦失秽？殷曰：官本是臭腐，所以将得而梦棺尸；财本是粪土，所以将得而梦秽污。"[1]

关于《世说新语》的作者刘义庆（403—444 年），出生于东晋，南朝文学家，彭城（今江苏徐州）人，由世袭封为临川王，因喜爱文学而招纳文士陪同研讨，造诣高深。

《世说新语》是一部笔记小说集，原书八卷，专门采撷自东汉末至东晋期间，士大夫的言谈轶事佳语，内容较为广泛。南北朝梁文学家刘孝标为《世说新语》作注，用力勤奋，征引繁富，补充了大量史料，所引用的各类书籍达 400 多种，作注后的《世说新语》增为十卷，因此具有很高的史料价值与学术价值。

在上面原文中，"殷中军"的原名殷浩，字渊源，东晋时陈郡长平（今河南省周口市西华县）人，永和二年（346 年）任扬州刺史，后来任"五州"军事，永和八年（352 年）在河南许昌被前秦打败，不久被废职返乡成庶民。作为庶民，殷浩说"官本是臭腐"很自然。

笔者认为，殷浩所说的"臭腐"是指桑骂槐话，如果"臭腐"就是臭豆腐，说明当时社会上已有豆腐。豆腐含蛋白质多，常温下很容易变成臭豆腐。在历史上，用臭豆腐作比喻损人之例也常见。兹举例如下：

清夏仁虎《旧京琐记·语言》："京语有极刻薄者，呼考生曰'浩然子'即号瓢子，呼落第举子曰'豆芽菜'即不中或不种，呼浙绍人曰'臭豆腐'，讥所嗜臭也（爱吃臭豆腐）。"

由于希望能够获得更多的证据，所以笔者又检索了一些自三国到南北朝时期的古籍。兹举例于下面：

魏吴普的《吴普本草》、三国万震《南州异物志》、晋沈莹《临海异物志》、晋张华《博物志》、晋葛洪《西京杂记》和《肘后备急方》、晋徐衷《南方草木状》、南北朝陶弘景《名医别录》、南北朝崔浩《食经》、南北朝宗懔《荆楚岁时记》等。

但是，上述的努力都不见有与豆腐关联的记载。有人认为，北魏贾思勰在《齐民要术》里说："今采撷经传，起自农耕，终于醯醢，资生之业，靡不必书"，因此书里应当有豆腐记载。但是在《齐民要术》里，根本没有相关史料，所以豆腐不可能起源于汉朝。笔者认为，《齐民要术》的确是我国最宝贵的农学著作之一，但是有许多农作物、农具、生产设备及技术、食品等，书中根本看不到，而且书里还有不少内容是唯心与迷信的，所以《齐民要术》虽然很宝贵，但不是农业百科书，可以不写入豆腐。贾思勰自己也承认，他撰著《齐民要术》的本意是"晓示家童，未敢闻之有识者"。在历史上，如清朝出版的《康熙字典》，驰名且宝贵，但是字典中根本没有豆腐。这种情况人们不能认为，清朝时期没有豆腐。

---

[1]　南朝刘义庆. 世说新语［M］. 上海：上海古籍出版社，1982.

三、隋与唐朝时期

我国隋朝（581—618 年）的历史虽然很短，但是虞世南的《北堂书钞》，隋炀帝的尚食官谢讽所著的《食经》引人关注。经查阅已知，在《北堂书钞》里没有豆腐的史料。但是，在谢讽的《食经》中却有"千日酱加乳腐，金丸王菜䑋鳌"的记载。

值得讨论的是，《食经》中的"千日酱加乳腐"如何理解？在我国一些古籍中，例如《居家必用事类全集》《易牙遗意》《调鼎集》等，书中也载有所谓千日酱、千里酱、千里酱油、千里醋、千里脯等多种食物。所谓"千日酱"，它就是后来千里酱的祖名，其原意是存放千日不坏。另外的说法是，带着"千里酱"行走千里仍然鲜美，故名。这可能就是"千日"的意义。千日酱或千里酱的制作方法如下：

> 清佚名《调鼎集·酱》卷一："炒千里酱：陈甜酱五斤，炒芝麻二斤，干姜丝五两，杏仁、砂仁各二两，橘皮四两，椒末二两，洋糖四两，用熬过的菜油将上面的物件炒干，收贮。暑月（带着）行千里不坏。又方：取鸡肉丁、笋丁、大椒、香菇、脂油，用甜酱炒干，收贮，亦名千里酱。临用冲开水"。

由此看来，这千日酱或千里酱其实是调味品，是用于调配乳腐菜肴的调味品。谢讽《食经》中的"千日酱加乳腐"是一道菜名。所以"乳腐"是豆腐食品而不可能是牛羊奶制品。但是，对于《唐书·穆宁传》中的"乳腐"，所折射的则应当是指牛羊奶食品，因为同时出现的是，酪、酥、醍醐。

由于在通常情况下，人们是不称牛羊奶为"牛羊乳"的，所以笔者认为，这"千日酱加乳腐"所举示的，或许是用豆腐为原料，用千日酱作为调味品，经过精心烹调而成的菜肴。其中，原材料是嫩豆腐，不是老豆腐。

在唐朝盛世，或许还有豆腐史料可以检索到，可是古文献汗牛充栋，在短时间内很难如愿以偿。例如李白、杜甫、白居易、孟浩然、王昌龄、王维、高适、岑参、孟郊、李贺、李益、柳宗元、刘禹锡、杜牧、李商隐、温庭筠等。他们的诗很多，不可能都读到，在脍炙人口的诗篇中，至今不见有豆腐的证据。

在唐高祖李渊下令欧阳询编撰的《艺文类聚》、唐玄宗命徐坚编撰的《初学记》、还有段成式《酉阳杂俎》、苏鹗的《杜阳杂编》、赵璘的《因语录》、萧统的《昭明文选》、韩愈的《昌黎先生集》、白居易的《长庆集》、柳宗元的《河东集》、王仁裕的《开元天宝遗事》、孙思邈的《备急千金要方》等。对于这些古籍，根本就不能细读与全看，只能作选读，可惜还是不见有豆腐证据。由于还有许多古籍没有检索到，所以今后仍需努力，或许会有新发现。

自唐朝以后不久，纯真的豆腐证据已经出现，无懈可击，不必再探讨了。

四、发明豆腐的功德贡献

对于中国人来说，发明豆腐是一项跨越时空的伟大奇迹，历史悠久，传承无限，天南地北，广为传播。对于中华民族来说，发明豆腐源于先民智慧，也是幸运降临。豆腐为民族振兴提供了优质的植物性蛋白质，为人民的幸福生活、身体健康，提供了丰富多彩的菜肴。对于人类来说，发明豆腐那也是一项国际性的伟大贡献。

对于发明豆腐的贡献，笔者认为可以归纳如下。

1. 使大豆的食用价值超然提高

当大豆作为食品整粒食用时，大豆球蛋白的外包皮几乎完好无损，阻碍了人体的吸收消化。同时，蛋白酶和淀粉酶起抑制作用，使人体的吸收消化更难。食用整粒大豆时，食物中的半聚糖、半乳糖、水苏糖等，会在肠道内发酵引起肚胀，食物中的多酚成分会产生异味，皂角素、组胺类化合物会使人体中毒或过敏。

如果把大豆做成豆腐，则食物中的蛋白质会起变性作用，使人体容易吸收消化，食物中的大多数不良有害成分会被分解，或被泔水冲走，餐桌上的豆腐食品，不言而喻是品质优越的。

2. 发明创造了做豆腐设备和用具

根据研究表明，我国古人所发明创造的，用于做豆腐的传统设备用具是很先进的。例如，在五道工序中，采用石磨磨豆浆的方法就很科学，大豆蛋白质溶出最好，研成的豆渣成薄圆片状，特别容易进行过滤分离。用石磨磨浆所做成的豆腐，比采用其他机器或砂轮磨磨浆所做成的豆腐，更为细嫩清醇鲜美。

另一项贡献是，采用传统方法做豆腐，设备和用具可以因地制宜制造，规模可大可小，投资少传播普及很容易，可以传向全世界，发展前程远大。

3. 首创了提取大豆蛋白质技术

可以认为，现代一些国家，例如美国和巴西等，之所以特别关心发展大豆生产，那是从认识了大豆的宝贵用途之后开始的。其中，大豆油脂、大豆蛋白质是最宝贵的成分，其次是大豆可用于作为饲料与出口。因此可以认为，人们发现了大豆蛋白的高贵价值，那是从发现了豆腐的食用价值之后开始的。这种发现，给世人以鲜明的启示。

由此可知，在科学技术史上，中国古人所采用的胶体化学方法，即做豆腐方法提取大豆蛋白质的技术，当然是世界首创的伟大贡献。

4. 首创了做豆腐乳工艺

利用豆腐干为原料，通过发酵、腌渍、包装等，可以做成许多风味不同的豆腐乳。例如北京的臭豆腐和别味腐乳，浙江绍兴豆腐乳，福建红曲豆腐乳，广西桂林白豆腐乳，陕西西安辣油方，河南柘城培乳腐，四川白菜豆腐乳，黑龙江克东豆腐乳等，都是很著名的特产。

豆腐乳是我们祖先发明的特产，历史悠久。关于"做豆腐乳工艺"的记载，最初始见于明朝，后来，有关做豆腐乳工艺的记载不断增加。豆腐乳的特点是，营养丰富、口感绵软，容易被人体吸收消化，最适合于老年人食用，是中国人的重大贡献。

5. 开创了豆腐食品新世界

利用豆腐为原料，可以制作成近百种"豆腐制品"。种类很多，有卤制品、油炸制品、炸卤制品、熏制品、炸炒制品、茶干、大豆蛋白制品等。在以上各类制品中，都有许多品种供人们选择。这种开拓创新的发展，都是中国人的辛劳贡献。

6. 开创了豆腐菜肴的新世界

利用豆腐脑、水豆腐、豆腐干等为原料，可以烹调成千百种豆腐菜肴食品。通过炸炒煮炖，灵活搭配的方法，可以做成各种"百腐百珍"，供人们选择食用。例如，八宝豆腐、瓤豆腐、锅熘豆腐、三美豆腐、东坡豆腐、口袋豆腐、煮干丝、罗汉豆腐、珍珠豆腐等。这种开拓创新的发展，意义重大。

作为食品，豆腐的包容性和适应性是无与伦比的，优点很多。豆腐食品物美价廉，营养丰富，百搭百味，老少皆宜，贫富皆宜，不分国家、民族、宗教信仰，"豆腐宴席"都是大众美食，这是中国人的伟大贡献。

第三节

做豆腐工艺探讨

自古以来，古今中外，虽然做豆腐工艺都是 6 道工序，即浸泡黄豆、磨豆为浆、豆浆过滤、豆浆烧开、盐卤点豆腐、压豆腐排泔水等。但是，同样循规蹈矩地做豆腐，却往往得不到相同的回报，或品质不同、数量不同、今天与昨天不同等。这种情况可以说明，做豆腐工艺好像很简单，其实蕴藏着深奥的科技道理，需要认真探讨才能明白。

一、古代工艺探讨

在古代，最早出现做豆腐工艺的，始见于元朝和明朝，其内容很相同。兹举例如下：

> 元李东垣《食物本草·炊蒸类》卷五："豆腐：味甘、咸，寒有小毒。其法始于汉淮南王刘安。凡黑豆、黄豆及白豆、豌豆、绿豆之类，皆可为之。造法：水浸硙碎，滤去滓，煎成，以盐卤汁或山矾叶，或酸浆、醋淀，就釜收之。又有入缸内，以石膏末收者。大抵得咸、苦、酸、辛之物，皆可收敛尔。其面上凝结者，揭取晾干，名豆腐皮，入馔甚佳也。"[1]

> 明李时珍《本草纲目·谷部》卷二十五："豆腐：气味甘、咸，寒有小毒。豆腐之法，始于汉淮南王刘安。凡黑豆、黄豆及白豆、泥豆、豌豆、绿豆之类，皆可为之。造法：水浸硙碎，滤去滓，煎成，以盐卤汁或山矾叶或酸浆、醋淀，就釜收之。又有入缸内，以石膏末收者。大抵得咸、苦、酸、辛之物，皆可收敛尔。其面上凝结者，揭取晾干，

---

[1] 元李东垣. 食物本草［M］. 北京：中国医药科技出版社，1990.

名豆腐皮，入馔甚佳也。"[1]

1. 工艺流程（图 2-10）

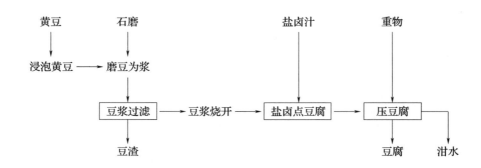

图 2-10　元朝明朝做豆腐工艺流程

2. 讨论

在上面原文中，"泥豆"是什么不明，据李时珍《本草纲目》及其他相关资料分析，可能是野生黑小豆或相传笔误；"砣"是指石磨；"豆腐皮"是指热豆浆表面凝结的油皮，不是用豆腐压成的薄皮，油皮晾干后称腐竹。传统做豆腐工艺不可以揭油皮，没有揭油皮工序。对于上面原文中的凝固剂等内容，需要专项讨论才能明白。

（1）盐卤汁　我国自古使用盐卤汁点豆腐。盐卤它是生产海盐时的副产品，呈红褐色，溶于水而成为浅黑色盐卤汁，味道苦。盐卤中的主要成分是，氯化镁结晶水合物（$MgCl_2 \cdot 9H_2O$）大约占 46%，硫酸镁（$MgSO_4$）、氯化钠（$NaCl$）和水等，后者约占 50%。使用卤水点豆腐的特点是，凝固速度快。为了便于操作，可以稀释卤水，降低凝固速度。盐卤在水中产生电离子，具有强电解质特性。

（2）山矾叶　对于"山矾叶"，有人认为它是九里香属芸香科植物，自古用于制作杀虫剂，有毒[2]。但是，在各种古籍中都不见有使用植物性山矾叶点豆腐的史料记载，而且仅见于《本草纲目》及《食物本草》而已。所以笔者认为，这"山矾叶"可能是矾矿物产品。在我国古代，生产食品与制药时常用的矾有 3 种，即明矾、胆矾与绿矾。在清王士雄的《随息居饮食谱》和清薛宝辰的《素食说略》中，都有使用皂矾制作臭豆腐乳的记载。清凌奂在《本草利害》中说："皂矾，一名绿矾"。由此可知，山矾叶可能是矿物而不是植物，有待于今后再研究。

---

[1]　明李时珍. 本草纲目［M］. 刘衡如校. 北京：人民卫生出版社，1978.
[2]　［英］李约瑟. 中国科学技术史：六卷五分册［M］. 北京：科学出版社，2008.

（3）石膏　在我国，点豆腐用石膏很常见。如果是生石膏即硫酸钙结晶水化合物（$CaSO_4 \cdot 2H_2O$），则需要采用高温煅烧法将它烧成熟石膏（$CaSO_4 \cdot 1/2H_2O$），磨成粉加水调匀才能使用。石膏微溶于水，用热水调和更好，采用冲浆法点入热豆浆内。用石膏点豆腐的好处是，凝固速度较慢，豆腐保水性好，适合于做嫩豆腐。石膏是二价强电解质，电离子遇到大豆蛋白质上外露的负电荷时，立即相互作用，蛋白质分子凝聚为凝胶，析出可爱的豆腐花。

（4）酸浆、醋　在明李时珍《本草纲目》中，有用"酸浆""醋"点豆腐的记载。现在，这种酸浆法已经很难见到。据报道，现在山东省济南东北的邹平县西董镇孙家峪村，仍然有人传承酸浆点豆腐工艺。

在没有其他凝固剂，也没有老酸浆可以点豆腐的时候，如果想吃豆腐就必须自制"酸浆水"，其制作方法如下：

制作方法：取清水 250g，加入白醋 50g，搅匀得酸醋水 300g 待用。取鲜豆浆 5kg，加入清水 1kg，搅均匀后过滤得豆浆，烧开后降温至 90℃时，取上面新配的酸醋水点豆腐，无论得多少豆腐，过滤后都能得到酸浆水，烧开后发酵 48h，即可得到"酸浆水凝固剂"。

有了新制成的"酸浆水凝固剂"之后，即可以按照传统方法做首批豆腐了。在做首批豆腐过程中，应当特别注意的是，留下足够量的该批酸浆泔水。将所留的酸浆泔水发酵 48h，即可得到新一批"酸浆水凝固剂"，它是生产下一批豆腐时要用的凝固剂。再往后做豆腐时，其操作过程，一律按照上述的办法轮回进行。

通过以上讨论之后，现在以旧题元李东垣《食物本草》、明李时珍《本草纲目》为依据进行归纳。结果是，笔者有了下列心得体会，兹叙述如下。

（1）在这两部书中，"做豆腐工艺"的论述是完美无缺的。这种不见于前代而突然出现的事说明，这是不正常更是不符合"冰冻三尺非一日之寒"规律的。但是可以说明，"做豆腐工艺"起源早于元朝，可以上溯至汉朝。

（2）在这两部书中，根据原文已知，当时运用于做豆腐的凝固剂与豆类品种，都是数种的。这种不见于前代而突然出现数种的现象表明，古人对于使用凝固剂与原料的研究，肯定是早于元朝的。因研究需要很长时间传承，才能得到如此高明的真知灼见，所以做豆腐起源可以上溯至汉朝。

在清朝时期的古籍中，根据检索已知，有关做豆腐工艺的论述其实并不多，也可以说是寥若晨星。虽然做豆腐工艺专门论述很少，但是有关豆腐制品的史料却不少，可以说是举目可见。例如，加工豆腐丝、制作豆腐泡、五香豆腐干、熏干、腐乳等，还有大量的豆腐菜肴史料。

笔者认为，做豆腐工艺专门讨论极少的原因是，李时珍《本草纲目》中的论述已经达到极高水平，不必多此一举添乱。据笔者检索已知，清朱彝尊《食宪鸿秘》中的"做豆腐工艺"论述是具有参考价值的。这一史料收录在《豆腐史料集锦》中，可以参考。

二、传统工艺探讨

本传统工艺探讨，以古代"工艺流程"为例，如图 2-11 所示。

图 2-11　传统做豆腐工艺流程
（根据传统科技原理与研究制图）

在我国，所谓的"传统工艺"称呼，那是指近代的做豆腐方法。这种工艺的历史由来非常久远，但是到了清朝末及民国时期，可说是发展到了高峰程度，几乎家家户户都会这种工艺。此时，传统工艺的普及程度非常高，无论是大江南北或是穷乡僻壤，都举目可见。

传统工艺的珍贵价值是，做豆腐的"工艺原理"已经家喻户晓，只需口传身授人们即可以驾轻就熟地做豆腐，而且豆腐的品质优美风味好，是"机械豆腐"无法相比的。如今，传统工艺正在迅速消失，被简易的"机械豆腐"取代，这是很可惜的。

传统工艺的特点是，用石磨磨豆浆，用传统凝固剂点豆腐。做豆腐的工艺原理虽然与明李时珍《本草纲目》中的论述一致，但是现代科学理论已经入木三分，各种操作技巧已经更加丰富多彩。所以，传统做豆腐工艺很值得研究。兹分别讨论如下。

1. 工具与设备

乡村里做豆腐，所用传统工具和设备主要有：精选大豆用的筛子；浸泡大豆用的缸或木桶；磨豆浆用的两扇圆形石磨；分离豆渣用的滤布和架子；煮豆浆用的大铁锅；点豆腐用的瓢、勺；压出豆腐泔水用的豆腐箱或木板等。

2. 黄豆浸泡

浸泡黄豆的时间长短很重要，当泡至豆瓣内部的凹陷沟涨至恰到好处时，出豆腐量最多。如果泡豆的时间太短，豆粒太硬不易磨好，豆糙多，豆蛋白等溶出少，出豆腐少。如果浸泡的时间太长，豆粒会发酵，水面泡沫多，磨出的豆浆沫多而且有酸味，煮浆时部分豆蛋白结块，出豆腐少或做不成豆腐。据实践经验证实，若要使泡豆程度达到最好，下列操作方法及技术掌握力度可以借鉴。

（1）泡豆用水选择　泡豆要用优质天然水或自来水，切勿使用已混入酸、碱、盐或油脂、杂质的水。品质低劣的水不要使用。

（2）根据水温确定泡豆时间　水温15℃以下时，泡豆6h ~ 7h。水温20℃上下时，约泡豆5h。水温25 ~ 30℃时，泡豆4h ~ 5h。

（3）根据气候及气温确定泡豆时间　冬天泡豆，用天然水时，约泡豆10h ~ 11h。夏天泡豆，需4h ~ 6h。

（4）根据黄豆性质特点确定泡豆时间　黄豆颗粒大、干硬、陈旧时，泡豆时间要长些，反之则时间短。冬天泡豆时，豆瓣内凹沟泡到涨平为合适。夏天泡豆时，豆瓣内凹沟泡到即将涨平为合适。

（5）用手检查及技术观察确定泡豆时间　当豆粒泡到外皮平直无皱纹时，用手捏豆粒，如果豆皮容易掉下，则说明浸泡已恰到好处。

3. 黄豆磨浆

要想多出豆腐，黄豆磨浆工序举足轻重。只有磨浆技艺精湛，大量豆蛋白质才能溶入到豆浆中去。磨浆有人叫磨糊，有的叫磨豆腐，目的是破坏大豆细胞组织，使蛋白质等营养成分能够溶出。

据研究证实，用于磨浆的石磨，石材一定要用最好的，磨盘雕琢要精湛。黄豆配沥水数量要合理，大约 0.5kg 豆配 2kg。磨豆时，进料要少些，进料量要均匀，石磨转速要慢些以防豆浆升温高。如果磨出来的豆浆，色泽洁白，粗细均匀，稀稠合适，豆浆温度不高，那就一定能够如愿以偿，顺利做好豆腐。采用石磨磨浆做豆腐的优点是，被磨细的豆渣呈片状，有利于蛋白质等成分的溶出。豆浆温度低，所做豆腐品质优越。

为了提高原料利用率，过滤后的豆渣要回收，用于再磨成豆浆或作为饲料。

4. 豆浆过滤

豆浆过滤的目的是，除去豆浆中残留的豆渣、杂质等，提高豆腐品质和产量。古老的过滤方法较简单，把滤布的四角用绳子吊起来，悬挂在横梁上，装入豆浆后用手摇动即可。刚做好的鲜豆浆通常不能直接用于过滤。常见的有煮浆过滤法与生浆冲热水过滤法，后者热水约 80 ~ 90℃为宜。豆浆的温度高些，稀稠适宜的，过滤起来当然容易心想事成。所以，选用热浆过滤，煮浆点豆腐的工艺好。

如果要使过滤完好，能够达到物尽其用的目的，通常要分段过滤豆浆，滤出头浆后，头渣要用热浆水再洗再滤，如此轮回 3 遍。所用的洗浆水，来源于前批。本批过多的洗浆水则用于下批，可作为磨豆浆及洗渣之用。如此轮回相辅相成。

5. 煮浆操作

煮浆的作用是，使大豆蛋白质产生热变性，蛋白质分子及一些可溶性成分，在受热时分子结构发生裂变，以分散相的状态，溶入到连续相的水溶液中，构成溶胶溶液。正因为如此，所以，加热煮浆必须恰到好处，没有煮熟或煮熟过度都不好。根据传统经验证明，煮浆温度很难达到 100℃。如果煮浆温度是 96 ~ 98℃，那么在此温度中再煮 3 ~ 5min 就可以出锅了。这样做出来的豆腐，柔软有劲，光泽很好，出品率高。

煮浆操作必须专心致志。每煮豆浆一次，都必须将锅刷净，用火烤干，用植物油脂擦锅，防止煮浆煳锅。煮浆要科学翻动，烧开后更要防止纤维物质及渣滓沉淀。出现泡沫时要及时消泡杀沫。煮好的浆要及时出锅，及时点豆腐，必须禁止向豆浆中添加冷水。

加热煮浆和翻浆搅动过程中都会发生起泡现象，使煮浆操作中断。为了防止豆浆漫出锅外，起泡必须添加消泡剂。在我国农村小镇，自古使用的消泡剂是油脚，即榨油厂或贮油罐沉底的油渣。油脚加氢氧化钙调和可得油膏，运用于煮浆时消泡，用量大约1%。

6. 点豆腐

在做豆腐的全过程中，点豆腐是关键。点豆腐的操作，就是向豆浆中加入一定量的凝固剂，使溶胶状态的豆浆在短时间内改变胶体性质，变成凝冻状态的凝胶。凝胶的最初状态就是豆腐脑。若把凝胶中大量的水挤压出去，物美价廉、营养丰富的豆腐也就做成了。所谓"凝固剂"，就是做豆腐时用来改变胶体性质的化学试剂。自古以来，我国最常用的传统凝固剂主要是盐卤水、石膏和食醋。

点豆腐很需要科学与技术知识。今以石膏点豆腐为例，操作要点如下。

首先是豆浆的温度，应当控制在 75 ～ 80℃时开始点浆最好。温度太高时，凝固剂溶解扩散太快，凝成的豆腐粗硬苦涩，干脆无鲜嫩感。浆温太低时，凝固反应缓慢，凝成的豆腐软膏状无弹性。其次是，凝固剂要事先用洗浆水调和溶解，每10kg黄豆配石膏 6 ～ 9g，加洗浆水 3.5 ～ 8kg，搅匀静置 10min 后才能使用。点浆时，要一边用瓢由下往上翻浆，使豆浆如开锅似的朝一定方向翻动，一边用石膏水均匀如线似的慢慢细流于豆浆中，要学会采用化验室里的滴定技术，正确加入凝固剂，使溶胶与凝胶间的微妙变化终点恰到好处，绝不可以把估算好的凝固剂用量一次性地倒进去。当豆浆里出现芝麻大小的豆腐花时，说明点浆已达终点，可以加缸盖待出豆腐脑了。豆腐脑约静置 20min，即可以掏出来放入豆腐箱里，用压榨方法压出豆腐脑中的泔水。

7. 压豆腐排泔水

压榨之前，先用温水洗包布，也可以用淡石膏水浸包布，目的是使豆腐不粘黏布上，豆腐外观美。将包布铺平在豆腐箱里或木板上，然后用瓢打出豆腐脑，箱中部稍放多些，包好布即可压出泔水。加压不能过急，防止包布破裂跑料，用力要均匀才能压净泔水。

如果要求豆腐外表有花纹图案，人们可以把图案雕刻在豆腐箱里或木板上，加压成型后，花纹图案就会在豆腐上显现出来，引人注目，动人心弦。

三、现代工艺探讨

自 1980 年以来，改革开放之风席卷中华大地，生机勃勃活力闪烁，豆腐行业也闻风而动。在国内外的商贸交往中，中国传统做豆腐工艺与国际上比较，显然已经相形见绌，差距很大，不能适应需要。于是，引进设备与技术的大潮势不可当。如今，潮起潮落水落石出，老传统做豆腐工艺在大中小城市几乎已经消失。面对这种历史性大变化，难道就只有褒扬的而没有需要审议与贬损的吗？当然不是。

例如，戴莹在《中华遗产》上撰文说："如今的中国豆腐，除了本土的水，还携有多少中国基因？我们吃的还是中国豆腐的滋味吗？大豆的故乡，豆腐的起源地，会不会只是将来写在历史书上的，任后人想象和凭吊的语句？"[1] 戴莹论述了中国大豆产销、进口大豆、转基因大豆等，提出了上面的疑问。这的确是高明的提示。

我国对于大豆和豆腐的研究，长期以来都是与历史悠久不相呼应的。例如，在 20 世纪初，我国大豆产量仍居世界首位，而且大量出口，现在则是不如美国和巴西，退居第三，只好大量进口。1996 年，我国进口大豆 110 万吨，2010 年进口大豆 5480 万吨，而且大量是脂肪型转基因大豆，不适合于做豆腐，还可能影响人体健康。这都是长期没有研究出现倒退的表现。

在豆腐发明发展史的研究方面，那也是与历史悠久不相呼应的。1782 年，日本人在京都出版了《豆腐百珍》，而且先后再版了三次。1963 年，日本学者篠田统撰文《豆腐考》在《乐味》上发表，而且后来被译成中文与英文多次转载发表。1972 年，美国威廉·舒特莱夫和日本妻子柳青昭子共著的《豆腐之书》在加利福尼亚出版，行销全世界。然而，在这一时期，中国人几乎没有任何研究成果出现。这其实也是一种不进而倒退的表现。

如今，笔者认为，上述多种"引进"之后出现的诸多疑问并非小题大做，而是应当高度重视与研究的，特别是在下列方面。

1. 大豆

我国古代称大豆为"菽"，英文写作 soybean，译音很贴近。据调查收集研究已知，我国推广种植的大豆品种约有 61800 个，分别在 23 个省市播种，其中黑龙江和吉林省

---

[1] 戴莹. 中国豆腐之殇 [J]. 中华遗产，2012（2）：160.

的播种面积与产量，都居全国首位。根据黑龙江省农科院大豆研究所与东北农学院的研究表明，我国的大豆自古大多数属于蛋白质含量多脂肪含量较少的类型，蛋白质含量40%～43%，是世界上最优良的，很适合做豆腐。然而也有遗憾表现，那就是自古生产大豆时，高蛋白质与高脂肪类型的大豆，不分开种植、收获与入仓，而是混合统一购销，不能选择到高蛋白质大豆用于做豆腐。

现在，我国每年从外国大量进口大豆。其中，美国大豆属脂肪型品种，适合榨油、作为工业原料，不适合做豆腐。我国每年进口的大豆，有许多是转基因产品，如果用于做豆腐，或许对人体健康有害处。目前有些国家已经证实，转基因大豆食品对人体具有过敏性和抗药性作用。为了食品安全无风险，建议选用国产大豆做豆腐。

2. 磨豆浆设备

我国做豆腐时，自古采用石磨磨大豆为浆，安全可靠，豆腐鲜美。现在，科学技术创造奇迹，磨大豆为浆的设备多种多样，大小齐全任选，有长期结伴的老石磨、有金属磨、陶瓷磨、砂轮磨等。对于我国来说，最近有人提出疑问，普及使用砂轮磨磨大豆为浆是否安全？理由是，砂轮磨磨损后的碎渣末必然会进入豆腐中，长期食用吸入是否会对人体健康造成危害？如今，砂轮磨用于做豆腐高度普及，希望有关部门组织论证，进行检测，若有风险及早应对，国泰民安是大事。

3. 煮豆浆与加凝固剂

在生产实践中，如果不煮浆立即用凝固剂点浆，或者煮好了豆浆不使用凝固剂点浆，那都是得不到豆腐的。这种结果表明，煮豆浆与加入凝固剂的操作，是密不可分的连带关系。

煮豆浆的作用是，使大豆的蛋白质分子溶入水溶液中，与其他成分共同构成了溶胶体系，此时蛋白质分子是分散相，水溶液是连续相。当溶液体系的温度下降到大约80～90℃时，如果及时加入了电解质即凝固剂，由于离子间的互相作用使电荷消失，水膜破坏，则大豆蛋白质分子起凝聚作用变成了凝胶体连续相，蛋白质分子间的水溶液被挤出来变成分散相。于是，人们得到了可爱的豆腐。

科学家们发现，虽然现在已知的凝固剂品种很多，但是仍然没有超越中国人自古选定的两大类，即盐类和酸类凝固剂。现在则有盐卤、石膏、碳酸钙、醋酸钙、乳酸钙、氯化钙、葡萄糖酸钙、葡萄糖酸内酯、酸浆、冰醋酸稀液和酿造醋等。在这些凝固剂当中，科学家们还发现，用盐卤和石膏做豆腐的中国方法最好，所得到的豆腐弹性好、口感鲜嫩，富含豆香风味和卤水口味，保质期较长。这项研究表明，中国传统做豆腐工艺是很先进的，应当受到重视，通过创新大力发展。中国人对于凝固剂的认识，在世界上是最早真知的，已有上千年历史。但是现在，这种"悠久历史"正在成为"凭吊的语句"，中国豆腐食品的特色正在消失，难道这不是很可惜的事情吗？

第四节

豆腐一家考

在我国，豆腐产品自古至今有多种不同的分类。我们认为可以分成五大类，即水豆腐、豆腐干、豆腐制品、豆腐菜肴、腐乳。

本节所要讨论的"豆腐一家"，仅仅是水豆腐类产品。按照传统习惯，这类产品有腐竹、豆腐花、豆腐脑、南豆腐、北豆腐和即食豆腐等。其中，即食豆腐是采用特制豆腐粉加凝固剂冲开水上桌而食的，类似加工临时豆腐脑，没有较长历史，可以不必讨论。

一、腐竹

生产腐竹的工艺过程是，把磨好的豆浆过滤，加热到 90 ~ 100℃，然后保持豆浆温度 85 ~ 90℃。此时，豆浆表面的变性蛋白质和脂肪成分会发生聚合作用，形成薄膜构成腐竹呈现在浆面上，可以进行揭竹了。揭竹的方法有多种，后面还会分别讨论到。

在我国，古人称腐竹为"豆腐皮"或"豆腐衣"。现代依然按照传统习惯传承，仍然有人称腐竹为豆腐皮、豆腐衣、豆腐棍的。还有人称腐竹为豆油皮、豆筋的。在全国范围内，如今腐竹已成为通称。

其实，腐竹不是豆腐产品，二者的主要成分很不相同。腐竹的主要成分是，蛋白质40% ~ 50%，脂肪20% ~ 25%，水分7% ~ 9%。水豆腐含水约80% ~ 90%。

根据检索史籍已知，腐竹的原始名称出现于明朝。到了清朝，有关腐竹的史料则大见增加。兹举例如下：

> 明李时珍《本草纲目》卷二十五："豆腐：豆腐之法，始于汉淮南王刘安；其（豆浆）面上凝结者，揭取晾干，名豆腐皮，入馔甚佳也。"
> 清朱彝尊《食宪鸿秘·酱之属》："豆腐：干豆轻磨拉去皮，簸净、

淘、浸、磨浆，用绵绸沥出（过滤）。勿揭起（豆浆上的）皮，取皮则精华去而腐粗懈。"

清汪谢诚《湖雅·酿造之属》卷八："豆腐按：磨黄豆为粉，入锅水煮，或点以石膏，或点以盐卤成腐。未点者曰豆腐浆……浆面结衣揭起成片曰豆腐衣，《本草纲目》作豆腐皮。今以整块干腐上下四旁边皮批片曰豆腐皮，非浆面之衣也。"

根据上面的记载说明，因为古人把制作腐竹的事与做豆腐工艺写在一起，所以腐竹自古属于豆腐产品。制作腐竹工艺始见于清朝。兹举例如下：

清薛宝辰《素食说略》卷一："腐竹：竹篾按一尺许长，削如线香样，要极光滑。以新揭豆腐皮铺平，再以竹篾匀排于上，卷作小卷，抽去竹篾，挂于绳上晾之。每张照作，晾干收之，经久不坏。可随时取食，各菜可酌加减。"

如今，我国各地都有腐竹生产，已自成体系，与豆腐生产无关。关于腐竹的生产工艺流程，如图2-12所示。

1. 工艺流程

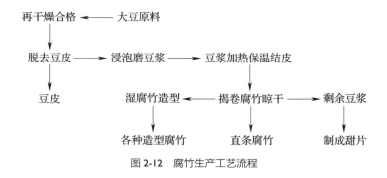

图 2-12　腐竹生产工艺流程

2. 操作要点

为了确保腐竹产品色泽优美，大豆原料含水分不得超过13%，如果超过就必须再干燥，使脱落豆皮轻而易举。所选择的大豆必须新鲜，绝对不可以采用次品或陈旧大豆为原料。泡豆要按季节变化灵活掌握，泡到九成展开即可以进行磨浆。

大豆磨浆时，除了磨细及细度均匀外，还要求磨好的豆浆细润浓稠些，这样可以提高腐竹的出品率。豆浆过滤清除豆渣很重要，有人工过滤和机械过滤法两种。通常每批豆浆要过滤两次，然后把先后浆液合并用于煮浆。

煮豆浆要注意用文火，大火爆烧很容易煳锅，使腐竹的色、香、味变劣。煮浆时，为了避免锅底煳化，要时常用竹箅或细漏勺捞锅底，消除沉渣。

3. 揭腐竹操作

将煮沸后的热豆浆注入"腐竹蒸发盘"，保持豆浆温度在 85 ~ 90℃。如果有条件的话，可以采用电风扇吹风，加快浆面蒸发和腐竹成型。大约每次揭腐竹周期是 10 ~ 15min。揭竹时，一定要保持温度稳定，使豆浆呈微沸状态。揭腐竹如图 2-13 所示。

图 2-13 揭腐竹操作

挑起来的腐竹晾干水分后，可以用手拧成各种不同造型，如短棍形、绳结形、圆筒形等。腐竹产品必须晒干或烘干才不会变质，工业化生产采用烘干房干燥。成品腐竹的含水量应当在 10% 以下。

经过揭腐竹之后，剩余的豆浆可以用于制作甜片。制作甜片工艺又称刷糖片。其制片过程是，将剩余豆浆过滤，再用磨将浆液磨细，然后在滚筒上成型，干燥为产品。

品质优良的腐竹，条块完整不细脆，色泽淡黄，鲜香浓郁，滑润有光泽。腐竹的食用方法很多，可以烹调菜肴，做凉拌菜，拌馅做饺子或包子等。

二、豆腐棍

前面已经说过，由于古人长期视腐竹为豆腐产品，所以至今相传不变，仍然有称腐竹生产为"豆腐棍"生产的。例如河南省开封市的陈留镇，相传在明朝时期已经有"豆腐棍"的生产，现已是全国著名的腐竹特产，非豆腐产品。关于陈留豆腐棍的生产工艺流程如图 2-14 所示。

1. 工艺流程

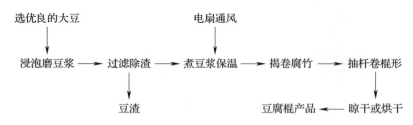

图 2-14　陈留豆腐棍生产工艺流程

2. 操作要点

根据生产实践认为，大豆磨成豆浆之后，豆浆的浓度高低对于腐竹的出品率影响很大。较为理想的豆浆浓度是 6% ~ 7%。

豆浆过滤完成之后，必须及时加热煮沸并保温，腐竹才能顺利按时结膜，精致厚实。较为理想的豆浆温度是 85 ~ 90℃。

在制豆腐棍成型之前，为了将挑腐竹的竹竿或高粱秆抽出来，可以采用蒸汽加温回潮法抽杆，然后加工腐竹为棍形，每节长约 10cm。

3. 特点与食用

优质的豆腐棍色泽淡黄滑润，空心松化程度富足，气味鲜香有甜味。食用的方法很多：可以凉拌各种素菜，炒豆腐棍，烧酿肉食品，烩制荤菜，拌馅做饺子或包子，做成汤菜也很好。

在我国，现在有许多著名的腐竹特产品种供应。这些特产腐竹的品质都很优良，而且各有独特品质，生产历史也很悠久。例如广东省广州市增城区的三边腐竹，广西桂林市的桂林腐竹，河南省长葛市的长葛腐竹等，都是中外驰名产品，畅销国内外。

三、豆腐花

在我国江南各地，"豆腐花"是民众十分喜欢的食品。但是在北京，根本看不到有卖豆腐花的，实在是一缺憾。所谓"豆腐花"，它实际上是一种未成型的"小豆腐"。这种小豆腐，在泔水中漂浮时，其形态宛如雪花，故名"豆腐花"。关于豆腐花的名称，据查最初始见于清朝。

> 清汪谢诚《湖雅·酿造之属》卷八："（豆浆）入锅水煮，或点以石膏，或点以盐卤成腐。未点者曰豆腐浆；尤嫩者，以勺抱之成软块，亦曰水豆腐，又曰盆头豆腐。其最嫩者不能成块曰豆腐花，亦曰豆腐脑。"

但是，笔者儿时亲历的"豆腐花"，与北京的豆腐脑不同。闽南的豆腐花，那是漂浮在泔汤中的，加调料后食用。北京的豆腐脑嫩不可用手拿，只能用浅勺取，但没有泔汤，浇卤后食用。笔者曾在上海吃早餐，亲历"油条冬菜豆腐花"，与闽南豆腐花相似。由此看来，古人说：豆腐花亦曰豆腐脑，似有些不能相提并论。

根据调研已知，豆腐花的制作及食用方法有多种。

1. 闽南的豆腐花

在福建闽南农村，每当农闲或年节期间，人们常常自己做豆腐兼做豆腐花。其制作过程是：选用上好的大豆为原料，用石磨把泡好的大豆磨成豆浆，历经过滤、煮浆、点豆腐，即可首先制得漂浮在泔水中的豆腐花。这种过程与做南豆腐的前面工序相同。所不同的是，点豆腐所用的凝固剂，一定要使用盐卤汁。其原因如下：

卤水的主要成分是氯化镁（$MgCl_2$）、氯化钙（$CaCl_2$）、氯化钠（$NaCl$）和水等。这些化合物在豆浆溶液中，通常以电离质的形式存在，用卤水点成的豆腐，保水性很弱。对于豆腐花来说，花与花之间不易粘连在一起，漂浮着，俏丽好看。用卤水点豆腐，还有一个优点，即只要用卤量合适不过量，所做成的豆腐花就无苦涩味，吃起来口感新鲜宜人，可甜、可咸、可辣，别有一番风味。

2. 台湾的豆腐花

台湾人做豆腐花，与福建闽南人的做法有些不同。他们用温水泡黄豆，磨成豆浆以后用绢布过滤，煮浆至沸腾时即停火静置，降温到80℃时，加入少许淀粉于豆浆中，用溶解石膏水（$CaSO_4 \cdot 2H_2O$ 及 $CaSO_4$ 溶液）点豆腐。所得豆腐花，可加入不同的调味料，可冷、可热、可甜、可辣，相当有滋味。

3. 什锦豆腐花

在我国江南及东南亚各国，甚至欧美国家，人们喜欢吃杏仁豆腐花。其做法是：用质量好的大豆为原料，用石磨磨细为豆浆，经过滤后把豆浆煮开，停火静置降温至80℃时，即可加入杏仁调料和凝固剂点豆腐，点出豆腐花后静置起来，去掉部分泔水后即可食用。可热吃，可冷吃，还可以添加其他调料吃。

从前，人们喜欢热吃豆腐花。但是，随着时代的发展变化，随着外来饮食习惯的影响，添加其他调味料再食用的豆腐花多了起来。除了杏仁豆腐花，还有香蕉油豆腐花、冬菜油条豆腐花、黄花菜木耳咸辣豆腐花、豆芽菜香油酸辣豆腐花、肉末豆腐花等。

四、豆腐脑

对于"豆腐脑"，在全国各地很常见，其名称古今一样。关于"豆腐脑"名称的记载，最初始见于清朝。兹举例如下：

> 清王士雄《随息居饮食谱·蔬食类》："豆腐：以青黄大豆，清泉细磨，生榨取浆，入锅点成……点成不压则尤嫩，为豆腐花，亦曰豆腐脑。"又清汪谢诚《湖雅·酿造之属》卷八："豆腐按：磨黄豆为粉，入锅水煮，或点以石膏，或点以盐卤成腐……其最嫩者不能成块，曰豆腐花，亦曰豆腐脑。"

对于《随息居饮食谱》与《湖雅》中的"曰豆腐花，亦曰豆腐脑"。古人认为，豆腐花与豆腐脑为一物。其实，如果作些调查研究就必然会发现，豆腐花与豆腐脑是很不同的两种。豆腐花可以深度开发为多风味、多品种的食品，供早餐食用，或作为甜点上餐桌，其优点超越豆浆。

今人做豆腐脑循古法而略有进展。古人做豆腐脑纯用大豆，今人用大豆也用豆腐粉作原料。由于用大豆与用豆腐粉做豆腐脑的工艺过程有些不同，所以分别叙述如下。

1. 用大豆做豆腐脑

用大豆做豆腐脑的方法，与做南豆腐传统方法的前端工序相同，其中包括选豆、浸豆、磨浆、过滤、煮浆等。但是，做豆腐脑时，豆浆浓度必须高于做南豆腐或嫩豆腐，凝固剂用盐卤，蹲脑时间要长些，不破脑也不压榨泔水，含水量高达90%以上。

在一般情况下，磨豆浆以细为好，煮浆用文火，一定要防止烟锅，否则豆腐脑会有烟味和苦涩味。为了使豆腐脑更加润滑绵软，滋味鲜美，通常要在点豆腐脑之前，向豆浆中加入少量菜籽油。

2. 用豆腐粉做豆腐脑

用豆腐粉做豆腐脑在我国至今还不普遍，多见于大中城市，如上海、武汉等。采用特制的鲜豆腐粉和石膏做豆腐脑。

操作方法　用豆腐粉加温水稍微浸泡一会儿，搅拌成豆浆，用细纱布过滤，去豆渣得豆乳。将豆乳烧开，把2/3倒入保温缸内，当豆乳降温至80℃时，用石膏液点豆腐脑，出现芝麻花状时，倒入另外的1/3豆乳，即可蹲脑。操作要快而均衡，掌握好分寸才能获得高出品率，豆腐脑才会鲜嫩好吃。

无论是用大豆或用豆腐粉做豆腐脑，都要外加卤汤才食用。卤汤的做法各地不同，通常用酱油、肉末、木耳、香菇、黄花菜、冬笋、香油等，烹调勾芡而成美食。

五、水豆腐

在古书上没有"水豆腐"的名称，通常水豆腐都是指刚做好的豆腐，因此没有严格的标准。如果根据传统习惯分类，则可以分成两类，即"南豆腐"和"北豆腐"。

南豆腐的特点　豆腐中的含水量在90%以上，豆腐用纱布包成小方块，手碰有弹性，外观有布纹，豆腐菜肴口感细嫩，做汤吃很鲜美。

北豆腐的特点　豆腐中的含水量约80%，豆腐采用箱或板成型，用纱布包好豆腐脑压沥水，做成大整块豆腐，再用刀切块进行销售。豆腐外观粗糙，手碰坚硬无弹性，出品率没有南豆腐高。北豆腐很适合于制作茶干、腐乳，各种豆腐干食品。如果烹调北豆腐，则以烧、炒、烩为主，如酿豆腐、煎豆腐、东坡豆腐、八宝豆腐、砂锅豆腐等。用豆腐做菜，可荤可素，丰简随意，可炸可卤，绚丽多彩。如图2-15所示，那是云南倘塘镇的姜黄豆腐特产，用玉米棒与豆腐块相间串挂吊在高处卖，一派好风景。

图2-15　高调（吊）卖豆腐

（引自《中华遗产》2012年2：杨峥摄影）

六、冻豆腐

在我国北方，利用"三九"寒冬做冻豆腐很常见。冻豆腐如图 2-16 所示。因为冬天可以做，所以冻豆腐的起源一定很早，兹举例如下：

图 2-16　冬天冻豆腐

　　明末清初朱彝尊《食宪鸿秘·酱之属》卷上："冻豆腐：严冬，将豆腐用水浸盆内，露一夜。水冰而腐不冻，然腐气已除，味佳。或不用水浸，听其自冻，竟体作细蜂窝状。洗净，或入姜汁煮，或油炒，随法烹调，风味迥别。"又清袁枚《随园食单·杂素单》："冻豆腐：豆腐冻一夜，切方块，滚去豆味，加鸡汤汁、火腿汁、肉汁煨之。上桌时，撤去鸡、火腿之类，单留香蕈、冬笋。豆腐煨久，则松而起蜂窝，如冻腐矣。故炒腐宜嫩，煨腐宜老。"

古人利用天寒地冻之机，把多余的豆腐置于室外，任其冻结成冻豆腐，按说这是比较简单的事务。所以，出现冻豆腐的时间可能早于明朝，可惜至今没有发现更多的证据。冻豆腐是整体多孔蜂窝状食物，不良的豆腥气味等会随冰水瓦解而去，烹调时很容易吸入各种调味汁，使菜肴百味交融，妙趣横生。

如果从冷冻方法看，做冻豆腐的方法古今不同。现在，有"天然冷冻法"和"人工冷冻法"两类。

天然冻豆腐法　这只限于冬天才能做。将鲜豆腐切成大方块，置放于室外席棚上任其冻结，一夜不成接着冻，直到合格为止。这种方法自古采用，不用冷冻设备，经济实惠投资少，但容易遭风沙损害，遭污染，产量少。

人工冻豆腐法　这是全年都可以做的工艺，但要采用制冷设备，是现代化的方法。古代还有冻干豆腐法，把鲜豆腐先冻成冻豆腐，再水浸冰消，挤干水分，烘干为合格产品，这种方法可以延长贮存期，还便于销售远方。

关于"豆腐一家"中各成员的营养成分，如表 2-3 所示。

表 2-3 "豆腐一家"营养成分表

品名	地区	食部/%	样品重/g	水分/g	蛋白质/g	脂肪/g	碳水化合物/g	粗纤维/g	灰分/g	钙/mg	磷/mg	铁/mg	胡萝卜素/mg	硫胺素/mg	核黄素/mg	尼克酸/mg
豆浆	湖南	100	100	95.5	2.4	0.7	0.1	微	0.3	13	34	0.8		0.02	0.01	0.1
腐竹	北京	100	100	7.1	50.5	23.7	15.3	0.3	3.1	280	598	15.1		0.21	0.12	0.7
豆腐棍	河南	100	100	7.2	51.0	22.6	15.1	0.3	3.2	281	597	15.2		0.22	0.13	0.6
油皮	江苏	100	100	7.7	47.7	28.8	13.5	0.2	2.1	319	436	9.6				
豆腐脑	湖南	100	100	91.3	1.9	0.4	1.3	0.6	0.4	101	29	5.6		0.01	0.01	
南豆腐	北京	100	100	90.1	4.7	1.3	2.8	0.1	1.1	240	64	1.4		0.05	0.03	0.1
北豆腐	江苏	100	100	90.0	7.0	0.4	1.2	0.2	1.4	251	78	2.0		0.02	0.06	0.1
豆腐渣	北京	100	100	87.0	2.6	0.3	7.6	1.8	0.7	16	44	4.0		0.08	0.02	0.1
豆汁	北京	100	100	96.0	1.9	0.4	0.8	0.6	0.3	3	25	0.8		0.04	0.01	0.2

参考资料：中国医科研究院，卫生研究所. 食物成分表. 北京：人民卫生出版社，1983.

豆腐干和豆腐制品考

　　这里的豆腐干和豆腐制品，既有连带关系又有许多不同区别，所以只好放在一起讨论。

　　可以认为，豆腐干，那是比水豆腐含水量少的豆腐，是用于制作豆腐制品的原料，是不含有植物油脂，任何调味料及其他食物的单纯豆腐。

　　这里的豆腐制品，是以豆腐干为原料，加酱油、调味料、香油等，经过制作而成产品。这类豆腐制品，1980年，商业部副食品局分为六类，即卤制品、油炸制品、熏干制品、炸卤制品、烩炒制品和茶干等。

　　自古以来，白豆腐干的品种少，而豆腐制品的品种非常多。在古籍中，这两类豆腐产品的史料不多，不可能所有产品都有史学证据，因此只能将检索到的史料写入本书，尽力而为。

一、豆腐皮

　　这里要讨论的"豆腐皮"，是纯用豆腐或豆腐干制作的产品，与明李时珍《本草纲目》中所提到的"豆腐皮"无关，不能相提并论。所以，下面所论及的豆腐皮，都是豆腐产品。

　　在我国古籍中，有关豆腐皮的史料不少，但是从历史背景看起源并不早，多见于清朝。现举例如下：

　　　　清汪谢诚《湖雅·酿造之属》卷八："磨黄豆为粉，入锅水煮，或点以石膏，或点以盐卤成腐；其最嫩者不能成块曰豆腐花亦曰豆腐脑。或下铺细布泼以腐浆，上又铺细布夹之旋泼旋夹压干成片曰千张，亦曰百叶；《本草纲目》作豆腐皮，今以整块干腐上下四旁边皮批片曰豆腐皮，非浆面之衣也。"

　　　　清王士雄《随息居饮食谱·蔬食类》："豆腐：干榨所造者，有千层,亦名百叶。有腐干,皆为常肴,可荤可素。"清赵学敏《本草纲目拾遗》:"豆腐皮:味甘性平,养胃滑石,解毒。"

清袁枚《随园食单·杂素菜单》:"豆腐皮:将腐皮泡软,加秋油、醋、虾米拌之,宜于夏日。蒋侍郎家入海参用,颇妙。加紫菜、虾肉作汤,亦相宜。或用蘑菇、笋煨清汤,亦佳,以烂为度。芜湖敬修和尚,将腐皮卷筒切断,油中微炙,入蘑菇煨烂,极佳。不可加鸡汤;素烧鹅:煮烂山药,切寸为段,腐皮包入油煎之,加秋油、酒、糖、瓜、姜,以色红为度。"

二、豆腐丝

这里要讨论的"豆腐丝",是单纯的素豆腐产品,通常是用豆腐皮或大块豆腐干细切而成的。素白豆腐丝是制作豆腐制品时,很重要的基本原料,也是我国人民日常生活中,很喜欢的烹调原料之一。豆腐丝如图 2-17 所示。

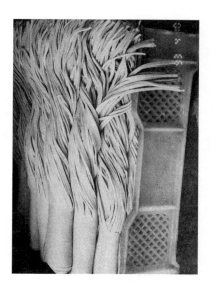

图 2-17　白豆腐丝

在我国古籍中,有关豆腐丝的记载出现很早。现举例说明如下:

北宋陈达叟《本心斋疏食谱》:"啜菽:菽,豆也。今豆腐条切淡煮,蘸以五味。"

清薛宝辰《素食说略》卷三:"豆腐丝:京师名豆腐丝,陕西名千张,市上均有卖者。以高汤同笋丝煨之,或以酱油、醋拌食,或以酱油炒食均佳。"

清袁枚《随园食单·小菜单》:"腐干丝:将好腐干切丝极细,以虾子、秋油拌之。"

制作白豆腐丝的方法比较简单,可以用刀细切大块豆腐干或豆腐皮,即可以成为细豆腐丝。但是有一点应当知道,切豆腐皮的时候,靠豆腐皮一侧的边端上,要留有半寸来宽的边沿不切开,这是用于捆扎或防止豆腐丝混乱的需要。

三、卤豆腐制品

这类卤豆腐制品的特点是,豆腐干半成品在调配的卤水中浸泡,然后卤煮为不同风味的合格食品,用于直接食用,或作为配料用于与其他菜肴烹调。

因为卤水是用食盐和各种不同调味料调配的，所以卤水有许多不同风味，可以卤煮成很多产品。例如，五香豆腐干、五香豆腐丝和豆腐片、兰花干、苏州卤豆腐干、酱煮豆腐干、黄豆腐干和麻雀头等。

在我国，自古以来的"卤煮豆腐干"概念是相同的，但是卤煮工艺操作过程古今并不完全相同，全国各地也不完全相同，所以现在只能举例说明，益于见微知著。

1. 古代卤煮豆腐制品

清朱彝尊《食宪鸿秘·酱之属》卷上："酱油腐干：好豆腐压干，切方块。将水酱一斤，用水二斤同煎数滚，以布沥汁，如要赤，内用赤酱少许；次用水一斤，再煎前酱渣数滚，仍以布沥汁，去渣。然后合并酱汁，入香菇、丁香、白芷、大茴香、桧皮，各等分。将豆腐同入锅煮数滚，浸半日。若其色尚未黑，取起令干，隔一夜再入汁内煮，数次味佳。"

2. 现代卤煮五香豆腐干

将酱油 10kg、食盐 5kg、大料 1kg、白糖 1kg、桂皮 0.25kg、五香粉 0.7kg，加水 250kg 熬煮。放入白豆腐干 200kg，熬煮到合格出锅。

3. 卤豆腐干食用方法

卤豆腐干的特点是，卤香浓郁，凉热食用皆宜，物美价廉。用途很广，可以凉拌香干、烧鱼块、炒肉片、香干炒虾仁、素炒青菜等。

四、油炸豆腐制品

这类豆腐制品的特点是，产品既香又微脆，外观油润有光泽感，颜色有浅黄、棕黄、金黄。口感通常外焦里嫩，味道鲜美浓郁，可以直接食用或作为烹调原料。

油炸豆腐制品的种类不少，有油炸豆腐泡、油炸豆腐丝和豆腐条、油炸素虾、油炸丸子、油炸豆腐果、油炸素卷和三角豆腐等。

油炸豆腐干与油炸其他食品相同，都要遵循油炸科技原理，只有严苛操作才能炸得好豆腐产品。在古代，当然古人最初没有太多的理论可以写入史籍流传到现在，但是他们依靠言传身教，依靠实践经验代代相传，照样可以炸得好产品。现在举例说明如下：

北宋苏东坡《物类相感志》："豆油煎豆腐有味。"清汪谢诚《湖雅·酿造之属》卷八："干腐切小方块油炖，外起衣而中空曰油豆腐；切三角者曰三角油腐。"

清薛宝辰《素食说略》卷三："豆腐：豆腐作法不一，多系与他味搭配，不赘也。

兹略举数法。一切大块入油锅炸透，加高汤煨之，名炸煮豆腐；一切四方块，入油锅炸透，搭芡起锅，名熊掌豆腐。"

现如今，我国的油炸豆腐生产技术和设备更新，已经有了很大的进展，科研进程也有许多突破，可以说已经改变了过去长期的落后状态。主要表现如下。

1. 专用豆腐坯特性

通过研究，发现了豆腐坯应当具有"专用特性"，于是采用"三低技术"制成了专用豆腐坯，为发展生产打下了坚实的基础。"三低"技术是：豆浆的浓度要低些，点豆腐用的凝固剂浓度要低些，点豆腐时豆浆的温度要低些。

2. 专用油脂特性

通过研究，发现了用于炸制豆腐坯的油脂要有"专用的特性"。油的品质，首先要符合 GB 2716-81 标准。其次是，油脂的热稳定性要好，抗氧化性要强，不易发生聚合变化，不易起泡，少冒烟，毒性小。

3. 炸制操作技术要严苛

在炸制豆腐过程中，豆腐坯入锅时油温应当是 120℃，油炸豆腐成品出锅时油温应当是 160 ~ 180℃，每批豆腐的油炸周期应当是 10 ~ 15min。

4. 油炸过程应当关注的因素

为了确保油炸豆腐品质优良，应当时刻关注操作过程中的各种因素变化，灵活应对并及时处理。例如，豆腐坯的温度变化每批不同，对油温温度稳定性有影响，发生煳锅对产品风味有影响，油炸过程中油脂消耗和品质变化对产品风味和品质有影响，天气变化和季节变化对生产过程有影响等。

5. 油炸豆腐的成品管理

对于厂家来说，产品管理特别重要。如果管理不到位，照样可以造成功亏一篑的损失。当产品出锅时，必须及时散热降温防止积水，不可以挤压产品，要防止变形变质变味，要有通风防尘设施等。油炸豆腐泡，如图 2-18 所示。

图 2-18 豆腐泡

五、熏豆腐干制品

熏豆腐干制品俗称熏制品或熏干制品，它是采用长六面长方体白豆腐干经煮，然后熏制而成的产品。产品具有浓厚的熏香风味，而且具有较长的保质期，所以长期深受人们喜爱，是典型的传统制品。

熏干制品的品种很多，有盛行的普通熏豆腐干、熏肚、熏素鸡、熏辣干等。

在此需要说明的是，当食物经过烟熏而成为食品之后，产品对于人体健康来说，的确存在着利弊关系。烟熏工艺具有使食品外表干燥、消毒杀菌、防腐耐久藏、延长保质期的功效，可以使食品具有诱人的风味和招人喜欢的金黄色。但是，也有可能染上有毒物质，如苯酚类或焦油等，食用前清洗干净很重要。

我国熏制食品的起源可能很早，因为古人用火熟食的历史很悠久。但是，熏制豆腐干的记载出现较晚，我们检索到的史料，最初始见于明朝，到了清朝则史料大见增加。兹举例如下：

> 明宋诩《宋氏养生部·菜果制》卷五："熏豆腐：乘热点豆腐入箱，压一日，以刀解开。煎盐汤放凉，取鹅翎泡扫。焚苫谷糠烟熏绝干燥，悬当风处。"

> 清朱彝尊《食宪鸿秘·酱之属》卷上："熏豆腐：得法好豆腐压极干，盐腌过，洗净，晒干，熏之。涂香油。又法：豆腐腌过，洗净，晒干，入好汤汁煮过，熏之。"

> 清顾仲《养小录·酱之属》卷上："熏豆腐：好豆腐压极干，盐腌过，洗净晒干，熏之。涂香油。"

现如今，熏豆腐的品种已经不少，很难多列举说明。但是，对于熏豆腐的制作原理来说，工艺原理基本上是古今相同的。为了便于理解与追本溯源，特举例如下。

1. 现代熏豆腐干法

主要原料　白豆腐干 100kg，切成 6cm×3cm×2cm 柱形。

制熏干方法　把白豆腐干放入盐水（含食盐 1kg）中煮 30min，然后捞出来控干挂水。把煮好的豆腐条块码到熏炉里，用点燃的锯末和红糖熏 3~5min。将熏好的产品取出来，放到不锈钢大盘里，在熏干表面上刷香油或炸制的香豆油，即为成品。熏豆腐干成品，如图 2-19 所示。

图 2-19　熏豆腐干

2. 现代熏素肠制法

主要原料 白豆腐干坯 100kg，大豆油 8kg，酱油 2kg，精盐 1kg，香油 0.2kg，纯碱 0.3kg，大葱 2kg，鲜姜 0.5kg，花椒粉 0.1kg。

制素肠方法 先把其中的 60kg 白豆腐干，切成 10cm×2cm 的窄条，作为馅的原料。再把另外 40kg 白豆腐干，切成 30cm×20cm 的豆腐皮，作为素肠的包皮。

把豆腐条放入清水中煮 10min，捞出来放入碱水中再煮，直到用手摸豆腐条发黏为止。捞出来用清水洗净，加入调味料酱油、精盐、香油、葱花、姜丝、花椒粉等，搅拌均匀成为馅料。

用切好的豆腐薄皮包裹上面已做好的馅料，造型如灌肠样。把制作好的素肠半成品用纱布卷起来放进煮筐内，用食盐水煮 30min，然后取出来去掉纱布。把煮好的素肠送进熏炉里，用点燃的锯末加红糖熏 3～5min，取出后在熏素肠的表面上刷香油，或者刷香熟豆油，即得熏素肠成品。

六、炸卤豆腐制品

这类制品的特点是，豆腐干半成品加工成型之后，经过油炸又经过卤制，使各种好滋味深入到豆腐的内部，使炸卤豆腐制品的色、香、味更完善，口感润泽更完美。

时至今日，炸卤豆腐制品的种类已经很多，有素什锦、素鸡和圆鸡、素火腿和素猪排、素肝尖和素三丝、素肥肠和素肚、素鸭和素烧鱼、素烧五香花干等。

炸卤豆腐制品又称炸煮制品，因为汁液丰富滋润，所以人们又称之为"油货"。在我国历史上，因为宋朝苏东坡的《物类相感志》里已有"豆油煎豆腐"的史料，"煎炸"具有双向混同意义，所以炸卤豆腐的起源应当很早。兹举例如下：

> 宋林洪《山家清供》卷下："东坡豆腐：豆腐葱油煎，用研榧子一二十枚和酱料同煮。又方，纯以酒煮。俱有益也。"清朱彝尊《食宪鸿秘·酱之属》卷上："煎豆腐：先以虾米浸开，饭锅炖过，停冷，入酱油、酒酿得宜。候着锅须热，油须多，熬滚，将腐入锅，腐响熟透。然后将虾米并汁液泼下，则腐活而味透。"

> 清薛宝辰《素食说略》卷三："豆腐：豆腐作法不一，多系与他味配搭，不赘也。兹略举数法：一切大块入油锅炸透，加高汤煨之，名炸煮豆腐；一切四方块，入油锅炸透，加酱油烹之，名虎皮豆腐。"

在上面史料中，因为有煎炸豆腐和加酱油或其他物料煮豆腐的意义，所以认为"炸卤豆腐"或"炸煮豆腐"已出现的证据是可信的。而且，这些史料的内容，与现代制作"炸卤豆腐"的方法，也有许多相同之处。为了便于理解，再举例如下。

1. 炸卤花干豆腐

主要原料　白豆腐干 100kg，大豆油 10kg。

制卤辅料　酱油 8kg，精盐 1.5kg，砂糖 1kg，花椒 0.5kg，大料 0.5kg，桂皮 0.4kg，葱、姜、香油等。

制作方法　把白豆腐干切成镂空花卷形，投入油温约 180℃的油锅中炸成金黄色，捞出来控干挂油。把上面的调味辅料熬制成卤汁。

将控干挂油的炸花干豆腐，投入到熬好的卤汁中，卤制 30min 使之成为卤汁丰富的成品，捞出来控净汤汁即为炸卤花干豆腐。

2. 炸卤素鸡豆腐

原料与老汤准备　白豆腐干 100kg，大豆油 8kg，老汤入锅待用。

制作方法　把白豆腐干切成 8cm×3cm×0.5cm 白长条，俗称素鸡条。把素鸡条坯子投入到油温约 180℃的油锅中炸成金黄色，捞出来控干挂油。

把油炸素鸡半成品投入到老汤中煮制 30min，使之具有卤汁丰富浓郁的味道，控干挂汁即为素鸡豆腐制品。

七、烩炒豆腐制品

在我国，"烩炒"是烹调食物方法的用语。对于烹调豆腐制品来说，烩炒方法可以有下列数种：

（1）豆腐干原料油炸，用老汤煮，用芡汁烩炒，如烩炒辣汁豆腐制品。

（2）豆腐干原料油炸，用烹调的卤料烩炒，如烩炒元鸡。

（3）豆腐原料油炸，用老汤煮，用烹调卤汁烩炒，如烩香辣片。

（4）选用多种豆腐干好成品，按需要确定配方混合料，用特制卤汁烩炒，即得什锦豆腐。

如果从上面的烩炒工艺概述看，我国这烩炒豆腐的历史应当很悠久。可是，经过检索史料已知，这烩炒豆腐的证据，最初始见于宋朝。

在宋吴自牧《梦粱录》的"酒肆"和"面食店"里，都有"煎豆腐"的食品。在宋林洪《山家清供》卷下，有"豆腐葱油煎；和酱料同煮"的记载。

清薛宝辰《素食说略》卷三："豆腐：一不切块，入油锅炒之，以铁勺搅碎，搭芡起锅，名碎馏豆腐；一切四方片，入油锅炸透，搭芡起锅，名熊掌豆腐。"

现在，烩炒豆腐的花色品种已经很多。为了便于理解，特将上面已经提到的烩炒辣汁豆腐、烩炒元鸡、烩炒香辣片和烩炒什锦豆腐分别讨论如下。

1. 烩炒辣汁豆腐

主要原料 豆腐干原料50kg，豆油5kg，白糖5kg，辣椒粉0.5kg，干淀粉0.5kg，炒熟芝麻0.5kg。

制作方法 把大块豆腐原料切成小菱形薄片，用油温约150℃的豆油炸成金黄色，然后捞出来控干挂油。将炸好的豆腐片放入老汤中煮5～7min，然后捞出来控干挂汁。

将淀粉、辣椒粉、白糖等，加水制成芡汁，然后与炸煮的豆腐片半成品烩炒，即得辣汁豆腐。

2. 烩炒元鸡

主要原料 豆腐干原料50kg，豆油5kg，白糖2kg，酱油4kg，食盐0.7kg，蟹粉0.3kg，食用碱0.5kg。

制作方法 把大块豆腐干原料切成30cm×28cm×2cm的豆腐片。用温水将碱化开，把豆腐片浸在碱水里10min，捞出来用清水洗净碱味，控干挂水。

将豆腐片铺平在案板上，在上面刷一层蟹粉浆，然后把浆面卷在内部卷起来，用麻绳捆好，放入盐水中煮30min，捞出来控干挂水。

将煮好的豆腐卷切成圆卷段，放入油温150℃的豆油中炸成金黄色，捞出来控干挂油。把炸好的圆豆腐卷入锅，用酱油、白糖、食盐等调配好的卤烩炒，即得烩炒元鸡。

3. 烩炒香辣片

主要原料 豆腐干原料50kg，豆油5kg，食盐0.7kg，大葱1kg，辣椒粉0.4kg，花椒粉0.2kg，老汤备用。

制作方法 把豆腐干原料切成6cm×1.5cm×0.5cm的豆腐片，放入油温150℃的豆油中炸成金黄色，捞出来控干挂油。将炸好的豆腐片倒入老汤中煮20min，捞出来控干挂汁。

将豆油放入炒锅中炒热，及时加入葱花、辣椒粉、花椒粉等，再加入用汤煮好的豆腐片，经过翻动烩炒，即得香辣片。

4. 烩炒什锦豆腐

主要原料 什锦豆腐全国各地很不相同，主要是配料品种不同，所以不能相提并论。什锦豆腐的相同特点是，所搭配的豆腐食品品种很多，还搭配了一些非豆腐食品在内。北京的什锦豆腐很优美，是典型的品种。

什锦豆腐的配料不是"下脚料"，都是优质原材料。在通常情况下，配料有卤汁豆腐、炸金丝、素鸡、甜辣片、兰花干豆腐、肝尖、素火腿，还有油面筋、腐竹、香菇、木耳、黄花菜、玉米片、好酱和芝麻香油等。

制作方法　如果从操作技术层面上看问题，什锦豆腐的制作技术，在于品种选择配搭设计，就是根据饮食需要或爱好，选择好配搭品种和风味。例如喜欢卤汁丰富时，可以多配加些卤豆腐和油面筋；喜欢香辣时，可以适当多加些香辣片和辣汁豆腐；喜欢偏甜时，可以适当多加点白糖等。

当所选择的配料品种已经确定之后，因为各种配料品种已经是合格产品，不是半成品，所以只要把各种配料混合在一起即可，然后添加卤汁、香油、葱花、姜丝等，进行入锅烩炒即可得什锦豆腐。

八、茶干

这里要讨论的"茶干"，是中国的特产，更是典型的豆腐食品，与"茶叶"或"饮茶"并无连带关系。

我国制作茶干的历史很悠久。据报道说，安徽省马鞍山市采石镇的"采石矶茶干"，创始于清朝咸丰年间。江苏省如皋市白蒲镇的"白蒲茶干"，创始于清道光年间。现如今，笔者检索到的，关于茶干的史料如下：

> 清潘荣陛《帝京岁时纪胜·十二月》："皇都品汇：公孙园畔，熏豆腐作茶干；陶朱馆中，蒸汤羊为肉面。孙胡子，扁食包细馅；马思远，糯米滚元宵。"[1]

> 据报道说，在清《白蒲镇志》中，有"蒲镇菽乳干为极品，通称为茶干"的记载。[2]

对于上面记载中的"熏豆腐作茶干"，据调查已知，熏豆腐与茶干是两种豆腐制品，有许多不同特点。另外，因《帝京岁时纪胜》是清乾隆二十三年（1758年）刊印的，至今已有260余年历史，早于清道光与咸丰时期。所以，驰名全国的采石矶茶干与白蒲茶干并不是全国首创的，应当另有更早的创举，待考。

现如今，我国各省市或地区已经有不少茶干生产企业制各种茶干，品种不少，已成系列。例如上述的两例中，采石矶茶干有五香茶干、虾子茶干、鸡丝茶干、肉松茶干、火腿茶干、香肠茶干、蒲包茶干等；江南蒲包茶干有大顶元茶干、二元蒲包白干、南京蒲包臭干、三元蒲包香茶干、四元小蒲包香茶干等。

蒲包茶干有个共同特征，那就是无论何种茶干，都用蒲草编织的包装袋，将茶干包装起来远销各地。在我国江南，如苏、沪、皖、鄂等，在湖河浅水里都生长着茂盛的蒲

---

[1] 清潘荣陛. 帝京岁时纪胜［M］. 北京：北京古籍出版社，1983.
[2] 见《中国食品报》［N］，1992年2月19日。

草,古人用叶子编织成包装袋,用于包装茶干。用蒲草包茶干,其创意巧妙,有三角形的,圆筒形的,菱形的,四方筒的等,令人喜爱。剥去蒲袋之后,茶干外表上勒出了各种图案,清晰可见,有树叶形、鲜花形、动物身影等。这是大自然的恩赐,也是人为巧创。采用蒲草包装经济实惠,可以延长保质期,还可以增添蒲草的清香风味,大获意外之喜。

1. 制作茶干工艺流程(图2-20)

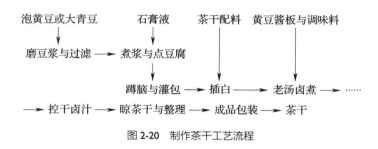

图2-20 制作茶干工艺流程

2. 说明与讨论

(1)茶干坯料的制作 在通常情况下,茶干坯生产与做南豆腐传统工艺相同,除豆腐品质细嫩外,含水量应当少一些。在点豆腐过程中,凝固剂一般只用石膏水。除包豆腐脑和压泔水外,在生产操作过程中,必须经历插白工序,使茶干具有清醇的五香与酱香风味,质地柔韧等特点。

(2)茶干老汤的配制 用于煮茶干的"老汤",与煮制各种豆腐制品的老汤相似,必须按时添加配料,补充损耗,必须及时维护老汤的清香纯正风味。因此,汤料中的物料,如黄豆酱板、鲜姜、花椒、茴香、甘草、丁香、桂皮等,20多种调料都必须严格挑选精心监制。例如制豆酱板,须采用传统工艺即稀醪发酵法,日晒夜露,发酵周期长达一年以上。

采石矶地处长江中游马鞍山市,与豆腐的发祥地淮南市相距很近。因此,那里独创茶干自然而然,既有人为聪明才智的因素,也有自然条件得天独厚的造就,珠联璧合,独树一帜。马鞍山茶干如图2-21所示。

图2-21 马鞍山茶干(笔者拍摄于安徽)

第六节

豆腐乳考

豆腐乳，又名酱豆腐，简称腐乳，是我国人民首先发明的民族特产。在科学技术史上，豆腐乳是典型的微生物发酵酿造食品。作为食品，豆腐乳富有很强的魅力，色泽多样，鲜艳夺目，品种很多，营养丰富，深受民众喜爱。

现在，我国各地都有豆腐乳生产，酿造工艺、产品滋味、名称或俗称都有些不同。腐乳的分类可以从酿造工艺与产品特点划分。如表2-4所示。

表2-4　豆腐乳分类表

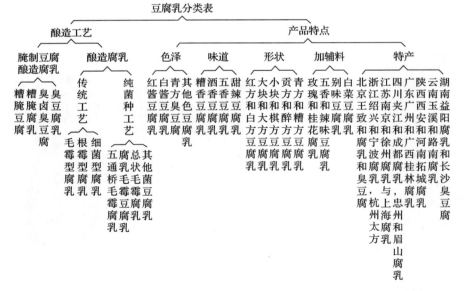

尽管豆腐乳的风味及品种很多，但如果从微生物的发酵过程识别，则可以归纳为下列两类：豆腐坯先腌渍然后发酵成熟为腐乳；豆腐坯先发酵然后陈酿成熟为腐乳。

对于两类中的前者，常见品种是香糟腐乳。例如，山西太原的糟乳腐，绍兴腐乳中的棋方腐乳就是此类。对于上面两类中的后者，常见品种则不胜枚举，例如红方酱豆腐乳、青方臭豆腐、桂花腐乳、北京白菜腐乳等。由于前后两类腐乳有许多不同之处，所以不能混为一谈讨论，只好区别探讨，兹举例如下。

一、香糟腐乳

制作香糟腐乳的技术特点是，鲜豆腐坯首先不是用于发酵的，而是用于食盐腌渍，经过数天之后，重新装坛、添加辅料及各种调味料，进入发酵成熟工序。所制得的香糟腐乳，色泽浅黄质地松软，糟香酒香兼顾，嗜者不少。糟腐乳的起源很早，至晚始于明朝，兹举例如下：

> 明宋诩《宋氏养生部·菜果制》："酒糟和制：豆腐干，宜用醅子糟和制。"又清朱彝尊《食宪鸿秘·酱之属》："糟乳腐：制就陈乳腐，或味过于咸，取出另入器内，不用原汁用酒酿、甜糟，层层叠入糟制，风味又别。"

上述的"醅子糟"，看来只能是指没有过滤的酒醅，用醅做腐乳当然会很美妙，食而不厌。对于《食宪鸿秘》中的糟乳腐，那是"再制工艺"，风味必更好，可想而知。但是，特别详细记载酿制"糟豆腐乳"的，则见于清朝时期的《醒园录》。详细内容如下：

1. 原文

> 清李化楠《醒园录》卷上："糟豆腐乳法：每鲜豆腐十斤配盐二斤半，其盐三分之，当中留一小份俟装坛时拌入糟膏内。将豆腐一块切作两块，一重盐一重豆腐装入盆内，用木板盖之，上用小石压之但不可太重。腌二日捞起洗、晒之，至晚蒸之。次日复晒复蒸。再切寸方块。配白糯米五升，洗淘干净煮熟捞起候冷。用白曲五块研末，拌匀装入桶盆内，用手轻压抹光，以布巾盖严极密。次早开看，起发用手顺次刨放，米箩筛之，下用盆接脂膏，其糟粕不用。和好的老酒一大瓶，红曲少许拌匀。一重糟一重豆腐，分装入坛内，只可七分满就好，以防沸溢。盖密，外用布或泥封固，不可日晒，收藏四十天方可食用。
>
> 红曲末多些好看，装罐时加少许白曲腐乳松软，若汤太少干，当多添酒膏，略淹过豆腐为妙。"

2. 工艺流程（图2-22）

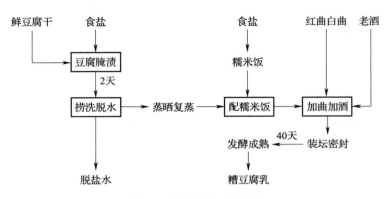

图 2-22　制糟豆腐乳工艺流程

3. 讨论

《醒园录》作者李化楠，号石亭，清乾隆七年进士，曾任浙江余姚县令，今四川绵阳人。在他这部书中，有"糟豆腐乳法"3种，但是仅上面例子最为尽善尽美。

根据"糟豆腐乳法"的叙述可知，古人的描述是很真切的。古代的方法，今日仍然有传承印证，如山西太原的糟腐乳，浙江绍兴的棋方糟豆腐乳等，生产方法古今很相似。区别在于，古代的"糟豆腐乳法"很原始，不能与现代媲美。例如，古代用手工腌渍豆腐干，用水洗、日晒、手工脱盐、脱水、定型，采用蒸糯饭拌曲发酵，添加老酒调味等，所有操作都是靠人为的。现代则不同，糟制豆腐乳时，用成熟香糟、甜酒、烧酒、特制汤料、辅助料装坛。这种科学方法古代望尘莫及。

当然，糟豆腐乳法也有缺点，生产周期很长，在古代需6～10个月。豆腐坯前期腌渍不发酵，糟豆腐粗涩，风味不如酱豆腐好，这都是致命的缺点。现在，糟豆腐厂已经寥寥无几，落后工艺必然自生自灭，遵循生存法则。

在清朝，糟豆腐又名"凤凰脑子"，其制作工艺与上面李化楠《醒园录》中的糟豆腐乳法有些不同。兹举例如下：

清朱彝尊《食宪鸿秘·酱之属》："凤凰脑子：好腐腌过，洗净，晒干，入酒酿糟，糟透甚妙。每腐一斤用盐三两，腌七日一翻，再腌七日，晒干。将酒酿连糟捏碎，一层糟一层腐入坛内，越久越好。每二斗酒酿，糟腐二十斤。腐须定做，极干，用盐卤沥者。酒酿，用一半糯米一半粳米做，则耐久不酸。"又清顾仲《养小录》卷上："凤凰脑子，好腐腌过，洗净晒干，入酒娘糟，糟透甚妙。"

这上面所举例的，内容相同，但前者论述很详细。在做糟豆腐时，要用成熟酒酿糟不用糯米饭，用一半糯米一半粳米做酒酿糟，腌豆腐坯长达14天不是2天，点豆腐要求用盐卤，豆腐坯要求专做专用等。古人的这些操作要求说明，他们的科研态度是很认真的。

二、臭豆腐乳

臭豆腐的名称很不雅，但是嗜者喜欢无所谓他人的感受，于是臭豆腐的香火长明直到今日。自古以来，臭豆腐有两类，即豆腐坯浸泡臭卤油炸类与全发酵型臭腐乳类。这两类臭豆腐性质很不同，但都始见于明朝与清朝时期。在清朝时，下列古籍中就有臭豆腐的史料记载：

清乾隆时谢昆城《食味杂咏》、清乾隆时翰林院李调元《豆腐》诗、清嘉庆时施鸿保《乡味杂咏》、清咸丰时汪谢诚《湖雅》、清光绪时夏仁虎《旧京琐记》、清嘉庆时王士雄《随息居饮食谱》、清道光时薛宝辰《素食说略》等。

现在要首先讨论的是，豆腐坯浸泡于臭卤中，然后用油炸熟食用的臭豆腐。兹举例如下：

清咸丰时汪谢诚《湖雅·酿造之属》卷八："干豆腐切方块布压干，清酱煮黑曰豆腐干，有五香豆腐干、元宝豆腐干等。有软而黄者蒸干，有淡而白色者曰白豆腐干，有木屑烟熏白腐干成黄色曰熏豆腐干，有腌芥卤浸白腐干使咸而臭曰臭豆腐干……"

很显然，这上面所说的"臭豆腐"乃非发酵性食品，故可以不讨论。下面应当讨论的是发酵性臭豆腐乳。兹举例如下：

清朱彝尊《食宪鸿秘·酱之属》卷上："豆腐脯：好腐油煎，用布罩密盖勿令蝇虫入。候臭过再入滚油内炸熟，味甚佳。"又清王士雄《随息居饮食谱》："豆腐一名菽乳。由腐干再造为腐乳，陈久愈佳，最宜病人。其用皂矾者名青腐乳，亦曰臭腐乳。"

清道光时薛宝辰《素食说略》卷一："豆腐乳：豆腐晾干水气，切四方块，约二两一块，入笼蒸透，再于暗处置稻草上，仍覆以稻草。俟生霉起毛，取出，拭去毛。每块用花椒小细末、盐末撒匀，然后密铺坛内，以陈酒浸之，加香油于上，酒以淹过豆腐为准，外以纸封固，令不泄气。二十余日可食。加皂矾者，为臭豆腐。"

如果根据上面这两部古籍所示的时代背景推算，则我们可知，臭豆腐乳自出现至今已有210年历史了。另外，如果根据上面原始文献理解，则我们可知，当时制作臭豆腐乳的工艺流程应当如图2-23所示。

1. 工艺流程

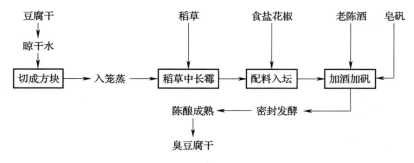

图 2-23　制作臭豆腐乳工艺流程

2. 讨论

　　臭豆腐乳是我国首创的特殊食品,但是发源地在何处至今不明。如果根据王士雄《随息居饮食谱》及薛宝辰《素食说略》的叙述判断,则王士雄是浙江人,薛宝辰是陕西人,臭豆腐乳就有可能原产于浙江或陕西。但是,王士雄与薛宝辰都是见识很广,到过许多地方的古人,所以他们所见到的臭豆腐乳首创于何处,现在谁也说不清。另外,北京臭豆腐乳自古驰名,据厂家说是安徽人王致和首创的,起源于清朝康熙八年,但是传言有疑点。笔者认为,《素食说略》作者薛宝辰,在清朝宣统时期已是翰林院侍读,咸安宫总裁,文渊阁校理,对北京古代食品必有许多了解,如果他所说的臭豆腐乳是北京产品,那么王致和首创臭豆腐乳的见解,也就格外真实了,待考。

　　长期以来,臭豆腐与臭豆腐乳之所以能产销两旺,其基本原因是,这类食品具有特殊的魅力和美好的优点。例如,北京王致和臭豆腐乳,其色泽青淡丰润,外包絮状长毛菌丝,小小方块完整不碎,质地柔软口感细腻,臭气虽冲,醇香却浓烈,营养丰富有益健康。这些特殊优点是源于古今的精心研究,创造了独特的生产工艺。兹讨论如下。

　　(1)制豆腐坯　以大豆为原料先做豆腐。为了使毛霉的生长更好些,要把豆腐坯做得老一点。通常是将 50kg 大豆,做成 500kg 的豆浆,用精盐卤点豆腐,约可制得 75kg含水量大约 65% 的豆腐。这豆腐可以切成规格是 4.3cm × 4.3cm × 1.5cm 的豆腐坯,大约 6000 块。

　　(2)制腐乳坯　将豆腐坯立着放进笼屉中,其块与块之间要留距离,在古代还需要进行蒸透灭菌,然后等待笼屉中的热豆腐坯降至常温时,接着就可以搬到发酵室里,将室温调节到 20℃,相对湿度约 90%,进行天然发酵。据上述古籍记载已知,古人是用湿稻草覆盖豆腐坯发酵的,这样做可以控制温度和湿度,但更重要的是引进枯草杆菌促进发酵。为了调节发酵温度和湿度,笼屉每天要上下前后对调几次,当豆腐坯外表长满了浓密洁白如棉絮状菌丝时，发酵程序就完成了。

（3）腌制成熟　将粘连的发酵腐乳坯一块块地分开，然后码入腌缸中，码一层坯撒一层精盐，放入花椒约20粒。码到缸口下约20cm时，铺撒精盐一层，坯上用板压住，然后盖缸口放在常温阴凉处。用盐量，每100块坯约用盐0.4kg。由于盐溶解下沉，所以上层坯撒盐可以多些，下层坯可以少些。约经2～3天之后盐溶解了，加入2片荷叶，用石片压定，开始灌汤与加皂矾，加汤量以漫过腐乳坯5cm为宜。最后密封好缸口，进行后熟发酵。

（4）后期发酵　将2～8个月腌制的熟腐乳码放在阳光下"日晒夜露"后熟发酵。将9月至次年1月腌制的熟腐乳码放在37℃的温室里后发酵。北京冬天冷不能放在室外。在通常情况下，后发酵经3～4个月完成，成熟的臭豆腐乳口味很优美。

总之，制作臭豆腐乳的过程，在技术上是与微生物打交道的科学。发酵是利用微生物的创造作用，腌制腐乳又有抑制杀灭发酵的作用。所以，制作臭豆腐乳时，必须注重科学操作，循规蹈矩，不可以轻易改变工艺条件。对于皂矾的利用，古今已经不同。笔者认为，古人常用的"矾"有三种，即明矾（$K_2SO_4 \cdot Al_2(SO_4)_3 \cdot 24H_2O$），胆矾（$CuSO_4 \cdot 5H_2O$），绿矾（$FeSO_4 \cdot 7H_2O$）。"皂矾"，清凌奂《本草害利·肝部》说："皂矾一名绿矾。"

但是，臭豆腐乳的色泽青淡丰润应与铜离子、铁离子有关，而且"皂"与"黑"是密不可分的，所以臭豆腐色泽青淡灰暗，如图2-24所示。

对于臭豆腐的起源问题，北京王致和腐乳厂学者认为，"臭豆腐乳"是王致和在清康熙八年，因"赴京赶考"落第又落魄时无意中创造的。对照上面史料可知，自康熙八年（1669年）到乾隆（1736—1795年）时期相距不足百年，如果不谋求准确年份，那都是可以相信的。

图2-24　臭豆腐乳

三、红豆腐乳与白豆腐乳

在豆腐乳家族中，红酱豆腐乳和白豆腐乳的酿造工艺过程相当一致，只是添加辅料有些不同而已，所以可以放在一起讨论。对于全国来说，红酱豆腐乳和白豆腐乳的产量最大，生产厂家最多，几乎各地都有酿造厂。红酱豆腐乳咸甜香绵美，外观如图2-25所示。

古往今来，红酱豆腐乳及白豆腐乳，香糟豆腐乳及臭豆腐乳，在这些豆腐乳当中，红酱豆腐乳及白豆腐乳是中国人的最爱，老年人牙根不好更是情有独钟。寒冬腊月清晨起来，一碗热香粥，一块红艳的豆腐乳，吃在嘴里喜形于色，饥肠辘辘的肚里暖乎乎的，全家老少谁都心旷神怡，乐滋滋的。因此，探讨红酱豆腐乳及白豆腐乳起源及发展史很有意义，也责无旁贷。兹举例如下：

图 2-25　红酱豆腐乳

> 宋陆游《剑南诗稿》卷十九："桐江行：我来桐江今几时，面骨峥嵘鬓如雪；十年山栖却水食，酿桂餐芝自芳洁。做官一饱仰红腐，坐对盘餐常呕喑。"

> 元佚名氏《馔史》："朱衣饭，淡露酱，山子羊羔，千日酱加乳腐……"。明张岱《陶庵梦忆》："方物：……福建则福桔、福桔饼、牛皮糖、红乳腐。"

因为《剑南诗稿》中的"红腐"，《馔史》中的"乳腐"，《陶庵梦忆》里的"红乳腐"都只是名称太简单，不能确定就是豆腐乳，所以无可讨论处。但是，下列史料则值得探讨：

> 明李日华《蓬栊夜话》："黟县人喜于夏秋间醃腐，令变色生毛，随拭去之，俟稍干。投沸油中灼过，如制馓法，漉出以他物茡烹之。云：有蚴鱼之味。"明磨墨主人《古今秘苑》载有"建宁腐乳法"。清朱彝尊《食宪鸿秘》载有"建腐乳法"。

对于上面提及的，有下列情况需要说明。其中，"黟县"在今安徽皖南，"醃腐"古文学意思是腌制酱豆腐。至于"令变色生毛"并"投沸油中灼过"，"有蚴鱼之味"的事，那是烹调臭豆腐干子，是指食用方法与"醃腐"无关。根据史料记载说明，李日华是浙江嘉兴人，万历（1573—1620 年）进士，文学家，官至太仆寺少卿。由此可知，豆腐乳出现于明朝万历年间是可信的，但是完美的制作工艺始见于明末清初。兹举例如下：

1. 原文

> 清朱彝尊《食宪鸿秘·酱之属》卷上："建腐乳：如法豆腐，压极干，或绵纸裹，入灰收干。切方块，排列蒸笼内，每格排好装完，上笼盖。春二三月，秋九十月，架放透风处（自注：浙中制法，入笼，上锅蒸过，乘热置笼于稻草上，周围及顶俱以砻糠埋之，放避风处）。五六日生白毛，毛色渐变黑或青红色取出，用纸逐块拭去毛翳，勿触损其皮（自注：浙中法，以指将毛按实腐上，鲜）。

每豆一斗，用好酱油三斤，炒盐一斤入酱油内，鲜红曲八两，拣净茴香、花椒、甘草不拘多少。俱为末，与盐、酒搅匀。装腐入罐，酒料加入，泥头封好，一月可用。若缺一日，尚有腐气未尽。再封上。若封固半年，味透愈佳（自注：如无酱油，用炒盐五斤。浙中腐出笼后，按平腐上白毛铺在缸盆内，每腐一块撮盐一撮腐上，淋尖为度。每一层腐一层盐，俟盐自化取出，日晒、夜浸。日晒夜浸，收卤尽为度）。

2. 工艺流程（图2-26）

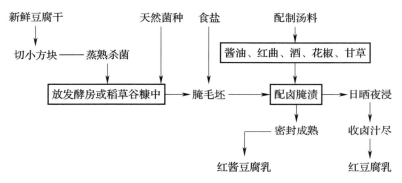

图2-26　建豆腐乳工艺流程

3. 讨论

这上面的"建豆腐乳工艺"实际上是两种工艺，即福建的"建豆腐乳"和浙江的"浙中豆腐乳"工艺。由于《食宪鸿秘》中的"建豆腐乳"内容与《古今秘苑》中的"建宁豆腐乳"内容很一致，又由于《古今秘苑》的作者不明，成书年代不可考，所以本文采用"建豆腐乳"为例，这是有据可信的。在明朝时期，我国福建、浙江、安徽等地，已有红酱豆腐乳生产了。那么，白豆腐乳起源于何时呢？笔者检索到的证据如下：

清袁枚《随园食单·小菜单》："乳腐：乳腐以苏州温将军庙前者为佳，黑色而味鲜，有干湿两种。有虾子腐亦鲜，微咸腥耳。广西白乳腐最佳。王库官家制亦妙。"

根据上述分析我们又可知，我国在清朝之初，已有干湿两种豆腐乳了，而且还有虾子豆腐乳和五香黑豆腐乳。这与北京别味腐乳系列一致，如虾子豆腐乳、火腿豆腐乳、五香豆腐乳、桂花豆腐乳、玫瑰豆腐乳等。

自清初以来，有关豆腐乳的史料已很多，不胜枚举。例如，朱彝尊《食宪鸿秘》、顾仲《养小录》、袁枚《随园食单》、李化楠《醒园录》、赵学敏《本草纲目拾遗》、曾懿

《中馈录》、薛宝辰《素食说略》、王士雄《随息居饮食谱》、汪谢诚《湖雅》等，其中都有相关内容。兹再举例如下：

清李化楠《醒园录》卷上："酱豆腐乳法：先将做就面黄研成细面。用鲜豆腐十斤，配盐一斤半。豆腐切作小块。一重盐一重豆腐，腌五六天捞起。铺排蒸笼内蒸熟，连笼置空房中约半个月，俟豆腐变化生毛。将毛抹倒，晾至微干。一层豆腐一层面酱，装入坛内，再加整花椒数粒。逐块间皆要离旷不可相俟，中留一大孔透底，装满。上面再用面酱厚厚盖之。以好老酒作汁灌下，密封。日中晒一个月可用。"

清曾懿《中馈录》十四节："制腐乳法：造腐乳须用老豆腐，或白豆腐干。每块改切四块。把蒸笼铺净稻草上，将豆腐平铺笼内封固，再用稻草覆之。俟七八日起霉后取出，用炒盐和花椒掺入，置瓷缸内。至八九日再加绍酒，又八九日复翻一次，即入味矣。如喜食辣者，则拌盐时洒红椒末。若作红腐乳，则加红曲末少许。"

如果根据上面文献中的内容看，酿造豆腐乳工艺似乎很简单，一见明白，无可讨论处。但是，酿造豆腐乳的环节实际上很多，而且每道工序都有特殊的要求，还有不同的影响因素，所以要制得优质豆腐乳，外观美味道好无害健康，那是很难的。如果从科学技术上讲，要实现制得优质豆腐乳，必须从选料开始，做好每道工序的工作。

其一，必须使用优质豆腐为原料。

豆腐是酿造腐乳的最重要原料，是微生物发酵作用的基地。因此，豆腐坯子的品质必须优良才能制得鲜美的豆腐乳。反之，如果没高品质的豆腐坯子，就不可能有多种多样斑斓可爱的豆腐乳食品。在正常情况下，豆腐坯子应当合乎下列要求。

（1）质量和形状必须合乎要求，含水量65%～72%。

（2）色泽必须洁白，触感应当细嫩，富有弹性。

（3）有的豆腐坯可以直接用于发酵，有的要略蒸熟杀菌消毒，有的必须蒸透蒸熟。有的竟然要蒸坯2h，如四川夹江县，在制夹江腐乳时豆腐坯要蒸2h。为什么？原因不明。

（4）有的豆腐坯可以直接用食盐腌渍，有的要用开水煮，然后控干才用食盐腌。例如浙江绍兴青方腐乳坯就是如此。

（5）有人说，豆腐坯用醋酸、石膏水浸泡使pH<2.5，或用2.5%柠檬酸及6%食盐水浸泡使呈弱酸性效果很好。

上述技术措施，完全是为了使发酵微生物的繁殖能够达到最佳程度。这些科技成果，是我们祖先用心研究得来的，弥足珍贵。

其二，必须采用优质辅料及调味品。

在我国历史上，自古用于酿造豆腐乳的辅料与调味品不少，而且各地不尽相同，还有创新变化，所以难言清楚。如果从技术上讲，添加辅料与调味品的作用大有好处，可以使腐乳的品种与风味不断增加，品质更优良，色香味更鲜美。在历史上，我国常用的辅料与调味品如下。

（1）汤料　有特质汤料、甜红汤料、甜白汤料、黄酒、白酒、酒醅、辣油和食盐水等。

（2）着色剂　有红曲米、红曲面。

（3）调味品　有花椒、大料、辣椒、冰糖、良姜、桂花、玫瑰、五香粉、甜面酱、丁香、甘松及其他中药材。

（4）腌白菜叶　特制的腌白菜叶用于制做白菜腐乳。

其三，必须选用优良发酵菌。

豆腐乳的鲜明特征是，腐乳块外表上包裹着一层细嫩的菌丝体，牢固地保护着腐乳块的外形完好无损。因为豆腐乳的风味特殊，滋味清醇，色泽丰润多样，品质柔和软嫩，所以在我国深受民众喜爱，生产厂家林立，许多人称豆腐乳是中国乳酪（Chinese cheese）。豆腐乳这些奇特的优点，来源于许多发酵微生物的高妙作用，所以探明微生物的菌种真相很有意义。

自 20 世纪以来，为了探明发酵微生物的庐山真面，中国科学院及许多科研单位进行了立题研究，取样分离得到了许多菌株，揭开了一些尘封久远的奥秘。兹列表 2-5 作为参考。

表 2-5　从豆腐乳中分离得到的菌种

菌种名称	腐乳样品产地	参考文献
（1）腐乳毛霉（*Mucor sufui*）	浙江绍兴 江苏镇江	日东大《农学杂志》卷一，1928 年 3 期
（2）五通桥毛霉（*M.Wutuong kiao*）	四川五通桥	《黄海》第三卷，1942 年 6 期
（3）鲁氏毛霉（*M.Youxanus*）	江苏苏州	《支那研究》第一号，1920 年 1 期
（4）台湾毛霉（*Mucor sp*）	台湾	《酿造研究》，1937 年 1 期
（5）总状毛霉（*M.Yacemosus*）	台湾台南	《真菌学 Mycologia》卷五七，1965 年 2 期
（6）总状毛霉（*M.Yacemosus*）	四川牛华溪	同（2）
（7）雅致放射毛霉（*Actimomucor elegaus*）	北京腐乳厂	《常见与常用真菌》，科学出版社，1993 年
（8）雅致放射毛霉（*Actimomucor elegaus*）	台湾台南	同（5）
（9）雅致放射毛霉（*Actimomucor elegaus*）	香港	同（5）

菌种名称	腐乳样品产地	参考文献
（10）黄色毛霉（*M.fevus*）	四川五通桥	同（2）
（11）紫红曲霉（*Monascus surpureus*）	福建建瓯	同（7）
（12）冻土毛霉（*M.hiemalis*）	台湾台北	同（5）
（13）毛霉（*Mucor sp.*）	广西桂林	同（7）
（14）毛霉（*Mucor sp.*）	广东中山县	同（7）
（15）米曲霉（*Asp.oryzae*）	江苏	日本《农化会志》卷八，1932年
（16）青霉（*Penicillum ps.*）	江苏	同（15）
（17）酵母菌（*Saccharo myces*）	四川五通桥	同（2）
（18）杆菌（*Baciterium ps.*）	四川	同（2）
（19）枯草杆菌（*Bacillus subtilis*）	江苏、陕西，用稻草引入	清曾懿《中馈录》、清薛宝辰《素食说略》
（20）藤黄小球菌（*Micrococcus luteus*）	黑龙江克东腐乳厂	据说是此菌

现在，酿造豆腐乳都是采用纯菌种扩大培养进行发酵的，但是仍然在天然条件下进行。如果从上面分离得到的菌种情况看，结合现在的纯菌种发酵工艺说明，我国自古以来，酿造腐乳起主导作用的，始终都是毛霉。当然，传统旧法与纯菌种发酵工艺之间也有许多不同之处。为了避免混为一谈，下面先讨论传统旧法酿造豆腐乳工艺。这种工艺，实际上与前面朱彝尊《食宪鸿秘》中的"建腐乳法"，清李化楠《醒园录》中的"酱豆腐乳法"相同，而且现在也仍然有生产厂家。其工艺流程如图 2-27 所示。

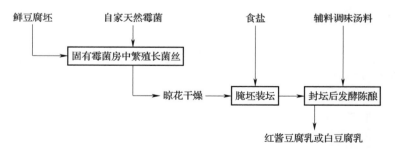

图 2-27　酿制红酱豆腐乳或白豆腐乳工艺流程

利用自然界中所存在的毛霉进行腐乳生产,是我国的传统方法。据日本东京大学《农学杂志》1982年卷一,1920年《支那研究》第一号,我国《黄海》第三卷1942年报道说,在我国传统旧法酿造豆腐乳过程中,起主导作用的是毛霉,特别是下列菌种的突出表现,更是举足轻重。

豆腐乳毛霉(*Mucor sufu*),五通桥毛霉(*M.wutuong kiao*)、鲁氏毛霉(*M.rouxanus*),总状毛霉(*M.racemosus*),雅致放射毛霉(*Actinomucor elegaus*),紫红曲霉(*Monascus surpureus*)。

在我国,传统制作与纯菌种制作酱豆腐乳工艺流程,如图2-28所示。

| 1.黄豆浸泡 | 2.磨豆浆 | 3.做成豆腐 |

| 4.豆腐发酵 | 5.装坛灌汤腌熟 | 6.酱豆腐乳 |

图2-28 传统制作酱豆腐乳工艺流程图(根据传统科技原理与研究制图)

四、纯菌种豆腐乳

我国豆腐乳的传统旧法生产大都依靠天然发酵法,即依靠空气中的霉菌和原来生产中留存在笼屉、设备、发酵房中的霉菌进行豆腐坯发酵的,微生物菌群十分复杂。在1929年,魏喦寿从发酵的腐乳上取样,分离得到了毛霉菌株(*Mono-Mucor*),他提出了采用纯菌种发酵法。到了20世纪40年代,我国科研单位开始分离筛选优良菌种的研究。

经过努力优选,于是得到了前面所提及的一些优良菌种,保存在中国科学院及各地科研单位的保藏室里。生产单位需要时,可以随时拿来传代移接,扩大培养后用于生产实践。目前,我国许多腐乳厂已经采用纯菌种酿造腐乳,但是后期发酵操作仍然在自然界中进行,所以豆腐乳的独特品质,仍然是由多种菌种共同造就的,许多营养成分如何生成?仍然不知其所以然,有待于再探讨。

1. 纯菌种制腐乳工艺流程（图2-29）

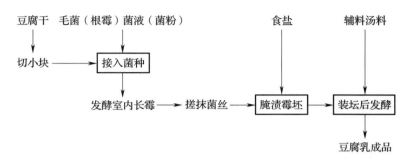

图 2-29 纯菌种酿造豆腐乳工艺流程

2. 操作方法说明

（1）菌种选择 要选择好的菌种，不会产毒素和怪味的，繁殖力强，能够产出多种有益"酶"的，能适应大范围发酵温度、湿度变化的好菌种。

（2）菌种扩大培养 优良的菌种从保藏库取来后，菌株量少不能用于生产实践。要采用三级扩大培养法将菌种培养成足够用的菌种液或菌种粉，即毛霉或根霉等菌种液或菌种粉。

（3）把菌种嫁接到豆腐坯上 当高温无杂菌污染的豆腐坯降温到接菌温度时，用喷雾法或粘粉法将菌种均匀地接到豆腐坯上。如果采用菌种液传播，豆腐坯表面的菌液要晾干之后才进行前发酵。

（4）前发酵操作法 把已经接入了菌种的豆腐坯码入笼屉里，搬入发酵室直立堆放，最上层加盖。调节好发酵室温度和湿度，培菌温度约 23 ~ 35℃。大约经过 24h，长出白菌丝时，要进行首次倒屉。约 3 次倒屉，发酵完成后将熟坯放到阴凉处自然老熟，行语叫"晾花"。

（5）霉坯搓抹腌渍法 繁殖长好的霉坯蓬松可爱，但是必须用手搓抹才能构成包皮把腐乳坯包裹起来。包好的腐乳坯必须经过腌渍，使前发酵终止。腌渍还有其他好处，例如使霉坯适当脱水变硬，增加腐乳的咸香，达到抗菌防腐的目的等。

（6）后发酵操作 毛坯腌渍后成咸坯，但不能直接原封不动地进行后发酵，必须取出来送入洁净的新坛里，俗称倒坛操作。倒坛的好处不少，可以利用原卤水洗掉泥沙杂物，可以减轻咸味或异味，可以使包装容器同时多样化。新的包装容器必须完好无损，经过消毒无污染物。后发酵特别重要，可以通过加入各种不同风味的辅料与汤料的办法，得到多种多样的豆腐乳品种。

（7）再发酵陈酿 腐乳坯装坛加入辅料和汤料后封口，即可以送入调控温度的发酵室里陈酿。但也可以放在露天场，进行日晒夜露发酵陈酿。据传统经验证实，采用露天"日晒夜露"发酵的腐乳品质好。豆腐乳的后发酵周期大约是 3 ~ 6 个月。

五、鲜豆腐乳成分

如表 2-6 与表 2-7 所示。

表 2-6　鲜豆腐乳成分表（一）

成分 /% ＼ 产地	浙江红腐乳	浙江糟腐乳	江苏红腐乳	江苏糟腐乳	广东腐乳	云南腐乳
水分	59.99	69.03	61.25	66.86	74.46	64.77
粗蛋白质	16.72	12.87	14.89	13.32	12.42	12.16
乙醚浸出物	13.74	12.89	14.31	12.80	6.39	14.23
粗纤维	0.139	0.129	0.418	0.205	0.111	0.271
可溶性无氮物	微	微	微	微	微	微
灰分	9.41	5.08	9.13	6.81	6.61	8.56
总氮	2.676	2.060	2.383	2.131	1.988	1.945
蛋白质氮	1.813	1.303	1.557	1.440	1.265	1.306
非蛋白质氮	0.863	0.757	0.826	0.691	0.723	0.639
氨基酸态氮	0.177	0.200	0.162	0.125	0.183	0.181
氨基酸氮	0.306	0.234	0.268	1.231	0.239	0.191
其他氮	0.380	0.323	0.396	0.335	0.301	0.365

（引自中国科学院微生物所：《常见与常用真菌》，科学出版社，1973 年）

表 2-7　鲜豆腐乳成分表（二）

成分 ＼ 产地	北京红腐乳	北京臭豆腐	江苏红腐乳	江苏臭豆腐	江苏糟腐乳	湖南霉腐乳
水分 /g	55.5	56.5	65.9	70.0	70.0	59.5
蛋白质 /g	14.6	14.4	10.7	12.7	11.7	13.1
脂肪 /g	5.7	11.2	6.0	12.5	1.7	7.1
碳水化合物 /g	5.8	4.8	6.9	2.7	2.3	8.2
粗纤维 /g	0.6	0.7	0.3	0.7	0.6	0.6

成分＼产地	北京红腐乳	北京臭豆腐	江苏红腐乳	江苏臭豆腐	江苏糟腐乳	湖南霉腐乳
灰分 /g	17.8	12.4	10.2	12.4	13.7	11.5
钙 /mg	169	72.0	157.0	160.0	307.0	
磷 /mg	200	153.0	205.0	159.0	159.0	
铁 /mg	12.0	4.2	12.3	15.2	7.3	
硫氨素 /mg	0.04	0.02	0.01		0.01	
核黄素 /mg	0.16	0.14	0.11	0.11	0.06	0.12
尼克酸 /mg	0.5	0.3	0.5	0.23	0.2	

（引自中国医学科学院卫生所：《食物成分表》，人民卫生出版社，1981 年）

以豆腐为名食物考

对于中国人来说，豆腐是什么？家喻户晓。豆腐有洁白可爱的外观，富有弹性的手感，营养丰富的品质，百搭百味为菜肴的价值等。在中国人心目中，"豆腐"的概念早已根深蒂固，豆腐不仅是健康食物的珍品，而且是很多食物的借用词。例如，杏仁豆腐、榛仁豆腐、苦楮豆腐、米豆腐、麻豆腐、乳豆腐等。在这些以豆腐为名的食物中，大多数也有悠久的历史，所以应当探明真相。对于本文来说，凡是与"豆腐"名称有连带关系的，其实都应当研究，探明真谛。

一、乳腐与奶豆腐

在我国古代，"乳腐"出现于隋唐时期，其在历史上的演变真相本书前面已经大概讨论过。在当时，乳腐也有动物性奶食品之类，也可以说是奶酪食品，而名称则是借鉴于豆腐外观形态而相传成俗的。但是，"乳腐"没有沿用至今，自元朝之后不久，"乳腐"则开始改称为"乳饼""乳酪""乳线""乳扇"等。兹举例证实如下：

旧题元李东垣《食物本草·味部杂类》卷十六："乳腐：一名乳饼，诸乳皆可造，今惟以牛乳者为胜尔。"又明李时珍《本草纲目·兽部》卷五十："乳腐：释名乳饼。《臞仙神隐书》云：造乳饼法，以牛乳一斗，绢滤入釜，煎三五沸，水解之，用醋点入，如豆腐法，渐渐结成，漉出以帛裹之，用石压成，入盐，瓮底收之。又造乳线法：以牛乳盆盛，晒至四边清水出，煎热，以酸奶浆点成，漉出揉擦数次，扯成块，又入釜荡之。取出，捻成薄皮，竹签卷扯数次，晒干，以油炸熟食。"

根据上述原文所言已知，因为李时珍修订了《食物本草》，所以两部书的说词一致。至于《臞仙神隐书》，那是明太祖十七子朱权所撰。由此看来，改乳腐为乳饼可能始于元朝，由朱权率先确定后流行于明朝。如今，把酪奶称为乳腐或奶腐已不多见，而流行成俗的是乳饼、乳线、乳扇、奶皮子、酸奶疙瘩等。这些食物都是用鲜奶做的，但是形态不同所以名称有别。例如，云南滇东彝族同胞所制作 的火夹乳饼、水煎乳饼、高丽乳饼；西北藏族同胞所做的"曲拉"；哈萨克族同胞所做的"那仁"；西南白族同胞所做的炸卷筒乳扇、炒乳扇丝、精美乳扇饺等，都是乳腐的今名食品，风味独特的民族佳肴。

关于"奶豆腐"的称呼，那也是借鉴于豆腐的外观形态而相传成俗的。在传统世俗生活中，当母牛产犊后，头几天所挤出来的牛奶很浓稠，极容易凝结成为豆腐脑形状，故俗称为奶豆腐。例如，在元忽思慧的《饮膳正要·兽品》卷三中，有："牛酪味甘酸；牛乳腐微寒润五脏，利大小便，益十二经脉。"

奶豆腐是著名的蒙古族小吃。其做法是：用鲜牛奶发酵，当上面出现一层如"豆乳油皮"时，此油皮称"乌勒莫"。取下乌勒莫之后，剩下的奶食品如豆腐脑状，经熬煮与撇净水分即成奶糊，把奶糊冷却凝固即得奶豆腐。奶豆腐与乌勒莫都是著名的蒙族小食品。

在历史上，我国古人对于奶制品的命名，格外地独立且意外地与外国不同。在汉朝出现的有煤蠡、潼酪、酪，在汉朝以后出现的有酪、酥酪、醍醐、乳饼等。这些奶食品的名称，所烙上的都是中国人的独辟心意。据笔者检索已知，在汉朝时期，我国虽然已有多种动物奶食品出现，但是，其名称都不见有借用豆腐而命名的证据。今后，若发现有以"腐"为名的奶食品出现，那有可能是借用名，或者是直指豆腐的。兹举例如下：

西汉司马迁《史记·匈奴列传》说，匈奴人自古"食畜肉，饮潼酪"；宋裴骃集解说："潼，乳汁也。"唐司马贞索隐曰："潼酪二音。按《三苍》云：潼，乳汁也。《穆天子传》云：牛马之潼。"

在此，"酪"指各种发酵性奶制品，"潼酪"在此包括酸牛奶和酸马奶制品两类。由此可知，我国北方少数民族，早在西汉以前就已经食用发酵奶制品或饮用牛、马奶酪了。

汉班固《汉书·扬雄传》载："羌戎睚眦，闽越相乱，遐萌为之不安，中国蒙被其难。于是圣武勃怒，爰整其旅，乃命骠、卫，汾沄沸渭，云合电发……遂猎乎王廷。驱骆驼，烧煤蠡，分离单于，磔裂属国……。"唐颜师古注引张晏曰："煤蠡，干酪也，以为酪母。烧之，坏其养生之具也。"[1]

这段史料的意思是：在西汉时期，中原地区的外围各族，经常进逼中原作乱。于是汉武帝发怒不安，任命骠骑霍去病和卫青大将军，出击匈奴，大败匈奴主力。驱逐匈奴

---

[1] 汉班固. 汉书·扬雄传［M］. 北京：中华书局，1962.

骆驼队，烧掉他们用于酿制发酵奶与奶酒的"酪母"菌种（发酵剂），毁坏了匈奴人赖以生存的基本条件。由此说明，我国在西汉时期，已知采用酒母作为发酵剂，酿制马奶酒了。我国自古有，"要酿得好酒，就要先制得好酵"之说。

由上述可知，当时虽然已有酿制发酵奶的高明工艺，有甘美滋润的酪奶，但是仍然不见有以"腐"为名的酪奶食品，这是真实的。

英国剑桥大学的李约瑟《中国科学技术史》六卷五分册说：中国的"酪"与西方的乳酸发酵奶制品，如何相对应至今不明，也没有专门的研究资料可以参考，这是一件缺憾的事。在英文里，常见的乳酸发酵食品有下列一些品种：

干乳酪（Cheese）

马奶酒（Koumiss）

酸奶饮料（Sour milk）

酸奶酪（Yoghurt)

发酵奶（Fermented milk）

在日常生活中，虽然有人说，豆腐乳是 Cheese。但是，如果从发酵工艺思考，两者并无相关连之处，产品的物化性质也不同。如今已知，我国古代的"酪"有三类：即出现于先秦时代的米酪，如《礼记·礼运》中的"醴酪"；出现于汉班固《汉书·食货志》中的杏仁"果酪"；出现于汉许慎《说文解字》中的"乳酪"。据研究可知，这些"酪"都是液态饮料，即使有人说酪是豆腐之类，但是没有迹象表明，乳酪就是"乳豆腐"或与豆腐有连带关系。

在我国西北少数民族游牧地区，制作酸奶酪的传统工艺是，首先准备好用牛羊皮做成的用于发酵的奶袋子。然后开始如下的制作。

先把牛羊奶装进皮袋里，不能装太满要留少量空间，这对于发酵有益。以后是加入经过几代选育的"酪母"，如果袋里已有残留酪母则不必添加。发酵开始后，乳酸菌把乳糖水解为葡萄糖和乳酸，发酵醪 pH 下降，使乳蛋白保持液态不凝固。在厌氧条件下，酵母会把糖分转化为酒精。可想而知，这醪中的酒精量一定非常少。

因为发酵袋挂在马背上，又经常用鞭子敲打，所以震动发酵自然而然，翻动还使奶油上浮，撇去奶油可得奶酪。美国黄兴宗和法国萨班（Sabban）认为，酪是酸奶，上浮的"酥"是黄油，澄清过的黄油是中国古书上的醍醐。但是，中国的薛爱华认为，酪是马奶酒，酥是凝固奶油，醍醐是黄油。

笔者认为，黄兴宗和萨班的见解较为精准，如《后汉书·乌桓传》载："食肉饮酪"，酪是老少皆宜的饮料。汉刘熙《释名·释饮食》："酪，泽也。乳汁所作使人肥泽也。"南朝刘义庆《世说新语·言语》："淳酪养性。"唐孟诜《食疗本草》卷中："乌牛乳酪，寒。患冷痢人勿食羊乳酪。"由上述原文可知，乳酪是很好的营养食品，酪与奶酒虽然都可以作为饮品，但功能与特点不同。

古代制作奶酪的方法，最初始见于南北朝贾思勰的《齐民要术·养羊》中，有作酪法、作干酪法、作漉酪法、作马酪酵法、打酥油法等。在唐杜牧的诗中，有"忍用熟酥酪"诗句。在元朝脱脱的《宋史·食货志下》，竟然有"乳酪院，掌供造酥酪"的记事。为了便于讨论，兹列举一种制酪法如下：

北魏贾思勰《齐民要术·养羊》："作干酪法：七月、八月中作之。日中炙酪，酪上皮成，掠取。更炙之，又掠。肥尽无皮，乃止。得一斗许，于铛中炒少许时，即出于盘上，日曝。泯泯时作团，大如梨许。又曝使干。得经数年不坏，以供远行。

作漉酪法：八月中作。取好淳酪，生布袋盛，悬之当有水出，滴滴然下。水尽，着铛中暂炒，即出于盘上，日曝。泯泯时作团，大如梨许。亦数年不坏。削作粥、浆，味胜前者。炒虽味短，不及生酪，然不炒生虫，不得过夏。干、漉二酪，久停皆有暍气，不如年别新作，岁管用尽。"

如果根据上面两种工艺分析，则必然会发现，南北朝时期的制酪工艺已经很先进。"酪"的概念已经初步形成，酪的品种增加了。但是，需要特别说明的是，南北朝时期的奶酪与南朝刘义庆在《世说新语》中所说的"臭腐"不同。臭腐不是牛羊奶食物，否则就应当称"臭酪"才合情理。在前面，笔者已经讨论到臭腐，不再赘述。

关于用牛羊奶制作"乳豆腐"的历史，其实就是制作"乳酪"的近现代俗称，因此不见于古代记载。然而，如果根据制作工艺检索，则"乳豆腐"古人称"乳饼"或"乳团"或"乳酪"或"乳线"等，最初记载出现于元朝。兹举例如下：

元佚名氏《居家必用事类全集·煎酥乳酪品》庚集："造乳饼：取牛奶一斗，绢滤入锅，煎三五沸，水解，醋点入乳内，渐渐结成，漉出，以绢布裹之，以石压成。"

又明朱权《臞仙神隐书·修馔》："造乳饼：取牛奶一斗，绢滤入釜，煎三五沸，水解之，用醋点入，如豆腐法，渐结成，漉出，以绢裹之，用石压成，入盐，瓮底收之。"

根据上面原文分析可知，在制作乳饼过程中，因为使用"醋点入乳内"的方法，所以凝成了"豆腐脑"状的乳酪，乳酪以石压成了"饼"，故称乳饼。笔者认为，"乳豆腐"那是指豆腐脑状态的乳酪，而"乳饼"所指的是压干成型的乳酪，一物二名另有所指。

二、麻腐与麻豆腐

在我国食物史上，麻腐与麻豆腐是两种很不相同的食品，而且与豆腐的特性也都很不相同，只是名称有连带关系而已。为了便于讨论，兹举例与分别探讨如下。

1. 麻腐

在古代，麻腐是用芝麻仁（Sesamum indicum）为原料做成的，俗称芝麻酱。芝麻又称油麻、胡麻，是脂麻科草本一年生植物。芝麻子有黑、白、黄、棕色，含油率高，食用价值高。黑芝麻可入药。用芝麻做麻腐的起源很早，兹举例如下：

> 宋孟元老《东京梦华录·州桥夜市》卷二："夏月麻腐鸡皮、麻饮细粉、素签砂糖……"。又明宋诩《宋氏养生部·杂造制》："麻腐：芝麻治洁，水渍，磨糜烂，袋滤去渣滓。煎沸，渐加绿豆粉，调旋再煎，再视老嫩得宜。入器待冷可食用。有少加赤砂糖者。每用芝麻一升，清水二升，干绿豆粉八两。"

这上面的麻腐，应当是一种很好吃的夏日食品。在北京好像没有加绿豆粉的，但可以加花生。制作麻腐的方法还有下列两种，今转载供参考。

> 清朱彝尊《食宪鸿秘·饮之属》卷上："麻腐：芝麻略炒微香，磨烂，加水，用绢过滤，去渣取汁，煮熟，入白糖，热饮为佳。或不用糖，用少水，凝作腐。或煎或入汤供素馔。"又清顾仲《养小录·酱之属》卷上："麻腐：芝麻略炒，和水磨细，绢滤去渣。取汁煮熟，加真粉少许，入白糖饮用。或不用白糖，少用水，凝作腐。或煎或煮以供素馔。"

这上面两个例子，实际上是相似的一种制作工艺。其中，炒芝麻操作很科学，具有强烈的增香作用，添加真粉的方法也很重要，具有增稠促凝固的作用。因为制作工艺相似，所以麻腐的品质与食用价值会很相同。当然，《食宪鸿秘》中的制作工艺与《养小录》中的工艺略有不同，没有添加真粉的内容，麻腐难成豆腐状，添加增稠剂的方法好。

2. 麻豆腐

北京的麻豆腐，与上面的麻腐迥然不同。现在，虽说吃麻豆腐的人不多了，被国内外琳琅满目的食品排挤，但是嗜者仍然喜形于色，津津乐道。许多人没有见过麻豆腐，自然没有吃过，也就不知道麻豆腐是如何做的。其实，制作麻豆腐工艺过程较复杂。兹论述如下。

先把颗粒饱满的明绿豆用清水浸泡一夜，然后用石磨研为稀糊，加入上一批生产中留下来的酸浆水，加入凉水稀释，过滤，则得到粉浆水和豆渣。粉浆水经沉淀后分离，则得到绿豆小粉和灰绿色的生豆汁。小粉和豆汁都可以用于熬制麻豆腐。但是，小粉主要用于制作绿豆粉丝，而生豆汁可以用于发酵熬豆汁出售。在通常情况下，取少量小粉与熬豆汁时沉淀的粉渣混合，做成湿态的麻豆腐出售，如图 2-30 所示。

刚买来的麻豆腐不能直接上餐桌食用。生麻豆腐要用香油、核桃仁、酱瓜丁等，根

图 2-30　麻豆腐

据各自的爱好烹调后食用。上餐桌的麻豆腐口感酸香鲜美，风味独树一帜，喜爱者视为珍馐。据笔者所知，麻豆腐起源于清朝。兹举例如下：

清汪谢诚《湖雅·酿造之属》卷八："麻豆腐按：绿豆磨细曰绿豆粉，澄滤取粉曰小粉。水调豆粉入铜旋浮沸汤中，摆烫成片曰粉皮，亦曰片粉。搓豆粉作细长条，挂入沸汤成索曰索粉亦曰丝粉亦曰线粉。以小粉杂芝麻屑作腐曰麻豆腐，今多不用芝麻而仍名麻豆腐，皆素馔所用小粉为浆绀之用，其水名黄浆。"

清薛宝辰《素食说略》卷三："麻豆腐：乃粉房所撇之细粉制成，非豆腐也。鲜麻豆腐以香油炒透，以切碎核桃仁、杏仁、酱瓜、笋丁及松子仁、瓜子仁，加盐搅匀煨之。味颇鲜美。"

这上面记载中的麻豆腐，其酸、香、鲜的独特风味，香气来源于用芝麻香油烹调，其他风味则来源于小粉及豆汁有微发酵作用，是一种不多见的美食。

三、罂粟腐与米豆腐

1. 罂粟腐

在元代的古籍中，已有造粟腐的记载，但实际上不是粟米豆腐，而是罂子粟（Papaver Somniferum）豆腐。罂粟原产欧洲，蒴果中乳汁干后称鸦片，用于制药，有镇疼痛、镇咳嗽和止泻的作用。兹举例如下：

元韩奕《易牙遗意·斋食类》："造粟腐：罂粟和水研细，先用布后用绢滤去壳，入汤中如豆腐浆下锅，令滚，入绿豆粉搅成腐。凡罂粟二分入豆粉一分。作'芝麻腐'同法。"

在明高濂的《遵生八笺·饮馔服食笺》中，清顾仲的《养小录·酱之属》卷上里，也都有关于"造粟腐法"的记载。并且附言说，造粟腐法同造麻腐法，其实有许多不同之处。

2. 米豆腐

在我国南方各地，许多人夏天都爱吃米豆腐。米豆腐如图 2-31 所示，其制作方法如下。

先把粳米用石灰水浸泡一夜，当水质变绿米粒涨大时即可以捞出来，另配清水磨成米糊。把烧锅里的清水烧开，徐徐倒入米浆糊，缓缓搅拌，调整稀稠程度。待变稠成熟后即可倒入清洁的沾水大盆内冷却。为了防止米豆腐粘连在盆底上，盆底要用水沾湿。最后将米豆腐切成小方块，拌上麻酱、香油、冬菜、辣酱等食用，清爽可口老少皆宜。

图 2-31　米豆腐

四、蛋豆腐三则

1. 蛋豆腐（一）

清朱彝尊《食宪鸿秘·卵之属》卷下："蛋腐：凡炖鸡蛋，须用一双箸打数百转方妙。勿用水，仅以酒浆、酱油及提清鲜汁或酱烧肉美汁调和代水，则味自妙。入香菇、虾米、鲜笋诸粉则更妙。炖时架起碗底，底入水仅三四分，上盖浅盆，则不作蜂窝状。"

如果根据"炖时架起碗底"的操作情况看，则本例应当是蒸蛋腐法而不是"炖法"。在蒸蛋腐过程中，打蛋"数百转"是形容手笔，而"不作蜂窝状"是指蛋腐内无蜂窝孔状态。

2. 蛋豆腐（二）

清佚名《调鼎集·羽族部》卷四："蛋腐：蛋清用箸打数百回，切勿加水，以酒、酱油及提清老汁调和代水，如加香菇丁、虾米、鲜笋，粉则更妙。炖时将碗底架起，仅令入水三四分，上盖小碟，便不起蜂窝。鸭蛋腐同。"

本例制作法与上面例子相同，所加注解也一致，唯增加了"鸭蛋腐"。

3. 假文思豆腐（三）

清佚名《调鼎集·羽族部》卷四："假文思豆腐：蛋白切小方丁，加火腿、笋丁、鸡油脍。"

这是一条行文简单的史料。文思，清朝时扬州府今江苏扬州市僧人，特别善于烹调豆腐为佳肴。这是用熟鸡蛋白丁加细切的辅料做成的假文思豆腐。在《调鼎集》里，还有下面一道假文思豆腐：

《调鼎集·特性部》卷三："假文思豆腐：入猪脑煮熟，切丁如豆腐式，用鸡油、火腿丁、酱油、松仁烧。"

五、杏仁豆腐、藕豆腐、苦槠子豆腐等

在我国古籍中，以果品或蔬菜为原料，借用豆腐名称而命名的食物也不少。兹举例如下：

明宋诩《宋氏养生部·杂造制》卷六："菱腐和藕腐：鲜菱老者，捣滤取汁，加真绿豆粉、蜂蜜、白砂糖，熬煮成腐。藕腐制作法，同。"

清王士雄《随息居饮食谱·果食类》："榛，味甘平，补气开胃。榛仁粒粗大而不油者佳，亦可磨点成腐，与杏仁腐皆为素馔所珍。"

在《随息居饮食谱》里，所提到的榛仁豆腐与杏仁豆腐如今仍然很常见，可惜没有谈及制作方法。其中，杏仁豆腐是北京著名小吃，制作工艺特殊。将杏仁浸泡后用石磨磨成杏仁浆，然后加溶解的琼脂煮，认真搅动防止糊化，然后放进盘里置冰箱中凝固。食用时，用小刀划切成小方块装碗，注入冰糖水、京糕丁、青梅丁等。也有将煮好的杏仁糊装小碗冷冻，不采用装盘凝固，食用方法相同，只是操作方法别开生面罢了。杏仁豆腐如图 2-32 所示。

在《随息居饮食谱》里，还有"苦槠子"的食用记载，即"苦槠子炒令熟，味带甘可食，亦可磨粉充粮。"笔者在江西宜丰的农贸市场上，见到了"苦槠子豆腐"外观茶褐色，泡在水桶里出售，因为首次见到所以非常新奇。经过请教得知，其制作方法如下：

采来新鲜的苦槠子，剥去外壳用清水浸泡洗净，添加石灰水，用石磨把它磨成浆糊状，如果太稠加些清水稀释，放入锅内烧煮，均匀搅拌，冷却后即得苦槠子豆腐。在做苦槠子豆腐时，加入多少石灰水呢？据说是凭经验。食用方法与豆腐相似。苦槠子豆腐如图2-33所示。

图2-32　杏仁豆腐

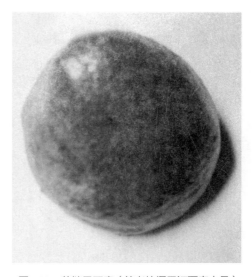

图2-33　苦槠子豆腐（笔者拍摄于江西宜丰县）

第八节

故乡豆腐百珍

一、北京

八宝豆腐

北京的八宝豆腐，相传是康熙皇帝赐给尚书徐乾学的，特制渐臻皇宫传统菜，又称健庵豆腐、王太子豆腐，可说是宫廷外传菜。据说，徐尚书派人到御膳房取方时，作为答谢皇恩，敬送白银一千两。后来，徐尚书将烹调工艺传给门生楼村，楼村将工艺传给家人，由此发展而来。如今，北京饭店、仿膳饭庄、丰泽园等，都能巧做八宝豆腐。

原料：南豆腐一块，火腿末 15g，水发虾米 15g，鸡脯肉 10g，鲜蘑 2 朵，胡萝卜 1 段，松子仁 10g，核桃仁 10g，精盐、绵白糖、葱、姜、水生粉、香油、高汤或鸡汤等。

做法：首先将嫩豆腐切半，放入沸水中煮去豆腥味，取出晾干切成小丁。把胡萝卜片焯熟后切成小丁，鸡脯肉和蘑菇也切成丁。然后炒锅烧热，用花生油滑过，入葱、姜末将鸡脯丁、蘑菇略炒。加入高汤、胡萝卜丁、虾米、火腿末等，略煮后加豆腐丁，再沸后用水生粉勾芡，淋上香油装盘。

此菜红、白多色相间，配料丰富多彩，入口清鲜滑润，色泽美，老少皆宜。

炒豆腐脑

相传此菜是清朝慈禧太后很喜欢吃的菜，软滑清香。

原料：南豆腐 2 块，水发海米 15g，鸡脯肉 10g，黄花段、石木耳、葱末、香油、清汤、水淀粉等。

做法:把嫩豆腐放入丝罗,搓揉成豆腐细蓉。将炒锅坐在灶火上,放入花生油、葱、姜末略炒出味,然后放入海米、鸡脯肉薄片略炒,再加入其他物料和清汤略煮。其后加入豆腐蓉翻炒,待豆腐蓉变稠发出香味时,用水淀粉勾芡,淋上香油即成。

此菜色美味佳,软嫩柔滑汁鲜,很适合于老年人佐餐。

王致和臭豆腐乳

在我国,臭豆腐有下列 3 类。

(1)把鲜豆腐浸泡在臭菜卤或特制臭卤里,取出来晾干后,用油脂炸熟食用。如浙江绍兴臭豆腐、湖南长沙火宫殿臭豆腐即此。

(2)把鲜豆腐用稻草或经自然发酵长毛变臭后,放在火盆上烤熟烤酥食用。如云南昆明臭豆腐、安徽皖南臭豆腐即此。

(3)把鲜豆腐用稻草、荷叶或经自然发酵后,先用少量食盐腌臭,然后倒缸灌汤再腌成臭豆腐乳,可以直接食用不必炸烤。如北京王致和臭豆腐乳、浙江绍兴臭豆腐乳、江苏徐州臭豆腐乳即此。

长期以来,北京王致和臭豆腐乳都是著名的传统食品之一,至今约有 350 年历史。这种食品,相传是清康熙八年,安徽人王致和赴京赶考落第时,因囊中羞涩在京开设豆腐坊,以维持生计,偶然间制成的。方法是,他将发霉变质的豆腐腌渍起来,并且逐渐改进制成了臭豆腐乳。这种豆腐乳闻着臭吃着香,整个儿臭蛋味。他送给邻里品尝,却都称赞不已,认为香之所钟虽臭不嫌,"臭美"之心大有人在。后来,臭豆腐乳传入清宫,慈禧太后竟然喜欢,把臭豆腐乳列为御膳小菜,身价从此高涨不跌。

全素斋豆腐菜

北京全素斋豆腐菜是由民间传统素菜,宫廷御膳素菜相辅相成发展起来的,约有近百年历史。原开拓者刘海全本是清宫御膳素菜厨师,出宫后为了谋求生计,在王府井东安市场内设摊销售自家烹调的素菜。因为生意兴隆,南北风味素菜逐渐增加,可冷吃热吃,可佐餐下酒,于是深受民众欢迎。因为原材料不用任何荤腥肉类,故名全素斋。

所制作素菜有 3 类,即卤菜类、炸货类、造型杂拌菜类,后者如素鸡、素火腿等。主要原料是豆腐及其制品、面筋、油皮、玉兰皮、山药、荸荠、藕片等。辅料有香菇、口蘑、银耳、木耳、黄花菜、海带丝、腐竹、花生米、栗子等。调味品有花椒、大料、糖、精盐、花生油、芝麻香油、酱油、茴香、五香粉等。

制作工艺特殊而精细,产品鲜美味道好,咸甜适口不带汤,绵软可口不干硬,菜名雅致有荤素,但全都是货真价实的素菜。著名的产品 100 多种,兹介绍若干如下。

图 2-34　全素斋宫廷素菜

酱豆腐肉

原料：北豆腐、酱豆腐乳、酱油、花生油、香油、花椒、大料、糖、食盐等。各种物料的用量按主料量多少调配。

制作工艺：将北豆腐切成 5cm×3cm×2cm 长方块，用花生油炸成金黄色备用。把花椒、大料、桂皮等，调配煮成汤料备用。在炒锅内放入酱油、砂糖、食盐等，将炸好的豆腐方块煮软，收干汤汁。将酱豆腐乳用水调稀，加入到上面的汤料中，然后用于烩炒酱豆腐肉。当汤汁适中，咸甜味道好时，即可拌入少量香油出锅。

素熘肥肠

原料：北豆腐、面粉、山药、淀粉、油皮、酱油、食用油、香油、桂花、姜粉、砂糖等。各种原料的用量按主料的用量多少调配。

制作工艺：将北豆腐切成 10cm×10cm×2cm 薄方块，晾干水分后用油炸成金黄色，捞出备用。把酱油、砂糖、姜粉、食盐等调配好，煮成汤料，用于浸泡炸好的豆腐薄块。把山药蒸熟去外皮，放入砂糖、桂花捣成糊状。将油皮蒸软摊开，抹上一层面糊，放上一层炸豆腐，在上面再抹上一层山药糊，然后把油皮卷起来做成"肥肠状"，放蒸锅里蒸 15min，出锅后晾凉，切成 3.3cm 的斜肠块。用素油把斜肠块炸成金黄色，捞出来装进成品盘里。

把前面浸泡炸豆腐的汤汁取来，加入淀粉、砂糖等，入锅做成芡汁，浇到刚炸好的"肥肠"上，点上香油即为熘肥肠。色泽很美，甜香酥软兼顾。

炸烩素鸡

原料：豆腐片、水面筋、土豆或山药、玉兰片、淀粉、口蘑、黑豆、油皮、食用油脂、酱油、花椒、大料、桂皮、香油等。

制作工艺：把豆腐切成丝并用油炸熟。把水面筋用油炸熟并切成丝。把玉兰片用水发好并切成 3cm 左右的薄片。把花椒、大料、桂皮等，用水煮成汤汁待用。将前面炸好的豆腐丝用汤汁煮软，然后加入炸面筋丝、酱油、口蘑、玉兰片、砂糖等，炒烩成熟后，用淀粉略拌做成馅料。最后用蒸软的油皮包裹做好的馅料，做成鸡的形状，入笼蒸 15min 即可。出锅装盘，刷上香油，形态美，色泽好，可佐餐下酒。

二、河北

高碑店豆腐丝

高碑店市在北京南侧，接近著名的清西陵，水质很好，是制作豆腐的重要条件。高碑店的五香豆腐丝物美价廉，制作工艺很特殊。黄豆要经过精选、水洗、浸泡、磨浆，要认真过滤和煮浆，在缸中用盐卤点豆腐，不用其他凝固剂，嫩脑要经过打碎才可以压片，切丝必须均匀整齐，捆把要松紧适中。豆腐丝还要用五香调料和自配汤料炖煮，经晾干以后才出售。

这种五香豆腐丝与众不同，呈青灰色，筋道有弹性，韧性大摔不断，五香卤香足，保质期较长，油性大可用火柴点燃。在当地，几乎家家户户都会做五香豆腐丝，是名副其实的传统产品，坐上京广铁路火车，年复一年到北京销售。可毫不夸张地说，高碑店五香豆腐丝北京人家喻户晓，遇上就买百吃不厌，可佐餐可下酒。

河北小豆腐

在河北省农村，秋冬时节收大豆，勤俭人家总是把好的黄豆库存起来，把粒小的或碎的磨成豆浆，用于做小豆腐。做小豆腐的工艺过程是，把黄豆磨成豆浆后，经过滤烧开用盐卤点豆腐，除去多余的泔水，加入咸菜丁、肉丁、胡萝卜丁、虾米皮、葱、姜等，做成什锦菜，搭配主食就餐，风味好，经济实惠。

正定的豆腐脑

正定在河北省西南，石家庄市北侧，与同省的定州市名称有些相同，但南北两地并非一地两名。相传正定有三宝，扒糕、油茶、豆腐脑。正定豆腐脑软嫩之美源于制作工艺。一定要用优良石磨磨豆浆，保证豆腐脑细嫩可口，采用盐卤点豆腐，保持传统风味。

做卤汤也很讲究，选用骨头清汤垫底，外加黄花、木耳、肉片、冬菜搭配，用水粉勾芡，用本省著名的望都辣油，大名府的芝麻香油调味，真的很香辣鲜美。这种豆腐脑，现在石家庄市也很常见。

三、东北

雪里蕻炒豆腐

这是一道平凡既素的美食，且有脍炙人口的魅力。在雪里蕻炒豆腐当中，雪里蕻的作用举足轻重。雪里蕻，十字花科芥菜类，特别适合于制作腌咸菜。可惜的是，雪里蕻有季节性不能全年播种，满足口福牙祭之需。

用于炒豆腐的雪里蕻必须腌熟，拿来炒豆腐才能达到最佳味道。过去，笔者每年都自家腌雪里蕻，质美清香，很有成就感。近年来，市场上供应雪里蕻昙花一现，稀少难见，只好中断不腌。如果采用市场上买来的雪里蕻，用于炒豆腐，则总是觉得味道不正，甚至有腐败味。

要腌好雪里蕻，就必须遵守科技原理，循规蹈矩操作。笔者的方法如下。

选择叶大油嫩的雪里蕻为原料，择去老叶洗干净。然后晾晒至柔软，收进屋用瓷盆加食盐搓揉至润绿呈现，一层菜一层食盐，撒些花椒腌入瓷缸中。首次加盐量要少些，有利于微生物发酵作用，例如乳酸发酵等。

翻缸很重要，有助于腌菜保持翠绿。前一天入缸的新菜第二天一定要上下翻动一次。在翻动过程中，要再次添加一些食盐，并粗略地再揉一揉，然后按照首次腌菜操作将雪里蕻腌入原缸中。第二次腌入的菜，第三天要按照第二天的操作方法再翻缸一次。大概连续三次翻缸之后，雪里蕻已经有八分成熟，可以食用不必再翻了。腌雪里蕻方法是半干湿工艺，如果腌菜里汤太多可以倒掉一些。

为了提高雪里蕻的特殊风味，在腌菜和翻缸过程中，都可以撒进一些花椒、大料于腌菜中，这样做虽是举手之劳，可是补益匪浅，何乐而不为！

用雪里蕻炒豆腐的手艺较多。可以素炒，用素油烹调，加葱姜蒜，然后放入雪里蕻、豆腐丁、糖、香油炒。也可以荤炒，用油和葱花把鸡脯肉炒熟，然后加入豆腐丁和雪里蕻炒即可。

哈尔滨素肠

原料：薄豆腐干若干，另有豆油、酱油、葱、姜、花椒粉、香油、糖、盐、纯碱等。

制作工艺：把豆腐干切成小窄条，其中有的豆腐干切成薄包皮。将豆腐条放碱水里略煮，捞出来用清水冲洗除碱味，拌入调味品，用豆腐皮包起豆腐条，用纱布包扎成"素肠"形状，放入食盐水里略煮。取出素肠，拆去包布，把素肠放进熏炉里用土糖火熏 3 ~ 5min，取出来刷上香油即可。

克东豆腐乳

在我国豆腐乳生产中，黑龙江省克东县特产豆腐乳，独树一帜，与众不同。其特点如下：

（1）发酵菌不是常见的毛霉或根霉类，而是小球菌细菌类，此工艺全国独一无二。在发酵之前，豆腐坯必须用食盐腌制，使含盐量达到 6.5%。这样做的目的是，为小球菌创造舒适幽雅的生活环境，促进生息，抑制异菌繁殖。

（2）传统产销方法与众不同。腐乳厂仅在春天大量生产豆腐乳，夏天进行晒制，到了冬天成熟出售豆腐乳，发酵期达一年。现在，依靠现代技术和设备，已打破了传统限制，生产周期缩短。

（3）豆腐乳装坛时，所采用的汤料与众不同。除了添加食盐，还加入白酒，汤料中采用多种中草药配制。

据史料记载说，克东腐乳厂建于 1915 年。自 1978 年以来，曾获省优质产品和轻工部优质产品称号。腐乳的色泽鲜美，口感柔软，味道芳香，是佐餐佳品。

生产工艺流程如图 2-35 所示。

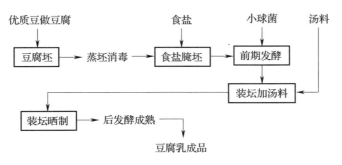

图 2-35　克东豆腐乳生产工艺流程

克东豆腐乳的生产特点是，豆腐坯经过蒸煮和用食盐腌过后，其他杂菌不会入侵参与发酵，但嗜盐小球菌可以在豆腐坯内外旺盛繁殖，坯料可充分水解，豆腐乳绵软，滋味特别香鲜。然而，这种工艺也有缺点，即工艺过程长，生产成本高，豆腐乳过于绵软，腐乳块外包菌膜脆弱，容易破碎，外观不美。

四、山东

泰安三美豆腐

俗话说，"泰安有三美，白菜、豆腐、甘泉水。"

泰安的白菜形似狮子头，故名狮子白。其特点是，棵大、多层、心实、叶厚且嫩、菜帮无筋易熟，叶汁乳白，叶脆甘甜，可炒、可涮、可做馅。豆腐白菜保平安，大江南北家喻户晓。

泰安的豆腐之美，可说是源于大自然的加倍恩赐。磨豆浆时，所采用的是当地出产的青刚细陵优质石磨，磨出的豆浆细滑洁白标致，加上泰山的水和神话般的自然环境，使豆腐的品质天下驰名。豆腐洁白莹润，出品率高，富有超凡的弹性，味道清香无比，可炒、可煮、可炸，即使清炖、凉拌，也滋味无限。

泰安的水质十分好，清纯无污染源，甘泉遍布，含有许多对人体健康有益的矿物质，用于泡茶味浓香，用于酿酒很醇厚，用于做豆腐能使豆腐鲜嫩百倍，俗称"神豆腐"。泰山是著名的"神山"，上至皇帝，下至黎民百姓，历代到此封禅祭拜，宗教活动生气勃勃香火旺盛，名人墨客云集泰山，挥毫泼墨作诗画。豆腐是参拜者的美食，宗教人士的最佳素食，游览者的首选菜，经济实惠。

博山箱豆腐

博山，山东省淄博市，市里有博山名胜区。箱豆腐，相传历史悠久，但扬名于清康熙南巡时。相传康熙帝南巡到了山东，曾到博山看望他的老师孙廷铨，在进膳时品尝了"箱豆腐"。此菜造型别开生面，色泽多样，内容丰富，清香味鲜，喜而食之，顿觉甘美超群，赞不绝口，于是驰名天下，广为流传。

博山箱豆腐的做法是：把大块豆腐切成长方形豆腐块，入油锅内炸成金黄色。出锅后，在炸豆腐块的上方沿三个边剪开，一个边不剪，揭开上方的炸皮即成箱上盖，取出炸豆腐块内部的豆腐，即成箱体。把事先准备好的猪肉末、海米末、蛋黄、葱花、冬菜末、酱油等，炒八成熟，拌成馅，装入箱体内，盖上箱盖，用鸡蛋清浇封。把做好的箱豆腐用蒸锅蒸熟，浇上用鸡肉丝、胡萝卜丝、黄花丝、木耳、高汤等做成的卤，即成博山箱豆腐。

日照市满头黄豆腐

胶东的日照市，地处海州湾边沿，临近淮河出口处，旧黄河也曾在日照南部入海，整个日照市沿海地带泥沙淤积，浅海资源富庶，鱼虾云集无数。特别是胸中充满卵黄的海虾，捕捞起来用于炖豆腐，其鲜美更是无与伦比。

满头黄豆腐的做法是，豆腐2块，满头黄鲜虾30g，外加酱油、葱、姜、料酒、木耳等。把豆腐切成小方块，用清水煮去豆腥味。将满头黄虾洗净，用佐料葱、姜、醋等略炒，然后放入豆腐、香菇、木耳炖煮，最后用香油略拌调整风味，鲜美异常。

五、江苏

扬州煮干丝

在扬州风味菜肴中，煮干丝是很著名的传统菜。例如大煮干丝、鸡汁干丝、鸡火干丝等，以豆腐皮为主要原料，也可以用豆腐干靠刀工细切。在江苏，著名的煮干丝还有泰州五味干丝、江都清烫干丝等。

烹调干丝的工艺，重在刀工、火候和配料。首先得将约3cm厚的特制豆腐干切成23张薄片，然后切成细丝，以细为妙。用开水略烫洗除去豆腥味，接着加入鸡肉丝、虾仁、腰花、火腿末、笋丝、榨菜丝等，用清汤、调味料炖焖入味。装盘时，又有加入豆芽、豌豆苗等。做法与吃法如今已丰富多彩。

据考证说，大煮干丝的起源很早，宋陈达叟《本心斋疏食谱》："啜菽。菽，豆也。今豆腐条切淡煮，蘸以五味。"这应当是煮干丝之初的证据。清人惺庵居士《望江南》词颂曰："扬州好，茶社客堪邀。加料干丝堆细缕，熟铜烟袋卧长苗，烧酒水晶肴。"在茶社里，喝烧酒吃干丝，抽旱烟闲情逸致，显然是很幸福的生活享受。

苏州三虾豆腐

在苏州及吴江市的木渎镇，"三虾豆腐"自古盛名，鲜美至极，世人赞叹不已。如果从历史背景看，则"三虾豆腐"之美与太湖明虾品质优良有关，也与那儿人杰地灵善于开拓创新有关。

太湖明虾壳薄肉丰，车载斗量随意无妨。特别是在明虾腹中孕子之时用于烹调豆腐，色泽橘黄，滋味鲜美，更是令人食后心旷神怡。所谓"三虾"，即指虾仁、虾子、虾脑而言。制作"三虾"的过程是，先行洗落虾子，摘下虾头，挤出虾仁，再煮虾头，剥下虾壳取出虾脑，分开放下等待利用。

三虾豆腐的做法是，先将豆腐切成适中的长方块，用油炸成金黄色待用。将虾脑壳集中起来捣烂、水洗、过滤取汁待用。用油锅将虾子、虾脑及作料略炒，加脑壳汁烧开，然后加入豆腐烧焖，入味后勾芡出锅装盘。虾仁的做法是，用油锅加作料划炒，加香油烧炒后布撒在三虾豆腐上即可。那虾仁晶莹剔透，虾子星星点赤，豆腐色彩淡雅橘黄，仅情景之美也令人难忘。

南京和无锡的臭豆腐

自古以来，我国有许多人养成了嗜臭餐奇的习惯。如今，嗜臭地带宽又长，东自江苏、浙江起，西到云南和贵州，所以要想吃到各种臭豆腐并不难。在此地带，臭豆腐的品种相当多。例如，南京有熏臭干，无锡有苋菜卤臭干和笋片卤臭干，绍兴有臭豆腐乳，云南昆明有烧臭豆腐等。

臭豆腐的做法也有多种。例如，南京南门外塞公桥的熏臭干，那是用陈年老臭卤浸泡豆腐干，经晾干用锯末熏成的，蘸上香油吃。无锡的臭豆腐，那是用臭苋菜卤或臭笋片卤浸泡豆腐干，入味晾干后，用油炸熟蘸上调味品吃的。至于绍兴臭豆腐乳，那是将豆腐干先发酵，然后用咸汤料腌成，它可以直接用于佐餐，可视为腌渍食品。对于云南昆明的臭豆腐干，那是豆腐干先用稻草捂臭，然后用明火烤熟至酥脆，再蘸作料吃的。

嗜臭者认为，那股臭气冲天的风味不刺鼻，那股别人觉得恶臭的异味其实很鲜美，只要是"情之所钟，就会是虽臭不嫌""闻着臭，吃着香"。科学家认为，"臭"引起的是嗅觉反应，"香"引起的是味觉反应，唾液感受味觉，鼻液感受嗅觉，因为臭豆腐含有丰富的氨基酸钠等鲜味成分，所以嗜好者的认识不无道理。

六、河南

朱仙镇五香豆腐干

在中原大地上，朱仙镇位于古都开封南侧，1127年，宋抗金名将岳飞随宗泽守卫开封时曾在此驻军打仗。那时已有豆腐，但食用情况不可考。岳飞（1103—1142年），相州汤阴（今河南安阳）人，现有岳飞庙。他于1130年收复建康，1134年收复信阳，1140年收复郑州和洛阳，1142年遇害。

朱仙镇五香豆腐干，相传始于明清时期，其中"玉堂号"又名"远香斋"，是极其著名的传统老字号。这里制作的五香豆腐干，以坚韧筋道远近闻名，而且五香入骨鲜味浓厚，回味悠长，久贮不坏，是佐餐下酒的美食。

1. 生产工艺流程（图2-36所示）

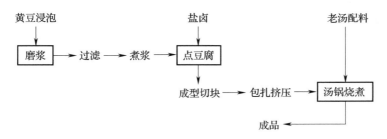

图2-36　五香豆腐干工艺流程

2. 操作要点与讨论

（1）做豆腐操作：在过去的传统时代，都是用石磨研磨做豆浆的，用盐卤或石膏点豆腐，所以传统豆腐有很美的味道。对于点豆腐操作，则古今科技原理一致，必须先打耙翻动豆浆再下盐卤，不可以颠倒过来。当出现脑花量达50%时，打耙要改慢，点卤量要减少，目的是防止胶体反应不均。当出现脑花量达80%时，打耙和点卤都要停止，目的在于防止用卤量过度，造成豆腐变硬变味。

（2）破豆腐脑和压榨香干坯操作：这两项操作，都是为了排除一部分豆腐泔水，提高豆腐品质。破脑就是把豆腐脑略破碎，使泔水沿破缝流出来。对于五香豆腐坯的选择，那是不可以滥用的，要先把豆腐坯用纱布包起来，放在榨板上码齐，用土榨把泔水压出来。每榨可压500片，加压力时间约2～3h之久。

压榨脱水的好处是，香干片内部胶黏度加强，紧密且有弹性与韧性，用手对折不断，松手即可恢复原样。另外，经过压榨脱水之后，卤煮不易破碎，吸卤多入味好。

（3）老汤配制法：老汤对于香干品质来说，它是形成特殊风味的关键因素。朱仙镇的老汤配料，古时候是保密不宣扬的。现在已知的情况是，每100kg豆腐坯配料如下：

食盐 5kg	酱油 5kg	大茴香 0.5kg
花椒 1kg	桂皮 0.4kg	小茴香 0.4kg
良姜 0.4kg	玉果 0.1kg	大丁香 0.5kg
白芷 0.1kg	桂子 0.2kg	小丁香 0.4kg
干姜 0.1kg	豆蔻 0.4kg	砂仁 0.4kg
陈皮 0.5kg	井水 300kg	

将上面各种干配料研成粉末后，装入 12 个布袋里扎好袋口，放进汤锅里煮成新汤料。老汤料在煮制香干过程中，汤料会被香片吸收或带走一部分而减少，此时损失的汤料由新汤料补充，保证老汤循环不断。老汤循环年代越久风味越好，五香豆腐干的滋味越美。

（4）烧煮香干：煮香干的传统方法是，首先向老汤中补加已减少的汤料，然后投入煮过的新五香配料和五香豆腐干坯子，烧煮 5min 后捞出来晾干，此为首次煮香干。每批要煮许多次才能合格。第二次煮香干的操作方法，与首次煮法可说是相同，把首次煮过晾干的五香干倒入老汤中，烧煮 5min 后捞出来晾干即可。第三次以后的烧煮方法，可按照上述方法进行，直到产品合格为止。据传统记录说明，每批五香豆腐干通常要反复烧煮 7 ~ 10 次才能合格。

朱仙镇五香豆腐干外表酱茶色，规格是 12cm×11cm×4cm，明亮发光，坚韧筋道，五香入骨，百嚼生香，据说有保藏 3 年不坏的奇迹。

（5）老汤必须再生与保护：在反复利用过程中，老汤会受到沉渣、污物的损坏，因此必须定期进行过滤与再生，除掉残渣添加新配料。如果遇到暂时停用，必须采用传统方法保护，不能使用防腐添加剂。

汝南县鸡汁豆腐干

在河南省南部的驻马店市，有汝南县特产鸡汁豆腐干食品，因自古闻名而很有名气，发展很快，已是著名的出口产品。相传鸡汁豆腐干初见于清朝，当时是用五香豆腐干为原料，用清汤回锅烧煮成佳肴的。现在的制作方法是，把豆腐块切成 10cm×8cm×3cm 豆腐坯。然后把豆腐干坯用酱油、花椒、茴香、五香调料等，烧煮成五香豆腐干，批量生产。香干坯呈酱茶色，富有弹性与韧性。

之后，把五香豆腐干倒入老母鸡汤、香油、酱油等混合汤料中烧煮，捞出来后放日光下晾晒，也可以用红外线烘干。如果烧煮一次不合格，可以反复烧煮直到合格为止。产品最后呈棕黑色，切片后呈猪肝色，也可切成五香鸡汁豆腐丝食用，还可以充当配菜材料用于烹调，愈嚼愈香。

柘城酥制培乳

在今河南省东部，柘城县的酥制培乳相传初始于清朝光绪年间，至今已有 200 年历史。培乳虽说也是豆腐乳的品种，但是制作工艺和产品气味、口感特殊，深受人们欢迎。

1. 生产工艺流程（图 2-37）

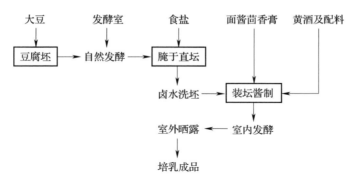

图 2-37　培乳生产工艺流程

2. 操作要点与讨论

在上述工艺流程中，因为本工艺用大豆做豆腐坯无特殊之处，所以做豆腐工序从略，可以采用通常豆腐坯作原料。酥制培乳的制作工艺，有下列特点。

（1）培乳坯腌制法：豆腐坯经过自然发酵之后即成为培乳坯，其表面上生长的白色菌丝体必须按时抑制腌渍。培乳坯的腌制法与众不同，腌了 3 ~ 5 天之后又被取出来晾干，然后才进入后发酵成熟工序。其他制作豆腐乳工艺几乎都没有"腌制晾干"这一步，只有"晾花"操作。

（2）装坛酱制法：培乳坯装坛酱制法也比较特殊，除加入黄酒及多种配料外，还采用面酱茴香膏涂抹培乳坯。所谓"茴香"又名元茴、八角、大料。每千块培乳坯约用 2kg 面酱茴香膏，黄酒 250g。其他配料是，草果、良姜、红曲、食盐水等。装坛不可到顶，要留空间，用面酱茴香膏封培乳，然后严密封坛。

加入配料封坛之后，在室温 27 ~ 30℃条件下后发酵 10 天，然后移到室外日晒夜露发酵，先后约需要 150 天才能成熟，开坛食用。

七、安徽

八公山豆腐

在安徽省中部寿县和凤台县之间，自古有"八公山"神秘超凡的传说。即相传西汉刘安，为了寻求长生不老药，在"八公山"招致了大量的炼丹术士，为他提炼丹药。其中有苏非、李尚、伍被、雷被、毛周、陈由、左吴、晋昌等八位。他们才华出众，号称"八公"。八公们用豆浆培育丹苗，用盐卤、石膏作添加剂，于是发明了豆腐，自然而然。

图 2-38　笔者于八公山珍珠泉留影

从此，山因八公而得名，豆腐因山而扬名，千载流传势所必然。

其实，八公山豆腐远近闻名的原因很多，地利人和，钟灵毓秀也是举足轻重的因素。例如，清李兆洛《凤台县志·食货志》载："屑豆为腐，推珍珠泉所造为佳品。"珍珠泉又名八公山泉，遗址今犹在（图2-38）。八公山下，泉水溪流丰富，水质极佳，用于做豆腐当然无与伦比。当地人民特别会做豆腐，磨浆、过滤、烧浆、点豆腐，样样能尽到好处，因此豆腐洁白细嫩，爽滑可口，清香鲜美。笔者曾数次品尝过主人盛情举办的豆腐宴，至今回味无限，的确是全国顶级佳品。

皖南的臭豆腐

在安徽省南部，至少有三种驰名的臭豆腐，而且在明李日华的《蓬栊夜话》中已有记载。兹简述如下。

（1）休宁的炸烤臭豆腐　取来豆腐干切成薄方块，放进蒸笼里蒸 15min 之后，连蒸笼一起放进洁净的发酵室里发酵，长好白毛之后即可用油炸熟或放在炉火上烤熟，装盘后蘸调味料吃。虽闻着臭，但不刺鼻，吃着香鲜，特别有滋味。如果把炸好的臭豆腐下锅里，加虾米、酒、醋回锅煮了吃，也特别鲜美。

（2）歙县的腊八臭豆腐　这种豆腐的做法很特殊。在夏秋间，人们把豆腐捏合成凹球形，在凹槽里放进浓盐水，把它移到太阳下晒，边晒边在球面上抹盐水，白天晒夜里收进屋，3～5个月后成熟。食用时，加工成小块与猪肉烹调，有特殊的滋味。因为这道豆腐菜通常在年底前食用，所以俗称腊八臭豆腐。

（3）皖南虎皮毛臭豆腐　首先把豆腐块用稻草捂起来，使豆腐发酵长白毛，然后下油锅炸熟，蘸香油和调料食用，也可以用葱、姜、酱油、清汤烹调食用，有特殊的鲜香滋味。

凤阳瓤豆腐

凤阳在安徽省中部，滁州市辖区内，是明朝开国皇帝朱元璋的故乡，现在建有明王陵景区，清静幽美。相传朱元璋幼年时期，父母因举家贫寒，专靠卖豆腐为生，朱元璋自然是吃豆腐长大的娃，深知豆腐的"形"与"味"。当时，凤阳县有一家姓黄的饭店，老板心灵手巧，创制了一道与众不同的"瓤豆腐"。朱元璋意外地吃到了，于是经常前去讨要。后来，朱元璋自己做了皇帝，但仍然念念不忘"瓤豆腐"，于是把黄姓厨师诏到宫中，给他做"瓤豆腐"吃。朱元璋（1328—1398年）即明太祖，如此算来，这段美食佳话约有670年历史了。

瓤豆腐现在又名"酿豆腐"，几经发展，至今已有多种烹调方法。兹举例讨论如下。

凤阳瓤豆腐：首先，将猪里脊肉、鸡脯肉、鲜虾米，都剁成肉末，加入葱花、姜末、酱油、香油等，搅拌做成馅料。取来嫩豆腐干，做成小圆薄片，在两片间夹入刚做的馅料，即成"瓤豆腐"生坯。又取来鸡蛋清打成雪山样，加入水粉搅成稠糊状。把瓤豆腐生坯用蛋清糊裹严，放入油锅内炸熟，捞出来降温片刻，又投入油锅中炸成金黄色，即成瓤豆腐。

为了更加有滋味，取来白糖加水加热溶化，炒稠后加入香油和香醋，略炒均匀后加在瓤豆腐上，即为凤阳传统瓤豆腐美食佳肴。

客家酿豆腐：此类酿豆腐出现于福建、广东、湖南、湖北等地，北京也有酿豆腐。"瓤"与"酿"谐音，也有语言传播名称改变成俗的因素。关于北京的"酿豆腐"，或许与明朝皇帝传来有关。"客家酿豆腐"的传播，则与中原人民南迁传承有关。

据史料记载，我国自东汉起，北方战乱不断，中原人民为了逃避战乱南迁到福建、广东、湖南、湖北等地，因而当地原住民称呼南迁者为"客家人"。由此看来，"客家酿豆腐"根源于中原饮食文化，几经改造创新，全国已有不少瓤豆腐品种超然涌现。兹举例如下。

福建八宝酿豆腐的做法是：把嫩豆腐做成适合于油炸的三角形豆腐块，然后放入油锅炸成三角泡，并在一侧切开一口，挖出里面的豆腐屑，即成包壳待用。八宝豆腐馅的做法很多，可以灵活取材。例如，把猪肉、鸡脯肉、鲜虾，以及挖出的豆腐屑、葱花、酱油、食盐等，用做饺子馅的方法做成馅。然后把馅塞入豆腐包壳里即成生坯，放入蒸笼里蒸熟即为八宝酿豆腐。把蒸好的八宝酿豆腐放入炒锅内，用酱油、香油、香醋、白糖等略炒，用清汤勾芡，则如此做成的八宝酿豆腐，风味更好。

八、福建

长汀和上杭豆腐干

在崇山峻岭的福建省西部，自古有脍炙人口的"八大干"，特别引人注目。例如，连城县的地瓜干、宁化和清流县的老鼠干、建宁县的白莲子干、明溪县的肉脯干、永安市的竹笋干、长汀和上杭县的豆腐干、武平县的猪胆干、永定县的霉菜干等。其中，豆腐干是远近驰名的品种。

据《汀州府志》载，在明朝朱元璋的大将朱亮祖驻守闽西时，他对长汀和上杭的豆腐干已经倍加赞赏。自明初至今，长汀和上杭的豆腐干的确自古闻名，已有600年历史了。

长汀和上杭的豆腐干，采用当地出产的优质大豆为原料，用清泉浸泡、磨浆、过滤做豆腐，选料严格加工精细。做好的豆腐块要精加工为豆腐干坯子，切成12cm×12cm×1.5cm 正方形小片，然后放入卤汤中熬煮。卤汤的配料虽然各家不同，但大同小异，有大料、甘草、桂皮、鲜姜、香油、小茴香、公丁、酱油、白糖、食盐等。豆腐干呈浅酱色、半透明，状态很美，口感坚韧筋道，咸甜香鲜俱全，久贮不易变质，备受海内外食客的欢迎。

厦门发菜豆腐

做发菜豆腐的主要原料是，豆腐泥、鸡蛋清、发菜、香菇、银耳、西红柿、白酱油、香油等。

做法：把嫩豆腐抓成蓉泥，加入鸡蛋清、白酱油、香油、食盐等，搅拌均匀待用。把西红柿切成薄圆片，发菜泡洗干净，香菇和银耳泡洗去硬蒂撕成片，用开水烫过。

把豆腐蓉、发菜、葱姜末、鸡脯肉、食盐、白酱油、香油等，搅拌均匀后做成四方片，用蒸笼蒸熟，大约30min 取出来降温。然后用花生油略炸变黄即可。另将炒锅坐火上，用葱姜炝锅，放入清汤、香菇、银耳、鲜虾米、食盐等，烧开后放入发菜、豆腐，略翻炒后用水粉、香油调香勾芡即可装盘，用西红柿装饰盘边即可上桌。

泉州汤匙豆腐

做汤匙豆腐的主要原料是，豆腐泥、鸡脯肉、蛋清、香菇、莲子、荸荠、嫩笋、青菜叶等。

做法：把嫩豆腐捏碎成泥，加入鸡肉末、蛋清、食盐、香油，搅拌成蓉待用。把香菇、荸荠、嫩笋、虾米、白酱油等，放入炒锅里炝锅炒八成熟做成菜馅待用。取来特制深底汤匙一套，洗烫后烘干，底部抹花生油后装入豆腐泥，泥上铺一层馅料，再铺一层豆腐泥，又放一层馅，上面用豆腐泥封盖，放蒸笼里蒸熟。取出熟汤匙豆腐后，放入花生油中炸成金黄色即可。装盘时，把汤匙豆腐、熟莲子、青菜叶、剩余的香菇、嫩笋片等，摆设成莲花样，浇上特制的清汤和香油即可上桌食用。

九、其他省市的豆腐

用豆腐做菜的技艺，中国人在世界上是最有才干的，方法多招数巧，能操作自如得心应手。所做成的美味佳肴，有很多是自古相传的。例如："八公山豆腐"，相传与刘安发明豆腐有关，品质优美口碑贯耳。山东泰山的"三美神豆腐"，脍炙人口，相传与佛教的兴盛发达相关，能起到重大的相互促进作用。"东坡豆腐"，相传是大文学家苏轼研制的，流行于宋朝及后代，曾有名人效应的重大作用。

豆腐乳是中国人最先发明创制的，现在全国已有数千家生产厂。但是厂家最多，豆腐乳风味多又好的数四川省，著名的品种有，成都海会寺的"白菜豆腐乳"、夹江县的"夹江豆腐乳"、大邑县的"唐场豆腐乳"、遂宁县的"五味腐乳"和"白菜豆腐乳"、乐山市的"大桥牌豆腐乳"等。此外，还有重庆市丰都县的"仙家豆腐乳"、忠县的"忠州腐乳"等也很著名。

中国豆腐特产如今是灿烂多样的食品世界，中国人发明豆腐之后又有开拓创新的奇迹与贡献，意义重大。

豆腐史料集锦

本节需要说明的事项如下：

（1）本节仅收录出现"豆腐"名称之后的史料，即自五代以来的史料，不包括自汉朝到唐朝期间的考证史料。

（2）凡是在本节前面已经引用过的史料，即从本章的"第一节"开始，将不再重复举示。

（3）本节没有收录"豆腐"别名及其他方面的史料。

一、五代时期

北宋初陶谷《清异录·官志》卷一："小宰羊：时戢为青阳丞，洁己勤民，肉味不给，日市豆腐数箇，邑人呼豆腐为小宰羊。"[1]

《清异录》中的"豆腐"名称，是迄今已知的最早记载。从此之后，豆腐的名称开始响彻大街小巷。

陶谷，字秀实，自号金銮否人，唐陶颜谦之孙，五代时邠州新平（今陕西彬县）人。他历仕五代晋、汉、周官员，任翰林学士、户部侍郎、兵部侍郎、史部侍郎，北宋初转任礼部尚书、翰林承旨、户部尚书等。开宝三年十二月（970年）卒。

据《宋史》记载："谷强记嗜学，博通经史，诸子佛老，咸所总览。"收此可知，陶谷博学多才，理智非凡，他的《清异录》史学价值异常珍贵。《清异录》是杂采隋、唐至五代时期的典故集作，风、雅、颂集腋成裘全都有，全书三十七门，共六百四十八条，"豆腐"在"官志"中的第九条。因为《清异录》出自陶谷之手，所以豆腐起源于五代前是无可争议的。

---

[1] 北宋陶谷《清异录》，现存的有《涵芬楼藏版·说郛》本，《宝颜堂秘笈》本和《惜阴轩丛书》本。

二、宋朝时期

宋林洪《山家清供》卷下："东坡豆腐：豆腐，葱油煎，用研榧子一二十枚和酱料同煮。又方，纯以酒煮。俱有益也；雪霞羹：采芙蓉花，去心、蒂汤焯之，同豆腐煮，红白交错，恍如雪霁之霞，名雪霞羹；自爱淘：炒葱油，用纯滴醋、糖、酱和作斋，或加豆腐及乳饼，候面熟过水，作茵供食，真一补药也。食，须下热面汤一杯。"

宋林洪《山家清供》卷下："河祇粥：《礼记》曰，鱼干曰薧，古诗有'酌醴焚枯'之句，南人谓之鲞，多煨食，罕有造粥者。近游天台山，有取干鱼浸洗，细截，同米粥法，入酱料，加胡椒；亦有杂豆腐为之者。《鸡跖集》云：武夷君食河祇脯，干鱼也，因名之。"

林洪，字可山，号龙发，生平不详，著作较多，还有《山家清事》和《茹草纪事》等。所谓"山家清供"，内容以素食为重心，粗茶淡饭之谓也。

宋司膳内人《玉食批》："上每日赐太子玉食批数纸：如酒醋三腰子、三鲜笋……酒醋蹄酥片、生豆腐百宜羹、燥子炸白腰子、酒煎羊、二牲醋脑子"等。

司膳内人，即掌管皇家宫廷膳食官员，"玉食批"即珍美食品谱。因为是食谱，所以仅有菜肴名称没有烹调方法。该书菜肴品种很多，上面所摘的仅是数种而已。

宋吴自牧《梦粱录》卷十六："酒肆：更有酒店兼卖血脏、豆腐羹、熬螺蛳、煎豆腐、蛤蜊肉之属；面食店：又有卖菜羹饭店兼卖煎豆腐、煎鱼、煎鲞、烧菜、煎茄子。此等店肆，乃下等人求食粗饱之处矣！"

吴自牧，钱塘（今杭州）人，生平履历不明。著《梦粱录》二十卷，体例仿《东京梦华录》，内容来自作者耳闻目睹、《临安志》及民间的饮食风俗等。本文所摘引的内容仅与豆腐有关者。

宋陆游《老学庵笔记》："嘉兴人喜留客，所食然不过蔬、豆而已，书籍行开豆腐羹店。东坡为作《安州老人食蜜歌》，一日与数客过之，所食皆蜜也，豆腐、面筋、牛奶等，皆渍蜜食之。"在陆游《渭南文集》里有："晨兴，烹豆腐菜羹一釜，偶有肉也缕切之投其中，客至不问何人共食之。"

陆游（1125—1210 年），字务观，号放翁，别号玉峰老人，古代山阴（今浙江绍兴）人，自称是唐朝名臣陆贽之后，但需要考证。陆游的太祖陆珪、祖父陆佃、父亲陆宰都是很有学问的名士，对陆游的正直爱国胸怀宏宽影响很大。陆游是著名爱国诗人，才华横溢，作诗上万首，现存的有 9000 多首。还有其他文学著作，但是最著名的是《剑南诗稿》。

在陆游的《剑南诗稿》及其他著作中，有不少食品与饮食文化史料值得研究，例如豆腐亦名黎祁就是其一。豆腐有多少别名？至今不明。例如福建闽南与台湾，豆腐及各种豆腐制品的名称就较多，例如叨呱、叨付等，有待于今后继续探讨。

三、元朝时期

元忽思慧《饮膳正要·米谷品》卷三："大豆味甘平无毒，杀鬼气止痛逐水，除胃中热，下淤血，解诸药毒，作豆腐即寒而动气。"元贾铭《饮食须知·味类》卷五："豆腐：味甘咸，性寒。多食动气作泻，发肾邪及疮疥、头风病。夏月少食，恐人汗入内。凡伤豆腐中毒者，食莱菔、杏仁可解。"

豆腐是中国人的恩物，只要有中国人居住的地区，几乎都会有豆腐高洁的身影出现。豆腐的强身健体作用，古代科学家医学家们专心致志地研究过，这对于指导食用养生来说意义很大。如今，豆腐干食品与豆腐菜肴琳琅满目，这是开拓创新的伟大成果，也是一项对人类的贡献。

豆腐更是穷人的恩物，他们没有条件品尝山珍海味，只能与豆腐结缘，不离不弃，相辅相成，情意融融。

元王祯《王祯农书·百谷谱》："农，天下之大本也。黄豆可作豆腐，可作酱料，济世之谷也。"元虞集《道园学古录》："豆腐三德赞：我乡呼豆腐为来其。"元郑允端《豆腐》诗如下：

种豆南山下，霜风老荚鲜。

磨砻流玉乳，蒸煮结清泉。

色比土酥净，香逾石髓坚。

味之有余美，玉食勿与传。

诗中的"土酥"即萝卜古名。"石髓"，明刘文泰《本草品汇精要》注："石髓，味甘温无毒，生临海华盖山石窟，有白有黄。"的确，豆腐清醇洁白，润泽可爱，视觉上很美。

四、明朝时期

明李时珍《本草纲目·谷部》卷二十五："豆腐造法：黄豆水浸，砲碎，滤去滓，煎成，以盐卤汁或山矾叶或酸浆、醋淀，就釜收之。又有入缸内，以石膏末收者。"明吴氏《墨娥小录》："凡做豆腐，每黄豆一升入绿豆一合，用卤点就，煮之甚是筋韧，秘之又秘。"

李时珍（1518—1593 年），字东璧，号濒湖，古代蕲州（今湖北蕲春）人，是我国杰出的医药学家和生物学家。因为他和李东垣是最早阐明豆腐制作工艺的科学家，为了便于讨论，所以把《本草纲目》中的"豆腐造法"再次摘引于上面。

现在已知，"豆腐"自五代出现到李时珍之时已有数百年历史，可是竟然长期无人关心做豆腐工艺。这件事说明，李时珍的确是很伟大的博物学家，他懂得做豆腐工艺是一项很了不起的发明。于是他躬亲实践，把各种做豆腐工艺的科技方法，精准地撰写在《本草纲目》里，使做豆腐工艺的迅速普及成为可能，为民造福劳苦功高。

明张定《在田录》："高皇（明太祖朱元璋），凤阳泗水（今安徽凤阳）人，居钟离。上皇（朱元璋父）以卖腐为生，皇觉寺僧众争来买之，遂为顾主。"又明宁源《食鉴本草》："豆腐：味甘平，宽中益气，和脾胃，下大肠浊气，消涨满。"又明卢和《食物本草》："凡人初到某地，水土不服，先食豆腐则渐渐调安。"

明太祖朱元璋（1328—1398年），明朝开国皇帝。他幼年时期，父亲靠卖豆腐为生，因兄弟姐妹多又长年闹饥荒，家徒四壁，他只好到皇觉寺为僧。不言而喻，朱元璋是自幼吃豆腐长大的豆腐娃，此事国人历来传为佳话。朱元璋做了皇帝之后，他对于豆腐仍然偏爱有加。据史料记载说，他最爱家乡豆腐，于是下诏书把老家的黄姓厨师招入宫中，烹调家乡豆腐，其中他最爱的是凤阳酿豆腐和八公山豆腐，他总觉得宫廷的山珍海味不如家乡的豆腐好。

明宋应星《天工开物·乃粒》卷上："凡菽，种类之多与稻、黍相等；凡为豉、为酱、为腐皆大豆中取质焉。"又明徐光启《农政全书·制造》："黄豆可作豆腐，可作酱料；白、黑、黄三种豆，色异而用别，皆济世之谷也。"

我国人口自古众多，长期以五谷杂粮为饭，用油盐酱醋烹调蔬菜，这种饮食生活习惯虽然优点很多，食物中碳水化合物与维生素富足，但是饭菜中蛋白质构成偏少也是不可否认的。

在肉、蛋、奶与水产品供应较少的情况下，可敬的豆腐雪中送炭，奉献了人体急需的蛋白质，使"五谷为养"与"青菜豆腐保平安"的科学构成实现了珠联璧合，这是很伟大的建树。冰清玉洁的豆腐，对于养生的贡献功不可没。

明宋诩《宋氏养生部·菜果制》卷五："豆腐皮卷：将豆腐洗润，切二寸阔长片，每片置川椒三粒、生姜丝、乳线丝、腌肉丝、莴苣笋丝、蔓菁根丝、退皮胡桃仁，碎切，实卷之。裁竹针贯二三卷为一处，以酱油炙香；油煎豆腐：豆腐先以大块水煮，再切片油煎，先煎染蜜、赤砂糖、熟芝麻。"

明宋诩《宋氏养生部》，北京国家图书馆收藏列为善本书，成书于明弘治甲子年（1504年），全书共六卷。有关豆腐的内容分别写在第五和第六卷中。

宋诩的生平情况，古籍上记载甚少。他在自己的著作序中说："余家也居松江，家母朱太安人幼随外祖，长随家君久处京师。"京师，即今北京。

在《宋氏养生部》中，收入的食物和食品种类很多，涉及的范围很广。据统计，所收入的食物和食品有 1340 余个品种，主要是北京和江苏两地的产物。这些产物多数很有特点，有加工制作方法，史学价值较高，但是关于豆腐的内容相当简单，提到了用黄豆加绿豆做豆腐等。

明李日华《蓬栊夜话》："歙县人工制腐，砲皆紫石细棱，一具值二三金，盖砚材也。菽（大豆）受磨，绝腻滑无滓，煮食不用盐豉，有自然之甘，箬山一老王姓，以砂锅炕腐，成片煮之味独胜。相传许文懿公在中书遇不得意，辄投其笔曰：人生几何？时乃吾乡炕腐而食煤火肉耶，人因目此为许阁老腐。今彼地豪者，以大盘瀹腐，而杂珍错其中，有一盏费至千钱者，是直以腐为名耳，非出许所好也。"

李日华（1565—1635 年），字君实，文学家，万历进士，浙江嘉兴人，官至太仆寺少卿。记载中的"歙县"在今皖南，名称一致。关于磨大豆为豆浆的设备，"砲"那是指我国古人发明制造的石磨。正如古人所言，做豆腐必须使用优质石磨，在此笔者认为，石磨的功劳并不是它使豆浆"绝腻细无滓"，而是具有下列特殊功能。

（1）人工推磨转动时，速度慢不会摩擦发热使豆浆升温，则大豆蛋白质不变性，蛋白酶活性不变大，如此制得的豆腐鲜嫩味道好。另外，用石磨磨豆做豆腐可以随时随意进行，数量很少也可以在家里做，投资少，不必使用电力设备等，特别适合农村需要。

（2）使用石磨磨豆浆时，磨成的豆渣不是细细的是小片状，其优点是蛋白质容易析出，而片状豆渣对过滤很有好处，可以使过滤畅通顺利，达到提高豆腐出品率的目的。由此可知，李日华说"绝腻细无滓"是形容手笔而已，非当真极为细腻无滓。

（3）采用石磨生产豆腐产量少，劳动强度很大，但是石磨用天然石材凿成安全无毒，比现代广泛使用的砂轮磨优良。砂轮磨是用化工方法制成的，磨损的碎渣会进入豆腐或泔水中。笔者在河南登丰少林寺院内，见到了一台或许是全国最大的大石磨，是珍贵的文物。这石磨源于何时待考，但它为僧人磨麦制粉，磨豆做豆腐的历史一定很悠久，劳苦功高。

在明朝的古籍中，笔者还检索了一些豆腐肴馔，有鲜花豆腐、食疗豆腐等，兹举例如下：

明高濂《遵生八笺·饮馔服食笺》卷中："黄香萱：夏时采花，洗净，用汤焯，拌料可食。入熝素品，如豆腐之类，极佳；茉莉叶：采茉莉花嫩叶，洗净，同豆腐熝食，香甚；香椿芽：春采头芽，汤焯，少加盐，加豆腐、素菜皆可；西洋太紫：七八月采叶，熝豆腐，妙品；芙蓉花：采花，去心蒂，滚汤泡一二次，同豆腐炒，加胡椒，红白可爱。"

明高濂，生卒年不明，字深甫，号瑞南道人，万历时期居钱塘（今杭州）。他所著的《遵生八笺》共十九卷，本节所摘引的史料在第十二卷中的"野蔬类"里。关于野菜或野菜花与豆腐烹调的方法，笔者仅检索到 5 种。这些菜肴的食物成分一定很复杂，在食用过程中必须谨慎，避免食物中毒。

明李时珍《本草纲目·谷部》卷二十五："豆腐：有人好食豆腐中毒，医不能治，莱菔汤下而愈。莱菔煮食，治豆腐积。"又明吴禄《食品集》："豆腐：性冷而动气，一云有毒，发肾气，头风，疮疥，杏仁可解。"又明陆容《菽园杂记》卷十四："陈某者，常熟涂松人……邻翁怜其劳苦，持白酒一壶，豆腐一盂馈之，一嚼而病泄。"

五、清朝时期

在清朝时期，专论做豆腐工艺的史料如下：

清朱彝尊《食宪鸿秘·酱之属》卷上："豆腐：干豆轻磨拉去皮，簸净。淘洗，浸泡，磨豆浆，用绵绸沥出豆浆。如用布袋绞沥，则豆腐粗糙。煮豆浆时，勿揭起油皮，如取皮则精华去也，豆腐必粗懈。如用盐卤点豆腐，则压干后为上品。或用石膏点，则食用可去火，然不适合于庖厨烹调。北方无盐卤，可用酸泔点豆腐。"

1. 工艺流程（图2-39）

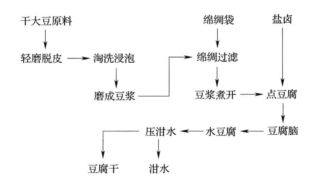

图 2-39 《食宪鸿秘》做豆腐工艺流程

2. 讨论

在古代，"豆腐之法"详细记载始见于旧题元李东垣《食物本草》，又见于明李时珍《本草纲目》，后来又见于清初朱彝尊的《食宪鸿秘》中。对于这三部书的论述，因为科技原理很精准，所以古往今来几成定理。但是，《食宪鸿秘》中的独到认识，与李时珍《本草纲目》中的论述有明显的不同，主要表现在下列方面。

（1）使用脱皮大豆为原料　原料脱皮有利弊。脱皮可以提高豆腐品质，可减少豆渣数量及蛋白质流失，但是脱皮过程劳动强度大，蛋白质也会流失，所以并不上算。不脱豆皮的好处是，对过滤起疏通作用。

（2）对过滤操作提出特别要求　在《食宪鸿秘》中，首次提出了应当使用"绵绸"过滤豆浆，不可以使用布袋绞沥豆浆。这一认识很实在，布袋过滤豆浆很难达到优良程度，豆浆中如果有豆渣，会使豆腐粗糙松懈不好吃。

（3）对煮浆操作提出注意事项　在《食宪鸿秘》中，古人首次指出，在煮豆浆时，不可以提取浆面上油皮。这一举示很重要，油皮是豆腐极重要的组成，对口感、香气、弹性、老嫩等，都有重大的影响，不可以缺失。

（4）对于选择凝固剂也有新见解　《食宪鸿秘》中说：盐卤点豆腐为上，石膏点豆腐食之去火但不适合于做菜肴。北方若无盐卤可用酸泔水。医药学家认为，豆腐性寒，石膏有下泻作用。我国地域广阔，有些地区没有盐卤可以采用石膏点豆腐，也可采用酸浆水点豆腐。这种灵活选择的见解是高明的，具有一定的启示意义。

盐卤是生产海盐的副产品。在历史上，古人很喜欢选用盐卤点豆腐，风味特殊。用盐卤点豆腐的基本条件是，豆浆磨好后必须及时过滤和煮沸，这样才能形成优良的缔合胶体溶液体系。生产实践证实，豆浆加热到100℃时，只要保持沸腾3～4min就应当及时徐徐地加入凝固剂，用盐卤点豆腐。如此做成的豆腐，洁白而且量多、富有弹性，鲜嫩而且香气足，豆腥味少。

生产实践还证实，煮浆的温度太高或太低，时间太长或太短也不好，因为那样会导致缔合胶体溶液体系不能如意形成。

美国化学家麦克贝恩（Mc Bain J.W.），在20世纪初就已经系统地研究了缔合胶体溶液的性质。他指出，缔合胶体溶液的性质与其他胶体溶液不同。其突出表现是，该体系是依靠热力学稳定作用维持的，胶粒与连续相水分子相吸而平衡稳定。在缔合胶体溶液中，热力作用使胶粒，即豆腐蛋白质键由蜷曲状态松展开来，生成亲水极性基与憎水非极性基，构成了明胶溶液体系。

亲水极性基伸向水相，如—OH（羟基）、—COOH（羧基）、—NH$_3$（氨基）等，这类极性基带负电荷，与水分子保持热力平衡作用。此时，憎水非极性基并没有带电荷，而是靠复杂的胶粒结构与范德华尔（Van Der Wals.J.D)引力相互作用着。当加入电解质盐卤时，电解作用后出现的带正电离子，如—Mg^{++}、—Na$^+$、—Ca^{++}等，在缔合胶体溶液中立即暴发了正、负电荷的吸引作用。结果是，缔合胶体溶液中的电极性消失。

缔合胶体溶液中的电荷极性消失之后，亲水极性基失去活力，憎水非极性基自行向内部凝聚成团，即析出豆腐花沉淀成为豆腐脑连续相，析出的泔水成为分散相。如果将豆腐脑轻度挤压，即得水豆腐。如果将豆腐脑中的泔水重度挤压出去，即得各种豆腐产品。我们的祖先就是这样发明豆腐的，巧夺天工，流芳中外。他们虽然不知道"麦克贝恩理论"，但是他们是伟大的实践者、发明人。

　　清朱彝尊《食宪鸿秘·酱之属》卷上："酱油腐干：好豆腐压干，切方块。将水酱一斤，如要赤，用赤酱少许，用水二斤同煎数滚，以布沥汁。次用水一斤，再煎前酱渣数滚，以酱淡为度，仍以布沥汁，去渣。然后合并酱汁，入香菇、丁香、白芷、大茴香、桂皮各等分。将豆腐同入锅内煮数滚，浸半日。如其色尚未黑，取起凉干隔一夜，再入汁内煮，数次味佳。"

　　朱彝尊（1629—1709年），字锡鬯，号竹垞，秀水（今浙江嘉兴）人。清康熙十八年举博学鸿词科，授翰林院检讨。《食宪鸿秘》中所收录的食品，以浙江地区为主，除了酱汁豆腐、熏豆腐、糟乳腐外，还有糟蟹、糟蛋、金华火腿、糟火腿、煮火腿、皮蛋法和糟油法等。内容丰富史料价值高，有些食品的制作方法很独特，有研究发展的价值。

　　在清顾仲《养小录》的"蔬之属"和"鱼之属"当中，有多种巧食豆腐的方法，很有特点。但是，内容分散于书中又搀杂其他，不适合于长篇列举原文明示。所以，现改用概述核心内容的方法，将各种豆腐食品的制作方法叙述如下。

　　香椿煎豆腐：香椿细切，烈日晒干，磨粉。煎腐，中入一撮，不见椿而香。

　　茉莉叶煮豆腐：茉莉嫩叶同豆腐煮食，绝品。

　　芙蓉花拌豆腐：采花瓣，汤泡一二次，拌豆腐，略加胡椒，红白可爱且可口。

　　凤仙花梗熬豆腐：花梗汤焯，加微盐，晒干，炒食，熬豆腐，做素菜，无一不可。

　　酱鳗鱼豆腐：鳗鱼治净，煮过，切片。用好豆腐切骰子块，炒熟，趁热撒入鳗鱼，拌匀，好酒酿一烹，脆美。

　　海蜇拌豆腐：海蜇水洗净，拌豆腐略煮，则涩味尽而柔脆。加酒酿、酱油、花椒醉之。

　　顾仲，字咸山，号中村，祖籍浙江嘉兴人，《清史稿·艺文志》中有记载。顾仲认为，一味讲究饮食固然不好，但饮食之道关乎生命，所以不要有偏见，特别是食品清洁卫生务必不能忽视。笔者上面引用的史料，仅摘取与豆腐有关的内容，非全文原样引述。

　　在上面的引文中，利用不同蔬菜巧做凉拌豆腐，使用香椿末煎豆腐，采用香花烹调豆腐等，这是全国早已普及的风尚。这些平凡的菜肴，清新爽口、五味俱全，是平民百姓易得的恩物，是淡泊求生的权变美食。

　　当然，对于少数权贵富豪们而言，则有豆腐不能"上席"的世俗偏见。其实，在历史上有朱元璋皇帝爱豆腐，诗人陆游激情歌颂豆腐，不少名人贤士亲自烹调研究豆腐菜肴之事，并载入《随园食单》中，成为后人的历史佳话。在《随园食单》中，因为有很多豆腐菜肴的史料，所以不能都引用。现摘引部分明示如下。

　　在《随园食单·杂素菜单》中有豆腐菜单12例。

　　（1）蒋侍郎豆腐

　　"蒋侍郎豆腐：豆腐两面去皮，每块切成十六片，晾干。用猪油热至清烟起才下豆腐，略撒盐花一撮，翻身后，用好甜酒一茶杯，大虾米一百二十个，如无大虾米用小虾米三百个。先将虾米滚泡一个时辰，下秋油一小杯，再滚一回。加糖一撮，再滚一回，用细葱半寸许长一百二十段烹调，缓缓起锅。"

（2）杨中丞豆腐与张恺豆腐

"杨中丞豆腐：用嫩腐，煮去豆气，入鸡汤同鳆鱼片，滚数刻，加糟油、香蕈烹调起锅。鸡汤须浓，鱼片要薄。"又"张恺豆腐：将虾米捣碎，入豆腐中，起油锅，加作料干炒。"

（3）王太守八宝豆腐

"王太守八宝豆腐：用豆腐嫩片，切碎，加香菇屑、松子仁屑、瓜子仁屑、鸡肉屑、火腿屑，同入浓鸡汁中炒滚起锅。用豆腐脑亦可。孟亭太守云：此清圣祖赐徐健庵尚书方也。尚书取方时，御膳房费一千两。"

（4）庆元豆腐与芙蓉豆腐

"庆元豆腐：将豆豉一茶杯水泡烂，入豆腐同炒，起锅。"又"芙蓉豆腐：用豆腐脑，放井水中泡三次去豆气，入鸡汤中滚，起锅时加紫菜、虾肉。"

（5）程立万豆腐

"程立万豆腐：乾隆廿三年，同金寿门在扬州程立万家食煎豆腐，精绝无双。其腐两面黄干，无丝毫卤汁，微有蚨蝑鲜味，然盘中并无蚨蝑及其他杂物。次日告知查宣门，查曰：我也能！我当即特请，因而同杭董浦同食于查家。然则上箸大笑，乃纯是鸡、雀脑为之，非真豆腐，肥腻难耐矣。其费十倍于程立万豆腐，而味远不及也。惜其时，余以妹丧急归，不及向程立万求方，程逾年亡，至今悔之，故仍存其名，以俟再访。"

（6）虾油豆腐等

"虾油豆腐：取陈虾油代清酱炒豆腐，须两面煎黄，油锅要热。"又"波菜豆腐：波菜肥嫩，加酱、水、豆腐煮之，杭人名'金银白玉板'是也。"又"芋羹豆腐：芋性柔腻，入荤入素俱可，或切碎作鸭羹，或煨肉，或同豆腐加酱水煨。"

在《随园食单·海鲜单·水族单》中各有豆腐菜单2例。

（1）海参三法

"海参无味之物，沙多气腥，最难讨好。然天性浓重，断不可以清汤煨也。须检小刺参，先泡去沙泥，用肉汤滚泡三次，然后以鸡、肉两汁红极烂。辅佐则用香菇、木耳，以其色黑相似也。大抵明日请客，则先一日要煨海参才烂。常见钱观察家，夏日用芥末、鸡汁拌冷海参丝甚佳。或切小碎丁，用笋丁、香菇丁，入鸡汤煨作羹。蒋侍郎家，用豆腐皮、鸡腿、蘑菇煨海参亦佳。"

（2）鳆鱼豆腐

"鳆鱼炒薄片甚佳。杨中丞家，削鳆鱼片入鸡汤豆腐中，号称鳆鱼豆腐，加上陈糟油浇之。"

（3）连鱼豆腐

"用大连鱼煎熟，加豆腐、喷酱、酒、葱、水滚之，俟汤色半红起锅，其头味尤美。此杭州菜也。用酱多少，须相鱼而行。"

（4）蛼螯与鲜蛏豆腐

"蛼螯豆腐：先将五花肉切片，用作料焖烂。将蛼螯洗净，用麻油炒，再将肉片连卤烹之。秋油要重些方得有味。加豆腐亦可。"又"鲜蛏豆腐：烹蛏法与蛼螯同。单炒亦可。何春巢家，做蛏汤豆腐之妙，竟成绝品。"

袁枚（1716—1797 年），字子才，号简斋，浙江钱塘（今杭州）人，清乾隆四年进士。在我国饮食科学史上，《随园食单》是一部具有重大影响力的专著，既有烹调科学理论又有烹调实践方法。这种系统研究成果在我国古代很少见。据袁枚在《序》中说："四十年来，颇集众美。有学就者，有十分中得六七者，有仅得二三者，余都问其方略，集而存之。自觉好学之心，理宜如是。"

袁枚是一位文学家，殿试高中的才子，在"君子远庖厨"的世俗社会里，敢于研究饮食科学 40 年，甚至求教于人，学而不厌，这是极其难能可贵的表现。

清王士雄《随息居饮食谱·蔬菜类》："豆腐：豆腐一名菽乳，甘凉，清热润燥，生津解毒；以青黄大豆，清泉细磨，生榨取浆，入锅点成后嫩而活者胜。

其浆煮熟，未点者为腐浆，清肺补胃，润燥化痰。浆面凝结之衣，揭起晾干为腐皮，充饥入馔，最宜老人。

点成不压则尤嫩，为腐花，亦曰豆腐脑。榨干所造者，有千张，亦曰百叶。有腐干，皆为常肴，可荤可素。"

王士雄（1806—1867 年），字孟英，号梦隐，浙江海宁人。其曾祖王学权精于医学，对王士雄有较大的影响。根据《随息居饮食谱》的内容可知，王士雄对人们的饮食疗养，对食物的性质及疗效有较系统的研究，而且有较多的独到见解。

清赵学敏《本草纲目拾遗》："腐浆，味甘微咸，性平，清咽祛腻，解盐卤毒；《药性考》云，味甘微苦，性凉清热下气，通肠利便，能止淋浊；张卿子《妙方》云，用未点腐浆一碗，调好白蜜服，即出汗伤寒愈，神效。脚气肿痛难走者，热豆浆加松香末捣匀敷上即好。

豆腐皮：味甘性平，养胃、滑胎、解毒；瘙痒难忍：《仁惠编》云，用豆腐衣烧存性，香油调擦，瘙痒难忍自愈；冷嗽：《刘羽仪验方》云，干豆腐衣烧灰存性，热酒调下服，四五十张即愈。"

赵学敏（1715—1805 年），字依吉，号恕轩，浙江钱塘（今杭州）人，药物学家。他对药物进行了广泛的研究和采集。在《本草纲目拾遗》中，共收集了《本草纲目》中所欠缺的中药材 716 种，为我国中医药的发展作出了重大贡献。

清汪谢诚《湖雅·酿造之属》卷八："豆腐：案磨黄豆为粉，入锅水煮，或点以石膏，或点以盐卤成腐，未点者曰'豆腐浆'。

点后布包成整块曰'干豆腐'。置方板上曰'豆腐箱'，因呼一整块曰一箱。稍嫩者曰'水豆腐'，亦曰'箱上干'。尤嫩者，以杓挹之成软块亦曰'水豆腐'，又曰'盆头豆腐'。其最嫩者，不能成块曰'豆腐花'，亦曰'豆腐脑'。或下铺细布泼以腐浆，上又铺细布夹之，施泼施夹，压干成片曰'千张'，亦曰'百叶'。

其浆面结衣，揭起成片曰'豆腐衣'，《本草纲目》作豆腐皮。今以整块干腐，上下四旁边皮批片曰'豆腐皮'，非浆面之衣也。

干腐切小方块油炸，外起衣而中空曰'油豆腐'。切三角块者曰'三角油腐'。切细条者曰'人参油腐'。有批片略炸，外不起衣中不空者曰'半炸油腐'。

干腐切方块布包压平，清酱煮黑曰'豆腐干'，有五香豆腐干、元宝豆腐干等名。其软而黄黑者曰'蒸干'。有淡煮白色者曰'白豆腐干'。木屑烟熏白豆腐干成黄色曰'熏豆腐干'。腌芥卤浸白腐干使咸而臭曰'臭豆腐干'。"

汪谢诚，又名汪曰桢，字刚木，号薪甫，生卒年不明，浙江乌程（今临安东北）人，咸丰举人，会稽教谕。汪谢诚是撰修《湖州府志》的作者，《湖雅》是由该书《物产志》改编的，因体例近似《埤雅》与《尔雅》，故命名《湖雅》。《湖雅》共九卷，有关豆腐内容在第八卷中，各种豆腐产品名称显然源于当地，是千真万确的当地俗称正名。在《湖雅》中，还有下列史料值得收集。

《湖雅》："德清之新市及郡城北街南浔务前，豆腐干并列著名。今四川、两湖等处，所设豆腐肆谓之甘脂店，大率皆湖人也。豆腐渣用以饲猪，也可油炒供馔，名曰雪花菜。造腐淋出泔水，洗衣最去污垢。又按，旧时湖俗，性多驯谨，向有'豆腐湖州'之谚，而湖人又特善于造腐，又俗曰：校官为豆腐官，言其贫只能吃豆腐也。余以湖人而官冷署，故于此不觉言之，览者幸，勿晒之。乳腐，豆腐腌霉为腐乳坯，出黑镇酱肆，取坯制成腐乳。贩自他处亦呼乳腐。《德清侯志》则称腐鼓。"

清潘荣陛《帝京岁时纪胜》："三月时品：三月采食天坛之龙须菜，味极清美。香椿芽拌面筋，嫩柳叶拌豆腐，乃寒食之佳品。十二月皇都品汇：米谷积千仓，市在瞻云坊外。孙公园畔，熏豆腐作茶干。"

潘荣陛，清初（今北京）大兴人，雍正年间曾在皇宫任职，乾隆初年离职返乡著书。他在《序》中说："乃自丙寅冬告养归来，凡有所经历者，随意记录成帙。"因此，作者所引用的史料应当是很真实的。

清梁章钜《浪迹丛谈》："豆腐：余每治馔，必精制豆腐一品，至温州时，亦时以此饷客。郡中同仁遂亦效为之，此前所未有也。然其可口与否，亦会逢其适，并无相传一定之方。前阅宋牧仲《筠廊随笔》，载康熙年间，南巡至苏州，曾以内制豆腐赐巡抚宋荦，且敕御厨亲至巡抚厨下传授制法，以为巡抚后半辈受用。惜当时不将制法附载书中。

近阅《随园诗话》，亦有一条云：蒋戟门观察招饮，珍羞罗列，忽问余（袁枚自称）曾吃我手制豆腐乎？曰未也。公（指蒋观察）即着犊鼻裙亲赴厨下，良久擎出，果一切盘餐尽废。因求公赐烹饪法，公命向上三揖。如其言，始口授方。归家试作，宾客咸夸美，却亦未详载制法。想《随园食单》中必可观缕及此，惜手边无此书，容再考之，惟记得，所最忌者二事，谓用铜铁刀切及合锅盖烹也。"

梁章钜（1775—1849年），字闳中，号退庵，福建长乐人，嘉庆进士，官至江苏巡抚兼两江总督。作为文学家，他的著作不少。有《文选旁证》《浪迹续谈》《称谓录》《归田琐记》等。本引文是从《浪迹丛谈》中摘录的。在梁章钜的著作中，还有许多精馔典故及养生方法论述，特别是后者，有较高的参考价值。

清薛宝辰《素食说略》卷三："豆腐：豆腐作法不一，多系与他味配搭，不赘也。兹略举数法：一切大块入油锅炸透，加高汤煨之，名炸煮豆腐；一不切块入油锅炒之，以铁勺搅碎，搭芡起锅，名碎熘豆腐；一切大块以芝麻酱厚涂蒸过，再以高汤煨之，名麻裹豆腐；一切四方片入油锅炸透，搭芡起锅，名熊掌豆腐。均腴美。至于切片，以磨菇或冬菜或春菜同煨，则又清且永矣。"

薛宝辰（1850—1925年），又名秉辰，字幼农，号寿宪，陕西长安县杜曲寺人，中医师。他的著作有《医学论说》《医学绝句》《宝学斋诗钞》等，但是《素食说略》格外丰富而多彩。在《序》中，薛宝辰对于饮食与人体健康、肉食与素食的作用关系，有着独到的深层见解，值得借鉴。在《素食说略》中，还有下例史料：

《素食说略》卷三："豆腐圪垯"：豆腐擘极碎，以豌豆面作糊和匀，入锅摊成饼，约二分厚。再于笼上蒸过。俟冷切块，扑以粉面，入猛火油锅炸之，搭芡起锅，甚软美而脆；玉琢羹：豆腐切碎，酌加豆粉，以水和匀如稀粥状，以油炒之，熟即起锅，用勺吃不用箸。或以煮熟山药代豆腐亦佳。此方法为舟上人遗法。

罗汉豆腐：豆腐切小丁，与松仁、瓜仁、蘑菇、豆豉屑，酌加盐拌匀，取粗瓷黄酒杯装满各杯。先以香油入腐熬熟，再以装好的豆腐覆于锅上，加高汤、料酒、酱油煨之。俟汤将干起锅去杯。此天津素饭馆作法，颇佳；酸辣豆腐丁：豆腐切丁，以油炸过，再以酱油、醋、辣面烹之，甚为爽口，余所嗜食也。"

在我国古籍中，有关豆腐的史料还很多。例如，林洪的《山家清供》、贾铭《饮食须知》、汪颖《食物本草》、李斗《扬州画舫录》、丁宜曾《农圃便览》、徐昆《遁斋偶记》、陈元龙《格致镜原》等，书中都有一些未被收录的豆腐资料。这种割舍不收录显然是比较可惜的，但是在古籍中，因豆腐的史料相当多，不可能都收集，也没有必要全部都收录。

六、文学中的豆腐

1. 宋朝时期

在宋朝大文学家杨万里的《诚斋集》里，有一篇名叫"豆卢子柔传·豆腐"的著作。杨万里用拟人手法描写"豆卢子·豆腐"。现摘录部分如下：

> 杨万里《诚斋集》卷一一七："豆卢子柔传·豆腐：豆卢子柔者，名鮒，子柔其字也。世居外黄。祖仲叔，秦末大旱兵起，仲叔从楚怀王为治粟都尉，楚师不饥，仲叔之功，父劫，自少已俎豆于汉廷诸公间。武帝时，西域浮图达磨（摩）者来，鮒闻之，往师事焉。

> 达磨曰：子能澡神虑、脱肤学，以从我乎？鮒退而三沐易衣，刮露牙角，剖析诚心，而后再见达磨。达磨欲试其所蕴之新故，于是与之周旋、议论，千变万转，而鮒纯素自将写之不滞承之，有统凝而谨焉，粹然玉如也。达磨大悦，曰：吾师所谓醍醐酥酪，子近之矣。

> 因荐之上，曰：臣窃见外黄布衣豆卢鮒，洁白粹美，澹然于世味，有古大羹、玄酒之风，陛下盍尝试之。

> ……

> 太史公曰：豆卢氏，在汉末显也，至后魏始有闻，而唐之名士有曰钦望者，岂其苗裔耶……"。

虽然杨万里的文章有文字游戏的性质，但是全文所说的"豆腐身世"，可以诠释理解如下：豆腐谐音鮒，豆卢氏名"腐（鮒）"，世居外黄县，由黄豆揉作而成，色洁白粹美，有古大羹、玄酒之风，曾隐居滁山，在汉朝出现，至后魏始有听说。

在我国，由于豆卢氏的确是自汉至唐、五代时的名门家族，因此，杨万里把豆卢氏的存在比作是豆腐的身世。这种联想的起因绝不是一种巧合，而是一个极有趣的构思。也就是说，杨氏的"豆腐传"与历史上的记载"豆腐之法，始于汉淮南王刘安"的说法是一致的。

2. 元至明朝时期

元末施耐庵《水浒传》中的豆腐

第十三回　青面兽北京斗武：闻达禀复梁中书道，合日军中自家比武，恐有伤损，轻则残疾，重则致命，此乃于军不利。可将两根枪去了枪头，各用毡片包裹，地下蘸了石灰，再各上马，都与皂衫穿着，但是枪杆厮捼，如白点多者当输。梁中书道，言之极当。随即传令下。那周谨跃马挺枪，直取杨志。这杨志也拍战马，捻手中枪，来战周谨。两个在阵前，来来往往，番番复复，搅做一团，扭做一块，鞍上人斗人，坐下马斗马，两个斗了四五十合，看周谨时，恰似打翻了豆腐的，斑斑点点约有三五十处。看杨志时，只有左肩胛下一点白。

第三十九回　梁山泊戴宗传假信：戴宗道，酒便不要多，与我做口饭来喫。酒保又道，我这里卖酒卖饭，又有馒头、粉汤。戴宗道，我却不喫荤腥，有甚素汤下饭？酒保道，加料麻辣卤豆腐，如何？戴宗道，最好，最好！酒保下去不多时，卤一碗豆腐，放两碟菜蔬，连筛三大碗酒来。戴宗正饥，又渴，一下把酒和豆腐都喫了。

明吴承恩《西游记》中的豆腐

第六十一回　猪八戒助力败魔王：八戒道，这正是俗话云，大海里翻了豆腐船，汤里来水里去。如今难得他扇子，如何保得师父过山？行者复至翠云山芭蕉洞，骗了罗刹女，哄得他扇子，出门试演试演方法，把扇子弄长了，只是不会收小。

第六十七回　拯救驼罗禅性稳：话说三藏四众，躲离了小西天，欣然上路，来到一山庄借宿。老者离言，回嗔作喜。老者便扯椅安坐待茶，又叫办饭。少顷，移过桌子，摆着许多面筋、豆腐、豆苗、萝卜、辣芥、蔓菁、香稻米饭、醋烧葵汤，师徒们尽饱一餐。

第六十八回　朱紫国唐僧论前世：进前行处，忽见有一城池相近。三藏勒马叫，徒弟们，你看那是什么去处？行者道，却不是"朱紫国"三字？正说处，有管事的送支应来，乃是一盘白米、一盘白面、两把青菜、四块豆腐、两个面筋、一盘干笋、一盘木耳。三藏教徒弟收了，谢了管事的。

第八十四回　难灭伽持圆大觉：行者道，今日且莫杀生，我们今日斋戒。寡妇惊讶道，官人们是长斋，是月斋？行者道，俱不是，我们唤做'庚申斋'。那妇人越发欢喜，跑下去教莫宰！莫宰！取些木耳、闽笋、豆腐、面筋，园里拔些青菜做粉汤，发面蒸卷子，再煮白米饭，烧香茶。

第一百回：天厨御宴：木耳豆腐皮。

明兰陵笑笑生《金瓶梅词话》里的豆腐

第五十七回　关公卖豆腐，鬼也没得上门。

第七十八回　关公卖豆腐，人硬货不硬。

第四十四回　到了正月初八，先使王代儿送了一石白米，一担千张。这千张，即豆腐皮，也名百叶。

3. 清朝时期

清吴敬梓《儒林外史》里的豆腐

第二回　申祥甫要请夏总甲吃年饭。等了很久后说：新年初三，我备了个豆腐饭，邀请亲家，想是有事不来了；和堂待客，有红枣、瓜子、花生、豆腐干；乡人送家馆先生礼物，有生面筋、豆腐干等。

第十六回　匡超人从杭州回到家乡后，要自力更生养父母，每天很早起来磨豆腐卖。因为卖豆腐不要许多本钱，所以出现了小商人兼卖豆腐的风尚。小贩担上卖芝麻糖、豆腐干、豆腐皮、饧糖、泥人、小孩吹的箫等。

第十七回　匡超人又回到了杭州，途中结识了景兰江。景兰江告诉他说，我的店在豆腐桥大街的金刚寺前。

第十九回　匡超人的朋友潘三，经常大胆地伪造县政府公文，使用假印。家里有的是，用豆腐干刻的假印。

第二十回　寺僧的生活也很苦，老和尚煮了一顿粥，买了些面筋、豆腐干和青菜之类。

第二十一回　牛浦郎的祖父牛老爹，用豆腐干下酒，执待隔壁米店卜老爹。烫了一壶百益酒，拨出两块豆腐干，一些笋干、大头菜。摆在柜台上，两人对吃着。

第二十二回　牛浦在去扬州途中，进一个小店吃饭。走堂的搬上饭来，一碗炒面筋，一碗脍豆腐皮，三人吃着。走堂的拿来了一双筷子，两个小菜碟，一碟腊猪肉，一筷子芦蒿炒豆腐干。

第三十二回　杜少卿答应给臧蓼斋三百两银子，补一个廪生，但问他要廪生做什么？臧蓼斋回答了许多做官的好处，之后说，像你这样大老官来打秋风，把你关在一间房里，给你一个月豆腐吃，撑死了你。

第四十五回　本家请余大先生、二先生吃饭。饭桌上共有九盘，其中有一盘豆腐干。

第五十五回　盖宽和一个邻居老爹玩游雨花台，在茶点铺里吃饭，吃了一盘牛首豆腐干。

清曹雪芹《红楼梦》里的豆腐

第八回　贾宝玉从薛姨妈那里吃饭回来，问晴雯道："今儿我那边吃早饭，有一碟子豆腐皮儿的包子。我想着你爱吃，和珍大奶奶要了，只说我晚上吃，叫人送来的。你可见了没有？晴雯说：快别提了，一送来我就知道是我的。"

第四十一回　凤姐儿告诉刘姥姥茄鲞的做法："这也不难。你把才下来的茄子，把皮剥了，只要净肉，切成碎丁子，用鸡油炸了，再用鸡肉脯子合香菌、新笋、蘑菇、五香豆腐干子、各色干果子，都切成丁儿，拿鸡汤煨干了，拿香油一收，外加糟油一拌，盛在瓷罐子里，封严了。要吃时拿出来，用炒的鸡瓜一拌就是了。"

第六十一回　莲花儿代司棋向厨房管理要一碗炖嫩鸡蛋吃。柳嫂子不肯，说我那里找鸡蛋去，改日吃罢。莲花儿说："前日要吃豆腐，你弄了些馊的，叫他说了我一顿。今儿要鸡蛋又没有了！什么好东西？我就不信连鸡蛋都没有了？别叫我翻出来！"当发现有鸡蛋时，莲花儿说："这不是？你就这么利害？吃的是主子分给我们的分例，又不是你下的蛋，你为什么心疼？怕人吃了？"

清李汝珍《镜花缘》里的豆腐

第二十三回　唐敖、林之洋、多九公三人，上了一座酒楼。酒保先送上了一碟青梅、一碟荠菜、三杯酒。林之洋嫌酒酸菜又少。酒保再送上一碟咸菜、一碟青豆、一碟豆芽、一碟豆瓣；又添四样，一碟豆腐干、一碟豆腐皮、一碟酱豆腐、一碟糟豆腐。总之，拿了半天没有一样荤菜，三人大倒味口。

清梁章钜《归田琐记》卷七里的豆腐

豆腐，相传朱子不食豆腐。以谓初造豆腐时，用豆若干，水若干，杂料若干，合秤之共重若干，及造成，往往溢秤之数。格其理而不得，故不食。

今四海九洲，至边外绝域无不有此。凡远客之不服水土者，服此即安。家常日用，至与菽粟同等，故虞道园有豆腐三德赞。惟豆腐烹调之法，则精拙悬殊，有不可以层次计者。在宋牧仲《西陂类稿》中，有《恭纪苏抚任内迎銮盛事》云：某日，有内臣颁赐食品并传谕说，宋荦是老臣与众巡抚不同，照将军、总督一样颁赐：

计活羊四只、糟鸡八只、糟鹿尾八个、糟鹿舌六个、鹿肉干二十四束、鲟鳇鱼干四束、野鸡干一束。并传旨云：朕有日用豆腐一品与寻常不同，因巡抚是有年纪的人，可令御厨太监传授与巡抚厨子，为后半世受用。

今人率以豆腐为家厨最寒俭之品，且或专属广文食不足之家，以为笑柄。岂知一物之微，直上关万乘至尊之注意，且恐封疆元老不谙烹制之法，而郑重以将之如此。惜此法不传于外。

记余掌教南浦书院时，有广文刘印潭学师瑞紫之门斗，作豆腐极佳，不但甲于浦城，即他处极讲烹饪者，皆未能出其右。余尝晨至学署，坐索早餐，即咄嗟立办，然再三询访，不能得其下手之方。又余在山东臬任，公暇与龚季思学政守正、讷近堂藩伯讷尔经额、恩朴庵运使特亨额、钟云亭太守钟祥，同饮于大明湖之薜荔馆，时侯理亭太守燮堂为历城令，亦在座，供馔即其所办也。食半，忽各进一小碟，每碟二方块，食之甚佳，众皆愕然，不辨为何物。理亭曰：此豆腐耳！

此后，此味则遂如广陵散，杳不可追矣。因思口腹细故，往往过而即忘，而偶一触及，则馋涎辄不可耐。近年侨居蒲城，间遇觞客，必极力讲求此味，同人尚疑其有秘传也。

清褚人获《坚瓠集》里的豆腐

在作者笔下，豆腐已不是鲜香洁白的食品，而是具有"十德"的超人气质：

即"嫩腐者柔德，干腐者刚德，到处可见者广德，水土不服食之即愈和德，徽州一丙一贵德，食之有补益厚德，泔水可去污清德，投之污而染不成圣德，建宁糟腐好隐德"。

清尤侗《豆腐戒》

在作者笔下：

"佛家有沙弥戒、比丘戒、菩萨戒。君子则有大戒三，小戒五，总名为豆腐戒。大戒三即味戒、色戒、声戒。小戒五即赌戒、酒戒、足戒、口戒、笔戒。"

作者认为，人的欲望是难禁戒的，若久食豆腐则可以修身养性，平心静气。所以，"不吃豆腐之人不能持大小戒也。"

七、谚语中的豆腐

小葱拌豆腐——一青二白

凡是刚长成的小葱都叶绿油油鲜嫩，而豆腐色泽是白皑皑有弹性，它们相拌在一起青白分明很美。这是比喻为人要清白实在，做事要认真做好。这条谚语是很常见的比喻，用于表白自己的行为都是清楚显然的，玉洁冰清。

豌豆苗炒豆腐——来青去白

豌豆芽的尖端刚发青时，质地不老不嫩，正是采摘期。如果用它炒豆腐，清脆爽口，但是芽尖上的青色会退白。这种退色不会影响看馔的脆美感受，始终能保持着朴实的芬芳。这是用本质不变来比喻自己的品德高尚，终生灵秀的用语。

老豆腐切边——充白嫩

懒人做豆腐做老了，表面粗糙很难看，品质低劣会卖不出去。为了掩盖真相，小商人会使用快刀将老边切除，使之露出假白嫩外表。这种弄虚作假的勾当，在当今社会上比比皆是。但是，这里要说的是，如果大家都遵守文明公德，坏现象就不会发生。在没有实现文明社会之前，人们只能时刻警惕，谨防受骗。

心急吃不了热豆腐——进退两难

刚烹调好的豆腐块，无论大小内部都是滚烫的，即使外部放凉些，内部也还是烫的。饥饿难忍的人，往往心急如火，想快吃快咽热豆腐，结果吞吐不能，痛苦万分。这里所比喻的是，为人做事千万不要想当然自以为是，特别是情况不明时，要先作调查研究，谨言慎行，防止意外损失。

快刀切豆腐——两面光滑

这是比喻某些人为了个人私利，凡事看风使舵，为了达到自私目的，甘心充当"两面派"的用语。

豆腐渣工程——不启用也罢

在通常情况下，工程项目都是必须认真慎重对待的，义不容辞。然而，有时会遇到利欲熏心的坏人，他们为了可耻目的，会偷工减料，粗制滥造，使建设工程质量水平下降，成为危如累卵的豆腐渣子。这豆腐渣子工程，若被盲目启用，那就会有朝不保夕的风险。一旦发生事故，轻者损失严重，重者祸国殃民。所以，这里的比喻是，为人做事要光明正大、心地善良、克己奉公、绝不做伤天害理的事。

豆腐做的人——不碰也罢

豆腐很软，特别是南豆腐、水豆腐、豆腐脑，只要稍微碰一下就能把它碰碎、碰坏，使它变了样，不成形。这是比喻个别人的脾气很大，性情暴躁，态度反常的用语。

麻绳捆豆腐——不提也罢

这里所说的豆腐，是指南豆腐、水豆腐、豆腐脑之类，很软绝不能用麻绳捆，更不能用麻绳捆起来提着走。这是比喻为人办事，不可以脱离实际情况，不顾客观存在，随意采用不科学的方法，供别人或自己运用，那样做实在太笨了，会被人讥笑的。

豆腐煳粥——不吃也罢

豆腐是高蛋白质食物，物美价廉，如果烹调时烧煳了，不仅不能食用，而且气味及味道至少会像煳粥那样不能供食用。总之，豆腐煳粥是一种食物也好，是两种也罢，都是不能食用的。所以这种比喻是说，做人办事一定要专心致志努力做好，不可以敷衍了事，也不要把不该损失的事办糟了，造成伤害。

懒人做豆腐——有渣可吃

做豆腐看似简单，其实技术性很强，至少需要有很丰富的经验，才能做得好豆腐。做豆腐者必须勤快、伶俐，起大早气温低，严格操作，注意气候变化，采用品质好的水，灵活调节豆浆浓度等。如果偷懒，则常常做不成豆腐，或豆腐出品率不高，豆渣很多，造成损失。这是比喻懒人办不了大事，干不了重要事项的用语。

豆腐渣装船——不是货

自古以来，豆腐渣没有人搞综合利用，通常把它作为饲料或肥料。因为不值钱，没有远运他乡的经济价值，所以人们不把它作为"商品""货物"，装运再利用。这里是用于讽刺那些自命不凡，夜郎自大的人，冒充高贵。

雷公打豆腐——从软的下手

在自然界里，打雷闪电现象屡见不鲜。雷声隆隆古人称"打雷"，电光闪闪威力很大。凡是被雷电击中的物体，都会立刻百孔千疮。凡是被雷电击中的人或动物，就会伤亡。一旦发生雷电灾害，古人都会说这是"雷公"干的。这里比喻的是雷电不该击中豆腐从软的下手，有权有势更不能缺德，迫害手无寸铁的平民百姓。

马尾巴拴豆腐——不提也罢

马尾巴的毛很容易把嫩豆腐分割切断，更不能用它来捆绑豆腐出售，这是很简单的道理。这里比喻的是，做事不能想当然，不讲科学马虎敷衍对待。

豆腐渣掉水里——不欢而散

这里比喻的是，凡是没有亲和力的人群或事物，都是不可能长期团结一致同心协力的，当遇到坏环境或条件时，就会像豆腐渣掉进水里那样，分崩离析，各奔前程。

明太皇卖豆腐——货随人高贵

据史料记载说，明朝开国皇帝朱元璋的父亲是靠卖豆腐养家的。朱元璋儿时到皇觉寺为僧时，也以做豆腐为专业，所以朱元璋是吃豆腐长大的豆腐娃。朱元璋自己做了皇帝之后，仍然喜欢吃豆腐，他最爱的是"酿豆腐"。这里比喻的是，一人得道鸡犬升天，豆腐受宠身价百倍。天下事无奇不有，清朝康熙皇帝御赐"烹调豆腐法"给老巡抚宋荦养老受用，这也是一件天大的佳话。

八、风土谚语与豆腐

北京

小小宛平县，三家豆腐店，城里打屁股，城外能听见。麻豆腐炒冻豆腐，瞎了眼。西太后吃"珍珠豆腐"养颜，用心良苦。

给老虎吃豆腐是荤换素，与虎谋皮是白费功夫。盐卤点豆腐，一物降一物。张飞爷卖豆腐，人硬货软不期然而然。

河北

贵人吃贵物，穷人吃豆腐，各行其是各有千秋。正定府三宗宝，朴糕、粉浆、豆腐脑。人若要倒霉，喝水吃豆腐全塞牙。

山东

泰安有四美，豆腐、白菜、煎饼与泉水。有肉不吃吃豆腐，见猎心喜，挑肥拣瘦。武大郎卖豆腐，人松货软急也没有用。人间三种苦，撑船、打铁、做豆腐。

福建

闽西五宗宝，明溪鲜笋干、连城地瓜干、永定霉菜干、武平老鼠干、上杭豆腐干。闽北有三宝，铜延平、铁邵武、建宁府糟豆腐。经常吃豆腐，病从何处来？

四川

四川有五宝，温江及合川的酱油、保宁的药醋、荣隆二昌的麻布、邓都的豆腐乳，还有郫县的辣巴豆瓣酱。俗话说毛毛雨湿衣裳，红豆腐乳当荤菜，勤俭持家好风尚。

有关赞美豆腐的谚语、风土诗话，还有下列语句：

生活幸福不幸福，有饭有菜有豆腐。

吃肉不如吃豆腐，又省钱来又滋补。

权贵追风暴殄物，不如豆腐养筋骨。

大鱼大肉腹胀苦，逊于釜粥红乳腐。

清淡饮食养生路，荤素搭配用豆腐。

豆腐百珍保健康，粗茶淡饭保平安。

第十节

豆腐的传播

一、在祖国传播

根据前面的各项讨论现在已知，汉淮南王刘安发明豆腐是很可信的，发祥地就在古代的淮南。但有人认为，汉朝时期的淮南与今日的淮南不尽相同，所以豆腐的发源地也可能在今日的江苏或河南某地。笔者认为，这种见解是值得探讨的。

那么，豆腐是如何从淮南传播到了全国各地的呢？这一疑问是急需回答的重要任务。首先遇到的难题是，豆腐发明之后，自汉朝到唐朝，有关豆腐传播的史料不多，神乎其神几乎没有人探讨过。史料不多的原因一定会有多种，但归纳起来显然有以下两种。

其一，在发明发现豆腐之初，古人一定会百思不解，惊奇不止猜想议论。为了隐讳谜团现象，炼丹家们会及时采取保密措施，把发明豆腐的工艺技术尘封起来，在超然的情况下悄悄地传承着。结果相传的史料甚少。虽然发明豆腐之初的史料甚少，但是根据考古发现和前面已经讨论到的大量史料可知，豆腐工艺的传播之路是可以逐步探明的。

其二，在《淮南子》里，因为大豆古人称为"菽"，"腐"字又不雅，所以"豆腐"的名称是不可能很早出现的。虽然"豆腐"的名称很难出现，但是豆腐的"别名"可能会不少，而且今后还会有意想不到的新发现。正因为如此，所以根据已知的别名及其他史料研讨，我们仍然可以得知，豆腐工艺是如何在国内进行传播的。兹分别讨论如下。

如果根据考古发现判断，则豆腐工艺应当是首先传到了河南省密县打虎亭。由于打虎亭在今日的郑州市西南郊，所以也可以认为首先传到了郑州。

如果按南朝刘义庆《世说新语》中的"臭腐"判断，则豆腐大约在东晋或南朝时期，传到了江苏的徐州，又传到了扬州与镇江，还传到了安徽凤阳。其理由是，刘义庆是南朝文学家，古代彭城（今江苏徐州）人，南朝宋袭封为临川（今江西抚州）王，曾任南兖州（今江苏扬州与镇江地区，又安徽滁州凤阳）刺史。对于豆腐在南朝时期是否传到江西之事，因为淮南与抚州相距遥远，所以不大可能传到了江西的抚州。

如果按隋谢讽《食经》中的"乳腐"判断，则豆腐在隋朝时期已经传到了今日的西安。其理由是，谢讽曾在隋朝国都长安（今西安）任隋炀帝的尚食长。由于隋朝历史不长，所以也可以认为，豆腐在唐朝初年已经传到了西安。

如果按五代陶谷《清异录》中首次出现"豆腐"的名称分析："时戬为青阳丞，洁己勤民，肉味不给，日市豆腐数箇，邑人呼豆腐为小宰羊。"则可以知道豆腐的传播情况如下：

陶谷，古代邠州新平人，即今陕西彬县人。由于陶谷长期在五代汴梁为官，汴梁即今开封。青阳，即今安徽池州市的青阳县。

由以上内容分析可知，在五代时期，豆腐已经传播到了陕西的彬县，河南的开封，安徽的青阳。由于彬县在西安西北郊，所以可以再次证明，自隋朝，经唐朝，到五代，豆腐已经传播到了西安。

豆腐的快速传播说明，"邑人呼豆腐为小宰羊"的认识意义重大。因为我国自古有"朱门酒肉臭，路有冻死骨"的诗句。对于家徒四壁的穷人来说，鸡鸭鱼肉是珍馐，是望尘莫及的高贵营养品，只有豆腐是邑人的"朋友"。

因为豆腐是极为重要的食品，所以一传再传，自宋朝以来已迅速传遍全国。根据史料研究说明，豆腐在祖国的传播情况，已知的如表 2-8 所示。

表 2-8　古代豆腐的传播

朝代	已有豆腐地名	已有何种豆腐名称	参考资料
汉朝	古代淮南	发明做豆腐	参见"豆腐起源考"与《淮南子》
魏晋	彭城（今徐州）	豆腐　臭腐	刘义庆《世说新语》
南朝	扬州　镇江	豆腐　臭腐	《世说新语》
隋唐	陕西西安	乳腐　豆腐	谢讽《食经》
五代	陕西彬县　西安	豆腐	陶谷《清异录》
北宋	河南开封　安徽青阳	豆腐	陶谷《清异录》
北宋	四川眉山　湖北	豆腐　豆腐丝	苏东坡《物类相感志》《本心斋蔬食谱》
宋朝	浙江杭州　四川	豆腐　黎祁	吴自牧《梦粱录》　陆游《剑南诗稿》等
宋朝	福建　江西	豆腐	朱熹《豆腐》诗　杨万里《诚斋集》

朝代	已有豆腐地名	已有何种豆腐名称	参考资料
元朝	河北　北京　山东	豆腐	《王祯农书》 忽思慧《饮膳正要》
元朝	浙江　山东	豆腐	施耐庵《水浒传》
元朝	河北正定	豆腐	旧题李东垣《食物本草》
明朝	湖北蕲春	豆腐	李时珍《本草纲目》
明朝	皖南黟县	霉豆腐　臭腐	李日华《蓬栊夜话》
明朝	江西奉新　上海	豆腐	宋应星《天工开物》 徐光启《农政全书》
明朝	江苏松江　湖南	豆腐	宋诩《宋氏养生部》 叶子奇《草木子》
清朝	浙江嘉兴　福建	豆腐　豆腐乳	朱彝尊《食宪鸿秘》汪谢诚《湖雅》
清朝	四川绵阳与华阳	豆腐乳　臭豆腐乳	李化楠《醒园录》 曾懿《中馈录》
清朝	北京	豆腐　臭豆腐	李汝珍《镜花缘》 夏仁虎《旧京琐记》
清朝	浙江杭州　广西	豆腐　豆腐乳	袁枚《随园食单》
清朝	山东	豆腐	西周生《醒世姻缘》 丁宜曾《农圃便览》
清朝	陕西	豆腐　豆腐制品	薛宝辰《素食说略》

在我国，有关豆腐的传播情况，其实在宋朝时期就已经相当广泛。到了元朝、明朝与清朝，制作豆腐的普及程度那就更全面了。这就是说，上面的传播表内容，只是初步探讨的结果，仅作为参考。

二、传入朝鲜半岛

在中国，豆腐是天天见，满街卖的食物，只要有豆腐吃，几乎所有平民百姓都会把喜幸展现在脸上。在朝鲜与韩国，情况也相似。他们用豆腐作主要原料，制作食品与烹调菜肴的品种很多。如果按豆腐菜肴分类，则主要有汤豆腐与油炸豆腐。兹举例如下：

汤豆腐：有明太鱼豆腐汤、豆酱豆腐汤、豆芽豆腐汤、辣酱豆腐汤、牡蛎豆腐汤、蛤蜊豆腐汤、白煮豆腐汤、杂拌豆腐汤等。

油炸豆腐：植物油炸豆腐、猪油炸豆腐等。油炸豆腐食品大多数在夏天食用。

由上述可知，朝鲜和韩国与中国的豆腐食品及菜肴，有明显不同。所谓不同，主要是做法、风味和吃法不同。

据汉阳大学李盛雨《韩国食生活史研究》第四篇的第三章说："中国豆腐是在高丽王朝（1392—1910年）时期传入的。在李穑的《牧隐集》中有'大舍求豆腐来饷'的记载。"传入之初，相当于中国的宋朝末年。制作豆腐的场所是设在遐迩闻名的"赵泡寺"，由僧侣专门供奉。在朝鲜古文献《世宗实录》中，也有一段中国明朝永乐皇帝称赞朝鲜宫女聪明能干，善于做豆腐和烹调豆腐菜肴的描写。说她们烹调菜肴的技艺高超，做好的豆腐菜风味美妙，别开生面。

以上是中国豆腐转身蜕变，包容异乡风情，达到致和境界本土化的结果，是异域开拓创新的功绩。当然，豆腐跟随新主人返回故乡，用新奇的风味征服娘家人的传统迷恋，这也是激动人心的好事。推陈出新，交相辉映，这本是人类应当共同提倡的正道。

前面已经提到，韩国与朝鲜都有多种好吃的豆腐食品。为了达到感同身受的效果，现在介绍几种如下。

1. 馒头汤

对于中国人来说，谁也不会联想到，朝鲜、韩国的馒头汤竟然是一道豆腐菜美食，与中国的馒头完全不同，只是名称沾边而已。中国没有叫馒头汤的，但是在韩国，到处都可以吃到馒头汤。馒头汤里面的"馒头"与中国的饺子相似，但整道馒头汤又有馄饨的特点。

做法：嫩豆腐挤干水分，猪肉切碎或用绞刀绞，绿豆芽用开水烫软略切碎，白菜也烫软切碎挤出水分，加入葱花、蒜末、胡椒粉、香油、食盐、酱油等。把以上各种原材料放在一起搅拌均匀做成"饺子馅"。下面再把牛肉或鸡肉烹调成熟食，把鲜香牛肉切成片或将鸡肉撕碎。剩下的汤用香菇、木耳、虾米烹调，做成馒头汤的"汤"待用。做好了"汤"以后，即可以做"馒头"了。

用面粉做成中国的"饺子皮"，包入朝鲜、韩国的"饺子馅"，用双手捏成"中国的饺子样"。用清水煮熟饺子捞出来，每碗数个，加入牛肉或鸡肉丝，加入前面特制的"汤"。这就是馒头汤，鲜香味美，好吃极了。

食用方法：无论是在饭店或家里，馒头汤都是搭配米饭一起吃的，非常美味。

2. 豆腐扇

原材料：嫩豆腐挤干水分，猪肉切碎或刀绞为馅，芝麻盐炒香，加胡椒粉、葱花、蒜末、香菇、木耳、香油等。

做法：把豆腐、猪肉馅、芝麻盐、香油、胡椒粉、葱花和蒜末等，放入容器里搅拌均匀成馅料。把做好的馅料摊开在案板上，平铺做成圆形薄片，用刀拉切成多个扇形块块。把准备的摊鸡蛋末、香菇丝、木耳等放在做好的扇块上，用蒸笼蒸熟即得成品。

食用方法：据说这是一道宫廷食品。可以根据个人爱好加甜酱或番茄沙司食用，已是年轻人的新宠。

3. 豆腐花

在朝鲜或韩国，到处都有豆腐花小吃店。所谓"豆腐花"，其实与北京的"豆腐脑"相同，添加卤料有多种。

原材料：用好黄豆浸泡、磨浆、过滤、煮开、点豆腐脑即得豆腐花。其他用料有牛肉或猪肉或鸡肉、鲜虾仁、鸡蛋、香菇、木耳、黄花菜、香油、辣椒油等。

制做浇卤：把熟肉切成小长方片，或将鸡肉撕碎，把香菇、木耳、黄花菜也洗净烹调好。用煮肉汤或高汤作卤汤，放入肉片或鸡丝、虾仁、香菇、香油等，入锅烧开后放入鸡蛋清。加入湿粉芡，慢搅至烧开即得豆腐花卤。

食用方法：把豆腐花盛入碗内，浇上鲜卤即可。如果喜欢辣味，可以另加辣椒油。豆腐花软嫩，卤汤鲜美，老幼皆宜，是常见的早点食品。

三、传入欧洲

在北京国家图书馆的书架上，有一本20世纪30年代出版的，只有10多页的书，叫《豆腐为20世纪全世界之大工艺》，作者李石曾。在科学飞速发展的当今，这书名口气显然过大，但是，如果从发展豆腐生产的未来前途看，那是有道理的。

据说李石曾1900年到法国留学。过了几年，他在法国巴黎办了一家豆腐公司，记者菱子采访了他，所得到的情况是比较真实可信的。

那时，时值清朝末闹革命时期，许多留学生都有勤工俭学的愿望。李氏留学法国，他所学的是生物化学，很清楚豆腐的营养价值，也知道发展豆腐及豆腐制品的生产很重要，前程远大。而且，制作豆腐的技术对他来说也没有难度。因此，当第一次世界大战即将爆发，留学生的生活相当困难时，为了安身立命，他同吴雅晖、张静江等，创办了"豆腐公司"。李石曾任技术指导，豆腐生产开始了。有人说，他们是最早把中国豆腐传到欧洲的人，但是事实也许并非如此。据史料检索得知，在1873年奥地利维也纳万国博览会上，中国的豆腐及制品已经与欧洲观众见面了，在众人宣扬中，崭露头角。

又据史料得知，中国留学生们在法国创办的"豆腐公司"，一开始就是很红火的。他们生产的豆腐，除了供应中国各方面人员食用之外，还供应许多外国人及外国军队之需。在任务繁重时期，数百个中外工作人员日夜轮换上班，力求满足需要。在生产品种方面，除水豆腐外，还生产豆腐干、油炸豆腐泡、豆腐粉、黄豆甜酱、豆芽菜和假咖啡饮料等。据说还送给当时法国总统吃，从而使中国豆腐的身价倍增，成为外国餐桌上的标新美食。

后来，由于第一次世界大战的影响，公司与银行的业务遭受意外，银行关门，豆腐公司倒闭。尽管如此，豆腐已经在欧洲传播开来，别开生路了。例如，在第二次世界大战前的德国柏林西区，几乎所有中国餐馆里都已经有豆腐菜肴供应。在保加利亚，人们已经利用豆腐花与牛奶生产奶豆腐。据华裔学者朱梅调查说，自第二次世界大战以后，豆腐在欧洲的传播自然而然。在英国的伦敦、葡萄牙里斯本、意大利都灵、西班牙巴塞罗那等，在中式饭馆里，豆腐菜肴已经容易达到解馋需要了。朱梅补充说，需要指出的是，那里的豆腐并不都是由中国人做的，有些豆腐那是由韩国或日本侨民生产的。对于中国人来说，外国人这种发展生产理念是值得我们借鉴的。他们不认为豆腐低等，而是发展前途远大，事在人为，生产豆腐同样可以日进斗金，摆脱贫困。在亚洲以外国家，豆腐产销业正在发达，方兴未艾。

四、传入美国

美国人虽然丰衣足食，富甲天下，但是这也无法改变侨居美国的许多中国人对于豆腐的思念与嗜好。尤其是居住在纽约、旧金山唐人街、芝加哥、洛杉矶、密歇根州的中国侨民，他们对于故乡特产豆腐的思念，可说是见物心喜，感情浓烈。

据华裔学者谢欣洁说，每当想起家乡的特产，如扬州的煮干丝、泰安的三美豆腐、芜湖的酱汁豆腐、四川的豆腐花、北京的臭腐乳、绍兴的香糟乳腐等，一想起就馋，就会垂涎三尺。于是，大家就运用匠心，按照故乡的样子学做豆腐，做"异国他乡豆腐"。我们的做法是，将黄豆浸泡一夜，用美国搅拌机打细，用纱布过滤后将豆浆用文火烧开，适当降温后用石膏汁点豆腐脑，倾入有豆包布的木槽内挤压成豆腐块。虽然所做的豆腐没有娘家的好，但总算是如法炮制如愿以偿，中国的技术美国的机器，中外结合开怀解馋。

上述情况可以说明，在第二次世界大战前后，大洋彼岸的美国可能已有家制的豆腐面世了，其开拓者除了中国人，也许还有日本人或韩国人。天下事往往如此，豆腐是乡下人的食物，城市人往往不把它放在眼里，侨居国外的人则难得一见，想吃没有，想久了才会真知，中国人发明了豆腐，这是非常了不起的大好事。

现在已知，欧美人开始种植黄豆的起源很晚，我国则有数千年历史，真是天壤之别。据史料记载，1693 年，德国人肯贝尔，他在日本调研植物时曾发现了黄豆。这是欧洲人首次触及黄豆的传说，但因所言内容简单，所以相信者少。

1740 年，法国传教士将中国黄豆种子带到巴黎，但不见有风吹草动的发展。在1790 年，英国人把黄豆种植在皇家的大花园里，但仅作为新奇增辉的观赏植物之用。事过境迁又过了百年，英国于 1908 年从东亚购买黄豆船运进口，但仅用于榨油与制作肥皂，而不是用于生产食品或豆腐。

在 20 世纪初，欧洲人对于豆腐仍然真知者甚少，没有吃豆腐的爱好，甚至称豆腐为多福、斗佛、斗虎、陶福、杜甫等。

美国人与欧洲人一样，1804年，美国宾夕法尼亚人米斯（Mease），首次撰文报道了东亚人的黄豆，但影响微不足道。时光荏苒，到了1907年，美国人威廉·莫尔斯（William Morse），他利用在农业部工作的机会，收集到了中国黄豆种子约1500份，凭借卓越的洞察力他为国家确认了发展黄豆生产方案。1923年，莫尔斯与查尔斯·派培尔（Chares Pipes）出版了《黄豆》一书，表现出了他们对东方传统黄豆的热情与向往。

从此，美国种植黄豆的发展速度非常快，到了1980年，黄豆的年产量已经达到了6171.5万吨。但是，美国人对于黄豆的用途与东亚人不同，仍然重在作为工业原料或制作饲料。这种东西方饮食习惯不同源于古代，古代缺少物资交流条件。但是，人类的饮食习惯是可以改变的，中国人吃麦当劳，美国人也可以吃豆腐，习惯成自然。

自20世纪以来，全世界对于黄豆的种植与食用已经发生了很大的变化。食品工业的发展，商贸往来的加强与日俱增。利用黄豆生产豆腐、豆奶、豆酱、酱油等，发展速度明显加快。美国、巴西、阿根廷大豆生产剧增，还有俄罗斯、加拿大、墨西哥等，大量黄豆远销我国已成潮流。

如今做豆腐，采用外国黄豆为原料居多，使用砂轮磨不用石磨磨豆浆，采用"内脂"点豆腐不用盐卤、石膏、酸浆水等，变化翻天覆地。中国的豆腐，还有多少中国基因？还有多少中国传统风味？

虽然如此，豆腐食品在美国的发展前景仍然特别远大。在美国，许多与众不同的豆腐新产品，正在迅速发展着。例如，豆腐三明治、海带豆腐卷、杏仁豆腐、豆腐冰淇淋、叉烧豆腐、水豆腐等，已经初露头角，有的甚至已经成为特产。这些创意豆腐的新生，是豆腐产业在国外发展传播的新门路，生气勃勃，发展前程远大。

五、传入日本

近年来，我国有些学者写论文说，制作豆腐工艺传入日本是始于唐朝，也有人说始于宋朝或元朝的。例如耿鉴庭、郭伯南、曹元宇等，文章都刊登在《中国烹饪》上。

日本的足立勇在《近世日本食物史》中说："豆腐之法的确是从中国传入的，最初始见于应永二十七年成书的《海人藻芥》中。在宫廷里，当时称豆腐为'白壁'（kabe）；而奈良和宇治的豆腐品质最好。"应永二十七年，相当于我国明朝永乐十八年，即1420年。

韩国汉阳大学的李盛雨在《韩国食生活史研究》里说，豆腐之法传入韩国和日本始于公元10世纪，相当于我国的宋朝。韩国学者金孝希根据《日本书记》的记载说，中国的豆腐之法是先传入朝鲜半岛，然后再传入日本的，而不是从中国的东南沿海直接传入日本的。

根据以上海内外的研究表明，有关我国豆腐制法传入日本和东南亚的路线和时间问题，的确存在着诸多疑问，值得加深研究和讨论。

在国际上，对于豆腐之法的史学研究，外国人的确比中国人早很多，而且见识深广。这是事实，值得我们反躬自问。例如，日本学者篠田统教授的《豆腐考》论文，发表于1963年，至今已有45年历史，但仍然是举世公认的真知灼见。为了让更多的中国人有机会读到全文，现在决定把它作为附录，收载于本书中。[1]

这样做还有一个目的，借花献佛，回答"豆腐之法传入日本"的真相。

六、附录：篠田统《豆腐考》

序言

一般认为，豆腐是公元前1世纪汉淮南王刘安发明的。日本的奈良朝至平安朝，即在8世纪至10世纪时期，一切皆模仿唐朝，而在该时期的日本文献中，却完全不见有关于豆腐的记载。这不能不说是一件值得疑问之事。本文就是要追究这一疑问的结果。

豆腐的发现

在日本，豆腐始于淮南王的传说，最普及而有力的依据，大概是由于相信明李时珍《本草纲目》的记载。在《本草纲目》卷二十五的豆腐集解项下，李时珍曰："豆腐之法，始于汉淮南王刘安"。这句话说得很确定。《本草纲目》在日本江户时期，是一部很流行的书，不特为医师、本草家所诵读，并亦为一般知识分子所诵读。

或许是由于道学家朱熹的影响，德川幕府所提倡的儒学，是以朱子学为标准的。因朱熹的诗，即《刘秀野蔬食十三诗韵·豆腐》题项下，注曰："世传豆腐本为淮南术"，故朱熹诗曰：

"种豆豆苗稀，力竭心已腐。

早知淮南术，安坐获泉布。"

《朱子大全》是江户时代道学者必读之书，故豆腐始于淮南王之说，大概是由此而普遍地相传到了民间。但是，在中国，实际上豆腐始见于什么时代？《太平御览》《事物纪原》以及比较新的，如《三才图会》《古今图书集成》等，皆未收入豆腐。所以，只好自己在古文献中一心一意地搜索。

豆腐，不见于淮南王编辑的《淮南子》，亦不见于其收录的各种方术的《淮南万毕术》中。中国最古的农书，即在公元前1世纪出现的《氾胜之书》，在大豆项下亦不见

---

[1]　［日］篠田统. 豆腐考［J］. 日本：乐味，1963（6）.

有豆腐记载。公元 1 世纪的许慎《说文解字》，稍后的刘熙《释名》，三国魏张揖的《广雅》以后的字书类，如晋张华的《博物志》，后来的"字怪书"等，都不见有豆腐记载。

在南北朝时期，有北魏贾思勰的《齐民要术》，内容有十卷九十章，前半部说的是农业生产，后半部讲的是农产品加工调理，所述较详细，是一部著名的书，但其间没有一语说到豆腐。同一时期的，有魏吴普著的《神农本草经》，这是现存最古的本草书，其中也没有提及豆腐[1]。稍前的，刘宋时代的虞悰《食经》，亦不见有豆腐。

隋虞世南的《北堂书钞》、谢讽的《食经》、唐代的《艺文类聚》《初学记》、苏敬的《新修本草》、杨晔的《膳夫经》，以及以段成式的《酉阳杂俎》为代表的其他古籍，如笔记类的《封氏闻见记》《松窗杂录》《集异记》《博异志》《唐国史补》《杜阳杂编》《桂苑丛谈》《三水小牍》《云溪友议》等，以后人追述唐朝事物的随笔文集类，如《唐摭言》《本事词》《因话录》、《南部新书》《北梦琐言》《唐才子传》《续世说》等，皆不见记有豆腐。日本的慈觉大师圆仁，著有入唐求法《巡礼行记》，可是亦没有记述吃豆腐。

在日译的《汉文大成·文学部》卷二十里，收录有会真记的传奇小说类，如《花间集》《白香词话》，以及笔者手头现有的，如骆宾王、陈子昂、杜甫、李白、元次山、李贺、杜牧、韩愈、白居易、柳宗元、孟郊、王建、张籍、韦庄、温庭筠、聂夷中、杜荀鹤等的著作中，女作家薛涛、鱼玄机的文集中，敦煌的曲子梵文中，亦皆不见记有豆腐。

五代韩鄂所著的时令书《四时纂要》，是记载唐末农业与食品加工的唯一专著，书中也无记载豆腐。说实在的，这颇出笔者意料之外。笔者罗列上述书名，丝毫没有炫耀博学的意思。只是说，今后如有追究豆腐起源的，对于上述书籍可以不用再检，以节省精力。据笔者的追索，最初记载豆腐的，始见于宋初陶谷的《清异录》。

陶谷《清异录·官志》卷一："小宰羊：时戢为青阳丞，洁己勤民，肉味不给，日市豆腐数箇。邑人呼豆腐为小宰羊。"

陶谷是五代至宋初时期的人，所记的是时戢为官的逸事，时间约在宋初或稍前年代里。在《宋书》里不见有时戢传。青阳属安徽池州府，地处江南。据此可知，那里的豆腐当时已是肉类廉价的代用食品，而且似乎已经普及。

以后，有关豆腐的记载大见增加。在本草书方面，豆腐见于宋苏颂的《图经本草》、宋寇宗奭的《本草衍义》。在农书方面，豆腐见于王祯的《农书》，在大豆项下的附记有"做豆腐"和"为豆腐"。

在元吴瑞的《日用本草》里，有特意开辟的"豆腐"专章记载。明李时珍《本草纲目》卷二十五的"豆腐目录"项注说，豆腐史料是来源于《日用本草》的。但是，《日用本草》里的"豆腐"专章在元李杲《食物本草》中是以附录出现的，后人编入而不是正文。所以，

---

[1] 笔者注：《神农本草经》成书年代约战国时期，无撰著人，本文引用的是人民卫生出版社1963年1月的版本。

李时珍所引用"豆腐"实际上是来源于《食物本草》而非《日用本草》。李时珍的错误大概是出于疏忽。

上列豆腐的记载，是以本草学的药用或作为农业产品为目的。至于豆腐作为食物或菜肴而记载，在北宋时期尚不多见。或许豆腐是粗贱食物，故在北宋末期的国都开封，记录繁华场景的《东京梦华录》中，不见有豆腐的名称。

苏东坡有以"三白饭"飨友的传说。所谓"三白饭"，据说是指豆腐、白萝卜、白米饭三种。但北宋时的"三白饭"，应是白盐、白萝卜、白米饭三者。三白饭是贫民膳食的代表，早见于唐杨晔的《膳夫经》中。潇洒的东坡先生会不会作此陈腐的模仿，那是很可疑的。

问题是，在苏东坡的《蜜酒歌》中有"豆乳"之词，即"脯青苔，炙青蒲，烂蒸鹅鸭乃匏壶。煮豆作乳脂为酥，高烧油烛斟蜜酒。"有人认为，这"豆乳"是指豆腐的。但这豆乳是与鹅鸭、脂酥、蜜酒并陈的，所以如果视其为豆腐，倒不如按照字面直接解释为豆乳，那似更妥当些。

豆腐之名不雅，因此清代褚家轩《坚瓠集》中说，元朝的孙大雅把豆腐称为"菽乳"。明朝胡文焕在《名物法言》中也称豆腐为"菽乳"。然而，这都是后世的用语，皆不能溯及到北宋。

在南宋时，值得关注的是，杨万里有《豆卢子柔传》，载于《诚斋集》卷一一七中。这豆卢氏，是自三国魏、经两晋、南北朝、唐朝到五代时，居于中国北方的名门。《豆卢子柔传》的开头说："豆卢子柔名鮓，世居外黄县。"这是杨氏的文字游戏，其意思是说：豆腐（鮓）中柔，由黄豆做成。《豆卢子柔传》全文长 647 字，此处从略不转载。在日本天明时代成书的《豆腐百珍》中，将《豆卢子柔传》全文收录于书末，但颇有节略。此处应注意的是，在《豆卢子柔传》全文中，没有一语提到淮南王，可惜后人却一直没有注意到这一问题。这可能是震于朱子的权威，而无人敢于提出异议。

但近人毕竟是比较勇敢的，柴萼在《梦天庐漫录》中说："……相传为汉淮南王刘安所造，究亦莫得而考矣。"清唐训方和清魏崧也认为，淮南王刘安发明豆腐的传说出自《稗史》。既然是出自《稗史》，是逸文琐事那就当不得真，只能存而不论了。

宋和元两朝的有关烹饪书籍中，如《膳夫录》《中馈录》《玉食批》《居家必用事类全集》《云林堂制度集》等，书中皆不见有烹煮豆腐的记载。只有南宋林洪的《山家清供》，那是专以收集文人菜谱为主的，书中有两道豆腐菜，即"雪霞羹"，那是用豆腐和芙蓉烹调的，红白相间很美；又有"东坡豆腐"，那是用煎豆腐做的，外加榧实粉调味。

在南宋，有以回忆国都杭州繁华为背景的《梦粱录》。在《梦粱录》卷十六的"面食店"项下，有"卖菜羹饭店兼卖煎豆腐、煎鱼、煎茄子"的记载，"此等店肆，乃下等人求食粗饱"之处。

明代以后，豆腐是很普通的食品，在家常菜肴中很常见。例如，据说明太祖朱元璋的父亲就是做豆腐卖的，可参见张定《在田录》。在《遵生八笺》《物理小识》等书中，都记有用豆腐为材料烹调菜肴的内容。

特别有趣的是，在清宋荦的自传《西坡类稿》卷四二中，记着72岁的原江宁巡抚宋荦，幸遇康熙帝南巡，在苏州谒见他。康熙帝怜其年老，特赐以烹调豆腐法，说："朕有日用豆腐一品，与寻常不同。因巡抚是有年纪的人，可令御厨太监传授给巡抚厨子，为后半世享用。"本是下等人食用的豆腐，至是可说是很高贵的了。故柴萼感叹地说："今人率以豆腐为家厨最寒俭之品；不知直上关君主之注重，且恐封疆元老不谙烹制之法，而郑重认将之如此。"

中国的豆腐加工品，有冻豆腐、豆腐干等，这许多在日本亦有。但有另一类加工品是酱豆腐、臭豆腐，这是特殊的发酵产品。国情有别，与日本人的风俗嗜好不同，距离甚远，笔者在此是无从说起的。

腐与黎祁

在前面，笔者对于"腐"的字义，是故意没有提及的。说实在的，以"腐"为名的食品是很难想象的。中国有人不称豆腐，而称豆腐为"菽乳"，这前面已经提及，就是厌避"腐"字，可以想见。在日本，也有若干地方不考虑音韵，而称豆腐为"豆富"。然而，在中国为何会产生"豆腐"这一名称？

在古时候的字书方面，如汉代的《说文解字》《释名》，后来的《玉篇》《类篇》，降至清朝的《康熙字典》，其"腐"字的意义都是"烂也、朽也、败也。"日本最古的字书，如昌住的《新撰字镜》，豆腐也释为："烂也、臭也、败也。"这些字书，"腐"字都解释为腐败、腐朽或腐臭，或再加上腐刑，即宫刑。诸桥辙次的《大汉和字典》的解释，亦不出于这一境域。

至此，我们不再考虑正统字书的解释，而想试行追索豆腐以外的，再有没有以"腐"为名的其他食品。探索的结果是，发现有粟腐、麻腐、薯蓣腐、乳腐等。其中，前三者是罂粟腐、胡麻豆腐、山药腐，其出现都比豆腐晚，因此可以暂置不问。但问题是乳腐，它出现于何时？

乳腐是相当于干酪（cheese）的食品。在清袁枚的《随园食单》中，"乳腐"有一奇妙的解释。在日本的食物字典中，有采用袁枚《随园食单》中的解释者。但是，"乳腐"与牛羊奶很少有关，这是江南人袁枚的误解。"乳腐"二字不见于古代，那些与中国人有交往的游牧民的生活中，例如在《史记·匈奴列传》中，不见有"乳腐"二字的记录。所以，追索乳腐的起源甚为困难。

在《新唐书·穆宁传》中，附有穆宁四个儿子名，并用当时人们称呼四种乳制品名称作比喻，评曰："赞少俗然有格，为酪；质美而多实，为酥；员为醍醐；赏为乳腐"。穆宁卒于贞元十年（794年），年79岁。由此可知，在8世纪末，酪与乳腐在人们饮食生活中，已是普通食品。同时，这也说明，此两种食品在性质上很接近。

自《史记》《汉书》以来，酪是一般熟知的乳制品，但"酪"不见于《说文》，而《广雅》说："酪，浆也。"王念孙《广雅疏证》，根据古典资料，举出很多例证诠释"酪"。因特异的怪字很多，现在的印刷条件会感到困难，故此从略。要言的是，酪是浆，是一种带有酸味的饮料。

据元代的《居家必用事类全集·庚集素食类》："造酪法：牛乳不拘多少，取于锅釜中，缓火煎之，紧则底焦，煿牛马粪火为上。常以杓扬，勿令溢出，时复彻底纵横直勾，勿圆搅。若断，亦勿口吹，吹则解。候四五沸便止。泻入盆中勿扬动。待小冷，掠去浮皮，著别器中，即真酥也。余者生绢袋滤。熟乳于净磁罐中卧之。酪罐必须火炙干，候冷，则无润气，亦不断。若酪断不成，其屋中必有蛇、虾蟆也。宜烧人发、牛羊角，辟之则去。其熟乳，待冷至温如人体为候。若适热卧则酸，若冷则难成。滤讫，先以甜酪为酵，大率熟乳一升，用甜酪半匙，著杓中以匙痛搅开，散入熟乳中，仍以杓搅匀。与毡絮之属覆罐，令暖良久，换单生布盖之。明旦酪熟。或无旧酪，浆水一合代之，亦不可多。六七月造者，令如人体，只置于冷地，勿盖掊。冬月造者，令热于人体。"

日本平安朝（898—900年）时期的《新撰字镜》是说用"加入梅浆"造酪。承平初（约935年）的《倭名钞》是说酪为乳粥。这可以说明，所谓"酪"，可以看成是没有把乳油完全分离净的乳饮料。李时珍《本草纲目》卷五十除了有相似记载，尚有干酪。干酪的制法是："以酪晒结，掠去浮皮再晒，直至皮尽，却入釜中炒少时，器盛。如曝令可作块，收用。"这不妨可视作，相当于现今的乳腐（cheese）。

后来，清顾仲的《养小录》说："牛乳一碗（或羊乳），掺入水半钟，入白面三撮，滤过下锅，微火熬之，待滚下白糖霜，然后用紧火，用木杓打一会，熟了再滤入碗，吃嘠。"这不会是酸的，只能说是变味的酪。

与"酪"字比较，"乳腐"二字是比较晚出的。就笔者所见，最早大概是隋朝，在谢讽的《食经》中，有"加乳腐，金丸玉菜曚鳖"。造乳腐法，不见于古书中。

在李时珍《本草纲目》卷五十中，造乳腐法的内容可能是："诸乳皆可造，惟以牛乳者为胜。"《臞仙神隐书》云："造乳饼法，以牛乳一斗绢滤入釜，煎五沸，水解之，用醋点入，如豆腐法，渐渐结成，漉出以帛裹之，用石压成。入盐，瓮底收之。"这是说，以醋加入牛乳中然后滤取沉淀，这与前面的造酪相当，若再加压去汁使其凝固变硬，这无疑的就是cheese。与上述的酪相同，其中亦混有相当多的乳油。

现在的蒙古人，是从乳中先把油脂分离出来，然后进行乳酸发酵，由形成的乳酸使乳中的蛋白质沉淀，这就是不含油脂的酪。这种酪经过过滤与凝固即得乳腐，可用于贮存。初制的乳腐仍然含有微量的乳糖，味道微甜可口，若再贮存两三个月，则变成又硬又酸的食品，极难吃。

北平东安市场有专门戏院和吃茶店，尤其是在夏天，必然出售乳酪（yoghurt），中国话又称奶酪，颇为大众所喜爱。据京都大学人文科学研究所，很熟悉蒙古乳制品的梅棹忠夫说："现在的蒙古人，他们称乳酪为'萎乳'，并不饮用，而一定是把它作成乳腐（cheese）后，方才食用。"

至此，我们要问的是，这乳腐的"腐"字，其意义是什么？

很明显，这"腐"字绝不能依照传统意义理解，决不能解作烂、朽或臭。这或许就是"萎乳"或"枯乳"的直译。但如为直译，则应作"腐乳"，并且这应是相当于酪，而不是乳腐。如为乳腐，则腐字的发音是奉甫切，腐或相当于 khorot 的 kho。但这很难说的过去，因为 kho 是喉音，而腐是唇音，这种转化是很难想象的。

梅棹忠夫说，现代蒙古语，在乳制品中不见有可转化为"腐"的食品。故这或许是鲜卑满州语系的语言，而不可能是"乳腐"一语在古代另有一种发音。总之，笔者认为，"腐"字是乳（制）品的胡语音对。若为胡语音对，就说不上是"腐败""腐朽"，也说不上有什么不洁不雅之感了。在南北朝五胡十六国时代，胡人席卷长江以北，胡风的饮食生活习惯是会浸润中国人餐桌的，不管中国人是喜欢或者厌恶，乳制品的"乳腐"，大概是会摆上中国人的饭桌上的。

于是，与乳腐同样酥软可贮存的食物，都会被称为"腐"。例如，前面所提及的粟腐、麻腐等，就是此类。其中，自然也包括用豆乳做成豆腐，用豆腐做成的腐乳。所以，在《图经本草》里的大豆项下有"可作腐"，明宋应星《天工开物》里的菽项下有"为腐"。在中国，卖豆腐者雅称为卖腐家。

《康熙字典》是著名的字书，对于"腐"字只说："烂、败、朽"，不及于豆腐的"腐"本义，这不能不说是一大缺憾。

在宋陆游的诗中，有"洗釂煮黎祁"一语，自注曰："黎祁，蜀人以名豆腐"。元人虞集，亦以黎祁、来祁为豆腐俚语。若只有上两项，或许不会使人感觉到，这方言甚为奇妙。但问题是，在服虔的《通俗文》中，有"酪酥谓之䬵饳"一语。《通俗文》本无完整的本子，清任大椿自《一切经音义》及其他古籍中，将引用保存下来的《通俗文》原文一一抽出，辑录使之还原。上述一语出现于《正法华经》《四分律》《瑜珈师地论》的注释中，故这大概是梵语或西域语。清魏茂林的《骈雅训纂》中引《玉篇》曰："酸酏，乳腐也。"

至是可知，黎祁、来其、酸酏等，自汉至唐朝时期，是用以指乳酪、乳腐的，而自宋朝到元朝是用以指豆腐。更确切地说，那是用以指"腐"的。在此，要附带说的是，后世诗人们喜用僻字者，也往往雅称豆腐为"黎其"。

豆腐之传入日本

至此，现在要考虑的是，这豆腐是在何时传入日本的？

如前所述，豆腐不见于日本的相当于唐朝时的著作中，即不见于《延喜式》，也不载于《新撰字镜》《倭名钞》等字书类，而且亦不见于《本草和名》（延喜中）、《医心方》（永观时）、《医略钞》及续群书类，不见于各医书中。笔者查到的最古的文献是，院政时代行将结束的寿永二年（1183年）正月二日，奈良春日若宫的神主中臣祐重的日记。在奉献的《御菜谱》中，记有"春近唐符一种"一项。

50年后的弘安三年（1239年），有日莲上人的信，即复谢送给故南条七郎、五郎的祭礼信。信中有 Surid - Tofu 的名称，这应当是指豆腐。但是，这豆腐好像不是后世《豆腐百珍》中所举示的 Hikidzuri Tofu。这究竟是怎样的豆腐？笔者不明。

在其他的，13世纪的文献中，很遗憾，笔者尚未有所发现。但是，自14世纪以后，即自"游学往来""庭训往来"等开始，这往来类的书籍也增加了，记载豆腐的骤增。对于这一时期的文献记载，有关豆腐的项目，今按年代排列举例如表2-9所示。

表 2-9　豆腐的文献记载

序号	参考文献名	年代	豆腐日本名
1	嘉元记	建武五年（1338年）	豆腐汁
2	祇园执行日记	贞和五年（1350年）	毛立 Mori
3	荫凉轩日录	永享九年（1437年）	田乐
4	寻尊大僧正记	康正三年（1457年）	唐布 Tofu
5	御汤殿上日记	文明九年（1477年）	Oden
6	后法兴院记 近卫政家	文明十一年（1479年）	白壁 来自奈良一乘院
7	蜷山亲元记	文明十五年（1483年）	白壁，来自奈良兴福寺
8	蔗轩日录	文明十八年（1486年）	由乐，在泉州堺
9	荫凉轩日录	长享元年（1487年）	村田乐
10	鹿苑日录	延德元年（1489年）	豆腐
11	经厚法印日记	享禄五年（1532年）	Tofu
12	私心记，石山本原寺日记	天文三年（1534年）	典乐

此后，例证甚多，上面举示者约到战国时为止，其他不重复列举。然而，由此可知，在那一时期内，豆腐也被写作同音的"唐符"或"唐布"，异名称"白壁"。后来的家庭主妇，称豆腐为 O- 白壁，对于用豆腐做菜肴，主要采用田乐。

在那一时期，做豆腐几乎都在冬季。例如，在《御汤殿上日记》中，自文明九年至长享二年（1477—1488 年）的 12 年中，豆腐的记录有 44 次。其中，阴历十月是 6 次，十二月是 4 次，而在冬至前后的十一月，竟多达 32 次。总之，是压倒性的大多见于严冬季节。在其他日记、日录文献中，也有相同的倾向。

据此，似乎可以推测，当时做豆腐和保存豆腐的方法，恐怕都不甚完备，需要豆腐的数量似乎不多，因此在冬季以外的月份里，可能不做豆腐。做豆腐的作坊，大概以寺院为主要，因为僧人在静修时期内需要食用豆腐。而且，因僧人茹素需要豆腐多。因寺院常做豆腐，所以做豆腐技巧必然比较熟练。例如，相国寺的塔头荫轩，就曾受命做豆腐，供应足利将军在静修期间食用。

冬季很适合于做豆腐的另一项证据是，表现于室町中期的七十一番职工歌唱会上。在《群书类丛》收载的插图中，有的女人坐着，在她前面的木板上列置着豆腐箱，并且从箱中取出各种大小不等的豆腐，口中唱着："请吃豆腐，这是奈良来的豆腐。"一个女人，自奈良走 30 余公里把豆腐运到京都，我们可以推测，这豆腐一定是相当坚硬的，而且如果不是在冬季，大概也是不可能保质不坏的。

那个女人唱的歌词：永月是说，这是奈良的好豆腐；永恋是说，这是宇治的好豆腐。据此可以推知，当时出现在京都市场上的豆腐，不是在京都制作的，而是来自相当遥远的奈良或宇治。

细观前面所列的，《豆腐的文献记载表》可知，最初《嘉元记》所记的豆腐，是出自法隆寺分院，《西周日记》的，以及《豆腐的文献记载表》中的（4）、（6）、（7）项，所有的豆腐全都是来自奈良。

当时，日本的对外贸易大港口是堺（Saka），贸易往来的对应国是中国。由于堺市与奈良的距离比堺市与京都的距离近，所以奈良接受外来文化的包容度远比京都大。例如，日本开始做馒头的人是林净因，他归化于日本时，最初的居住地就是在奈良。又如，绍鸥和利久的茶道是由堺市传入的，但是堺市的茶道源于奈良的珠光。所以，在日本的室町时期，接受中国文化的中心城市，其实是奈良。所以日本接受中国文化而言，我们对于奈良的作用，实有倍加研究的必要。

现在，仅以食品而言，例如在《嘉元记》《多闻院日记》中，其食单是与京都很不同的。以酒造而言，京都长期仅能造一石或两石酒，但是奈良却很早就能用大木桶造十石酒了。如果要制作大型而不漏水的木桶，其前提是一定要首先引进锋利优良的"铇子"。关于"铇子"这一点，请参见篠田统《米与日本人》一书的 182 页。

总之，奈良与堺市的距离很近，自中国传入日本的科技及文化，最先到达的大都是奈良。本文前面所列举的例子，都可以作为证据。到了 16 世纪，豆腐已经完全融入社会，成为日本很常见的食物。

对于豆腐的烹调方法，日本人陆续创出了自己各种特有的新路子。例如，在天正十四年（1586 年），山科言继以"汤豆腐"下酒，《大草家料理》书中有"面条豆腐"，又有"馅豆腐"等。在江户时期，如《料理物语》书中，有以田乐调理的豆腐菜肴 13 种。

最先传入豆腐的奈良，因水质不佳，要从很远的玉川引水，做豆腐相当费力。就水质而言，京都的水是清冽硬水，故京都的豆腐品质日见向上。第二代市川团十郎，在《老来享福》举示的京都名产中，豆腐是著名的特产。专门出售祇园豆腐的"二轩茶屋"，在当时可说是天下驰名。

豆腐的传播，以出书的影响最大。例如，在天明二年（1782 年），以"百珍"为名的丛书出版，首部就是《豆腐百珍》，在京都出版。第二年，《豆腐百珍》再版，而到了第三年，在江户居然已再版了第十版。到了明治时代，东京临川主人的《豆腐料理》出版，那是明治三十八年（1905 年），是一部不可遗忘的书籍。

但是，豆腐的老家在中国。在生产豆腐技术方面，是有明显不同的，这一点不可忘却，而且值得关注。本文前面已经说过，冻豆腐、各种豆腐干，这是相同的。但是在中国，发酵制品的酱豆腐、臭豆腐甚为流行。日本方面较特殊，有自己的"飞龙头"，江户方言称"拟雁"（ganmodofu）。此外，又有田乐、油豆腐、烧豆腐等，其味道都很清淡。关于豆腐工艺及调理方法的变迁，容俟另有机会再写。

结语与附记

结语

1. 在中国，自南北朝到唐朝，北方游牧民族大量进入中原，此时牛羊乳的加工品，尤其是乳腐，其保存方法也会随着进入中原，这是可以肯定的。

2. 中国中原地区的人民，自古不从事畜牧业生产，所以不容易获得牛羊乳食品，这必然会迫使人们想办法，用豆浆做豆腐及其衍生食品。因此，豆腐大概起源于唐朝中期之后。

3. 到了宋朝，豆腐已经在全国逐渐普及，甚至江南也很常见。但是，除了个例，豆腐仍然不是上层士大夫们所喜爱的食物，豆腐是"下等人求食粗饱"的佐餐品。

4. 从中国明朝开始，豆腐已扩及到了上等人的家庭需要，甚至帝王也喜爱豆腐，而且创制出了驰名的豆腐特殊食品。

5. 豆腐传入日本的年代，大概始于院政末期，由僧人传入的可能性大，受容的最早中心地是奈良。

6. 到了日本室町末期，因水土品质关系探明，京都的豆腐成为驰名特产，超过了奈良。

7. 在古代，"乳腐"和"豆腐"的"腐"字，都与腐败、腐朽、腐烂等无关。"腐"字的本义可能是胡语，待考。

8. 豆腐另有别名"黎祁"，此名的本义可能是印度语或西域语。

附记

1. 承蒙坂出祥伸的指示，知道袁翰青的《中国化学史论文集》中，有关于豆腐的论述。袁氏否认豆腐始于汉淮南王刘安。他从文献证据溯及到北宋《本草衍义》，认为豆腐始于宋朝。

2. 承蒙冈一弘的指示，知道宫下章著有《冻豆腐历史》一书，1962年出版。该书中国部分不足道，但日本部分收录有笔者不知的文献，论述也极为精致。

3. 承蒙宫下三郎的指示，知道青木惠一郎有《豆腐及冻豆腐的由来》，论文载于1966年《东亚时论》，因大多抄录宫下章的著作，很拙劣不足当参考。

参考文献

［1］西汉刘安. 淮南子·说林训［M］. 上海：上海古籍出版社，1989.

［2］元李东垣. 食物本草·谷部［M］. 北京：中国医药科技出版社，1990.

［3］明李时珍. 本草纲目·谷部［M］. 北京：人民卫生出版社，1978.

［4］南朝刘义庆. 世说新语［M］. 上海：上海古籍出版社，1982.

［5］隋谢讽. 食经·乳腐［M］. 北京：中国商业出版社，1985.

［6］唐孟诜. 食疗本草［M］. 北京：人民卫生出版社，1984.

［7］五代陶谷. 清异录·官志［M］. 据《涵芬楼藏版·说郛》本.

［8］清汪汪谢诚. 湖雅·酿造之属［M］//［日］田中静一. 中国食经丛书. 东京：书籍文物流通会，1972.

［9］清薛宝辰. 素食说略［M］. 北京：中国商业出版社，1984.

［10］清袁枚. 随园食单［M］. 关锡霖注释. 广州：广东科技出版社，1983.

［11］明宋诩. 宋氏养生部［M］. 北京：中国商业出版社，1989.

［12］清朱彝尊. 食宪鸿秘［M］. 北京：中国商业出版社，1985.

［13］清李化楠. 醒园录［M］//［日］田中静一. 中国食经丛书. 东京：书籍文物流通会，1972.

［14］石声汉. 齐民要术选读本［M］. 北京：农业出版社，1961.

［15］元佚名氏. 居家必用事类全集［M］. 北京：中国商业出版社，1986.

［16］元韩奕. 易牙遗意［M］. 北京：中国商业出版社，1984.

［17］清佚名氏. 调鼎集［M］. 北京：中国商业出版社，1986.

［18］宋林洪. 山家清供［M］. 北京：中国商业出版社，1985.

［19］宋吴自牧. 梦粱录［M］. 北京：中国商业出版社，1982.

［20］宋陆游. 陆游饮食诗选注［M］. 北京：中国商业出版社，1989.

［21］元忽思慧. 饮膳正要［M］. 北京：中国书店出版社，1985.

［22］元王祯. 王祯农书［M］. 北京，农业出版社，1981.

［23］明高濂. 饮馔服食笺［M］. 北京：中国商业出版社，1985.

［24］清顾仲. 养小录［M］. 上海：商务印书馆，1937.

［25］清王士雄. 随息居饮食谱［M］. 北京：中国商业出版社，1985.

［26］清赵学敏. 本草纲目拾遗［M］. 北京：人民卫生出版社，1983.

［27］清梁章钜. 浪迹丛谈［M］. 北京：中华书局，1960.

［28］明方以智. 物理小识［M］. 上海：商务印书馆，1937.

［29］元贾铭. 饮食须知［M］. 上海：商务印书馆，1937.

［30］清末徐珂. 清稗类钞［M］. 北京：中华书局，1986.

［31］洪光住. 中国食品科技史稿［M］. 北京：中国商业出版社，1984.

［32］［英］李约瑟. 中国科学技术史: 第六卷第五分册［M］. 北京：科学出版社，
2008.

［33］林海音. 中国豆腐［M］. 中国台湾：纯文学出版社，1971.

［34］杨淑媛，田元兰. 新编大豆食品［M］. 北京：中国商业出版社，1989.

［35］耿鉴庭. 鉴真东渡与豆腐传日［J］. 中国烹饪，1980（2）.

［36］程步奎. 豆腐的起源［J］. 中国烹饪，1983（4）.

［37］余清逸. 漫话豆腐［J］. 中国烹饪，1983（6）.

［38］洪卜仁. 豆腐传日者谁［J］. 中国烹饪，1983（7）.

［39］洪光住. 豆腐身世考［J］. 中国烹饪，1984（2）.

［40］胡嘉鹏. 也谈豆腐传日［J］. 中国烹饪，1984（3）.

［41］曹元宇. 豆腐制造源流考［J］. 中国烹饪，1984（9）.

［42］郭伯南. 再谈豆腐的起源与东传［J］. 中国烹饪，1987（3）.

［43］陈文华. 豆腐起源于何时［J］. 农业考古，1991（1）.

［44］洪光住. 中国酿酒科技发展史［M］. 北京：中国轻工业出版社，2001.

［45］戴莹. 中国豆腐之殇［J］. 中华遗产，2012（2）.

参考
文献

［46］中国医科研究院卫生研究所. 食物成分表［M］. 北京：人民卫生出版社，
　　　1983.

［47］中国科学院微生物研究所. 常见与常用真菌［M］. 北京：科学出版社，1973.

［48］黄兴宗. 中国科学技术史：发酵与食品科学［M］. 北京：科学出版社，2008.

［49］［日］篠田统. 豆腐考［J］. 日本：乐味，1963（6）.

第三章

酱祖型与
非谷物酱考

酱祖型渊源考

一提到酱，很多中国人都会立刻联想到各种糊状物食品。例如，肉酱、果酱、瓜酱、芝麻酱、芥末酱、香花酱等，这类酱本文称为"非谷物酱"。然而，今日的非谷物酱花色品种已经很多，本文所要探讨的不是全部，只是酱祖型和那些具有悠久历史的、鲜为人知的非谷物酱。

据笔者所知，中国古人把糊状物称为"酱"的起源很早，酱之祖型至晚始见于商周时代。

> 《周礼·天官》："膳夫：膳夫掌王之食饮膳羞，为食官之长；食用六谷，膳用六牲，饮用六清，羞用百有二十品，珍用八物，酱用百有二十瓮。"汉郑玄注："酱，谓醯、醢也。"[1]

由上述内容可知，我国商周时期的"酱"，系指醯和醢，即醯酱和醢酱。也就是说，酱是醯酱和醢酱的总称。对于如何识别醯酱和醢酱性质的事，我们可以在《周礼》和《礼记》中检索到真实的答案。例如：

> 《周礼·天官》："醢人：醢人掌共五齐、七菹，凡醢物。以共祭祀之齐菹，凡醢酱之物。宾客，亦如之。"汉郑玄注："齐菹，酱属。醢人者，皆须醢成味。"《周礼·天官》："醢人：醢人掌四豆之实（即朝事之豆，馈食之豆，加豆之实，羞豆之实）。其实韭菹、醓醢，昌本、麋臡，菁菹、鹿臡，茆菹、麇臡。"汉郑玄注："醓醢，肉酱也。醓，肉汁也。作醢及臡者，必先膊干其肉，乃后莝之，杂以粱曲及盐，渍以美酒，涂置瓮中，百日则成矣。"[2]

《周礼》郑玄注制作肉酱及臡酱工艺流程，如图 3-1 所示。

由上述内容分析可知，当时的"醓醢"是一种含酸味而且多汁的肉酱，很明显不是用谷物酿成的酱。如果从理化观点推测，其酸味成分主

---

[1] 汉郑玄注. 周礼注疏. 唐贾公彦疏［M］. 上海：上海古籍出版社，1990.
[2] 汉郑玄注. 周礼注疏. 唐贾公彦疏［M］. 上海：上海古籍出版社，1990.

要的应当是氨基酸化合物。如果从饮食时代背景看，在秦汉以前，"醯醢"既是常见的食品，也是一种令人垂涎的调味品，令嗜者追求。

　　《诗·大雅》："行苇：醓醢以荐，或燔或炙。"《礼记·内则》："脍：和用醯，兽用梅；炮：取豚若将，刲之刳之……而后调之以醯醢。"《左传·昭公二十年》："和如羹焉，水火醯醢盐梅，以烹鱼肉。"《论语·公冶长》："孰谓微生高直？或乞醯焉，乞诸其邻而与之。"

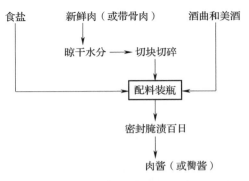

图 3-1　《周礼》郑玄注制作肉酱及鱐酱工艺流程

据笔者查阅得知，在《周礼》和《礼记》等古籍中，除了泛称肉酱或鱼酱之类的酱成品，尚有下列数种经常出现的具体肉酱食品。例如，有用鹿肉或带骨鹿肉分别做成的鹿醢或鹿臡，有用麋肉或带骨麋肉分别做成的麋醢或麋臡，有用獐肉或带骨獐肉分别做成的獐醢或獐臡，还有兔醢、蚳醢、蠃醢、麛醢、蜗醢、芥酱等。

　　总而言之，在秦汉以前，由于做酱所采用的原料几乎都是动物性的，可以说不见有用粮食类制作者，所以我们认为，我国酱祖型应是渊源于动物原料而来的产品，即"醢"和"醯"。

第二节

非谷物酱源流考

一、肉酱

本文下面要探讨的不包括鱼酱或虾酱产品，此类产品的内容，可以见"酿制鱼露蚝油及其他源流考"。关于肉酱类内容，本文下面主要指的是畜禽类肉酱。

经过前面的讨论之后，我们已经明白，我国肉酱的祖型是醢和醯。然而，由"醢"辗转为"肉酱"称呼的确出现较晚，最初始见于西汉。例如，在湖南长沙马王堆西汉墓出土的竹简上，就有"肉酱一资"的记录。后来，汉许慎在《说文解字》中说："醢，肉酱也。"又汉崔寔《四民月令》载："正月，可作诸酱，可以作鱼酱、肉酱。"自那时以来，"肉酱"的用语备受人们尊崇和赞赏，用"醢"表达肉酱的现象罕见了，出现了"醢"被"肉酱"称呼湮没的局面。

关于古代制作肉酱的方法，除了前面所说的《周礼·醢人》，最早全面论述制作肉酱法的，始见于南北朝时期。

1. 南北朝时期

（1）《齐民要求·肉酱法》原文

北魏贾思勰《齐民要术·作酱法》："肉酱法：牛、羊、獐、鹿、兔肉皆得作。取良杀新肉，去脂，细锉。陈肉干者不任用。合脂令酱腻。晒曲令燥，熟捣，绢筛。

大率肉一斗，曲末五升，白盐二升半，黄蒸一升。晒干，熟捣，绢筛。盘上和令均调，内瓮子中。有骨者，和讫先捣，然后盛之。骨多髓，既肥腻，酱亦然也。泥封，日曝。寒月作之，宜埋之于黍穰积中。二七日开看，酱出无曲气便熟矣。

买新杀雉煮之，令极烂，肉消尽。去骨取汁，待冷解酱。鸡汁亦得。勿用陈肉，令酱苦腻。无鸡、雉，用好酒解之。还着日中。"[1]

（2）工艺流程（图3-2）

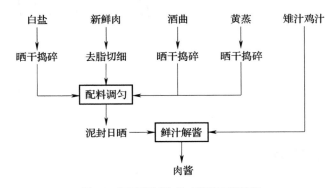

图 3-2 《齐民要术》作肉酱法工艺流程

（3）讨论

如果根据上面的原文及工艺流程分析，则我们就会发现，古人制作肉酱法即使是到了南北朝时代，也仍然与《周礼》郑玄注"作醢及臡者"的内容大同小异，都是属于腌肉工艺。这种工艺与现在的制作肉酱法不同，与传统的制作腌肉法相似。

这就是说，《周礼》与《齐民要术》中的制作肉酱法，实际上都是今日传统腌肉法的祖型。由于古代做肉酱时采用生肉为原料，所以做好的肉酱实际上是生腌肉，其味道肯定不好，不能直接食用。因此，古人在食用肉酱之前，必须添加煮雉汁或煮鸡汁或酒。这就是说，古代的"做肉酱工艺"和"肉酱"，都与今日所言不同。

对于古代制作肉酱法的史学真谛而言，笔者认为它具有鲜明浓厚的东亚特征。例如，在配料中添加了酒曲、黄蒸、酒和花椒等，物料拌匀后都装入瓮中密封起来，然后放在日光下晒熟。

很明显，这种制作肉酱法深受酿酒工艺、谷物发酵做酱工艺的影响。古人认为，所有的做酱工艺都是相似的，包括做肉酱、豆酱或酿酒等，只要在物料中添加些酒曲、黄蒸、食盐、花椒等，就能做出味美的好酱来。

然而，古人的见解错了。酒曲或黄蒸是糖化谷物淀粉的克星良药，而对于生肉成分的作用却是很弱的，必须区别对待，不可混为一谈视为同类。由此推测可知，我国古代的制作肉酱工艺没能相传发展至今，古今没有传承关系，说到底，应当是与古人的误解与作为有关系。

---

[1] 石声汉. 齐民要术选读本［M］. 北京：农业出版社，1961.

如果从古文献的记载内容看，自南北朝至清朝，我国的制作肉酱法几乎都是如出一辙、一如既往的，与《齐民要术》所言相似，不见有明显的进步迹象。

2. 唐宋时期

唐韩鄂《四时纂要·十二月》："兔酱：锉兔取肉，切如脍。脊及颈骨细锉，相和肉。每肉一斗，黄衣末五升，盐五升，汉椒五合去子。盐须干。方：下好酒，和如前法，入瓷瓮子中，又以黄衣末盖之，泥封，五月熟。骨与肉各别作亦得。"

宋浦江吴氏《吴氏中馈录·脯鲊》："造肉酱：精肉四斤去筋骨，酱一斤八两，研细盐四两，葱白细切一碗，川椒、茴香、陈皮各五六钱，用酒拌和各粉并肉，如稠粥，入坛封固。晒烈日中十余日，开看，干再加酒；淡再加盐。又封以泥，晒之。"[1]

3. 明清时期

明刘基《多能鄙事·糟酱淹藏法》："造鹿醢：鹿肉八斤，去筋膜，细切如泥；用小豆曲、细酒曲、芜荑末各一两，肉豆蔻二两，川椒末六两，葱白细切一斤半，盐二斤，红豆、荜拨、良姜、桂心各半两，茴香、甘草各一两，为细末；以酒同肉拌匀，稀稠得中，小口缸盛，密封之。三五日一搅匀，复附之曝日中，夜置暖处，百日可食。搅时，视稀稠加酒、曲。尝卤，淡加盐。"

清朱彝尊《食宪鸿秘·肉之属》："造肉酱法：精肉四斤，勿见水，去筋膜，切碎，剁细；甜酱一斤半，飞盐四两，葱白细切一碗，川椒、茴香、砂仁、陈皮为末各五钱；用好酒合拌如稠粥，入坛封固；烈日中晒十余日，开看，干加酒，淡加盐，再晒。腊月制为妙。若夏月，须新宰好肉，众手速成，加腊酒酿一盅。"[2]

二、芥末酱

芥末酱是我们祖先最早创制食用的传统辛辣调味品，近年来许多中外科学家们很重视，已有诸多的研究报告发表。由于各国所产的芥末酱品质相差很大，而以我国所产的为最好，日本的芥末酱也很美味，所以很值得重视。现将我国关于芥末酱源流探讨如下。

西汉戴圣编《礼记·内则》："膳：醢、炙载、芥酱、鱼脍；食：麋肤、鱼醢、鱼脍、

---

[1] 宋浦江吴氏. 吴氏中馈录［M］. 北京：中国商业出版社，1987.

[2] 清朱彝尊. 食宪鸿秘［M］. 北京：中国商业出版社，1985.

芥酱。"[1]

虽然先秦时期已有食用芥酱的记录，但是我们至今却没有发现当时已有关于制作芥酱的工艺。我国古代出现制作芥酱的证据，最初始见于南北朝时期的《齐民要术》中。

1.《齐民要术·作芥子酱法》原文

北魏贾思勰《齐民要术·八和齑》："作芥子酱法：先曝芥子令干，湿则用不密也。净淘沙，研令极熟。多作者，可碓捣，下绢筛，然后水和，更研之也。令悉著盆，合著扫帚上少时，杀其苦气。多停，则令无复辛味矣，不停，则太辛苦。挼作丸子，大如李，或饼子，任在人意也。复曝干，然后盛以绢囊，沉之于美酱中。需，则取食。其为齑者，初杀讫，即下美酢解之。"[2]

2. 工艺流程（图 3-3）

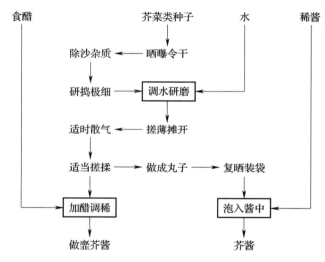

图 3-3　作芥子酱法工艺流程

3. 讨论

根据上面原文及工艺流程分析可知，我国南北朝时期的制作芥酱法已是很高明的，这件事还可以说明，我国古人发明制作芥酱工艺的起源，肯定是早于南北朝时代。对于当时制作芥末酱技术水平方面，我们可以从曝芥子令干、净淘、研捣、杀苦气、沉美酱、

[1]　清孙希旦. 礼记集解［M］. 北京：中华书局，1989.

[2]　石声汉. 齐民要术选读本［M］. 北京：农业出版社，1961.

下美酢等措施进行探讨。

首先，曝芥子令干的做法很重要，只有将芥菜种子晒干或炒干，才能研捣出优质的芥末粉。在原文中，净陶和下绢筛的目的很相似，都是要保证芥末酱的品质优良，其中前者是为了清除泥沙杂质，后者是为了使芥末粉的品质达到精细均匀的要求。在原文中，"杀苦气"的操作非常重要，技术与经验双并重，其中被摊开的芥末糊厚度要恰当，晾放停留的时间要适当，可变因素多，做好不容易，只有认真去掌握才能达到完美的程度。在改善芥末酱风味和口感方面，原文中有"沉美酱"和"下美酢"的方法，其前者是将芥末酱装入绢袋后浸泡于稀酱中，然后取食；后者是用醋调稀芥末酱，然后用于拌食佳肴。这种食用芥末酱的方法很典型很传统，如今仍然很常见。

在《齐民要术》中，还有《食经》作芥酱法的记载。原文如下：

贾思勰《齐民要术·八和齑》："《食经》作芥酱法：熟捣芥子，细筛取屑，著瓯里，蟹眼汤洗之。澄去上清，后洗之。如此三过，而去其苦。微火上搅之，少烫。覆瓯瓦上，以灰围瓯边，一宿则成。以薄酢解，厚薄任意。"

自南北朝以来，在古籍中有关制作和食用芥末酱的记载很多。在古人心目中，芥末酱的食用价值很高，它既是辛辣香美非常独特的调味品，也是身价不俗的保健食品。其中，唐宋时期的食用评价如下：

唐孟诜《食疗本草》卷下："芥：其子微熬研之，作酱香美，有辛气，能通利五脏。"[1]
唐孙思邈《千金食治·鸟兽》："鳖肉、兔肉，和芥子酱食之损人。"[2] 唐玄应《一切经音义》："芥子，林辛菜也。"宋吴氏《中馈录·制蔬》："芥辣：二年陈芥子，碾细，水调，纳实碗内，韧纸封固。沸汤三五次泡出黄水，覆冷地上。顷后有气，入淡醋，解开布，滤去渣。"

在上面的原文中，孙思邈认为"鳖肉或兔肉与芥末酱拌食损人"。这是中国古代医家"饮食禁忌"的看法，在科学性得到确切证实之前，我们认为不可信以为真。下面，我们所要列举的是，我国明朝时期制作或食用芥末酱的例子：

明李时珍《本草纲目·菜部》："芥有数种：其花三月开，黄色四出，结荚一二寸，子大如苏子，而色紫味辛，研末泡过为芥酱，以侑肉食，辛香可爱。"明邝璠《便民图纂·制造类上》："造芥辣汁：芥菜籽淘净，入细辛少许，白蜜、醋一处同研烂，再入淡醋，滤去粗，极辣。"

明戴羲《养余月令·五月》："芥末：用陈芥籽或红家菜，先收取极老极干者，去灰末藏之。作时以擂盆碾碎，细罗出面，将极滚沸汤烫，顺手搅成膏，入瓶。临

[1] 唐孟诜撰，张鼎增补. 食疗本草［M］. 北京：中国商业出版社，1992.
[2] 唐孙思邈. 千金食治［M］. 北京：中国商业出版社，1985.

用，加酱油、醋，调蘸入供。切记逆手搅，否则不堪食。一法：碾碎后用沸汤三五次泡，去黄水，韧纸封固，待温，入淡醋和匀去渣用；一法：碾碎后用醋和水拌之，绢挤出汁，置凉处候冷，食用俱可。"

在上面的原文中，"细辛"在植物学上称杜衡，马兜铃科。另外，"红家菜"应当是指特产芥的种子。关于"切忌逆手搅，否则不堪食"，笔者认为此话只能作参考。下面，我们所要列举的是，我国清朝时期的例子。

清朱彝尊《食宪鸿秘·酱之属》："制芥辣：芥子一盒，入盆擂细，用醋一小盏，加水和调。入细绢挤出汁，置水缸凉处。临用，再加酱油、醋调和，甚辣。"

清顾仲《养小录·酱之属》："制芥辣：二年陈芥子研细，用少水调，按实碗内。沸汤注三五次，泡出黄水，去汤，仍按实。韧纸封碗口，覆冷地上。少顷，鼻闻辣气，取用淡醋解开，布滤去渣。加细辛二三分更辣。"

芥菜原产于我国，十字花科草本植物，有青芥、白芥、紫芥等品种。用芥菜的种子炒干磨成芥末粉可做成芥辣酱，那是夏令常备的调味佳品之一，风味独特。例如，宴席上常调的、玲珑剔透凉拌芥酱鸭蹼小菜，又如北京盛夏小吃凉粉加芥末酱，食后之美令人久久难忘。芥末中的辛辣物质由多种硫氰酸酯构成，主要成分是烯丙基异硫氰酸酯（43.7%），甲硫基丙基异硫氰酸酯（9.4%），3-丁烯基异硫氰酸酯（4.8%），丁基异硫氰酸酯（4.7%），还有脂肪及蛋白质等。经常食用一点芥末酱，有通经脉活络、利气化痰、健脾胃消食、消肿痛散寒、通鼻喉理肺等作用，堪称美味保健佳品。

三、蒟酱

蒟酱，亦称蒌子或蒌叶，胡椒科，近木质植物，茎蔓生，花单性，雌雄异株，用红色肉质果穗做酱味辛辣。蒟酱原产于印度尼西亚，我国南方栽培较广，但传入情况不详，肯定由来悠久，西汉已有史籍记载。例如：

西汉司马迁《史记·西南夷列传》："建元六年，大行王恢击东越，东越杀王郢以报。恢因兵威使番阳令唐蒙风指晓南越。南越食蒙蜀蒟酱，蒙问所从来，曰'道西北牂柯，牂柯江广数里，出番禺城下'。蒙归至长安，问蜀贾人，贾人曰：'独蜀出蒟酱，多持窃出市夜郎。'"[1]

由上面原文分析可知，我国在西汉时，人们已知食用蒟酱了，而且还通过对蒟酱的发现，为汉朝开发西南大地提供了可靠的信息。蒟酱既是植物名，也是食物名。正因为如此，所以历代古籍中都有关于蒟酱的记载。例如，汉许慎的《说文解字》、西晋左思

---

[1]　西汉司马迁. 史记［M］. 北京：中华书局，1959.

的《蜀都赋》、南北朝梁陶弘景的《本草经集注》等。自唐朝以来，古人对于蒟酱的认识，已有更加深入的见解。例如：

唐孟诜《食疗本草》卷上："蒟酱：散结气，治心腹中冷气。亦名土荜拨。岭南荜拨尤治胃气疾，巴蜀有之。"

宋苏颂《图经本草·草部》卷七："蒟酱生巴蜀，今夔川、岭南皆有之"。刘渊林注《蜀都赋》云："蒟酱缘木而生，其子如桑椹，熟时正青，长二三寸，以蜜藏之而食辛香，温调五脏。今云：蔓生，叶似王瓜而厚大，实皮黑而肉白，其苗为扶留藤，取叶合槟榔食之，辛而香也。两说大同小异。然则，渊林所云：乃有蜀种。如今此说是海南所传耳。今为贵荜拨而不尚蒟酱，故鲜有用者。"

在上面的原文中，我们必须首先识别的内容是，这蒟酱、荜拨和浮留藤，它们在植物学上的真相如何。对于浮留藤，生物学词典上未收载，应即扶留藤的谐音。在我国古代，扶留藤应即本文所言的"蒟酱"，是胡椒科的蒌叶（**Piper betle**），亦名"蒌子"，近木质藤本植物。原产于印度尼西亚，我国南部很早就栽培。其叶富含芳香油，味辛辣，是自古佐槟榔的配料。其证据如下：

三国末吴晋初薛莹《荆扬已南异物志》："槟榔：实如鸡子，皆有壳，肉满壳中，正白，味苦涩。得扶留藤与古贲灰合食之，则柔滑而美。交趾、日南、九真皆有之。"

南宋周去非《岭外代答》卷六："福建下四川与广东西路者皆食槟榔，客至不设茶，唯以槟榔为礼。其法：剖开而瓜分之，水调蚬灰一铢许于蒌叶上，裹槟榔咀嚼……无蚬灰处只用石灰，无蒌叶处只用蒌藤。"又南宋顾微《广州记》："扶留藤，缘树生。其花、实即蒟也，可以为酱。"[1]

在南宋范成大的《骖鸾录》、清檀萃的《滇海虞衡志》卷十"蒌"项里，也有类似上面的记载。现在，我国的云南、海南岛等，也仍有用蒌叶包蚬灰与槟榔咀嚼的。根据食俗与这些古文献记载说明，所谓扶留、扶留藤、蒌叶、蒌子等，应当都是蒟酱的别名。至此，我们应当继续探讨的是，我国自元朝以来的情况了。兹举例如下：

旧题元李杲《食物本草·味部》："蒟酱：味辛，温，无毒。主下气温中，破痰咳逆上，心腹虫毒痛，胃弱虚泻，霍乱吐逆，解酒食味。"

明杨慎《升庵外集·调味品类》："蒟酱：稽含《南方草木状》云：蒟酱，荜茇也。大而紫曰荜茇，小而青曰蒟酱，可以调食故曰酱。今永昌人犹以荜茇为豆豉，是可证也。自《本草注》以蒟酱为槟榔、蒌子，非也。佐槟榔、蒌子，自名扶留藤，见《蜀都赋》《草木状》亦具，列于槟榔条下，与蒟酱全不同。"[2]

清宋诩《宋氏养生部·蜜煎制》："闽广所产宜制者：以蒟酱为扶留藤，取叶合

[1] 缪启愉辑释. 汉魏六朝岭南植物志录辑释［M］. 北京：农业出版社，1990.

[2] 明杨慎. 升庵外集［M］. 北京：中国商业出版社，1989.

槟榔食之，辛而香也，即蒌藤之类。"

在上面的原文中，古人对于蒟酱与荜拨的讨论是很认真的。这是两种特别相似的植物，都是胡椒科，叶卵形或心形，花小，雌雄异株，浆果穗状，都原产于印度尼西亚，但是浆果品质不同，食用价值不同。

四、榆仁酱

所谓"榆仁酱"，就是用榆之果仁做的酱。榆科植物我国有 8 属 50 多种，双子叶落叶乔木或灌木，果为翅果、坚果或核果。家榆的果实称"榆钱"，嫩时可拌面粉做饼食，果仁可做"榆仁酱"，即一种自古驰名的食品。关于榆仁酱的历史，古书上早有记载。例如：

西汉史游《急就篇》第十："芜荑盐豉醯酢酱。"又东汉崔寔《四民月令·二月》："是月也，榆荚成，及青收，干以为旨蓄。色变白，将落，可收为酱酱、酬酱。"[1]

现在已知，木果榆又称黄榆、山榆、无姑、姑榆等别名。据汉朝《尔雅·释木》载："无姑，其实夷。"晋郭璞注："无姑，姑榆也。生山中，叶圆而厚，剥取皮合渍之，其味辛香，所谓无夷。"对于植物，古人常加草字头作"芜荑"，以示含义上的区别。由此可知，"芜荑"是大果榆的果实，也兼其树名，其果仁可作酱，味辛香，其酱称芜荑或芜荑酱。这就是说，我国始有榆仁酱，至晚始见于西汉史游《急就篇》中。到了东汉，榆仁酱又名酱酱或酬酱。

虽然，我国始有榆仁酱出现很早，但是关于制作榆仁酱的记载却出现较晚。据笔者所知，初见于南北朝的《齐民要术》中。例如：

北魏贾思勰《齐民要术·作酱法》："作榆子酱法：治榆子仁一升，捣末，筛之。清酒一升，酱五升，合和。一月可食之。"又唐孟诜《食疗本草》卷上："榆荚，其子可作酱，食之甚香。然稍辛辣，能助肺气，杀诸虫，下心腹间恶气，内消之。陈滓者，久服尤良。"又唐杨晔《膳夫经手录》卷一："芜荑乃沙塞之赤榆子也，味辛。"

根据上面的内容分析可知，这是一种古老的制作方法，因为添加了酒和酱等其他成分，所以很难说产品榆仁酱的品质是优良的。

榆原产于我国，落叶乔木，有 8 个属 50 余个品种。榆的根皮、嫩叶、种子都可以用于制药，嫩叶和种子可以食用，种子用于榨油和制作榆仁酱，历史由来悠久。例如大果榆的翅果含油率 22.5%；脂肪酸组成：辛酸 26.0%，癸酸 44.8%，月桂酸 3.3%，棕榈酸 6.6%，油酸 8.0%，亚油酸是 7.1% 等。大果榆和刺榆如图 3-4 所示。

虽然，我国自古已有许多食用榆仁酱的记载，但是详细制酱工艺却始见于明朝的《多能鄙事》等。

---

[1] 东汉崔寔. 四民月令［M］. 北京：农业出版社，1981.

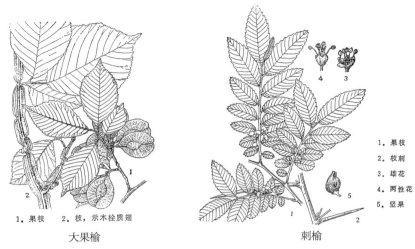

1. 果枝
2. 枝刺
3. 雄花
4. 两性花
5. 坚果

1. 果枝　　2. 枝，示木栓质翅
大果榆

刺榆

图 3-4　大果榆和刺榆

（引自：《山东经济植物》编写组：《山东经济植物》，山东人民出版社，1978 年）

1.《多能鄙事·榆仁酱方》原文

　　明刘基《多能鄙事》卷一："榆仁酱方：榆仁不拘多少，淘净，浸一伏时，擦去浮皮。再次布袋盛，于宽水中洗去涎，控干。以蓼汁拌，晒干，如此七次。同发过的面曲依造酱法用盐下。每榆仁一升，用发过的面曲四斤，盐一斤。"

　　明李时珍《本草纲目·谷部》："榆仁酱造法：取榆仁，水浸一伏时，袋盛，揉洗去涎。以蓼汁拌、晒，如此七次，同发过的面曲，如造酱法下。每榆一升，曲四斤，盐一斤，水五斤。崔寔《月令》谓之酱榆是也。"

2. 工艺流程（图 3-5）

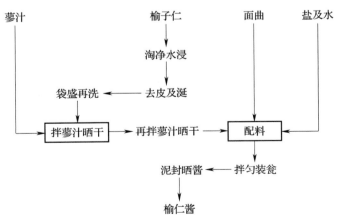

图 3-5　制榆仁酱工艺流程

3. 讨论

根据上面的原文及工艺流程分析可知，这种做榆仁酱法很传统，与古代大多数做酱法相似，即在操作过程中，添加了蓼汁、酒曲等物，采用了密封瓮中晒酱成熟法。但是，这种传统方法缺点不少，多项不符合酿制食品科技原理，不可能做好榆仁酱。正因为如此，所以自清朝起，我国做榆仁酱法开始出现了超脱陈规的不加酒曲工艺。

> 清黄宫绣《本草求真》卷三："芜荑有大小两种，小者即榆荚也，揉取仁，醖为酱，味尤辛。"

五、芝麻酱

在我国，用芝麻做芝麻酱的历史非常悠久，而且特别盛行于北方，此种情况可能与北方人的饮食文化有关。北方人经常以面粉为主食，餐桌上备受欢迎的有麻酱拌面条、拌凉粉、拌小菜；常用麻酱做糕点、做饼干、烙糖饼，吃面茶加麻酱、炖豆腐泡加麻酱等。麻酱风味特殊，清香可口，富有极强的吸引力。那么，我国何时开始研制和食用芝麻酱呢？

相传芝麻种是由西汉张骞通西域时从西亚传入我国的，在《氾胜之书》《神农本草经》《四民月令》中已有记载。芝麻作物亦称胡麻，其种子亦称芝麻。自古以来，芝麻既是食物，亦是制作麻油的原料。因此，麻酱的出现必然与饮食或制取麻油的过程密切相关。现在，让我们首先来探讨在饮食方面的情况。据笔者所知，在《齐民要术》中，已有相关内容值得讨论。

> 北魏贾思勰《齐民要术·羹臛法》："作胡麻羹法：用胡麻一斗，捣，煮令熟，研取汁三升。葱头二升，米二合，著火上。葱头半熟。得二升半羹。"

根据上面的原文分析可知，当时的做胡麻羹法虽然也有捣和研的操作，但是在做成的羹中还杂有葱和米的成分，不能说它已是芝麻酱。据笔者所知，我国制作芝麻酱法出现较晚，它主要起源于制取麻油法，特别是小磨香油工艺或舂法芝麻油制取工艺。例如：

> 元王祯《王祯农书·杵臼门》："油榨，取油具也。凡欲造油，先用大镬灶炒芝麻。既熟，即用碓舂或辗碾令烂，上甑蒸过；今燕赵间创法，有以铁为炕面，就接蒸釜灶项，乃倾芝麻于上，执锹匀搅，待熟，入磨，下之即烂，比镬炒及舂碾省力数倍。"

在上面《王祯农书》的原文中，有芝麻"舂碾令烂"或"入磨下之即烂"的话，这正是芝麻炒熟后做成酱的操作，此时芝麻酱已是中间产品。因此，我们认为，我国元朝时已有麻酱食品，其理由并不附会。到了明朝，古籍中特意标明是作芝麻酱的实例已经不少。例如：

1.《饮馔服食笺·芝麻酱方》原文

　　明高濂《遵生八笺·饮馔服食笺》："芝麻酱方：熟芝麻一斗，捣烂。用六月六日水，煎滚，晾冷。入坛调匀，水淹一手指封口。晒五七日后开坛，将黑皮捞去后，加好酒娘糟三碗，好酱油三碗，好酒二碗，红曲末一升，炒绿豆粉一升，炒米粉一升，小茴香末一两。和匀，过二七日后食用。"[1]

2. 工艺流程（图3-6）

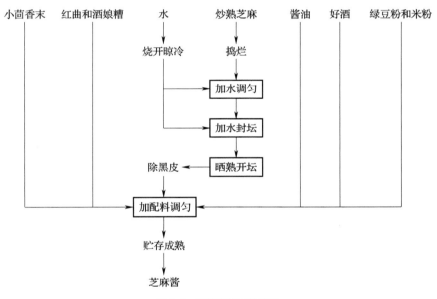

图3-6　制芝麻酱工艺流程

3. 讨论

　　根据上面的原文及工艺流程分析可知，我国明朝时做芝麻酱的方法很特殊，有点儿像是传承了古人的做肉酱或豆酱工艺那样，也添加了许多辅料与红曲，采用了捣烂芝麻及密封短促发酵法。不言而喻，当时的麻酱风味一定与今日的产品很不同，如果想知道庐山真面目，只有试制出来看一看才能明白。

　　到了清朝，除上述采用捣烂芝麻做酱法以外，已出现了研磨芝麻做酱法新工艺，出现了"麻茶酱"新产品。

[1]　明高濂. 饮馔服食笺［M］. 北京：中国商业出版社，1985.

清王士雄《随息居饮食谱·调和类》："麻酱:脂麻炒如法,磨为稀糊,入盐少许,以冷清茶搅之,则渐稠,名对茶麻酱。香能醒胃,润可泽枯。羸老、孕妇、乳媪、婴儿、脏燥、疮家及菇素者,藉以滋濡化毒,不仅为肴中美味也。"[1]

清薛宝辰《素食说略》卷三："麻茶酱:芝麻酱入盐及清茶少许,搅之,愈搅愈稠,可以箸取。吃饭、吃粥、吃饼,无不相宜。香能醒脾,润可养液,非仅蔬中美味也。"[2]

六、水果酱和瓜酱

在我国古代早期典籍中,不知为何,很难见到用水果或瓜类做酱的记载。经过辛劳检索之后发现,在唐李延寿撰《南史·王玄谟传》中,有:"菫茹供春膳,栗酱充夏凉。爬酱调秋菜,白卤解冬寒。"这正巧说的是果酱和瓜酱。其中,爬瓜即今日俗称的瓠子,果实细长而呈圆筒形,嫩果可充当蔬菜食用。《南史》所记内容,皆是南朝宋、齐、梁、陈四代历史事务,可惜其中没有说明当时的做酱方法。

笔者认为,我国最初出现的果酱,应是《尚书》中的梅酱。如《尚书·说命》载:"若作和羹,尔惟盐梅"。据南宋蔡沈《书集传》说:"作羹者,盐过则咸,梅过则酸,盐梅适中,然后成羹。"梅既然是调味品,梅果当然不如梅酱易调成味,此时古人自然就会将青梅煮熟去核捣烂为梅酱再用。这种做梅酱的方法并不难。梅既然是用于调羹的,由于羹是糊状或酱状类食品,若用梅果调羹当然不妥,唯有用梅酱最佳。

因此,笔者认为,这《尚书》中的"梅"应当包括梅酱。梅原产于我国,分布于江南各地,蔷薇科,花有清香,绿色青梅果实用于做酱,白梅和花梅果实用于制作蜜饯或乌梅等。

也许是由于我国的谷物酿醋出现很早而且发展很快之故,所以制作梅酱的规模大受压制,没有在历史上发展扩大起来,甚至到了明、清时代也如此,变化不大。兹举例说明如下:

明李时珍《本草纲目·果部》："梅:熟者榨汁晒收为梅酱。梅酱夏月可调渴水饮之。"清朱彝尊《食宪鸿秘·酱之属》："梅酱:三伏取熟梅,捣烂,不见水,不加盐,晒十日,去核及皮,加紫苏,再晒十日,收贮。用时,或入盐,或入糖。梅经日伏晒不坏。咸梅酱:熟梅一斤,入盐一两,晒七日,去皮、核,加紫苏,再晒二七日,收取。点汤,和冰水,消暑。"

除了梅酱,在我国古代典籍中,记录制作果酱食品的甚少,即使是到了清朝也是如此。例如,在清王士雄的《随息居饮食谱》中,也只有桃酱和山楂酱。在清佚名氏的《调

---

[1] 清王士雄. 随息居饮食谱 [M]. 北京:中国商业出版社,1985.

[2] 清薛宝辰. 素食说略 [M]. 北京:中国商业出版社,1984.

鼎集》卷十中，也只有杏仁酱和苹果酱。

至于用瓜类做酱的情况，现在已知，我国古代也很少。除上述《南史》中的瓠子酱外，一直到了明朝和清朝，才分别见到木瓜酱和西瓜甜酱的做法。在我国，俗称木瓜的有三种，即蔷薇科的榠楂、桑科的无花果和番木瓜，都俗称木瓜，古代都用于做酱。

　　明刘基《多能鄙事》卷三："木瓜酱：木瓜一个，切下顶去心，满入蜜，还以顶盖，竹签定。放甑上蒸软熟，倾去蜜。削皮，用炼过蜜半盏，入姜汁同研如泥，以熟水三大碗调匀，滤去滓，瓶贮。入井底沉冷，用之。"

对于西瓜甜酱的制作方法，因为很特殊，所以另行探讨如下。

图 3-7　番木瓜

1.《调鼎集·西瓜甜酱》原文

　　清佚名《调鼎集·酱》卷一："西瓜甜酱：用白稻米泡水，隔宿捞起，舂粉，筛就，晒干。或用碎米亦可。

　　次用黄豆淘净，和水，和满锅，慢火煮熟，歇火闷一复时。次早连汁取出，入大盆内，同米粉拌匀，用手揉揉，捻成块子，铺草席上，仍用草盖。少则七日，多则十日，取出摊门板上晒干。刷去毛，杵碎，与盐对配，黄子十斤用盐二斤八两，和匀装盆。

每黄一斤配好西瓜六斤，削去青皮。用木板架于盛黄盆上，切开瓤，揉烂带汁子一并下去，白皮切作薄片，仍用力横刮细碎，搅匀。此酱所重者瓜汁，一点勿轻弃。将盆开口向日中大晒，日搅四五次，至四十日，装坛待用。

若欲作菜，俟一月时，另取小罐，装入一部分，用老姜或嫩姜切丝，多下杏仁，去皮、尖。如要入菜油，先煮透，搅匀再晒十余日，收贮。可当淡豆豉用。"

2. 工艺流程（图3-8）

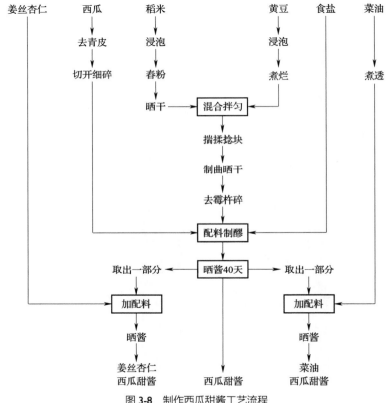

图 3-8　制作西瓜甜酱工艺流程

3. 讨论

根据上面的原文及工艺流程分析可知，这是一种先用稻米与黄豆制曲，然后投入大量西瓜酿造西瓜甜酱的工艺。当西瓜甜酱做好后，又采用添加配料的方法，另行制作新产品2种。如果从酿制食品科学原理看，这种工艺过程并无粗制滥造现象。但是，产品风味如何？其商品价值如何？笔者不知。看来，只有通过试制鉴定才能明白。

在清朝的古籍中，笔者发现了一种独特的水果瓜类酱。原文如下：

清薛宝辰《素食说略》卷一："果仁酱：核桃仁、杏仁、花生仁，均浸软去皮，略切。再加瓜子仁、松子仁，入甜面酱内炒之。"[1]

七、辣椒酱和香花酱

如果根据史料记载看，则我国种植辣椒的历史非常悠久。例如，在南北朝梁陶弘景的《名医别录》中，就有"秦椒"和"蜀椒"的记载："秦椒生泰山及秦岭上；蜀椒生武都巴郡。"秦椒和蜀椒都是原产于我国的辣椒植物。但是不知为何，我国采用辣椒做酱的事却出现很晚，最初始于清朝。例如：

清袁枚《随园食单·小菜单》："喇虎酱：秦椒捣烂和甜酱蒸之，可用虾米挽入。"[2] 清薛宝辰《素食说略》卷一："辣椒酱：辣椒，秋后拣红者悬之使干。其微红、半黄及绿者，磨作酱甚佳。辣椒七斤，胡莱菔三斤，均切碎。炒过盐十二两，水若干，搅匀令稀稠相得。以磨豆腐拐磨磨之，收贮瓷瓶，久藏不坏。吃粥下饭，胜肥脓数倍也。"[3] 清汪谢诚《湖雅·造酿之属》："辣酱：按油熬辣茄为辣油，和入面酱为之，或加芝麻油曰麻辣酱。"

自古以来，我国制作辣椒酱多数有个特点，那就是添加一些配料，以改变辣椒的火辣烈性，以适应更多人的饮食调味要求。常见的配料很多，有甜面酱和豆酱类、蔬菜类、肉类、豆类等。常见的辣酱有辣牛肉酱、胡萝卜辣酱、辣豆瓣酱等。兹举例说明如下。

1.《中馈录·制辣豆瓣酱法》原文

清曾懿《中馈录》第十二节："制辣豆瓣酱法：以大蚕豆用水一泡即捞起，磨去壳，剥成瓣。用开水烫洗，捞起用籤箕盛之。和面粉少许，只要薄而均匀。稍晾，即放至暗室，用稻草或芦席覆之。俟六七日起黄霉后，则日晒夜露，俟七月底始入盐水缸内，晒至红辣椒熟时。将红椒切碎，清晨和下，再晒露二三日后用坛收贮。再加甜酒少许，可以经年不坏。"[4]

---

[1] 清薛宝辰. 素食说略 [M]. 北京：中国商业出版社，1984.

[2] 清袁枚. 随园食单 [M]. 北京：中国商业出版社，1984.

[3] 清薛宝辰. 素食说略 [M]. 北京：中国商业出版社，1984.

[4] 清曾懿. 中馈录 [M]. 北京：中国商业出版社，1984.

2. 工艺流程（图 3-9）

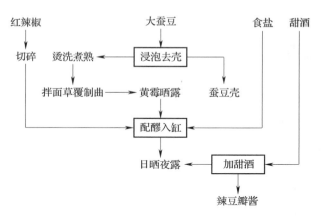

图 3-9　制辣豆瓣酱工艺流程

3. 讨论

根据上面的原文及工艺流程分析可知，这是一种很传统的制作辣豆瓣酱法工艺，所不同的是，原料采用大蚕豆而不是黄豆，添加物采用红辣椒和甜酒。当然也有不足之处，在操作过程中不见配加食盐，这是作者的疏漏。"工艺流程图"上的加盐，是笔者补充上去的。

关于香花酱的内容，按说这是中国人很看重的美食之一，但是其出现却很晚，据笔者所知，初见于明朝。到了清朝才有一些记载。例如：

明宋诩《宋氏养生部》卷二："蜜煎制：香花宜入膏者，桂花、兰花、玫瑰花、蔷薇花、茉莉花、木香花之类。用花瓣心捣糜烂，压去水，蜜和之，日曝之，加白砂糖复捣之，收入瓷器。"

清陈扶摇《花镜》："玫瑰，一名徘徊花，处处有之，惟江南独盛。此花用之最广。因其香美，或作扇坠香囊；或以糖霜同乌梅捣烂，名为梅瑰酱，收于瓷瓶内，曝过，经年色香不变，任用可也。"

清汪谢诚《湖雅·造酿之属》："霜梅即白梅，南浔志盐渍晒干捶碎，其酱曰霜梅。或以沙糖渍之，和以桂花曰桂花梅。夹以玫瑰花曰合梅。桂花梅中或加嫩姜，则呼桂花姜。"

参考文献

［1］汉郑玄注. 周礼注疏. 唐贾公彦疏［M］. 上海：上海古籍出版社，1990.

［2］石声汉. 齐民要术选读本［M］. 北京：农业出版社，1961.

［3］宋浦江吴氏. 吴氏中馈录［M］. 北京：中国商业出版社，1987.

［4］清孙希旦. 礼记集解［M］. 北京：中华书局，1989.

［5］唐韩鄂. 四时纂要·十二月［M］. 缪启愉校释. 北京：农业出版社，
1981.

［6］唐孟诜. 食疗本草（卷下）［M］. 谢海洲等辑. 北京：人民卫生出版社，
1984.

［7］西汉司马迁. 史记·西南夷列传［M］. 北京：中华书局，1972.

［8］宋苏颂. 图经本草·草部［M］. 胡乃长等辑. 福州：福建科学技术出版社，
1988.

［9］东汉崔寔. 四民月令·二月［M］. 缪启愉辑释本. 北京：农业出版社，1981.

［10］元王祯. 王祯农书·杵臼门［M］. 王毓瑚校. 北京：农业出版社，1981.

［11］明李时珍. 本草纲目·菜部［M］. 刘衡如校. 北京：人民卫生出版社，
1978.

［12］明邝璠. 便民图纂·制造类［M］. 石声汉校. 北京：农业出版社，1959.

［13］明杨慎. 升庵外集·调味品类［M］. 北京：中国商业出版社，1989.

［14］明刘基. 多能鄙事［M］//［日］田中静一. 中国食经丛书. 东京：书籍
文物流通会，1972.

［15］清汪谢诚. 湖雅·酿造之属［M］.//［日］田中静一. 中国食经丛书. 东京：
书籍文物流通会，1972.

［16］清陈扶摇. 花镜［M］. 伊钦恒校注. 北京：农业出版社，1962.

［17］清朱彝尊. 食宪鸿秘［M］. 北京：中国商业出版社，1985.

［18］［日］中山时子. 中国饮食文化［M］. 北京：中国社会科学出版社，
1992.

［19］李士靖. 中华食苑：第二集［A］. 北京：中国社会科学出版社，1996.

豆豉源流考

  豆豉是中国人首先发明的古老食品，迄今约有2200年的历史。自初创以来，酿造豆豉的方法已经不少，而且大多数方法早已传入东南亚各国，经过创新，现已发展成为典型的东方美食。如今，我国常见的豆豉品种很多，但没有统一的分类体系。今试分类如下。

  （1）根据生产工艺和原料不同分类

  豆类豆豉 采用不同豆类——加面粉制曲酿造豆豉；

  黑豆豆豉 采用纯黑豆加面粉制曲酿造豆豉；

  黄豆豆豉 采用纯黄豆加面粉制曲酿造豆豉；

  果蔬豆豉 采用豆类、果仁、蔬菜制曲酿造豆豉。

  （2）根据豆豉风味不同分类

  咸豆豉 采用先制豆曲然后加盐酿造豆豉；

  淡豆豉 采用先制豆曲然后不加盐酿造豆豉；

  酒豆豉 采用先制豆曲然后加盐加酒酿造豆豉。

  （3）根据豆豉物理特点分类

  水豆豉 酿造成熟的豆豉带有豉汁；

  湿豆豉 酿造成熟的豆豉是湿的；

  干豆豉 酿造成熟的豆豉是干的；

  豆豉脯 采用豆类制曲晒干即得"豆豉脯"，产物是豆豉的中间体半成品。

豆豉起源考

豆豉是一种发酵性豆类食品。其酿制过程是：首先把优选好的黑豆或大豆等，用清水浸泡好，然后蒸熟、降温，在保温、保湿条件下进行天然发酵，所酿制成的半成品称"豆曲"或"豆黄"或"豉曲"，晒干的黄子俗称豆豉脯；若将豆曲投入缸中用水、食盐等进行腌制，成熟后即得豆豉产品。

人所共知，豆豉是当今世界上著名的传统食品之一。特别是在中国、朝鲜半岛、日本、南亚各国，都有特别悠久的生产史。那么豆豉的故乡在哪里呢？

据韩国著名学者郑大声氏在《朝鲜食物志》中说："8世纪中叶，酱油的原型'酱'，可能是由中国传入朝鲜的；而'豆豉'则是在较早的7世纪传入朝鲜的。"

在日本，豆豉命名"纳豆"。日本著名的中国食物史家田中静一氏在《一衣带水——中国食物传入日本史》中说："在日本的飞鸟、奈良时代（相当于中国的唐朝），日中之间的往来十分频繁。先后15年间，五次派遣正式'遣唐使团'到中国。通过书籍和使节团的往来，把当时在中国已经普及的几种谷物酱传到了日本。根据当时在日本出版的多种古籍中的记载，以及日中之间大酱类食品名称的相互关系可知，日本大酱类中的酱、豆酱、豆豉等都是在那个时候（奈良时代）从中国传入的。"由此可知，豆豉的故乡在中国，这是可信无疑的结论。

如从史料记载和出土发现两方面考虑，则关于豆豉起源于我国的证据也是比较多的。

西汉司马迁《史记·货殖列传》载："通邑大都，酤一岁千酿，醯酱千瓨……漆千斗，蘖麹、盐豉千答。"又西汉史游《急就篇》载：

"芜荑盐豉醢酢酱。"[1]

在出土实物方面，1972 年我国在湖南长沙马王堆西汉墓发现的豆豉姜（图4-1），那是世界上最早的物证。说明我国发明豆豉显然早于西汉，这是有待于继续研究的问题。

图 4-I　西汉豆豉姜
（引自《马王堆一号汉墓》）

然而，需要进一步探索的问题是，在屈原（宋玉）的《楚辞·招魂》和汉王逸的《楚辞章句》中，有下列记载和注释：

战国屈原《楚辞·招魂》："大苦咸酸，辛甘行些。"汉王逸《楚辞章句》注："大苦，豉也。大苦咸酸辛甘，皆和之，使其味行；辛，谓椒姜也。甘，谓饴蜜也。言取豉汁和以椒姜，咸酢和以饴蜜，则辛甘之味，皆发而行也。"[2]

屈原（约前340—约前278年），战国时楚人，我国最早著名大诗人。王逸，东汉南郡宜城（战国时楚地，今属湖北）人，文学家。他们都是战国时楚人。因王逸精通楚地方言，他又是最早完成《楚辞章句》的作者，所以王逸的《楚辞》注很重要，也很可信。正因为如此，所以有人认为，《楚辞》里的"大苦"就是豆豉，我国豆豉至晚创始于战国时代。

然而，需要加深探讨的是，"大苦，豉也"其真实含意是什么？即大苦与豆豉是否为一物。另外，在我国战国时期，是否已经具备了发明豆豉的条件等。对于这些问题，我国宋朝人洪兴祖曾有下列独到之见。今引述如下：

宋洪兴祖《楚辞补注·招魂》："补曰《本草》：豉味苦，故逸以大苦为豉。然说左氏者曰：醯醢盐梅不及豉，古人未有豉也。《内则》及《招魂》备论饮食，言不及豉。史游《急就篇》曰：及有芜荑盐豉，盖秦汉以来始为之耳。据此，则逸说

[1] 西汉司马迁. 史记：卷一百二十九［M］. 北京：台海出版社，2002.
[2] 战国屈原. 楚辞·招魂［M］. 上海：上海古籍出版社，1998.

非也。又《尔雅》云：蘦，大苦；郭（璞）氏以为甘草。又《诗（经）》：隰有苓；陆玑《草木虫鱼疏》云：苓，大苦也，可为干菜。此所谓'大苦'，盖苦味之甚者尔。"[1]

如果按照洪兴祖的认识下结论，则王逸所言"大苦，豉也"只是一种比喻而已，"大苦"不是豆豉的别名，而是一种植物或食物罢了，其风味恰似豆豉那样。笔者认为，洪兴祖所言我国发明豆豉始于秦、汉间的结论是可信的。但是，秦朝与西汉相去只有26年，所以如果说我国发明豆豉始于西汉，那也应是无可厚非的。实际上，我国发明豆豉起源于西汉，而不是始于战国时代的理由还有下列：

宋周密《齐东野语·配盐幽菽》卷九："《楚辞》曰：大苦咸酸辛甘行。说者曰：大苦，豉也。言取豉汁调以咸酢椒姜饴蜜，则辛甘之味皆发而行。然古无豆豉。史（游）《急就篇》乃有'芜荑盐豉'。《史记·货殖列传》有'蘖麹、盐豉千答'。《三辅决录》曰：'前对大夫范仲公，盐豉蒜果共一箭'。盖秦、汉以来始有之。"[2] 宋吴曾《能改斋漫录·盐豉》有'九经中无豉字'。"

由上述内容可知，周密的见解与洪兴祖的结论是相同的，都认为我国发明豆豉始于秦、汉间。但是笔者认为，如果根据《史记》与《急就篇》的记载而论，则豆豉之滥觞当始于西汉较为可信。其理由是，《史记》的作者司马迁于公元前104年始著《史记》，而《急就篇》的作者史游于公元前48年为黄门令，用韵语著《急就篇》，《史记》先于《急就篇》问世，后者史实可不考虑。若从司马迁著《史记》时上溯至西汉初年，则相去（前206—前104年）已102年，如此长的历史，发明豆豉的孕育成熟期不算短。

[1] 宋洪兴祖. 楚辞补注［M］. 北京：中华书局，2002.
[2] 宋周密. 齐东野语［M］. 朱菊如等校注. 上海：华东师范大学出版社，1987.

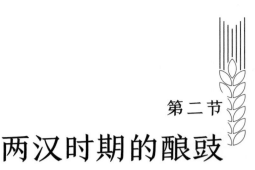

第二节

两汉时期的酿豉

自东汉起，我国古籍中有关豆豉的资料已明显增加，内容也逐步丰富起来。例如：

> 东汉许慎《说文解字》："尗，配盐幽尗也，从尗支声。豉，俗
> 尗从豆。"东汉刘熙《释名·释饮食》："豉，嗜也。调和五味，须之
> 而成，乃可甘嗜，故齐人谓豉声同嗜也；衔炙，细蜜肉和以姜、椒、
> 盐豉，乃以肉衔裹其表而炙之也。"

在前面这些史料中，《史记》的作者司马迁是陕西人，《楚辞章句》的作者王逸是湖北人，《说文解字》的作者许慎是河南人，《释名·释饮食》的作者刘熙是山东潍坊人。由此可以推知，我国今日的陕西、湖北、河南、山东等，在汉朝时都已经生产豆豉了，足见其流传地域已经很广。

我国古代酿制豆豉的技术，最重要的是巧妙地利用自然界里的有益微生物，进行天然发酵生产豆豉，常见的有曲霉豆豉、毛霉和根霉型豆豉。到了近现代，我国同许多国家一样，采用人工培育的菌种酿制豆豉。例如，我国有曲霉豆豉（*Asperaillus oryzas*）、毛霉豆豉（*Mucor sufui wai*）、根霉豆豉（*Rhizopus chinensis*）等。在马来西亚、新加坡、菲律宾、泰国、柬埔寨等，常见的有米根霉（*Rhizopus oryzae went*）和米毛霉（*Chiamydo mucor oryzae*）等类型的豆豉。在日本，他们采用精心选育的纳豆杆菌酿制豆豉，故产品不称豆豉而俗称"纳豆"。

在两汉时期，有一种明显的表现是，古籍中只有"盐豉"的记载。这种现象说明，当时的酿豉技术水平仍然较低，必须利用食盐的特性来确保豆豉的品质稳定并延长保质期。正因为如此，所以西汉时豆豉品种很少。

自东汉起，虽然酿制豆豉的技术仍然较低，但是有个很明显的发展

动向，那就是在古籍中已经出现了"豉汁"的记载。例如：

　　东汉刘熙《释名·释饮食》："脯炙也，饧蜜、豉汁淹之，脯脯然也。"晋葛洪《肘后备急方》卷三："治中风诸急方：豉、茱萸各一升，水五升，煮取二升稍稍服；又取豉配酒服微令醉为佳。"北魏贾思勰《齐民要术·作菹藏生菜法》："木耳菹；取枣、桑、榆、柳树边生木耳；下豉汁、酱清及酢，调和适口。下姜、椒末，甚滑美。"

　　豉汁的出现很重要，说明豆豉的食用价值正在逐步扩大和提高。还可以说明，我国两汉时期的豆豉和豉汁，不仅是珍极食品，而且也是滋味鲜美的调味品了。特别是豉汁的用途，它更适合于烹调美味佳肴、制作酱腌菜、可以改善各种食品风味等。在实践中，运用豉汁调味当然更加方便、快捷，入味自然更加迅速均匀。这种由豆豉进而压榨出豉汁的发展过程，是社会不断进步要求不断提高的产物，是科学技术逐步发达的必然结果，是中国人聪明才智卓越发挥的体现。

第三节

魏晋南北朝时期的酿豉

　　酿制豆豉的科学道理，实质上是一种利用有益霉菌水解豆类蛋白质及其他成分的过程，当这个过程进行到一定程度时，即用晒干或加入食盐水的办法阻止发酵，从而得到干豉、湿豉或水豉产品这是很科学的。自古以来，干豉俗称豉脯，它既是食品，也是酿制水豉的原料。因为，如果把豉脯腌入食盐水中，经过日晒夜露之后，即可酿成水豉。水豉的液态部分俗称"豉油"，它是古人爱不释手的调味品之一。但是，在魏晋时期以前，笔者始终未能在古籍中找到有关酿豉的工艺史料，而只见有食用豆豉的记载。例如：

　　　　晋葛洪《肘后备急方》卷一："治卒心痛：吴茱萸二升，生姜四两，豉一升……"又《肘后备急方》卷二："治伤寒时气温病方：若初觉头痛，便作葱豉汤，用葱白一虎口，豉一升，水三升；下咸豉后，入葱白四物，令火煎取三升分服，取汗也。"[1]

　　到了南北朝，由于北魏贾思勰的艰辛劳作，长期"采撷经传，爰及歌谣，询之老成，验之行事。起自农耕，终于醯醢，资生之业，靡不毕书。"所以，《齐民要术·作豉法》里的精湛工艺内容，至今仍然具有可贵的参考研究价值[2]。在《齐民要术》中，有贾思勰的"作豉法"和引征入选的北魏崔浩《食经》作豉法，另有"家理食豉法"等多项酿豉法。

　　为了便于探讨所需，今以贾思勰的"作豉法"专项综合科技论述为例，全文转载于下面。

1.《齐民要术·作豉法》原文

　　　　贾思勰《齐民要术》："作豉法：先作暖荫屋。坎地，深三二尺。屋，

---

[1] 晋葛洪. 肘后备急方［M］. 北京：人民卫生出版社，1963.

[2] 石声汉. 齐民要术选读本［M］. 北京：农业出版社，1961.

必以草盖，瓦则不佳。密泥塞屋牖，无令风及虫鼠入也。开小户，仅得容人出入。厚作藁篱以闭户。

四月五月为上时，七月二十日后，八月为中时；余月亦皆得作。然冬夏大寒大热，极难调适。大都每四时交会之际，节气未定，亦难得所。常以四孟月十日后作者，易成而好。大率常欲令温如人腋下为佳。若等不调，宁伤冷不伤热；冷则穰覆还暖，热则臭败矣。

三间屋，得作百石豆。二十石为一聚。常作者，番次相续，恒有热气，春秋冬夏，皆不须穰覆。作少者，唯至冬月，乃穰覆豆耳。极少者，犹须十石为一聚；若三五石，不自暖，难得所，故须以十石为率。

用陈豆弥好；新豆尚湿，生熟难均故也。净扬簸，大釜煮之，申舒如饲牛豆，掐软便止。伤熟则豉烂。漉着净地掸之。冬宜小暖，夏须极冷，乃内荫屋中聚置。一日再入，以手刺豆堆中候看，如人腋下暖，便翻之。翻法：以杷锨略取堆里冷豆为新堆之心；以次更略，乃至于尽。冷者自然在内，暖者自然居外。还作尖堆，勿令婆陀。一日再候，中暖更翻，还如前法作尖堆。若热烫人手者，即为失节伤热矣。

凡四五度翻，内外均暖，微着白衣；于新翻讫时，便小拨峰头令平，团团如车轮，豆轮厚二尺许乃止。复以手候，暖则还翻。翻讫，以杷平豆，冷渐薄，厚一尺五寸许。第三翻一尺，第四翻厚六寸。豆便内外均暖，悉着白衣，豉为粗定。从此以后，乃生黄衣。复掸豆，令厚三寸，便闭户三日。自此以前，一日再入。三日开户。复以锨东西作垄耩豆，如谷垄形，令稀概均调。锨铲沙，必令至地。豆若着地，即便烂矣。耩遍，以杷耩豆，常令厚三寸。间日耩之。后豆着黄衣，色均足，出豆于屋外，净扬，簸去皮。布豆尺寸之数，盖是大率中平之言矣。冷即须微厚，热则须微薄，尤须以意斟量之。

扬簸讫，以大瓮盛半瓮水，内豆着瓮中，以杷急抨之使净。若初煮豆伤熟者，急手抨净即漉出；若初煮豆微生，则抨净宜稍停之，使豆稍软。不软则难熟，太软则豉烂，水多则难净，是以正须半瓮尔。漉出，着筐中，令半筐许。一人捉筐，一人更汲水，于瓮上就筐中淋之。急抖擞筐，令极净，水清乃止。淘不净，令豉苦。漉水尽，委着席上。

先多收谷糠。于此时内谷糠于荫屋窖中；掊谷（糠）作窖底，厚二三尺许。以藤蓏蔽窖，内豆于窖中。使一人在窖中，以脚蹑豆，令坚实。内豆尽，掩席覆之。以谷糠埋席上，厚二三尺许，复蹑令坚实。夏停十日，春秋十二三日，冬十五日，便熟。过此以往则伤苦。日数少者，豉白而用费；唯合熟，自然香美矣。若自食欲久留，不能数作者，豉熟则出，曝之令干，亦得周年。

豉法难好易坏，必须细意人，常一日再看之。失节伤热，臭烂如泥，猪狗亦不食。

其伤冷者，虽还复暖，豉味亦恶。是以又须留意冷暖，宜适难于调酒。如冬月初作者，须先以谷糠烧地令暖，勿焦，乃净扫。内豆于荫屋中，则用汤浇黍、穄穰令暖润，以覆豆堆。每翻竟，还以初用黍穰周匝覆盖。若冬作，豉少屋冷，穰覆亦不得暖者，乃须于荫屋之中，内微燃烟火，令早暖。不尔，则伤寒矣。春秋量其寒暖，冷亦宜覆之。每人出，皆还谨密闭户，勿令泄其暖热之气也。"[1]

2. 工艺流程

根据"作豉法"全文，便可以分出下列 7 道工序。

（1）从"先作荫屋"到"以闭户"止：为选地址，建"豉屋"概要。

（2）从"四月五月为上时"到"热则臭败矣"止：为选择酿豉季节要点。

（3）从"三间屋"到"夏须极冷"止：为选择原料和确定用量原则。

（4）从"乃内荫屋中聚置"到"尤须以意揣量之"止：为论作豉发酵工艺过程。

（5）从"扬簸讫"到"委着席上"止：为论终止发酵和除曲霉孢子操作过程。

（6）从"先多收谷糠"到"亦得周年"止：为酿豉后熟、增香、呈黑工艺过程。

（7）从"豉法"到全文完结：为论酿豉法注意事项提要。

根据以上 7 方面内容，便可以设计"作豉法"工艺流程了。工艺流程，如图 4-2 所示。

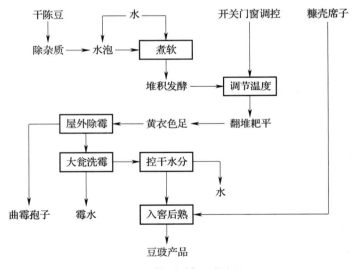

图 4-2 "作豉法"工艺流程

---

[1] 石声汉. 齐民要术选读本［M］. 北京：农业出版社，1961.

3. 讨论

（1）建造"豉屋"的重要性和意义　先建"豉屋"而后酿豉的传统做法，在我国出现很早，此后屡见不鲜。它既是批量生产酱、豉的必循之道，更是确保生产工艺过程能够顺从人意的手段。但是，在古籍中，有关如何建豉屋的记载出现甚晚，始见于《齐民要术》中。例如，"坎地深三二尺；屋必以草盖；密泥塞屋窗，无令风及虫、鼠入"等。

这种刻意建成用于制豉曲或酱曲的"曲屋"，是用（稻）草代瓦盖屋顶，用泥密封门窗，杜绝风、虫、鼠入的做法，很适合于发酵霉菌繁殖的需要，特别是在调控温度、保温和杜绝污染方面，更是易于掌握，参见图4-3所示。

图4-3　1913年制豆豉曲屋

（引自黄兴宗：《中国科学技术史》六卷五分册，科学出版社，2008年）

至于用稻草盖屋顶的做法，那也是很科学的，因为稻草等的保暖性能比瓦好，而且容易吸收发酵时蒸发上升至屋顶的水分，既保温又不会使冷凝水掉下来落入物料中造成腐烂，因此是很高明的。

在我国古代，"豉屋"实际上就是酿豉的专用车间。

（2）北魏时期，古人对选择酿豉季节的思考很认真　在人工调温措施不多的北魏时期，如果要保证酿豉发酵温度得宜，其有效的方法之一就是选择好酿豉季节。《齐民要术》认为："四月五月为上时，七月二十日后、八月为中时，余月亦皆得作。然冬夏大寒大热，极难调适。"

从上述内容看，农历四月和五月，正是立夏以后，七月二十日后和八月，正是立秋以后，前者气温逐步由低上升到30℃左右，后者气温逐渐由高降至30℃左右。这种30℃左右的气温，正是黄曲霉等有益霉菌最适宜生长繁殖的条件。由此可知，古人对气温的选择是经过认真实践的，堪称用心良苦。

（3）略论《齐民要术》中的酿豉工艺原理　在《齐民要术》中，共有所谓"作豉法"4种。但是，如果从学术和史学上看，真正名副其实的作豉法只有3种，其中"作麦豉法"实际上是酿制甜面酱的，它非本文要探讨的内容。在福建省闽南和台湾省，闽南话自古至今都称制甜面酱为"作麦豉"。这不可能是巧合，而很可能是源自《齐民要术》时代的。

在3种酿豉工艺中，有两种不加盐的淡豉和一种加盐的咸豉。对于酿豉工艺过程来说，自古以来，蒸煮豆和发酵都是最重要的两道工序。

在一般人看来，蒸煮豆的操作好像很容易成功，其实不然。因为黑豆与黄豆，干豆与湿豆性质不同；泡豆的水温和泡豆时间的长短，通常要受气温变化的影响，很难确定；蒸煮豆的时间长短还与用于蒸煮豆的设备以及蒸煮时的火候有关等，由于可变的影响因素较多，所以要把豆子蒸煮到恰到好处的程度并不容易。正因为如此，所以《齐民要术》原文的详细论述，具有深远的学术意义和借鉴作用。

通过上面的讨论可知，如何将豆蒸煮至最佳程度的技术，至晚在南北朝时期，古人已经懂得，制酱与酿豉的控制指标有所不同。凡是用于制酱的豆，必须蒸煮至酥软熟透才好（见"作酱法"），凡是用于酿豉的豆，只须蒸煮至掐软便止。这种蒸煮豆的操作原则，是应工艺原理不同要求而确定的。

特别是用于酿豉的豆，蒸煮至掐软便止的好处是，酿豉曲霉对豆类蛋白质的分解和对淀粉质的水解会更加顺利，所生成的多肽、氨基酸和糖分等，会使豆豉的特殊风味更加突出，品质上乘，而较硬的熟豆还将使产品颗粒分明，美丽可爱。

古人这种通过控制蒸煮豆的方法，来达到出产优质豆豉的做法，无论是在认识上或实践中，都是很高明可靠的操作技术。

对于酿豉过程来说，继蒸煮豆之后，最重要的工序就是发酵。在发酵期间，必须认真对待的技术是，时刻关注并调整好发酵温度，使之经常处于最佳状态。现代操作技术控制标准认为，豆豉曲霉发酵时的最佳繁殖品温是30~35℃间，很接近人的正常体温。

但是，在南北朝时期，人们可能还没有平均气温的概念，也没有测定物料品温的仪器，所以《齐民要术》说："大率常欲令温如人腋下为佳。"这种利用人的腋下体温作比较标准，衡量发酵品温高低的做法，虽然有些粗放，但是很实在，相当可靠。

对于如何调节品温，《齐民要术》说："如人腋下暖，便翻之。翻法：以耙锨略取堆里冷豆，为新堆之心；冷者自然在内，暖者自然居外。还作尖堆，勿令婆陀。一日再候，中暖更翻，还如前法作尖堆。"

这就是说，古人是采用翻堆的办法来调节品温的。当品温偏高时，即用摊开散热法；

当品温偏低时，即用码堆聚热法，使冷料在堆心，热料居堆外。这种聚热与散热的传统方法，看似简单却行之有效，体现了古人的酿豉经验特别丰富。

除上述之外，我国古代还有不少调节品温的方法，例如，打开与关闭门窗法，利用谷糠或草席覆盖法等。但是，《齐民要术》还郑重指出："豉法难好易坏，必须细意人，常一日再看之。失节伤热，臭烂如泥，猪狗亦不食。"作者认为，只有勤劳细心的人才能酿得好豉。这种强调人的因素第一的思想很正确，古今中外一致。

（4）除霉与后发酵的作用　在"作豉法"中，豆发酵好了才可称豉曲。此时，曲粒外布满了黄曲霉分生孢子和菌丝体，还有一些氨基酸等成分，这些物质如不除去，就可能使豆豉稍带苦涩味。

据《齐民要术》说，除苦味的方法有两种，即"净扬，簸去衣"和水洗"令极净"。古人这种处理方法，迄今仍然广为采用，可见其先进性能够久传。

如果从发酵温度"如人腋下暖"和"豆著黄衣，色均足"的内容看，《齐民要术》中的"作豉法"工艺，当然就是黄曲霉发酵型的酿豉法。这种方法在我国流传，古今都是最广的，由于酿造过程中没有加入食盐，所以它是一种酿造淡豉法。

在《齐民要术》中，还有"《食经》作豉法"工艺，它是一种酿造咸豉法。我国酿造淡豉或咸豉的起源虽然很早，但是最早出现详细论述工艺过程的，却始见于《齐民要术》中，所以它们都是很珍贵的经典文献。

（5）在《齐民要术》中，豉汁、豉清、豆酱清等，出现次数如表4-1所示。

表4-1　《齐民要术》中豉汁、豉清等出现的次数

篇名	豉汁	豉清	酱清	豆酱清	鱼酱汁
作酱法			1	2	
羹臛法	11	1		1	
蒸焦法	8	1	2		
胚腤煎消法	5	1			
菹绿	4				
炙法	3				5
素食	1		1		
作菹藏生菜法	2		1		
合计次数	34	3	5	3	5

本篇前面已经提到过，我国"豉汁"之名最初始见于汉刘熙的《释名·释饮食》中，几乎与"清酱"同时出现。据笔者考证认为，"豉汁"与"清酱"，应当分别是豉油与豆

酱油的祖型。

清郭柏苍《闽产略异》载："豆之大者称菽。黑豆即乌豆，亦有绿色者，俱蒸熟毟数日发青绿醭，洗净晒干即得豆豉脯。以豉脯和盐水秋曝之，即得豉油。"

到了南北朝，根据表4-1的统计数字表明，豉汁出现的次数是最多的，其次是酱清、鱼酱汁和豆酱清。这种情况说明，在南北朝时期，豉汁的产量最多，用途最广。然而，据笔者收集到的资料证实，到了明、清时期，我国固有的酿制豆豉或豉油的至高地位，已被迅速发展起来的后起之秀，酿造豆酱和豆酱油的发展强势所取代。

出现这种转变的原因固然很多，但最重要的是，酿豉或豉油的发展取向和食用方法，与酿制豆酱和豆酱油的情况有些不同。后者发酵程度深于酿豉和豉油，所以豆豉或豉油中的氨基酸及其他鲜香成分较少，产品和汁液主要是适合于饮食。在豆酱和豆酱油中，因含有很多氨基酸及其他鲜香等成分，产品呈糊状或液体，风味好，宜于拌食或烹调，或用于腌制各种酱菜等，用途十分广泛。

第四节

唐宋时期的酿豉

一、唐朝时期的酿豉

唐朝时期，有关酿豉的发展概况，如果从已知的史料分析，则有下列突出表现：即首次谈到了用黑豆为原料酿豉；同时出现了酿制咸豉和淡豉工艺；首次出现了酿造麸豉的工艺。兹分别讨论如下。

1. 酿豉原料考

在我国，现代酿豉几乎全国一致，都是采用黑大豆或黄豆为原料。但是在古代，例如，自南北朝上溯至秦汉时期，古籍中却不见有用黑豆、黄豆或其他豆类做豆豉的具体记载，全都是用"豆"字统称而已。这种情况说明，早期酿豉者对于应当如何选料问题尚无明确要求。

可是到了唐朝，古人好像特别重视挑选原料之事，在韩鄂的《四时纂要》中，首次出现了用黑豆作"豆豉"和"咸豉"的具体明确记载。中国人的饮食观认为，黑豆的健身作用优于黄豆及其他豆类，南方人对于黑豆的偏爱更是情意深厚。

关于用黄豆做豆豉的起源，按说应当很早，可是据笔者所知较晚，始见于元朝的《居家必用事类全集》，古人用黄豆酿制"金山寺豆豉"，此事本文后面还会讨论到。至于用青豆酿制豆豉的记载，最初始见于清朝。在朱彝尊的《食宪鸿秘》中，有用大青豆、大黑豆、大黄豆酿制豆豉的6种方法。

2. 酿豆豉的发展

本文前面已经提到，在西汉司马迁的《史记》和史游的《急就篇》中，已有"盐豉"的记载。这说明酿制咸豉法在我国的起源非常早。但是，如果从酿豉工艺何时出现而言，则仅初见于南北朝。在贾思勰的《齐民要术》中，已有"《食经》作豉法"和"家理食豉"法两种，全文中虽然没有明确指出是作咸豉法，但是配料中已经添加了食盐，所以产品一定是咸的，可视为作咸豉工艺。

在古籍中，已明确指出是作咸豉工艺，又有详细论述操作内容的，最初始见于唐朝。

3.《四时纂要·咸豉》原文

唐韩鄂《四时纂要·六月》："咸豉：大黑豆一斗，净淘，择去恶者，烂蒸，一依罨黄衣法。黄衣便即出。簸去黄衣。用熟水淘洗，沥干。每斗豆用盐五升，生姜半斤切作细条子，青椒一升拣净，即作盐汤如人体（温），同入瓮器中，一重豆，一重椒、姜，入尽，即下盐水，取豆面深五七寸乃止。即以椒叶盖之，密泥于日中著。二七日，出，晒干。汁则煎而别贮之，点素食尤美。"

4. 酿咸豉工艺流程（图4-4）

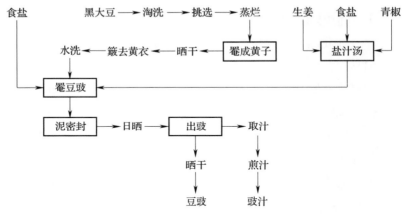

图4-4　酿咸豉工艺流程

在韩鄂的《四时纂要·六月》中，还有一种用黑豆为原料酿豉的"作豆豉"法。虽然这种工艺的原文中没有明确指出是酿制淡豉的工艺，但是也不见有添加食盐的记录，所以它是一种酿制淡豉法，全文如下。

5.《四时纂要·作豆豉》原文

韩鄂《四时纂要·六月》："作豆豉：黑豆不限多少，三二升亦得。净淘，宿浸，漉出，沥干，蒸之令熟。于簟上摊，候如人体（温），蒿覆，一如黄衣法。三日一看，候黄上遍即得；又不可太过。簸去黄，曝干。以水浸拌之，不得令太湿，又不得令太干，但以手捉之，使汁从指间出为候。安瓮中，实筑，桑叶覆之，厚可三寸。以物盖瓮口，密泥，于日中七日。开之，曝干。又以水拌，却入瓮中，一如前法。六七度，候极好颜色，即蒸过，摊却大气，又入瓮中实筑之，封泥，即成矣。"[1]

6. 酿淡豉工艺流程（图4-5）

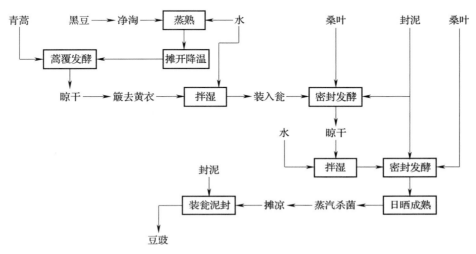

图4-5　酿淡豉工艺流程

7. 酿豉工艺讨论

在唐朝，酿豉的方法有多种，但是主要有两种工艺过程，即酿咸豉和酿淡豉。虽然这两种酿豉方法都是采用黑豆为原料及全物料幽罨制曲，都是经过泥封厌氧发酵及日晒成熟的，但是它们之间并非如出一辙，如影随形，而是具有许多不同之处。如果把它们放在等同的位置上进行比较，则不难看出，酿造淡豉法显然比咸豉法更具有先进性。例如，在"作豆豉"工艺的原文中，下列内容是很符合酿豉生产操作原理的。

黑豆先浸水而后蒸熟不蒸烂，豉粒完好又节能；

熟料先降温而后盖蒿子制曲，对曲霉繁殖有利；

只簸去曲表面菌丝体不水洗，可减少物料损失；

厌氧发酵反复了3次，可以提高原料的利用率；

成熟豆豉用蒸汽灭菌很重要，可使保质期延长。

[1] 唐韩鄂. 四时纂要［M］. 缪启愉校释. 北京：农业出版社，1981.

8. 关于食用豆豉概况

在唐朝时期，除上述两种豆豉外，还有未经讨论的"麸豉"和孙思邈《千金食治》中的"大豆豉"、孟诜《食疗本草》中的"陕府豉汁"等。关于"麸豉"，它始见于唐韩鄂的《四时纂要·六月》中，其全文如下：

> "麸豉：麦麸不限多少，以水匀拌，熟蒸。摊如人体（温），蒿艾罨取，黄上遍，出，摊晒令干。即以水拌，令浥浥，却入缸瓮中，实捺。安于庭中，倒合在地，以灰围之，七日外，取出摊晒。若颜色未深，又拌，依前法，入瓮中，色好为度。色好黑后，又蒸令热，及热入瓮中，筑，泥封。一冬取食，温暖胜豆豉。"

根据酿"麸豉"原文的内容分析可知，这是一种用麸皮为原料酿制而成的，名为"麸豉"的产品，因为它不是用豆类为原料，又是古籍中独一无二的例子，所以对于本文来说史学意义不大，可以不进行讨论。但是，如果从中国古老的制曲技术看，唐朝时期的这种麸豉法，实际上是一种制麸曲工艺，所制成的麸曲可以作为发酵剂。

在元朝佚名氏的《居家必用事类全集》中，也有一种"造麸豉法"，但其内容与《四时纂要》中的"麸豉"法完全不同，而与北魏贾思勰《齐民要术·作豉法》中的"作麦豉法"一脉相承。这件事说明，元朝时的"造麸豉法"与北魏时的"作麦豉法"一样，都是酿制甜面酱的工艺。因为酿制甜面酱的内容不属于本文范围，所以在此舍弃而不进行讨论了。

关于食用豆豉的概况，本文至此可以从两个方面，即食用史和药用史方面进行探讨。

在食用史方面，我国的豆豉发明发展食用史，可以上溯至两汉时代。在这一段历史长河中，食用豆豉的方法有多种表现。

在汉朝及两晋时代，古籍中常见的是咸豉、淡豉或豉汁等，其主要用途是充当方便食品或调味品。到了南北朝时期，豆豉的食用价值已经很高，用途也相当广。现以北魏贾思勰《齐民要术》里的记载为例，简要说明如下。[1]

用于蒸肉或蒸鱼等。

例如《齐民要术·蒸缹法》："蒸鸡法：肥鸡一只，净治；猪肉一斤，香豉一升，盐五合，葱白半虎口，苏叶一寸围，豉汁三升。著盐，安甄中，蒸令极熟。"

用于烹调肉类或鱼等。

例如《齐民要术·脏腤煎消法》："鸭煎法：用新成子鸭极肥者，其大如雉，去头，治，却腥翠五脏，又净洗，细剉如笼肉。细切葱白，下盐豉汁，炒会极熟。下椒、姜末食之。"

用于烤肉类或灌肠等。

例如《齐民要术·炙法》："肝炙：牛、羊、猪肝皆得。脔长寸半，广五分，亦以葱、盐、

---

[1] 石声汉. 齐民要术选读本［M］. 北京：农业出版社，1961.

豉汁脯之。以羊络肚脂裹，横穿炙之；灌肠法:取羊盘肠，净洗治。细剉羊肉，令如笼肉。细切葱白、盐、豉汁、姜、椒末调和，令咸淡适口。以灌肠。两条夹而炙之。割食甚香美。"

用于制肉脯或腊肉等。

例如《齐民要术·脯腊》:"作五味脯法:正月、二月、九月、十月为佳。用牛、羊、獐、鹿、野猪、家猪肉。或作条，或作片罢。各自别槌牛羊骨令碎，熟煮取汁，掠去浮沫，停之使清。取香美豉，用骨汁煮豉。色足味调，漉去滓。待冷下盐。细切葱白，捣令熟。椒、姜、橘皮，皆末之。以浸脯。手揉令彻。片脯三宿则出;条脯须尝看味彻乃出。皆细绳穿，于屋北檐下阴干。……脯成。"

用于做肉羹或鱼羹等。

例如《齐民要术·羹臛法》:"作猪蹄酸羹一斛法:猪蹄三具，煮令烂，擘去大骨。乃下葱、豉汁、苦酒、盐，口调其味。旧法用饴六斤，今除也。"

除上述之外，在《齐民要术》里的"菹绿""饼法""素食""作菹藏生菜法"等章节中，也有不少用豆豉或豉汁制作肉食、面食、素菜或酱腌菜的例子，若有必须参考者，尽可以摘录所需进行讨论。

在药用史方面，我国用豆豉入药的起源也很早。然而由于至今不见有关于豆豉入药的起源与发展史方面的论著发表，所以我们要想得到较为称心如意的答案，就必须借此机会作些必要的考证。据笔者所知，我国用豆豉入药之事，不见于《周礼》《楚辞》《神农本草经》《吕氏春秋》等，最初用豆豉入药的记载始见于魏吴普的《吴氏本草》中。自那时以来，诸家本草书中几乎都有关于豆豉入药的记载。例如:

魏吴氏《吴普本草·米食类》:"豉，益人气。"[1] 晋葛洪《肘后备急方》卷二:"治伤寒时气温病方:乌梅三十枚去核，以豉一升，苦酒三升，煮取一升半，去滓分服。"[2] 又《肘后备急方》卷一:"治卒尽痛方:吴茱萸二升，生姜四两，豉一升，酒六升煮取二升半，分为三服。"晋王羲之《王右军集·豉酒帖》:"小服豉酒至佳，数用有验。直以纯酒渍豉，令汁浓，便服多少任意。"[3]

梁陶弘景《名医别录》卷第二:"豉:味苦，寒，无毒。主治伤寒、头痛、寒热、瘴气、恶毒、烦躁、满闷、虚劳、喘吸、两脚疼冷。"[4]

唐孟诜《食疗本草》卷下:"豉:能治久盗汗患者，以二升豉微炒令香，清酒三升渍，满三日取汁，冷暖任人服之。不然，更作三两剂。"[5] 唐王

[1] 魏吴氏. 吴普本章 [M]. 尚志钧等辑校. 北京:人民卫生出版社，1987.
[2] 晋葛洪. 肘后备急方 [M]. 北京:人民卫生出版社，1963.
[3] 商务印书馆编辑部. 辞源 [M]. 北京:商务印书馆，1983.
[4] 梁陶弘景. 名医别录 [M]. 尚志钧辑校. 北京:人民卫生出版社，1986.
[5] 唐孟诜. 食疗本草 [M]. 谢海洲等辑. 北京:人民卫生出版社，1984.

焘《外台秘要》卷三十:"疗瘑疮方:豆豉熬令极干,为末;先以泔清洗疮,拭干;以生麻油和之,敷上……"唐孙思邈《备急千金要方》卷十五:"治疳痢不止方;先饮少许豉汁,食一口饭;乃侧卧,徐徐灌之,多时,卧不出为佳。"

宋陈直《养老奉亲书·食治老人烦渴热诸方》上集:"猪肚方:猪肚一具,肥者,净洗之。葱白一握,豉五合,绵裹。上煮令烂熟,下五味调和,空心,切,渐食之,渴即饮汁。亦治劳热。"元忽思慧《饮膳正要·食疗诸病》第二卷:"驴肉汤治疯狂忧愁不乐安心气:乌驴肉不拘多少,切。于豆豉中烂煮,熟入五味,空心食之。"[1]

上面列举的,只是我国历史上运用豆豉入药的一些例子。但是,通过这些例子足可以说明,我国用豆豉入药的由来是相当久远的。

二、宋朝时期的酿豉

宋朝时期,我国酿豉技术又有一些独到的进展。例如,首次出现了酒豆豉方和水豆豉法。兹分别讨论如下。

1. 酒豆豉方原文

宋浦江吴氏《吴氏中馈录·制蔬》:"酒豆豉方:黄子一斗五升,筛去面,令净;茄五斤,瓜十二斤,姜筋十四两,橘丝随意,小茴香一升,炒盐四斤六两,青椒一斤,一处拌入坛中。捺实,倾金华酒或酒娘,淹过各物两寸许。以纸箬扎缚,泥封,露放四十九日。坛上写"东""西"字记号,轮晒。日满倾大盆内,晒干为度。以黄草布罩盖。"[2]

根据上述原文分析可知,酿制酒豆豉方有两个特点,一用贮存的"黄子"为原料,此法可以满足全年酿豉需求;二是出现了添加多种原料的现象,如加入酒娘、蔬菜、食盐及调味料等,这是革新变化的表现。这种情况说明,酿制豆豉的发展方向正在朝着多品种的创新时代发展。

在酿制酒豆豉的原文中,如果从技术上讲,"晒干为度"应当是指"晒到无豉汁流动为度",否则豆豉将会硬化。在原文中,"以黄草布罩盖"的因果关系不明,可能是指保护产品不受污染。

---

[1] 元忽思慧. 饮膳正要 [M]. 北京:中国书店,1985.
[2] 宋吴氏. 吴氏中馈录 [M]. 北京:中国商业出版社,1987.

2. 水豆豉法原文

宋浦江吴氏《吴氏中馈录·制蔬》:"水豆豉法:好黄子十斤,好盐四十两,金华甜酒十碗。先日,用滚汤二十碗,冲调盐作卤,留冷,淀清,听用。将黄子下缸,入酒,入盐水,晒四十九日,完。方下大小茴香各一两、草果五钱、官桂五钱、木香三钱、陈皮丝一两、花椒一两、干姜丝半斤、杏仁一斤,各料和入缸内,又晒约二日,用坛装起。隔年吃方好,蘸肉吃更妙。"

上述之水豆豉法,与前面的酒豆豉方虽略有不同,如水豉法加盐水,不加果蔬等,但酿制工艺过程相似。如果从技术上讲,《吴氏中馈录》里的这两种酿豉方法,应是后代酿制果蔬豆豉的先例,如十香豆豉、八宝豆豉等。

在宋朝古籍中,如陈元靓的《事林广记》等,书中有造肉咸豉法、造笋咸豉法,这种新出现的豆豉食品,应是后代制作豆豉罐头食品的先兆,如豆豉鲮鱼罐头、豆豉牛肉罐头、豆豉笋罐头等。

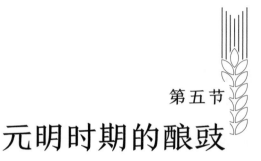

元明时期的酿豉

　　自元朝以来，我国酿豉技术的明显进步是，出现了不少特产豆豉。这种出现，如今我们仍然可以在古籍中搜寻到诸多证据。例如，在元佚名氏的《居家必用事类全集》中，有金山寺（江苏镇江）豆豉和成都府（四川）豉汁；在明李时珍《本草纲目》中，有蒲州（山西）豆豉、陕州（河南）豆豉、襄阳（湖北）豆豉、钱塘（浙江）豆豉；在明缪希雍的《炮炙大法》中，有江西淡豉；在清汪谢诚的《湖雅》中，有德清（浙江）八宝豆豉；在清佚名氏的《燕京杂记》中，有北京的六必居豉油等。

　　这种跃然出现诸多名牌豆豉的事实说明，我国自元朝起，酿豉技术已有许多创新性发展。这种新型豆豉品种的涌现由来，既源自人们聪明才智的发挥，也源自各种美味豆豉具有动人心弦的魅力，于是社会上出现了追求品位高或名牌豆豉的热潮，最终获得了可喜的成果。为了探明我国自元朝以来丰富多彩的酿豉科技发展表现，今以时代先后为序，兹分别讨论如下。

一、元朝时期的酿豉

　　如上所述，在元朝的古籍中，我们可以查到不少酿豉史料。例如，忽思慧《饮膳正要》中的豆豉入药，鲁明善《农桑衣食撮要》中的做豆豉工艺，佚名氏《居家必用事类全集》中的 6 种酿豉法等。兹分别举例探讨如下。

1. 金山寺豆豉法原文

　　《居家必用事类全集》己集："金山寺豆豉法：黄豆不拘多少，水浸一宿，蒸烂。候冷，以少面掺豆上拌匀，用麸再拌。扫净室铺席，匀摊，约厚二寸许。将穰草、麦秸或青蒿、苍耳叶盖覆其上。待五七日，候黄衣上，搓按令净，筛去麸皮。走水淘洗，曝干。每用豆黄一斗，物料一斗。预刷洗净瓮候用。

鲜菜瓜切作二寸大块，鲜茄子用刀划作四块，橘皮刮净，莲肉水浸软切作两半，生姜切作厚大片，川椒去目，茴香微炒，甘草锉，蒜瓣带皮，紫苏叶。将物料拌匀。

先铺下豆黄一层，下物料一层，掺盐一层；再下豆黄、物料、盐各一层。如此层层相间，以满为度。纳实，箬密瓮口，泥封固。烈日曝之。候半月。取出，倒一遍，拌匀，再入瓮，密口泥封。晒七七日为度。却不可入水，茄、瓜中自然盐水出也。用盐程度，斟量多少用之。"[1]

2. 工艺流程（图4-6）

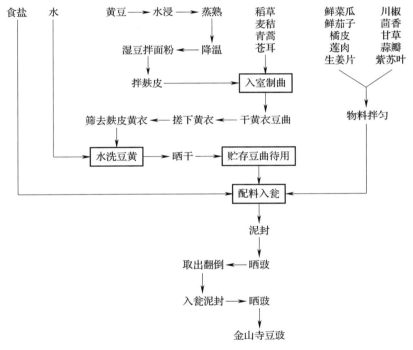

图4-6 制金山寺豆豉工艺流程

3. 讨论

根据"金山寺豆豉法"的原文和工艺流程分析可知，我国元朝时期的酿豉工艺，若与前代比较，可以说是已有许多高明之处，特别是表现在下列方面。

（1）关于北方豆豉的由来 我国做豆豉，北方多用黄豆作原料，南方多用黑豆，

[1] 元佚名氏. 居家必用事类全集［M］. 北京：中国商业出版社，1986.

自古形成了两个系列。据考证，古代的金山寺在今江苏省的镇江市[1]。如此说来，这金山寺豆豉应是北方型豆豉，与北魏贾思勰《齐民要术》里的豆豉同种类。北方豆豉的特点是，汁少以粒食为主，后来又添加了果仁、蔬菜、香辛料，朝着美味菜肴的方向发展。

笔者在对北方豆豉酿制工艺的调查研究过程中，发现山东临沂八宝豆豉的酿制法，的确得益于我国古代北方酿豉法的正宗真传。现将临沂八宝豆豉酿制工艺介绍如下。

原料配方

黄豆或黑大豆 2.5kg，茄子 1.5kg，鲜嫩姜丝 1kg，去皮杏仁 0.5kg，花生仁 0.5kg，藕片 0.5kg，干橘皮 100g，干花椒 25g，天然发酵酱油 1.5kg，黄酒 0.5kg，白酒 250g，白糖 250g，香油 250g。

工艺流程如图 4-7 所示。

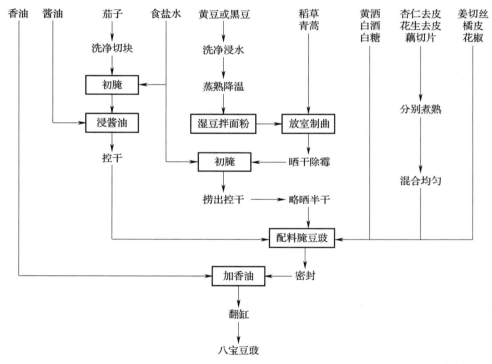

图 4-7　制作临沂八宝豆豉工艺流程

操作方法概述

---

[1] 笔者注："金山寺豆豉"的名称，在宋朝司膳内人的《玉食批》中已有记载，说明那是历史很悠久的特产。

酿制八宝豆豉的方法与传统方法相同。黄豆黑豆煮熟后降温，拌面粉后制曲。在曲盒中进行，温度控制在 35~40℃。成曲要晒干并除去霉末，以减少豆豉的苦涩味。然后用食盐水浓度约 12~13° Bé 的盐水初腌 25 天，捞出来控干后要略晒，以为备用。

茄子也要初腌 24h，捞出来控干后改用酱油腌泡 5 天，然后取出来控干备用。杏仁和花生仁要去皮煮熟，藕片略煮，然后混合均匀备用。酒和香辛料的添加方法按工艺流程图所示进行，不要添加食盐水。

最后，腌制八宝豆豉时，拌料要均匀，前 3 天每日翻动 2 次，第 4 天翻动后将坛口密封，放在屋里常温下 4 个月，然后拌入香油即成临沂八宝豆豉。在清朝的古籍中，例如，汪谢诚《湖雅》载："豆豉，德清侯志有咸豆豉、甜豆豉，又淡豆豉入药，今又有八宝豆豉。"这说明八宝豆豉早已出现，非临沂独创特产。

（2）关于南方豆豉的由来　我国做豆豉，南方与北方不同，南方主要用黑豆为原料，一般不添加蔬菜、果仁、调味料一起酿制，所制作成的豆豉有干豆豉和水豆豉两类。干豆豉可以再酿成水豆豉。水豆豉有豆豉多汁液少和无豆豉只有汁液的"豉油"两种。特别是豉油，虽然古代北京有"六必居豉油"的记载，但是如今，豉油只盛产于南方了。由于本文后面还有"豉油考"，所以相关内容可参见后面论述。

二、明代时期的酿豉

豆豉不仅是一种营养丰富的美食，而且也是一种可以作为消酒、化食、提神的食品，具有调味和保健的作用。因此，在明朝的古籍中，有不少关于制作和食用豆豉的记载。例如，在戴羲的《养余月令》中有"豉法"5 种，在李时珍的《本草纲目》中有"豉法"3 种，在吴氏的《墨娥小录》、刘基的《多能鄙事》、朱权的《臞仙神隐书》等，书中都有关于豆豉的史料。为了便于讨论，今以明高濂《遵生八笺》中的"十香咸豉方"为例，探讨如下。

1. 十香咸豉方原文

高濂《饮馔服食笺·家蔬类》："十香咸豉方：生瓜并茄子相半，每十斤为率，用盐十二两，先将内四两腌一宿，沥干。生姜丝半斤，鲜紫苏连梗切断半斤，甘草末半两，花椒拣去梗核碾碎二两，茴香一两，莳萝一两，砂仁二两，藿叶半两，如无亦罢。先五日，将大黄豆一斗煮烂，用炒麸皮一升拌罨做黄子，待熟，过筛，去麸皮，止用豆黄。用酒一瓶，醋糟大半碗，与前物共和打拌。泡干净瓮入之，捺实。用箬四五重盖之，竹片廿字扦定，再将纸箬扎瓮口，泥封。晒日中，至四十日取出。

略晾干，入瓮收之。如晒，可二十日，转过瓮，使日色周遍。"[1]

工艺流程，如图4-8所示。

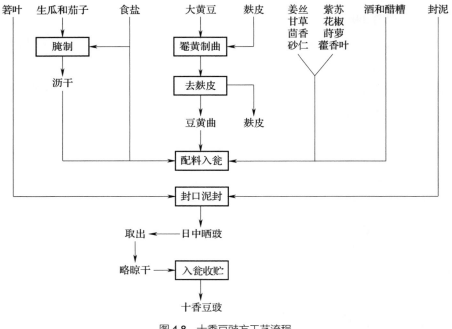

图4-8 十香豆豉方工艺流程

讨论

根据上述内容分析可知，明朝时的"十香豆豉方"与元朝时的"金山寺豆豉法"很相似，只是在配料及操作细节上略有不同而已。但是，这些看似不起眼的不同，却具有可贵的革故鼎新意义。

（1）用少量食盐先腌生瓜和茄子 对于酿制"十香豆豉"或类似产品来说，生瓜和茄子先用食盐腌制的做法是有科技意义的。首先是脱水作用，利用食盐渗透压除去果蔬中的部分水分，这可以使产品的风味倍增。其次是脱涩作用，在脱水过程中，果蔬中的苦涩味也会随着水分流出而减少，使产品可口清香。第三是消毒杀菌作用，食盐的理化特性具有清除部分杂菌和杂质的作用，可以使豆豉的保质期延长。

（2）黄子除霉由水洗法改为筛法 这种改变是有科技意义的。因为水洗法虽然除霉效果较好，但是浪费水资源，劳动强度大，物料损失多，还容易造成环境污染等。筛除法则不同，虽然除霉效果差些，但是豆黄外面残留的菌丝体对发酵有益，能使豆豉的风味更好，而且苦涩味也是风味之一，所以不必坚守水洗法传

---

[1] 明高濂. 饮馔服食笺［M］. 北京：中国商业出版社，1985.

承而不肯舍弃。

（3）关于酿豉添加酒和醋糟的作用　首先可以肯定的是，酿豉添加酒当然可以改善豆豉的风味。但是，添加醋糟会怎样呢？笔者现在没有足够的理由可以说明其效果，有待于将来会有切实的答案。

在明朝的古籍中，有关酿制豆豉的资料还很多，其中很引人注目的是，造淡豉法。淡豉不仅是深受人们青睐的食物，更是历史上医家常用的药物原料。李时珍在《本草纲目》中说："豉，诸大豆皆可为之，以黑豆豉者入药。有淡豉、咸豉、治病多用淡豉汁及咸者，当随方法。"在《本草纲目》中，有"造淡豉法"如下。

2. 造淡豉法原文

明李时珍《本草纲目》："造淡豉法：用黑大豆二三斗，六月内淘净，水浸一宿沥干，蒸熟取出摊席上，候微温蒿覆。每三日一看，候黄衣上遍，不可太过。取晒簸净，以水拌干湿得所，以汁出指间为准。安瓮中，筑实。桑叶盖瓮厚三寸，密封泥，于日中晒七日，取出，曝一时，又以水拌入瓮。如此七次。再蒸过，摊去火气，瓮收筑封即成矣。"[1]

工艺流程，如图4-9所示。

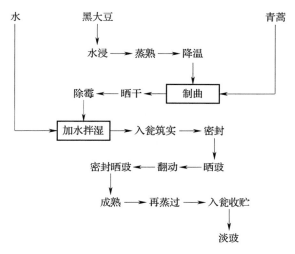

图4-9　造淡豉法工艺流程

讨论

根据上面的内容分析可知，明朝时期的酿制淡豉法，可以说是比较简单的。但是如果从操作要求看，其特点依然是很明显的。首先是用黑豆为原料，制曲时强调"黄衣上

[1]　明李时珍. 本草纲目：卷二十五［M］. 刘衡如点校. 北京：人民卫生出版社，1978.

遍不可太过"，这是为了使产品的质量达到色泽乌黑，颗粒完整，迎合饮食爱好需要而提出的，很科学。其次是密封瓮中晒豉，重复翻动 7 次的要求，这是为了产品成熟度均匀，达到品质优美的举措，不无道理。第三是"再蒸过，摊去火气瓮收"，这是古代消毒杀菌包装的方法，现代相关技术的祖型，古今一脉相承的范例。

　　淡豉的饮食用途历来是两方面，即充当食品或药品。作为食品，淡豉通常仅作为酿制咸豉或其他豆豉的原料，也可以作为制作其他食品的原料，如做金枪鱼豆豉罐头等。作为药品，明李明珍在《本草纲目》中说："淡豉，气味苦，寒，无毒。主治伤寒头痛寒热，瘴气恶毒，烦躁满闷。"现代医学认为，豆豉特别适合于老年人食用，可以防止老年痴呆。有美国营养学研究学者说，在中国的豆豉中，含有大量能溶解血栓的尿激酶，还有大量 B 族维生素，所以具有促进新陈代谢和预防老年痴呆的作用。现在，我国有许多著名的豆豉特产，其中湖南干豆豉如图所示。

图 4-10　湖南干豆豉

第六节

清朝以来的酿豉

如果根据古籍上所记载的史料内容看，则我国清朝时期的酿豉工艺，几乎都是沿袭前代原样的，不见有明显发展变化。若以豆豉品种而言，也是一如既往，有淡豆豉、水豆豉、香豆豉、瓜茄豆豉、八宝豆豉等。常见的辅料有鲜姜、瓜果仁、花椒、紫苏、黄酒、白酒、酱油等。出现这种情况说明，在清朝时期，豆豉在中国人的饮食生活中，虽然深受青睐，但是其地位不如酱、醋、酱油高，没有明显的发展动向。为了便于具体了解情况，兹举例说明如下。

1.《食宪鸿秘·香豆豉》原文

清朱彝尊《食宪鸿秘·酱之属》："香豆豉：制黄子以三月三日，五月五日。大黄豆一斗，水淘净，浸一宿，滤干。笼蒸熟透，冷一宿，细面拌均匀，逐颗散开，摊箔上，上用楮叶，箔下用蒿草密覆，七日成黄衣。晒干，簸净。加盐二斤、草果去皮十个，莳萝二两，茴香、花椒、官桂、砂仁等末各二两，红豆末、陈皮、橙皮丝各五钱，瓜仁不拘，杏仁不拘，苏叶切丝二两，甘草去皮切一两，薄荷叶一两，生姜丝二斤，菜瓜切丁十斤，以上和匀。于六月六日下，不用水，一日拌三五次。装坛。四面轮日晒，三七日，倾出，晒半干，复入坛。用时，或用油拌，或用酒娘拌，即是湿豆豉。"

2. 工艺流程（图4-11）

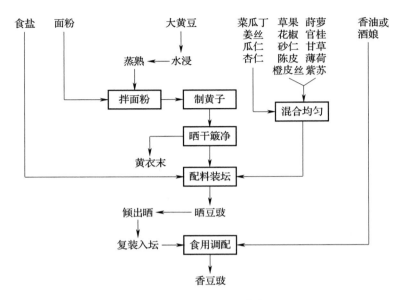

图4-11 酿制香豆豉工艺流程

3. 讨论

（1）关于用"箔"制曲的探讨 在汉语词典里，"箔"被认为是一种用苇子或秫秸编成的帘子。但是帘子并不适合于酿制黄子。据笔者亲眼所见，民间酿制黄子曲所用的设备的确不是帘子，而是一种用竹篾编成的，底部平而致密有卷起矮边沿的圆形竹匾，元《王祯农书》称"簁"或"筐"，与明宋应星《天工开物》制曲图架子上的圆匾相同，如图4-12所示。这种竹匾装上熟豆后，因为有向上卷起的边沿，又有致密的平底，所以用楮叶和蒿子覆盖后，保温和保湿性能都很好，特别适合于制黄子。

（2）关于添加多种辅料或香辛调味料的探讨 在我国酿豉科技史上，添加多种辅料或调味料的做法，是历来相传的习惯。这种习惯虽然曾经受到了人们的遵循，但是由于这种添加方法并不科学，所以自清朝中期以来就逐渐消失了。豆豉本来就是一种甘甜鲜香、五味俱全的食品，也是风味极优美的调味品。如果添加蔬菜等物酿豉，则果蔬豆豉容易变质而不能大量生产，发展必然受到限制，不进则退，走向消失。如果添加多种香辛调味料酿豉，则豆豉的独特风味必然被异味湮没而消失，出现喧宾夺主的遗憾。所以，近现代酿制商品豆豉时，大多数不再添加辅料或各种调味料了，常见的都是纯豆豉，主要有干豆豉、湿豆豉和水豆豉三类。后者本文后面还会讨论到。为了说明清朝后期以来的酿豉情况，兹再举一例如下：

架子上的制曲圆匾
图 4-12 （引自明宋应星《天工开物》）

　　清曾懿《中馈录》："制豆豉法：大黄豆淘净煮极烂，用竹筛捞起。将豆汁用净盆滤下，和盐留好。豆用布袋或竹器盛之，覆于草内。春暖三四日即成，冬寒五六日亦成，惟夏日不宜。每将成时，必发热起丝，即掀去覆草。加捣碎生姜及压细之盐，和豆拌之。然须略咸方能耐久。拌后盛坛内，十余日即可食。用于炒肉、蒸肉，均极相宜。或搓成团，晒干收贮，经久不坏。如水豆豉，则于拌盐后取若干，另用前豆汁浸之。略加辣椒末、萝卜干，可另装一坛，味尤鲜美。"[1]

　　曾懿，女，四川省华阳人，大约生活在清道光至光绪年间，《清史稿》上有记载。她随父亲及丈夫到过全国不少地方，著作也不少。如果根据她的制豆豉法原文看，其实这原文中有三种制豆豉法，其他两种是制水豆豉法和制辣豆豉法，后者是四川特产。除辣豆豉外，可知当时的制豆豉法已经都不添加其他辅料或调味料了，产品都是纯豆豉。此事说明，至晚在清朝后期，酿制纯豆豉法已经出现。现在更是专业，全国凡是工业化生产厂家，其基本产品都是纯豆豉，有干豆豉、湿豆豉和水豆豉三类。

---

[1]　清曾懿. 中馈录 ［M］. 北京：中国商业出版社，1984.

第七节
豉油考

如果参照"豆酱汁"就是酱油的祖型，"鱼酱汁"就是鱼露的祖型这样的道理引申考查的话，则"豆豉汁"也应当就是豉油的祖型了。因此，探明豉汁的起源至关重要，由豉汁的出现就可以获悉豉油的滥觞之始了。在我国古籍中，豉汁的出现非常早。例如：

屈原《楚辞·招魂》载："大苦咸酸，辛甘行些。"汉王逸《楚辞章句》："大苦，豉也。言取豉汁；和以饴蜜，则辛甘之味。"[1]汉刘熙《释名·释饮食》："脯炙也，饴蜜、豉汁淹之。"

北魏贾思勰《齐民要术·作菹藏生菜法》："木耳菹：取枣、桑、榆、柳树边生（木耳）……下豉汁、酱清及酢，调和适口。"晋葛洪《肘后备急方》："治卒风瘖不得语方：煮豉汁稍服之一日，取美酒半升中搅，分为三服。"[2]

唐孟诜《食疗本草》卷下："豉，陕府豉汁甚胜于常豉。"宋孟元老《东京梦华录》卷三："马行街铺席：冬月虽大风雪阴雨，亦有夜市，碟子姜豉……榅桲、糍糕、团子、盐豉汤之类，至三更仍有提瓶卖茶者。"

由上述内容可知，我国自先秦两汉至宋朝期间，史学上仅有"豉汁"的证据，不见有"豉油"的踪影。但是，这种情况只能说明，"豉油"名称在我国出现很晚。我国"豉油"俗称始见于清朝。

清郭柏苍《闽产略异》载："以豉脯和盐水秋暴之，即得豉油"。又如清佚名氏《燕京杂记》载："市上专门名家者指不胜数，如外城曰俭居之熟肉，六必居之豉油，都一处之酒，同仁堂之药"。

---

[1] 宋洪兴祖. 楚辞补注［M］. 北京：中华书局，1983.

[2] 晋葛洪. 肘后备急方［M］. 北京：人民卫生出版社，1963.

这记载说明,在清朝时期,我国福建省和首都北京豉汁又称豉油了。我国在宋朝时期,豆酱汁被酱油称呼所取代,也许是受这革故鼎新影响之故,豉汁暗合被豉油所取代并流行起来了。

然而,据笔者所知,我国自宋朝至清朝期间,古籍上却不见有酿制豉油工艺记载。据笔者在福建省作调查研究时发现,南安市永利源豉油厂和连江县琯头豉油厂的生产工艺可说是全国仅有的范例,非常传统且独特。据说传承至今已有数百年历史,犹如文物般稀罕与珍贵。这两家豉油厂的生产工艺十分相同,可归纳如下。

1. 工艺流程（图4-13）

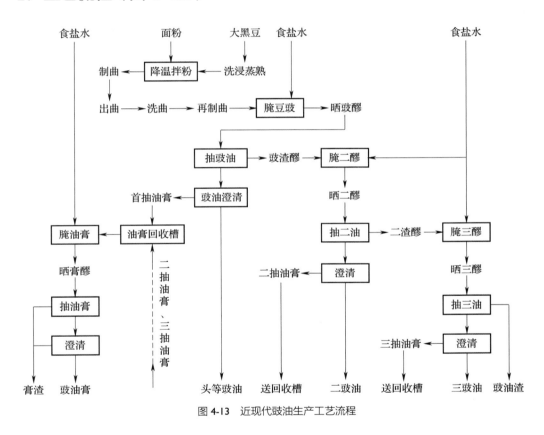

图 4-13　近现代豉油生产工艺流程

2. 操作方法说明

如果根据上面这工艺流程分析可知,这种酿制豉油法的操作过程是很独特的,它既不同于历代各种酿制豆豉法,也不同于历代酿制酱油法。这种酿制豉油法的独特表现主要有下列方面。

（1）采用两次制曲法操作　制曲时,熟料中有拌入面粉和不拌面粉的两种。如果是添加面粉，则产品会更加甜美，但成本也会有所提高。两次制曲的好处是，发酵必然会更加透彻，原料利用率会跟着提高，但是水洗会使原料流失，劳动强度也会加大。

据厂家的操作经验，在第一次和第二次制曲过程中，最佳的制曲温度都应当控制在35~40℃，不得超过50℃。

（2）采用一次腌豉和两次腌豉醪操作法　这种操作法，首先可以得到头等好豉油。将头等豉油从醪里抽出之后，剩下的渣里仍然含有豉汁和没有发酵好的物料，在此俗称豉渣醪。此豉渣醪有二醪和三醪，都要再酿制和提取二豉油和三豉油。这种三次酿制操作法都可以提高原料利用率，是很科学的。

（3）采用回收全部沉淀油膏操作法　这种操作法所得到的产品是豉油膏。这种豉油膏是由首抽油膏、二抽油膏和三抽油膏经混合后晒炼而得到的。由于这种操作法可以提高原料利用率，所以也是很科学的。

3. 豉油膏的传统晒炼方法说明

根据工艺流程所示可知，豉油膏是用三种油膏晒炼成的。其晒炼方法是，把3种油膏送入回收槽后，还要加入少量老油膏，混合均匀后置于日光下晒炼。在晒炼期间，如果遇到下雨必须事先加盖，防止雨水进入。日晒夜露的晒炼周期大约两个月，可得豉油膏产品。

关于老油膏的来源问题，它是由各工序收集来的油膏底和澄清豉油时再次分离出来的油膏，经陈酿晒炼而得到的。

4. 豉油和豉油膏的食用情况说明

豉油和豉油膏，与酱油和固体酱油相似，都可以作为调味品食用，可用于烹调菜肴、制作主食、制作罐头食品和制作酱腌菜等。

参考文献

［1］西汉司马迁. 史记·货殖列传［M］. 北京：中华书局，1972.

［2］战国屈原. 楚辞·招魂［M］. 上海：上海古籍出版社，1998.

［3］宋洪兴祖. 楚辞补注·招魂［M］. 北京：中华书局，2002.

［4］宋周密. 齐东野语［M］. 朱菊如校注. 上海：华东师范大学出版社，1987.

［5］汉刘熙. 释名·释饮食［M］. 上海：商务印书馆，1939.

［6］晋葛洪. 肘后备急方［M］. 据函芬楼影印明正统本. 北京：人民卫生出版社，1963.

［7］北魏贾思勰. 齐民要术·作豉法［M］. 据石声汉选读本. 北京：农业出版

参考
文献

社，1961.

［8］唐韩鄂. 四时纂要·六月［M］. 据缪启愉校释本. 北京：农业出版社，
1981.

［9］唐孙思邈. 备急千金要方［M］. 据日本江户医学影印本. 北京：人民卫生出版社，
1982.

［10］宋浦江吴氏. 吴氏中馈录·制蔬［M］. 北京：中国商业出版社，1987.

［11］元佚名氏. 居家必用事类全集·己集［M］. 北京：中国商业出版社，
1986.

［12］明高濂. 饮馔服食笺·家蔬类［M］. 北京：中国商业出版社，1985.

［13］明李时珍. 本草纲目·谷部［M］. 刘衡如点校. 北京：人民卫生出版社，
1978.

［14］清朱彝尊. 食宪鸿秘·酱之属［M］. 北京：中国商业出版社，1985.

［15］杨淑媛，田元兰. 新编大豆食品［M］. 北京：中国商业出版社，1989.

［16］［英］李约瑟. 中国科学技术史［M］. 北京：科学出版社，2008.

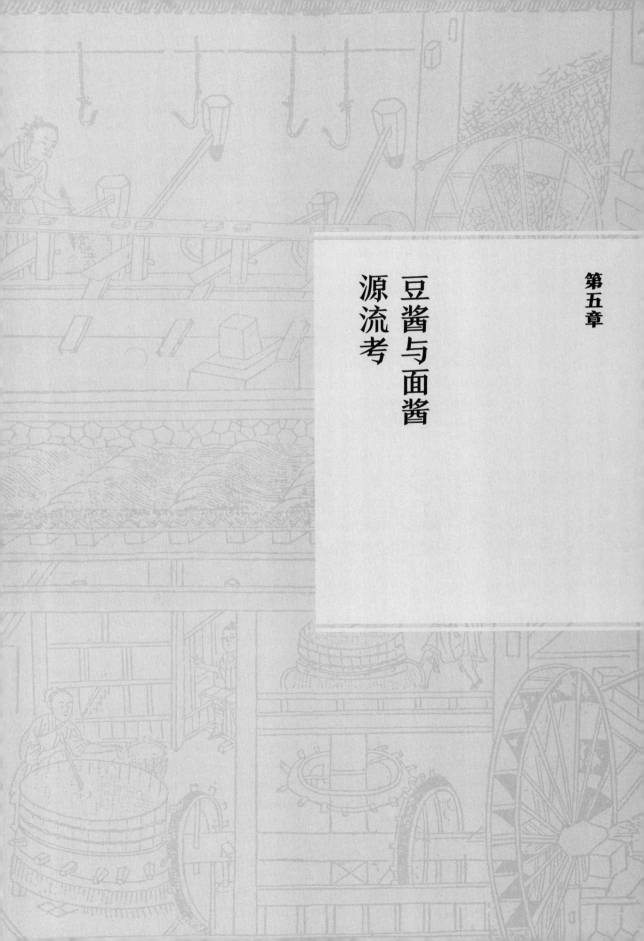

第五章

豆酱与面酱源流考

第一节

豆酱法源流考

一、豆酱起源考

酱，其在我国的起源非常早，而且现在已有很多品种。但本文要探讨的，只是豆酱与面酱科技史。下面首先要探讨的是豆酱起源考。

如果从现有的古文献记载看，则先秦时代已有许多关于酱类食品的内容。例如，《周礼·天官》载："凡王之馈……酱用百有二十瓮。"孔子《论语·乡党》："不得其酱，不食。"等。但是，从原文的含义分析可知，以上所说的酱，都不是豆酱而是肉酱或其他酱。虽然如此，下面3条资料却是需要深入探讨的。

西汉史游《急就篇·第十章》："饼饵麦饭甘豆羹，葵韭葱薤蓼蔬姜。芜荑盐豉醯酢酱，芸蒜荠芥茱萸香。"唐颜师古注、宋王应麟补注："酱，以豆合面而为之耳也，以肉曰醢，以骨为臡，酱之为言将也，食之有酱。"[1]

马王堆汉墓帛书整理小组《五十二病方·牡痔》："多空（孔）者，亨（烹）肥羭，取其汁渍美黍米三斗，炊之，有（又）以滫之孰，分以为之，取铅末、菽酱之滓，拌并舂，以傅痔空（孔），厚如韭叶，即以厚布裹，更温二日而已。"[2]

司马迁《史记·货殖列传》："通邑大都，酤一岁千酿，醯酱千

[1] 西汉史游撰. 急就章补注［M］. 唐颜师古注. 宋王应麟补注. 据《四库全书》及《丛书集成》本. 北京：华夏出版社，2003.

[2] 马王堆汉墓帛书整理小组. 马王堆汉墓帛书. 五十二病方［M］. 北京：文物出版社，1979.

巩，浆千甄……蘗曲盐豉千答，鲐鲞千斤。"[1]

史游是西汉元帝时人，当时的制曲技术已很高明，有了此技术就能发明豆酱。颜师古虽是唐朝人，但他是著名的训诂学家，是《汉书注》和《急就章注》的作者，凡考证文字或典故，多以客观存在为依据，谨言慎行。他的"豆合面"注，可能是见到了汉朝时已有加面粉做豆酱的证据。另外，《史记》中已经有豆豉也可以说明，这豆酱源于西汉是可信的。作为旁证，马王堆帛书中的"菽酱"也是指豆酱的。

1984年，笔者在拙著《中国食品科技史稿》上说："汉代人用大豆混配面粉作豆酱的方法是很科学的。因为大豆含蛋白为主，面粉含淀粉较多，它们同时存在，更适合于多种有益霉菌繁殖。因此，菌体所代谢的各种酶必然大量产生，使原料充分分解，生成风味独特的豆酱或豆酱油。"[2]笔者认为，研究制曲工艺过程，了解制曲的真实作用，对于提高豆酱或豆酱品质来说，具有指导生产实践的重要意义，古今如此，值得珍视。

1992年，湖南湘潭市第二制酱厂的学者谢选贤[3]，根据传统制酱工艺特点，对主要制酱原料大豆和辅料面粉，在制曲过程中的作用变化，作了科学性的实验检测研究，终于发现了意义重大的真相。他发现，"主要原料经过制曲之后，大豆中存在大量细菌类，未曾发现米曲霉营养菌丝；主要原料在消耗的同时，也产生了蛋白酶和各种酶类；蛋白酶的产生场所，并非全在辅料面粉上。"他的实验检测数据，如表5-1所示。

表5-1　各物料经制曲后蛋白酶活力等数据

	蛋白酶活力（甲醛法）/(g/100g)	制曲后各物料损耗率/%	米曲霉生长情况	细菌总数/g^{-1}
主原料	0.51	14.97	未发现菌丝	204万
成曲	0.97			
辅料	1.01	34.44		

根据以上数据表明，"当混合料制成酱曲后，蛋白酶活力达到0.97g/100g时，主原料的物质损耗可达到14.97%，能够产生占整个原料50.25%的蛋白酶活力单位。原料经制曲后大豆中有大量细菌存在，未曾发现米曲霉营养菌丝，因而推测大豆中的蛋白酶是由细菌产生的。"因为辅料的转化程度更加深刻，所以谢选贤认为，传统工艺的制曲过程是很科学的，作用明显，谁也不能否认。

[1] 司马迁. 史记：第十册［M］. 北京：中华书局，1959.
[2] 洪光住. 中国食品科技史稿［M］. 北京：中国商业出版社，1984.
[3] 谢选贤. 也谈制酱之原料在传统制曲工艺过程中的作用［J］. 中国调味品，1992（11）.

生产实践表明，混合料组成后具有明显的协同互补作用，它能更好地适合于多种有益微生物在物料中的生长繁殖需要。除此之外，据上面实验还发现，豆曲中有大量的细菌却无米曲霉的营养菌丝存在。对此，谢选贤推测认为，这豆曲中的"蛋白酶可能是由细菌产生的，当然还有待于进一步研究"。

然而，在先秦古籍中，至今不见有陈述酿制豆酱法的工艺内容，只有汉朝人对《周礼》中的"肉酱"作注释的解说。例如：

> 《周礼·天官·醢人》："醢人掌四豆之实。"汉郑玄注："作醢及臡者，必先膊干其肉，乃后莝之，杂以粱曲及盐，渍以美酒，涂置瓶中，百日则成矣。"[1]

有人认为，《周礼》中的郑玄注"肉酱法"也适合于酿制豆酱，所以豆酱与肉酱同源。为了试探这"同源"的真相，笔者曾经反复多次，按照《周礼》郑玄注的方法，用相同的试制条件，制作了肉酱与豆酱。结果是，肉酱的风味还可以，而豆酱则腐臭不堪，难以接近。可见，两者截然不同，绝不能相提并论。由此推测知道，肉酱法的起源显然早于豆酱法。据检索古书发现，我国豆酱法的最初记载出现于东汉。例如：

> 东汉王充（27—104年）《论衡·四讳篇》："世讳作豆酱恶闻雷，一人不食；欲使人急作，不欲积家踰至春也。"又东汉崔寔《四民月令·正月》："可作诸酱。上旬炒豆，中旬煮之。以碎豆作末都，至六七月之交，分以藏瓜。可以作鱼酱、肉酱、清酱。"[2]

在上面的记载中，有"末都"如何认识的问题。因为在北魏贾思勰的《齐民要术·作酱法》中，有"以碎豆作末都"的记载，又隋杜台卿《玉烛宝典》及东汉崔寔《四民月令·正月》的正文下有小字注："末都，酱属也。"故可以认为，上述"末都"应是指豆酱。除此之外，王充的话"作豆酱恶闻雷"也有道理，因为古人靠自然气温和湿度做豆酱，需要好天气。但是，自春天开始进入夏天之后，气温渐高，雷雨渐多，相对湿度渐大。如果雷雨太多，湿度太大，则豆曲中的热量和水分就不能及时散发出去，必然造成烂曲，所以古人制曲作豆酱"恶闻雷"乃至理名言，见解通达，科学依据强。

至于崔寔《四民月令》中的炒豆制酱法，它是我国最古老的优良制酱法之一。由此看来，如果从酿制豆酱工艺史分析，则《四民月令》中的这项记载也应是最早的。这种炒豆制酱法，现在国内仍然有工厂化生产企业，中国民间也有生产作坊。因此，现在对炒豆制酱法进行讨论，是有意义的。

[1] 汉郑玄注. 周礼注疏. 唐贾公彦疏［M］. 上海：上海古籍出版社，1990.

[2] 缪启愉. 四民月令辑释［M］. 北京：农业出版社，1981.

1.《四民月令·作诸酱》工艺流程（图5-1）

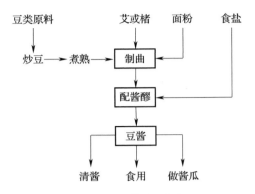

图5-1 炒豆制酱法工艺流程

2. 关于炒豆制酱法讨论

（1）炒豆制酱法工艺流程叙述 如果用现代炒豆制酱法的工艺流程与《四民月令》中的炒豆制酱法工艺流程比较，则必然会发现，《四民月令》中的炒豆制酱法工艺是残缺不全的。它没有制曲与配酱醪发酵工艺，也不见有用楮叶或其他覆盖物进行制曲的操作，又不见有使用少量面粉和添加食盐的记载。因此，《四民月令》中的炒豆制酱法只能证明，我国东汉时期已有生产豆酱（末都）、清酱事迹而已，但不能说明其生产技术水平高低程度。

（2）酿制豆酱法与肉酱法的区别与起源探讨 如果根据《周礼》郑玄注中的做肉酱法和《四民月令》中的制豆酱工艺流程进行分析，则必然会发现，它们之间的最明显区别是，做肉酱法没有制曲发酵过程，应属于腌渍食品工艺。我国腌渍食品的起源很早，商周时期已有文献记载。如果从原料性质看，豆类的外壳远比大米、小米、小麦坚硬，难于制成酱曲，所以我国酿制豆酱的起源大约始于西汉，它比酿酒的起源晚。

3. 食用豆酱的特殊表现

豆酱是中国人首先发明的古老食品，也是味道鲜美的调味品。它既有鱼或肉类的营养效果，又有抗病强身的多种有益成分。正因为如此，所以自古以来，豆酱一直是东亚人餐桌上不可或缺的美味。特别是东洋日本，人们对喝豆酱汤的食尚倍加赞许，世代相传，已成为家家户户追求益寿延年的良好风气。东洋人的倚重之举，很值得我们借鉴。韩国人也特别注重吃豆酱，采用神妙的方法制作诱人的干豆酱，如图5-2所示，做汤调味随意取用，美味可口。

图 5-2　韩国诱人的干豆酱
（引自《中华遗产》，2012（2））

如按原料和味道等区别，日本称豆酱为味噌，有下列 3 大类近百种。

（1）按原料分类　有用米曲酿成的米味噌，如仙台、信州、江户味噌；有用麦曲酿成的麦味噌，如九州、四国味噌；有用豆曲酿成的豆味噌，如八丁和三州味噌等。

（2）按色泽分类　有红味噌，如仙台红味噌；白味噌，如京西白味噌；淡色味噌，如信州淡色味噌等。

（3）按味道分类　有咸味噌、咸甜味噌、甜味噌等。

二、南北朝时豆酱法

东汉至南北朝以前，古籍中迄今均检索不到有关于酿制豆酱的工艺内容。在食用豆酱的热情程度方面，我国现在也不像东洋日本国那样，热衷于豆酱汤的实惠。但是，我们祖先对于酿制豆酱的研究和食用豆酱的追求，却是最悠久的。例如，在南北朝时期，贾思勰对于酿制豆酱的钻研，其细心全面和高深程度，都是世界上最早又最突出的。今以他的名著《齐民要术》中的记载为例，综述如下。

1.《齐民要术·作酱法》原文

北魏贾思勰《齐民要术·作酱法》："作酱：十二月、正月为上时，二月为中时，三月为下时。用不津瓮，瓮津则坏酱。尝为菹酢者，亦不中用之。置日中高处石上。

夏雨，无令水浸瓮底。[1]

用春种乌豆，春豆粒小而均，晚豆粒大而杂。于大甑中燥蒸之，气馏半日许。复贮出，更装之，回在上者居下，不尔，则生熟不多调均也。气馏周遍，以灰覆之，经宿无令火绝。取干牛屎，圆累，令中央空，燃之不烟，势类好炭。若能多收，常用作食，既无灰尘，又不失火，胜于草远矣。

咋看，豆黄色黑极熟，乃下。日曝取干，夜则聚覆，无令润湿。临欲舂去皮，更装入甑中，蒸令气馏则下。一日曝之。明旦起，净簸择，满白舂之而不碎。若不重馏，碎而难净。簸，拣去碎者。[2]

作热汤，于大盆中浸豆黄，良久，淘汰，挼去黑皮。汤少则添，慎勿易汤！易汤则走失豆味，令酱不美也。漉而蒸之。淘豆汤汁，即煮碎豆作酱，以供旋食。大酱则不用汁，一炊顷下，置净席上，摊令极冷。

预前，日曝白盐，黄蒸、草蒿、麦曲，令极干燥。盐色黄者，发酱苦，盐若润湿，令酱坏。黄蒸令酱赤美，草蒿令酱芬芳。蒿，挼、簸去草土。曲及黄蒸，各别捣末细筛——马尾罗弥好。

大率豆黄三斗，曲末一斗，黄蒸末一斗，白盐五升，蒿子三指一撮。盐少令酱酢，后虽加盐，无复美味。其用神曲者，一升当笨曲四升，杀多故也。

豆黄堆量不概。盐、曲轻量，平概。三种量讫，于盆中搅令均调。以手痛挼，皆令润彻，内著瓮中。手挼令坚，以满为限，半则难熟。盆盖，密泥，无令漏气。熟便开之。腊月五七日；正月、二月四七日；三月三七日。当纵横裂，周回离瓮，彻底生衣。悉贮出，搦破块，两瓮分为三瓮。[3]

日末出前，汲井花水，于盆中以燥盐和之。率一石水，用盐三斗，澄取清汁。又取黄蒸，于小盆内清盐汁浸之。挼取黄汁，漉去滓，合盐汁泻著瓮中。率十石酱，用黄蒸三斗。盐水多少，亦无定方，酱如薄粥便止：豆干饮水故也。

仰瓮口曝之。谚云：'蕤蕤葵，日干酱'言其美矣。十日内，每日数度，以耙彻底搅之。十日后，每日辄一搅，三十日止。

雨，即盖瓮，无令水入！水入则生虫。每经雨后，辄须一搅。解后二十日，堪食。然要百日始熟耳。"[4][5]

---

[1] 笔者注：自原文开头至此，可视为第一部分内容，说的是选择酿制豆酱时间、陶瓷瓮和瓮的保护方法等。
[2] 笔者注：自注［2］后至此，可视为第二部分内容，说的是原料加工处理方法。
[3] 笔者注：自注［3］后至此，可视为第三部分内容，说的是制豆酱曲的详细方法。
[4] 笔者注：自注［4］后至此，可视为第四部分内容，说的是配酱醪与晒酱成熟方法。
[5] 石声汉. 齐民要术选读本［M］. 北京：农业出版社，1961.

2. 工艺流程（图5-3）

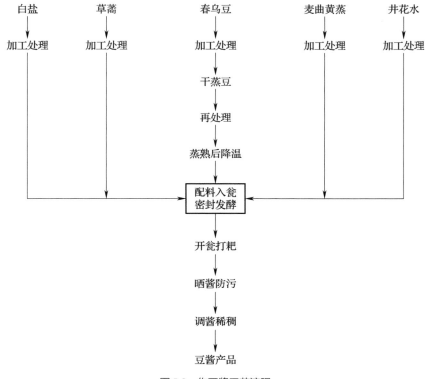

图 5-3　作豆酱工艺流程

3. 讨论

根据上面工艺流程分析可知，我国采用两次分别加入食盐、黄蒸等制豆酱的方法，始见于《齐民要术》中，其内容很丰富且具体。这种酿制豆酱的方法，如果与近现代酿造豆酱方法比较，则下列内容显然很值得我们探讨。

（1）原料春乌豆及其蒸、晒、去皮等处理的利弊分析　在选择原料方面，我国北方多用黄豆做豆酱，用蚕豆做辣酱，用黑豆做豆豉，很少用黑豆、小豆、豌豆做酱。《齐民要术》中所说的是用黑豆为原料，而且蒸熟3次，晒干2次，去豆皮杂物3次，这种酿豉工艺在历史上的古籍中仅见此一例。

将原料蒸熟极为重要，目的在于适应发酵霉菌繁殖的需要。但是，近现代蒸料都是一次，然后进行制豆酱，不见有蒸2~3次的。多次蒸料并去皮固然好，可使豆酱纯真，然而多次蒸料会消耗大量热能，也会造成物料大量损失，实是失算之举。

（2）用瓮制豆酱的利弊分析　用瓮发酵是我国古代酿酒史上的一项重要创举，最初记载始见于《齐民要术》中，主要用于酿造黄酒。用瓮发酵酿酒的历史由来已久，即使今日在农村中有时仍然可以见到。

但是，用瓮发酵做酱的事已很少见，如此做酱有何好处，因没有进行调查，所以不应该妄下结论。如果从曲料保温和保湿的技术要求看，陶瓷瓮的结构是一种很适合于制豆酱的设备。但是，用瓮制豆酱产量小，而且当物料温度太高时不易散热，容易造成烧曲事故。因此，用瓮制豆酱利弊兼而有之。

（3）在配醪及制酱操作方面，下列操作技术很值得探讨　如果从《齐民要术》中的酿制豆酱法内容看，则可知在制豆酱配酱醪时，都有添加黄蒸或曲末的事项。这种做法，与我国自古已有的酿造黄酒法极为相似。即向酒醪里添加酒曲以促进发酵。但是，这种加曲酿制豆酱法不见于近现代，所以我们认为，《齐民要术》中加曲酿制豆酱法，是遵循古代酿造黄酒法的规矩而来的，这种方法不适合于做豆酱。

当然，我们也应当注意到，《齐民要术》中的豆料是全部制曲的，这与古代酿造黄酒法全然不同，而与近现代酿制豆酱法相同。根据这种情况，我们又可以认为，《齐民要术》中的豆料全部制曲法，是中国人首先开拓创新的，它可能起源于汉朝，与酒窖酿造白酒发酵操作很相似，历史悠久且珍贵。

（4）根据《齐民要术》中的做酱工艺过程分析可知，下列事项也值得讨论　例如，要选择好的酱缸与使用井花水做酱之事很科学，非小题大做之举。所谓"井花水"，就是清晨未经扰动之井水。要求使用水洗过的盐做酱很重要，可以除去泥沙，要求定时翻动酱醪与严防雨水淋入酱内也很科学。所有这些措施，至少具有保证豆酱不受污染与品质稳定的作用。

三、唐朝时豆酱法

在唐朝时期，酿制豆酱法的技术已有不少新创举与进步。例如，不再往酱醪里添加酒曲借以"帮助发酵"；出现了用"豆黄"为原料制酱，即用干酱曲"豆黄"为原料；采用添加少量面粉制作豆黄的工艺等。所谓"豆黄"，又称豆酱黄子，它是一种用豆类或熟豆为原料，经发酵而制成的色泽微黄的干豆曲，也称豆酱曲、豆酱黄或豆豉脯等，实际上是酿造豆酱的中间体。用豆酱黄酿造豆酱的好处是，可以随时随意酿造豆酱，方便食用与传播。为了便于具体讨论，兹举例探讨如下。

1.《四时纂要·十日酱法》原文

唐韩鄂《四时纂要·七月》："十日酱法：豆黄一斗，净淘三遍，宿浸，漉出，烂蒸。倾下，以面二斗五升相和拌，令面悉裹豆黄。又再蒸，令面熟，摊却火气，候如人体。以谷叶布地上，置豆黄于其上，摊，又以谷叶布覆之，不得令太厚。三四日，衣上，黄色遍，即晒干收之。

要合酱，每斗面豆黄用水一斗，盐五升并作盐汤，如人体，澄滤，和豆黄入瓮内，密封。七日后搅之。取汉椒三两，绢袋盛，安瓮中。又入熟冷油一斤，酒一升。十日便熟，味如肉酱。其椒三二月后取出，晒干，调鼎尤佳。"[1]

2. 工艺流程（图 5-4）

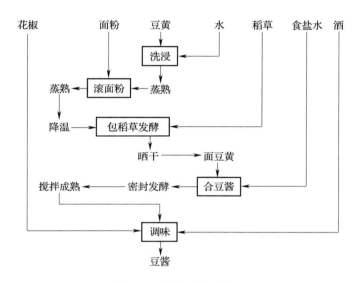

图 5-4　酿制十日酱工艺流程

3. 讨论

　　根据上面工艺流程可知，我国唐朝时期的酿制豆酱法，虽然已有多项技术性突破，但是，如果与近代方法比较，则不合理之处依然较多。例如，反复蒸料的方法，用豆黄制面豆黄的过程，用花椒和酒调整豆酱风味的利弊等。

　　（1）反复蒸料和制面豆黄的方法　蒸料过程是很重要的，只有如此才能有利于霉菌对原料的"消化"。但是，本工艺过程进行了 3 次蒸料，其中做豆黄 1 次，制面豆黄 2 次，结果必然是能源损失很大，繁琐而且劳务倍增。如果把原料直接制成面豆黄贮存起来，待需要时再做成豆酱，则可以省去 2 次蒸料，既科学又合理，受益匪浅。古人若知如此，自然不会做出反复蒸料的笨事。

---

[1] 唐韩鄂. 四时纂要［M］. 见缪启愉. 四时纂要校释. 北京：农业出版社，1981.

（2）用花椒和酒调味的做法　豆酱的风味本来就很鲜美，根本不必再添加调味料。但是，古人为了增加豆酱的风味和品种，用花椒和酒调味的做法也好，可以说是开拓创新之举。当然，不能乱加调味料，否则会使豆酱的风味蜕变。

在唐宋时期的古籍中，按说酿制豆酱法的史料还应当很多，可是笔者查到的不多，只有下列内容。

宋欧阳修《新唐书·百官志》："掌醢署有酱匠二十三人，酢匠十二人，豉匠十二人。"又宋赵希鹄《粒食》："大豆有黑、白、青、黄、褐诸色，炒食极热，煮食甚寒，作汤极冷，造酱则平。"

到了元朝，在不少古籍中很容易见到有关酿制豆酱法的记载。兹举数例并讨论如下。

四、元朝时豆酱法之一

1.《农桑衣食撮要·盦小豆酱》原文

元鲁明善《农桑衣食撮要·正月》："盦小豆酱：小豆蒸烂，冷定，团成饼，盦出黄衣，穿挂当风处。至三四月内，用黑豆或黄豆，炒过，磨去皮，簸净，煮熟，捞出。每小豆黄子一斗，熟豆一石，用盐四十余斤，拌匀，捣烂，入瓮。每日搅动，晒过七日后便可食用。盦酱时，斟酌豆黄用之。晒，用三伏日为妙。"[1]

2. 工艺流程（图5-5）

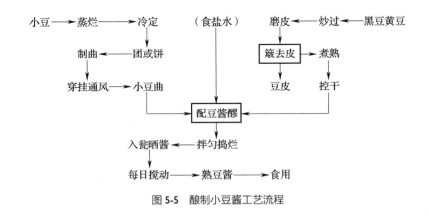

图5-5　酿制小豆酱工艺流程

---

[1]　元鲁明善. 农桑衣食撮要［M］. 王毓瑚校. 北京：农业出版社，1962.

3. 讨论

根据上面工艺过程分析可知，原文中的所谓"小豆酱"名称，其由来并非按照惯例直指黑豆酱或黄豆酱之一，而是由于用小豆制曲而得名的，由于这种名不副实的情况自古以来习以为常，所以不必多加解释也能明白。可是，对于本工艺过程中的某些技术性特点来说，在此倒是应当作些讨论的。

（1）制曲与发酵特点评述　特点是，以小豆为原料采用通过风制饼曲法完成。关于制饼曲法的历史，至晚初见于汉朝，如许慎《说文解字》载："䴷，饼曲也；麸，饼曲也。"如果从文字结构看，汉朝人是用麦制饼曲的，当时主要用于酿酒，也可能用于酿制豆酱。

但是从技术史上看，《农桑衣食撮要》中的"每小豆黄子一斗"用熟豆一石的用曲量太小，所以酱醪的发酵一定很慢，如若晒酱仅 7 天就食用的话，则无论如何发酵周期都是太短的，豆酱的风味肯定不会美妙。

（2）炒豆与煮豆特点评述　有关炒豆制酱法的内容，本文前面已经叙述过，即初见于东汉崔寔的《四民月令》中。如果从科学史角度看，用炒豆法制成的酱，风味必然清香，独树一帜。但是，炒豆会导致热能损失，劳动强度加大，各有利弊。对于煮豆去皮制酱的特点，本文前面也已经叙述过，即初见于北魏贾思勰的《齐民要术》中。但是，去豆皮之后，由于物料中没有豆皮，所以酱的口感必然细腻甜美，可是原料中没有豆皮会使物料缺少疏松性和通风作用，导致制曲过程受抑制，这种缺点也是不能忽视的。

在鲁明善的《农桑衣食撮要》中，还有一种酿制豆酱法记载，因内容颇有新意，应当作些讨论，故将原文转抄如下。

五、元朝时豆酱法之二

1.《农桑衣食撮要·盒酱法》原文

元鲁明善《农桑衣食撮要·六月》："盒酱法：用豆一石，炒熟，磨去皮，煮软捞出。用白面六十斤，就热搜面，匀于案上。以箸叶铺填，摊开约二指厚候冷，用楮叶或苍耳叶搭盖。发出黄衣为度，去叶凉一日，次日晒干。簸净捣碎，约量用盐四十斤，无根水二担，或稀者用白面炒熟，候冷和于酱黄内，若稠者，用甘草同盐煎水，候冷添之于火，日晚间点灯下酱则不生虫。加莳萝、茴香、甘草、葱、椒物料，其味香美。"

2. 工艺流程（图5-6）

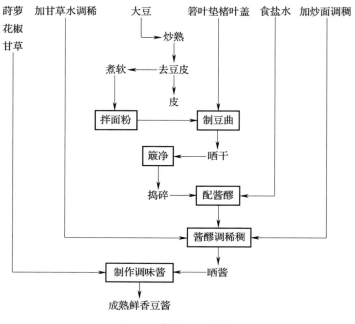

图5-6 盦酱法工艺流程

3. 讨论

在上面的原文中，有所谓"盦（ān）"字与"无根水"的名称。据检索可知，前者与"腌"的读音及含意相同，即指腌渍食物之意；后者则是指没有浮沉杂质的清洁水。除上述应解释的以外，因本酿制豆酱法有下列数项内容颇具新意，故应当略加讨论。

（1）添加面粉制曲及除霉方法评述 本工艺所采用的添加面粉制曲法，最初可能始于汉，如史游《急就章》注中，就有唐颜师古注的阐释"酱，以豆合面而为之耳也。"但是，颜氏是唐朝人，又这种记载不见于南北朝贾思勰的《齐民要术》中，而是初见于唐韩鄂的《四时纂要》。这种相传不连续的现象出乎意外，但也许可以进一步说明，这添加面粉制曲法是源于唐朝的。

至于晒曲除霉的作用，最明显的效果是，晒干容易除掉菌丝、孢子、杂质，使豆酱的苦涩味减到最低程度。

（2）调整酱醪稀稠方法评述 在古籍中，有关调整酱醪稀稠方法的已知有数种。最早的调稀法出现于南北朝，如贾思勰的《齐民要术》中，有添加精制食盐水法，但是不见有调稠法。一直到了元朝，在鲁明善的《农桑衣食撮要》中，才同时出现了调稀法和调稠法。因为这两种方法前所未见，所以值得珍视与关注。

六、元朝时豆酱法之三

1.《易牙遗意·豆酱》原文

元韩奕《易牙遗意》卷上："豆酱：用黄豆一石，晒干，拣净，去土，磨去壳。沸汤泡浸，候涨，上甑蒸糜烂。停如人气温，拌白面八十斤，或官秤七十斤。摊芦席上，约二寸厚，三五日黄衣上，翻转再摊，又罨三四日。手挼碎盐五六十斤，水和下缸，翻拌上下令匀，以盐掺缸面。其盐宜淋去灰土、草屑。水宜少下，日后添冷盐汤。大抵水少则不酸，黄子摊薄则不发热且色黄，厚则黑烂且臭。下缸后遇阴雨，小棒撑起缸盖，以出其气。炒盐停冷，掺其面。天晴一二日便打转令均匀，频打令其匀且出热气。须正伏中造。"[1]

2. 工艺流程（图5-7）

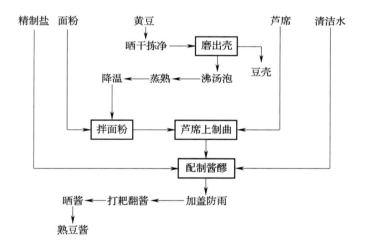

图 5-7 酿制豆酱工艺流程

3. 讨论

在上面原文中，采用沸汤泡豆和芦席制曲法是本文尚未讨论的内容，至于酱缸上加防雨盖的情况，也是刚想要涉及的事项，为了层次分明起见，兹分别讨论如下：

（1）沸汤泡豆法评述 "泡豆"是古今酿制豆酱法的重要工序之一。对此技

---

[1] 元韩奕. 易牙遗意［M］. 北京：中国商业出版社，1984.

术，古人言传身教，一脉相承。但是，由于浸泡技术看似简单，其实不然，因影响因素较多，如大气温度、泡豆水的温差、浸泡时间长短、原料品质等，略有变动都会对全过程产生影响，要想泡好很不容易。为了能快捷成功，古人开始试用新法泡豆，例如，在北魏的《齐民要术》中，首次出现了热水浸泡法，在本处的《易牙遗意》中，首先出现了沸汤浸泡法等。但是，用热水沸水泡豆也有不可忽视的缺点，那就是热能损耗和劳动强度增加，这也是近现代不见采用热泡法的重要原因。

（2）用芦席制豆曲法评述 我国古代的制曲技巧及所用的器具、设备、植物材料等，品种较多，详细情况请参考拙著《中国酿酒科技发展史》中的各"制曲"章节[1]。对于本

文的制豆曲而言，在《齐民要术》中，有大缸制曲法。后来，又有多种新款式出现，其中所采用的植物性材料有稻草、谷叶、楮叶、箬叶、苍耳等。这些制曲法所采用的各种措施，其科技效果都是一致的，那就是要达到保温、保湿和接入有益菌种的目的，采用芦席制豆曲法也是如此。

除采用芦席制豆曲以外，笔者儿时还见过用竹匾、苍耳、香蒿等，酿制豆酱或豆豉。其中，圆形竹匾很像明宋应星《天工开物·曲蘖》里，那些放在架子上的大直径、小高沿的圆形器具。如图5-8所示。

在明朝的古籍中，首次出现的，具有科技史意义的新品种是豌豆酱。对于广大豌豆产区来说，做豌豆酱的意义具有生产食用价值。因此，现在举两例探讨如下。

图 5-8 用圆竹匾制曲
（引自明宋应星《天工开物》）

七、明朝时豆酱法之一

在明朝时期的古籍中，有很多关于制作豆酱法的资料。例如《宋氏养生部》《多能鄙事》《便民图纂》《本草纲目》等。现用具体例子讨论如下。

---

[1] 洪光住. 中国酿酒科技发展史［M］. 北京：中国轻工业出版社，2001.

1.《多能鄙事·豌豆酱方》原文

    明刘基《多能鄙事》卷一："豌豆酱方：豌豆不拘多少，水浸，蒸软，晒干，磨去皮。每净豆一斗小麦一斗，同磨作面。水和作硬剂，切作片，蒸熟。罨黄衣上，晒干。依面酱法下之：每斤黄用盐四两，捣令碎，再磨，煎汤泡盐下之。罨黄处，切忌通风及湿地。"[1]

    明李时珍《本草纲目·谷部》第二十五卷："豌豆酱法：豆用水浸，蒸软，晒干去皮。每一斗入小麦一斗，磨面，和切，蒸过。盦黄，晒干。每十斤黄入盐五斤，水二十斤，晒成，收之。"[2]

2. 工艺流程（图 5-9）

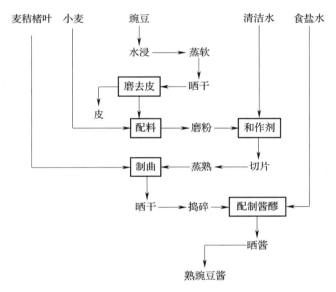

图 5-9　酿制豌豆酱工艺流程

3. 讨论

    根据上述工艺流程可知，本做酱法最明显的特点是，熟豌豆与生小麦混合后磨成粉，然后拌成硬剂、切片、制曲，再经发酵成豌豆酱。由于这是首次出现的工艺，所以很宝贵。若从学术意义方向看，由于配料合理，混合均匀，加工特殊，所以有利于发酵，其结果必然是，酱制品口感绵软香甜，风味脱俗优异，食之不易

[1]　明刘基. 多能鄙事［M］//［日］田中静一. 中国食经丛书. 东京：书籍文物流通会，1972.

[2]　明李时珍. 本草纲目［M］. 刘衡如校. 北京：人民卫生出版社，1978.

厌倦。

在明朝的古籍中，除酿制黄豆酱和豌豆酱之外，还有采用小麦为主要原料，大豆为次要原料的酿制豆麦酱的好方法。在这类制酱法中，又有敞瓮口晒酱和密封瓮口晒酱之别。为了对此类做酱法进行具体探讨，今举例如下。

八、明朝时豆酱法之二

1.《宋氏养生部·酱制》原文

明宋诩《宋民养生部·酱制》："豆麦熟酱：大豆炒熟，磨细。计一斗豆面和小麦细面二斗，汤和，切为片，蒸熟，幽为黄，暴甚燥。每十斤加盐三斤，注紫苏汤，日中暴之，遂成熟酱。

小麦生酱：四月，小麦细面一石为率，煮黄豆三斗去汁，以面染匀熟豆，不宜太润。幽暖室薄铺草箔上，采楮叶覆黄，移烈日中暴，须甚燥。碎击于缸，计黄一斤盐四两，通和，摘紫苏煎汤，待冷注之。日暴，三个月后方熟。汤少续汤，淡续盐。"[1]

2. 工艺流程，（图 5-10 与图 5-11）

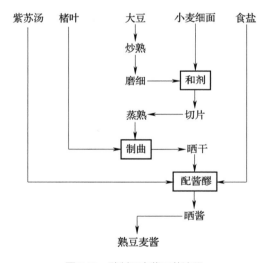

图 5-10　酿制豆麦酱工艺流程

[1]　明宋诩. 宋民养生部［M］. 北京：中国商业出版社，1989.

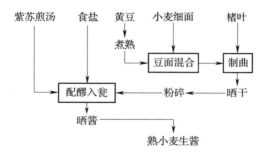

图 5-11 酿制小麦生酱工艺流程

3. 讨论

根据上面工艺流程分析可知，明朝时期的酿制豆酱法，其应当着重讨论的，还有下列内容，即主要原料的配比关系与酱醪稀稠的调整新法等。

（1）主要原料的配比关系评述 为了便于据实探讨，今先将历代一些酿制豆酱法的主要原料配比情况摘录，如表 5-2 所示。所谓"主要原料"，即指大豆与面粉。

表 5-2 历代一些主要原料配比情况

资料来源		唐朝《四时纂要》	宋元时期《农桑衣食撮要》	明朝		清朝	
				《本草纲目》	《宋氏养生部》	李化楠《醒园录》	佚名氏《调鼎集》
原料名称	大豆	一斗	一石	一斗	一斗	一斗	一斗
	面粉	二斗五升	六十斤	一斗	一斗	十五斤	二十斤

如果从表 5-2 的配料量看，则在清朝以前，配加面粉量一般都多于大豆，而自清朝以来，尤其是现代，据笔者调查获悉，加入的面粉量一般都很少，每 100kg 大豆约配加 10kg~20kg 面粉。

据生产实践与科学研究证实，这种配料量大转变的方法是很科学很高明的。因为，当添加过量面粉时，酱醪中的淀粉糖含量过高，豆酱呈现的是甜香风味，它不适合于大多数人的口味，也不是烹调中的理想调味品。

反之，当原料中的面粉少于大豆很多时，则原料中的蛋白质被大量转化为各种氨基酸化合物，此时豆酱所呈现的鲜香正是人们梦寐以求的鲜甜香风味。俗话说，民以食为天，食以味为先，豆酱的滋味无论是鲜食或调鼎，它都富有独特的魅力。中国人的这项原料配比大转变，在酿造科学史上的贡献，是很重要的突破。

（2）酱醪稀稠的调整方法评述 在我国，古人调整酱醪稀稠的方法有数种。最先出现的是，在北魏贾思勰的《齐民要术》中，有精制食盐水添加法。到了元朝，在鲁明善的《农桑衣食撮要》中，有甘草煎汤调稀法和加入炒面粉调稠法。在本处宋诩的《宋氏养生部》中，所出现的是紫苏煎汤添加法。

对于这些方法的优缺点及价值问题，因为手头没有足够的科学依据，也没有实地调查过，所以较难作出评议。但是，有一点是可以肯定的，那就是开拓研究创新财富的努力，永远是值得称赞的。

九、清朝时的豆酱法

自明朝到清朝时期，如果根据古文献中的各种记载内容看，则清朝时期的酿制豆酱法，除配料比例出现较大转变以外，其发展迹象是不显著的，多数内容与明代相似，新品种也很少。此事说明，清朝时期的酿制豆酱法已经发展到了成熟、普及与相对稳定期。除以上理由之外，也可能是由于豆酱油生产发展很快，使得制豆酱法受到了影响，地位开始下降。尽管如此，在清朝时期，我们最终还是发现了一种首次出现的新产品，这就是辣豆瓣酱。兹举例如下。

1.《中馈录·制辣豆瓣酱法》原文

清曾懿《中馈录·第十二》："制辣豆瓣酱法：以大蚕豆用水一泡即捞起，磨去壳，剥成瓣，用开水烫浸洗，捞起用簸箕盛之。和面粉少许，只要薄而均匀，稍晾干即送至暗室，用稻草或芦席覆之，俟六七日起黄霉后，则日晒夜露。俟七月底，始入盐水缸内晒，至红辣椒熟时，用辣椒切碎，清晨和下。再日晒夜露二三日，后用坛收贮。再加甜酒少许，可以终年不坏。"

2. 工艺流程（图5-12）

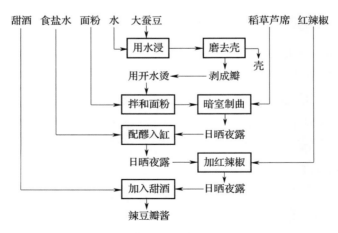

图 5-12　制辣豆瓣酱工艺流程

3. 讨论

这种采用大蚕豆酿制辣豆瓣酱的方法，在我国广大酷爱辣味食品的省市地区很盛行，特别是在四川、重庆、湖南、湖北等地，人们对于辣豆瓣酱的喜爱更是情有独钟，因此本文着重介绍与讨论是很有意义的。

（1）蚕豆由来简介　所谓"蚕豆"，亦称胡豆、罗汉豆、佛豆、倭豆等。它是豆科，一年生或二年生草本植物，茎方形中空有棱，鲜嫩豆粒可作蔬菜，种子富含蛋白质、淀粉等。我国西南、华中、四川广种，产量高，价廉。

明李时珍《本草纲目·谷部》说："蚕豆，豆荚状如老蚕，故名。此豆种亦自西胡来。《太平御览》云：张骞使外国得胡豆种归，指此也。今蜀人呼此为胡豆。"由此可知，我国西南、中原各地等，本无蚕豆。蚕豆，如图5-13所示。

图5-13　蚕豆

（2）酿制辣豆瓣酱方法评述　根据上述原文及工艺流程分析可知，这是一种与其他传统酿制方法相似而又有自身特色的工艺。其中，特殊之处有，原料没有煮熟仅用开水烫浸，在暗室里制曲之后，又经过通风制曲及"日晒夜露"过程。还有，配醪入缸之后，除进行通常的"日晒夜露"晒酱法外，还加入了甜酒而不是香辛作料或调料。对于这些特殊方法的价值，有待于将来经过调查与研究。

下面将要探讨的是，"酿制面酱法源流考"，它属于另一项新课题。

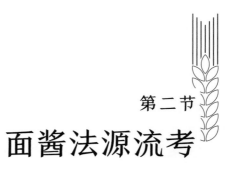

第二节

面酱法源流考

在我国，所谓"面酱"，又名甜面酱，福建闽南各地人们称面酱为"蜜豉"。面酱以纯麦或面粉为原料，经制曲发酵酿制而成。有些地区酿制面酱时，原料中有时也添加少量豆子共酿，产品质量也很好，因此本文也要作些讨论。如果从使用原料的种类方面区别，则我国自古以来，酿制面酱的方法有下列三类：

（1）采用大麦或小麦种粒分别为原料，酿制甜面酱；

（2）采用大麦与小麦种粒混合为原料，酿制甜面酱；

（3）采用面粉为原料，酿制甜面酱。

一、面酱起源考

若根据史书记载推测，则我国最初出现酿制面酱法的，始见于南北朝。例如，在北魏贾思勰的《齐民要术》中，就有"《食经》作麦酱法"的内容，原文如下。

1.《齐民要术·作麦酱法》原文

北魏贾思勰《齐民要术·作酱法》："《食经》作麦酱法：小麦一石，渍一宿，炊。卧之，令生黄衣。以水一石六斗，盐三升，煮作卤，澄取八斗著瓮中。炊小麦投之，搅令调匀。覆著日中，十日可食。"[1]

---

[1] 北魏贾思勰. 齐民要术·作酱法［M］//［日］田中静一. 中国食经丛书上册. 东京：书籍文物流通会，1972.

2. 工艺流程（图5-14）

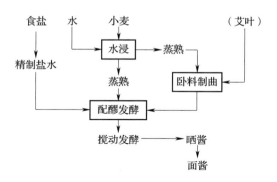

图5-14　作麦酱法工艺流程

3. 讨论

根据上述原文及工艺流程分析可知，当时的酿制面酱法，也许是由于年代久远或初创之故，所以在原文中显然有些遗漏与不好理解之处，例如"卧之令生黄衣""小麦一石，浸一宿，炊""炊小麦投之"等。另外，关于《食经》的作者及写作年代等，也应当作些讨论。

（1）关于"卧之，令生黄衣"评述　这里说的是，把小麦粒的一部分蒸熟之后用于制曲的工艺。这种做法，现在农村仍然可以见到，所不同的是现代采用全料制曲法。由于本例原文的叙述过于简单，没有详细说明制曲时所使用的工具设备及辅助材料，所以一般外行人不易理解其中细节。如果按《齐民要术》中的作豆酱法操作，则作面酱法也应当是使用大缸及艾叶制曲的，否则将做不成好曲。

（2）关于两次"炊小麦"的原因评述　在本例中，有"小麦一石，浸一宿，炊"和"炊小麦投之"两处记载，它们是有区别的，不可混为一谈。前者，炊小麦是用于制曲的，后者的炊小麦是作为配醪投料用的。这种方法与古代酿造黄酒法相似，所采用的是部分原料用于制曲，大部分原料蒸熟后直接投入醪中，进行混合发酵的工艺。

若从微生物学发酵原理看，由于麦粒有坚硬的外皮会影响糖化发酵过程，所以部分制曲做面酱法现代已不见了。

（3）关于《食经》的作者及写作年代评述　据学者们考证说，《齐民要术》中的《食经》就是北魏时期崔浩的《食经》。崔浩，字伯渊，太宗时拜博士祭酒，于太平真君十一年（450年）被诛。

由于《魏书·崔浩传》说："崔母卢氏，谌孙也。浩著《食经叙》曰：余自少及长，耳闻目见，诸母、诸姑所修妇功，无不蕴习酒食。……远惟平生，思季路负米之时不可复得，故序遗文垂示来世。"所以历史上的崔浩《食经》，实际上是崔浩母亲的初作，《食经》中的"作麦酱法"，很可能源于东晋（317—420年）晚期。

二、唐和宋朝时的面酱法

据笔者所知，在唐朝时期的古文献中，我们只见有食用甜面酱的资料，仍不见有酿制面酱法的记载。例如：

> 唐孟诜《食疗本草》卷下："酱，小麦酱不如豆酱。"又唐苏敬《新修本草》卷十九："酱，多以豆作，纯麦者少。"

到了宋朝，在古籍中，除已有食用面酱的资料以外，我们已检索到了酿造面酱法。例如：

> 宋唐慎微《重修政和经史证类备用本草》卷二十五："小麦，《图经》曰，麦有小麦、矿麦、荞麦……小麦性寒，作面则温而有毒；作曲则平、止痢；其皮为麸，性复寒调中，去热亦优大豆；作酱、豉，性便不同也。"[1]

上述是食用面酱的资料，古人还作了简单的食疗评价。下面要列举的是豆、麦酿制面酱法。

1.《事林广记·作面酱法》原文

> 宋陈元靓《事林广记》癸集卷之四："作面酱法：面六十斤，炒黄，作数度炒。豆黄一硕、盐十五斤，椒、草蓣各四两，熟油半斤；豆黄如常法下甑，候熟入面，和匀，摊布幕上，厚三寸许，著楮叶密盖，经宿拨开白醭，匀取于日中晒干；盐水拌入诸物及入黑附子四两，炮过，入瓮内，日中晒，夜即盖；如少造亦依此法。"[2]

2. 工艺流程（图5-15）

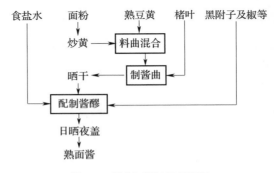

图5-15　酿制面酱法工艺流程

---

[1] 宋唐慎微. 重修政和经史证类备用本草：卷二十五［M］. 北京：人民卫生出版社，1957.

[2] 宋陈元靓. 事林广记：癸集卷之四［M］. 北京：中华书局，1999.

3. 讨论

根据上述原文及工艺流程分析可知，宋朝时期《事林广记》中的酿制面酱法，虽然与历代酿制各种谷物酱的传统方法很相似，但是也有一些独特内容在此应当作些讨论。

（1）面粉炒黄与豆黄混合制曲的方法评述　如果从微生物学观点看，将面粉炒黄炒熟以及拌入豆黄制曲的做法是很正确的，因为只有采用熟料混合制曲再酿制面酱的工艺，才会有利于发酵的进行，产品也才会更加鲜美。

（2）配制酱醪与添加多种辅料的方法评述　本工艺采用食盐水配制酱醪的方法是历代的传统做法，由来于实践经验，很科学，不必再三讨论。但是，添加花椒、草蒿、熟油、附子的做法却值得探讨。

花椒　芸香料，灌木或小乔木植物，果实含挥发油，性热味辛，用作调味料，也供药用。

草蒿　在《生物学词典》里没有这一项。据北魏贾思勰的《齐民要术·作酱法》说："预前，日曝白盐、黄蒸、草蒿……黄蒸令酱赤美，草蒿令酱芬芳。"本工艺采用它大概由来于此，一脉相承。

附子　在植物学上附子是乌头块根上的侧根，供药用，性热味辛。乌头，毛茛科草本植物，主根称草乌，侧根称附子，含乌头碱，有毒。

由上述可知，古人添加多种辅料的主要目的是为了改善面酱风味，也可能兼有防腐等作用。但是，面酱是鲜甜香咸兼有的美妙食品，所以现代根本不再添加任何调味料，以突出面酱本味，避免杂味喧宾夺主。

三、元朝时的面酱法

在我国，元朝的历史虽然不长，但是有关酿制面酱的史料却不少。例如，在佚名氏的《居家必用事类全集》中，就有"造面酱方"和"大麦酱方"，在韩奕的《易牙遗意》中，就有"麦酱法"。在宋陈直撰、元邹铉补的《寿亲养老新书》中，也有用面酱腌制酱瓜的详细内容。在忽思慧的《饮膳正要》中，又有"豆酱主治胜面酱，陈久者尤良"的话等。为了便于认识与讨论，今举例如下。

1.《居家必用事类全集·造面酱方》原文

元佚名氏《居家必用事类全集·诸酱类》："造面酱方：白面不拘多少，冷水和作硬剂，切作一指厚片子，笼内蒸熟。摊晾三时许后，片子上面，以楮叶、苍耳、麦秸覆盖，至黄衣上匀为度。去盖物，翻转过，至次日晒干。刷去黄衣，捣碎。每斤黄盐四两，煎汤泡盐作水，下之。凡造酱，先将盐淘净，去泥渣，酱自佳。"[1]

2. 工艺流程（图5-16）

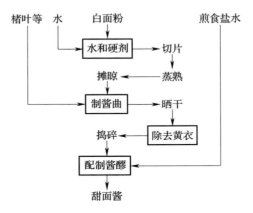

图5-16　造面酱方工艺流程

3. 讨论

根据上面原文及工艺流程分析可知，这里的"造面酱方"完全是一种典型的传统方法。这种方法，既适合于酿制豆酱，也适合于酿制面酱，不仅元朝及以前有此法，在明朝及以后也有一脉相承的相同模式，比如在明刘基的《多能鄙事》里，就有与本例"造面酱方"内容完全相同的"甜面酱方"可以佐证。正因为如此，所以本例"造面酱方"的学术性问题，只要略加思考就能明白，在此就不特地讨论了。

但是，明朝在酿制面酱技术方面与元朝有些不同。在明朝的古籍中，我们已经发现了一些有意义的新变化。例如，在明宋诩的《宋氏养生部》里，就有"小麦生酱""小麦生熟酱""麦饼熟酱""二麦熟酱"等。现举例如下。

四、明朝时的面酱法

1.《宋氏养生部·小麦生熟酱》原文

明宋诩《宋氏养生部·制酱》卷一："小麦生熟酱：凡小麦一石，以五斗磨成带麸面，以五斗煮熟去汁，煮豆，和于一处。幽黄，暴燥。以水和润，泥封，复幽瓮中，暴三七日。通磨，筛取细者。每十斤黄，盐三斤，同紫苏汤十三斤配。烈日中暴之，不数日酱熟。有用其筛出麸，亦复幽瓮，泥封。渐取注盐水，暴熟。以渍

[1] 元佚名氏. 居家必用事类全集［M］. 北京：中国商业出版社，1986.

物。"[1]

2. 工艺流程（图5-17）

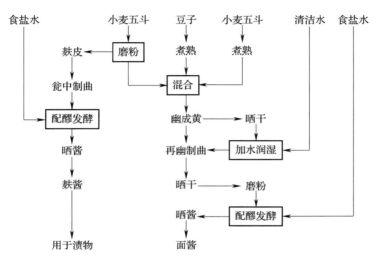

图5-17 酿造小麦生熟酱工艺流程

3. 讨论

根据上面原文及工艺流程分析可知，明朝时期的这种酿制面酱法，很明显的特殊新变化是，采用数种生熟原料、制曲方法比较特殊、首次出现了酿制麸酱法等。

（1）采用三种生熟原料的方法评述　在原料配比中，采用加入五斗带麸生面粉的方法生料太多了，因为豆子和剩下的五斗小麦都有坚硬的外皮，虽然经过煮熟，但是仍然较难适合于霉菌的繁殖，所以整个工艺流程必然不可能达到较理想的程度。这是不合理的配料方法，只能被历史淘汰而不可能成为发展方向。

（2）有关制曲方法比较特殊的评述　本工艺所采用的是两次制曲法，以达到提高原料利用率的目的。这种方法，从学术上讲是正确的，又因为这是首次见到的用于酿制面酱的方法，所以具有一定意义。但是，如果从原文的深层含义看，制曲时用的是陶瓷瓮，这种设备虽然操作简便，效果也较好，可是占地大产量小，不适合发展要求。

（3）关于酿制麸酱法评述　在我国古代，用麸皮酿制麸酱的方法仅见于此。由于麸皮的营养成分不丰富，酿制麸酱的过程又相当粗陋，所以可想而知，当时麸酱的风味不可能很鲜美，只能用于渍物，如做酱瓜、酱芥等。然而，有一点值得重视，那就是麸皮的疏松性很好，自古就是制酒曲的重要原料。

[1]　明宋诩. 宋氏养生部［M］. 北京：中国商业出版社，1989.

五、清朝时的面酱法之一

在清朝时期，如果根据已经检索到的资料考虑，则我们会很容易发现，当时有关酿造面酱的资料在历史上是最多的，而且内容很丰富。其中很突出的表现是，酿造面酱法的技术水平相当高明。这种情况自然可以折射出一种道理，即当时的酿造面酱法已经达到了相当普及的程度，其中包括家庭制作因素。

对于食品科技史研究来说，我们更加关心的是，酿造技术上的各种突出表现。为了使讨论能够更加具体化，达到说服充分有力的史学目的，现以相关史料为主旨，分别举例如下。

1.《食宪鸿秘·甜酱方》原文

清朱彝尊《食宪鸿秘·酱之属》卷上："甜酱方：用面不用豆。二月，取白面百斤，蒸成大卷子，劈作大块，装蒲包内按实。盛箱内罨黄，大约面百斤，成黄七十五斤。七日取出。不论干湿，每黄一斤，盐四两。将盐入滚水化开，澄去泥滓，入缸，下黄。将熟，用竹格细搅过，勿留块。"又"甜酱：伏天，取带壳小麦淘净，入滚水锅即时捞出。陆续入即捞，勿久滚。捞毕，滤干水，入大竹箩内用黄蒿盖上，三日后取出晒干。至来年二月再晒，去膜簸净，磨成细面，罗过，入缸内。量入盐水，夏布盖面，日晒成酱，味甜。"

2. 工艺流程（图 5-18）

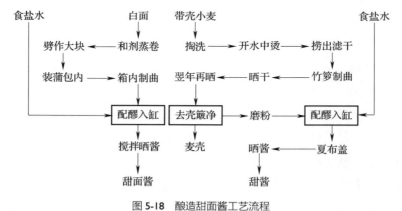

图 5-18　酿造甜面酱工艺流程

3. 讨论

原文中的作者朱彝尊，字锡鬯，号竹垞又醧舫，浙江今嘉兴人，清康熙中举博学鸿儒科授检讨，为清代著名文学家与食品科学技术研究家。

一个有身份的人，在封建王朝鼎盛时期，能够在"君子远庖厨"的警戒线上突破封锁，钻研饮食与食品科技，不怕他人耻笑的行为，是非常难能可贵的。

他所收载的上述两种酿制面酱法，内容丰富，学术性强，有多项内容前所未见，堪称珍贵。例如，用带壳小麦为原料，用蒲包、箱子、竹笋制曲，用翌年老曲做酱等，都是前所未见的事，值得重视，应当讨论。

（1）用带壳小麦为原料的方法评述　如果从微生物学的发酵原理看，使用带壳小麦为原料制曲的方法是很科学的，因为麦壳的保温保湿性能好，有利于霉菌繁殖。但是，由于所制成的麦曲是贮存到第二年才用于酿造面酱的，所以麦曲与麦壳一定会粘连在一起，给分离带来困难，会影响到面酱的品质，这种不利因素也是不可忽视的。

（2）用蒲包、箱子、竹笋制曲的方法评述　在世界上，我国用谷物制曲酿酒或做酱的历史是很悠久的，有关详细内容，可参见拙作《中国酿酒科技发展史》[1]。可是，在古籍中，有关用蒲包、竹笋制酒曲的记载出现很早，而把面粉装入蒲包、箱内，把带壳小麦粒装入竹笋内制曲，并用于做面酱的记载却始见于此。

虽然这种用蒲包、竹笋或箱形设备制面曲的记载出现较晚，但是这些器具设备的开始运用，对于近现代的发展启示却很大。例如，在我国现代许多面酱厂里，采用通风制酱曲使用箱形或槽形设备的，已经很广泛。

在清朝时期，还有一种表现值得关注，当时的酿造面酱法水平已经较高明。在一些食品专著里，会出现多种酿造面酱法工艺。例如，在清李化楠父子撰写的《醒园录》中，就有做甜酱法1种，做面酱法2种，做麦油法2种。这是我国迄今已知的，有关古人论述酿造甜面酱及甜面酱油的重要记载之一。

作者李化楠，又名李石亭，今四川罗江绵阳人，清乾隆进士。其子李调元，号雨村，也是乾隆进士，授翰林院编修。因家中有"醒园"，故书名为《醒园录》。为了便于对上述"酿造面酱法"的讨论，特选择其中两例如下。

六、清朝时的面酱法之二

1.《醒园录·作甜酱法》原文

清李化楠《醒园录》卷上："作甜酱法：白面十斤，以滚水做成饼子，不可太厚，中挖一孔,令其透气,蒸熟。于暖房内上下用稻草铺排,草上加席放面饼于上,覆以席子,

---

[1]　洪光住. 中国酿酒科技发展史［M］. 北京：中国轻工业出版社，2001.

勿令见风。俟七日后发黄,取出候冷,晒干。每十斤配盐二斤八两,用滚水泡半日,候冷,澄清去浑底。下黄时,以木扒子打搅令烂,每早未出日时翻搅极透。晒至红色,用磨磨过。放大锅内煎之,每一锅放红糖一两,不住手搅,熬至颜色极红为度。装入坛内,俟冷封口,仍放日地晒之。鲜美味佳。

按:酱晒至红色后,可以不用磨,只在和盐水时搅打,用手擦摩极烂,或将面黄先行杵破,粗筛筛过,以盐水泡之,自然融化,亦可不用锅内煎,只用大盆盛置。锅内隔汤煮之,亦加红糖,不住手搅,至红色装起。

2. 工艺流程(图5-19)

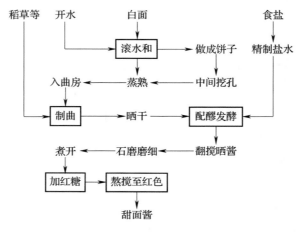

图5-19 作甜酱法工艺流程

3.《醒园录·作面酱法》原文

清李化楠《醒园录》卷上:"作面酱法:用小麦面不拘多少,和水成块,切作片子,约厚四五分,蒸熟。先于暖房内用青蒿铺地,或鲜荷叶亦可,加干稻草或谷草,上面再铺席子。然后将蒸熟的面片铺排草席上。铺毕,复用谷稻草,上加席子,盖至半月后,变化生毛,亦有七日者。取出晒干,以透为度。将毛刷去,用新瓷器收贮候用。临用时研成细面,每十斤配盐二斤半。应将大盐预先研细,同净水煎滚,候冷,澄清去浑脚。和黄入缸,或加红糖亦可,以水较酱黄约高寸许为度。乃付大日中晒月余,每早,日出前翻搅极透,自成好酱。"[1]

---

[1] 清李化楠. 醒园录(万卷楼藏本)[M]//[日]田中静一. 中国食经丛书. 东京都:书籍文物流通会,1972.

4. 工艺流程（图5-20）

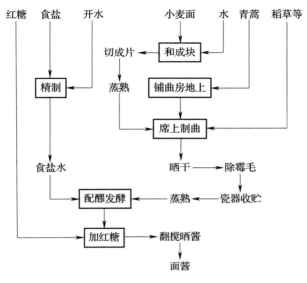

图 5-20　作面酱法工艺流程

5. 讨论

根据上面李石亭的这两种酿造面酱法内容分析可知，我国清朝时期的酿造面酱法，其传统工艺原理和工艺流程是相同的，但是配料和操作技术有些不同，所以面酱产品的风味会有不同的表现。例如，和面的方法、食盐精制的方法、采用稻谷草及席子制曲的方法、配醪的方法等，对于提高面酱的品质和风味，都会有明显的作用。

（1）和面的方法评述　自古以来，我国酿造面酱所用的原料都是两种，即小麦种粒或面粉。用面粉的选择很适合于大规模生产的需要，但是必须着重关心的是和面的方法要恰当。在食品科技史上，用冷水和面的方法是很正常的，但是需要较长的浸润时间才能恰到好处。其次是用温水和面的方法也很好，浸润时间短，但是需要消耗一些热能。

在本例中，出现了采用开水和面的方法，这可能是"温水"笔误为"滚水"所致，否则是不可取的。因为用开水和面会烫手，使操作中断难作为，还会将一部分面粉烫熟并造成结块，引起多种麻烦。在清朝，通常采用的是，和面蒸馒头制曲的方法。

（2）食盐水精制的方法评述　对于酿造面酱来说，如果想要获得优良的产品，精制食盐除去泥沙的举措非常重要。正因为如此，所以在南北朝时期的《齐民要术·作酱法》中，就已经有采用冷水精制食盐酿造面酱的记载。但是，自南北朝到清朝期间，只见都是采用冷水或开水进行一次性溶化、沉淀精制食盐的。这种方法可能出现下列问题，即一次性洗盐很难将泥沙除净，用开水洗盐必然造成热能及其他方面的经济损失。

（3）制曲与配醪的方法评述　由上面两例的叙述内容分析可知，当时的制曲场所都是在特定的曲房里进行的，而且所采用的辅料也是做面酱史上最常见的，有青蒿、稻草、鲜荷叶、谷草、席子等。这种设立专门曲房的意义很大，是保护发酵菌和发酵安全进行不会受污染的好办法。

在配醪方面，上述两例也有特殊的表现。例如，首次出现了加入红糖的做法。这种方法对于后来酿造各种酱或酱油时，添加焦糖的做法可能有影响。

（4）有关提高产品质量的方法评述　在上述两个例子中，除采用传统的精制食盐法和按时翻酱及晒酱外，把酱磨细还可以提高产品的品质和风味。在原文中，出现了采用添加红糖的方法，把甜面酱用锅或盆直接或间接煮沸的方法。这些方法是提高面酱品质的重要举措。添加红糖的方法，可以提高甜面酱的甜香风味，还可以使甜面酱的乌红色泽更加亮丽。把甜面酱煮沸的方法很科学，它是消毒杀菌的祖型，也是延长产品保质期的最好方法之一。

参考文献

［1］西汉史游. 急就篇［M］. 长沙：岳麓书社，1989.

［2］西汉马迁. 史记［M］. 北京：中华书局，1959.

［3］汉郑玄注. 周礼注疏. 唐贾公彦疏［M］. 上海：上海古籍出版社，1990.

［4］东汉崔寔. 四民月令［M］. 缪启愉辑释. 北京：农业出版社，1981.

［5］石声汉. 齐民要术选读本［M］. 北京：农业出版社，1961.

［6］唐韩鄂. 四时纂要［M］. 缪启愉校释本. 北京：农业出版社，1981.

［7］宋唐慎微. 重修政和经史证类备用本草［M］. 北京：人民卫生出版社，1957.

［8］宋陈元靓. 事林广记［M］. 北京：中华书局，1999.

［9］元鲁明善. 农桑衣食撮要［M］. 王毓瑚校注. 北京：农业出版社，1962.

［10］明刘基. 多能鄙事［M］//.［日］田中静一. 中国食经丛书. 东京：书籍文物流通会，1972.

［11］明李时珍. 本草纲目［M］. 刘衡如校. 北京：人民卫生出版社，1978.

［12］明宋诩. 宋氏养生部［M］. 北京：中国商业出版社，1989.

［13］元佚名氏. 居家必用事类全集［M］. 北京：中国商业出版社，1986.

［14］清李化楠. 醒园录［M］. 熊四智注释. 北京：中国商业出版社，1984.

［15］洪光住. 中国食品科技史稿［M］. 北京：中国商业出版社，1984.

［16］谢选贤. 也谈制酱之原料在传统制曲工艺中的作用［J］. 中国调味品，1992（11）.

［17］洪光住. 中国酿制酒科技发展史［M］. 北京：中国轻工业出版社，2001.

第六章

酱油考

第一节

酱油起源考

如果根据科技原理分析，则我们认为，酱油的本源应当是始于豆酱的出现而派生的。我们这样说的理由是，在古籍及相关资料中，有关酱油的名称、史料和酿造工艺等，其内容演变都与豆酱的起源发展沿革息息相关，交相辉映。正因为如此，所以我们认为，如果要探明酱油的起源，就必须首先知道豆酱出现于何时。

根据笔者酿制《豆酱与面酱》源流考的研究获悉，我国酿制豆酱的成功年代初见于西汉[1]。人所共知，有了豆酱必然会有豆酱汁，而且只须采用简单的分离方法就可以得到酱汁，所以酱油的雏形也应当随着豆酱的出现而始见于西汉。但是，我们在西汉的历史长河中，不见有豆酱汁之类的直接证据。所幸的是，在《马王堆汉墓帛书·五十二病方》中，我们欣然发现了下列文字记载：

> 《五十二病方·牡痔》："（痔）多空（孔）者，……即取礜（铪）末、菽酱之宰（滓），半（拌）并羹（舂），以傅痔空（孔），厚如韭叶，即以厚布为裹，更温二日而已。"[2]

上面《五十二病方》中的"铪"，据《史记·平准书》所言是"铜屑"。在历史上，铜屑可以入药。至于"菽酱之滓"，则可确认为是"豆酱渣"，也可以入药。黄兴宗解释说：如果有豆酱渣就肯定有被分离出来的清汁，它可能就叫作清酱[3]。这种解释是很贴切的，说明西汉时已有豆酱清。但是我们仍需指出，在西汉以前我国已有数种酱类食品，如《周礼·天官》中就有"百酱八珍"。有酱必有酱汁，现在已知西汉以前的酱汁似乎都是肉酱汁或鱼酱汁，至今不见有豆酱汁，即不见有酱油的雏形产品。

[1] 洪光住. 中国食品科技史稿［M］. 北京：中国商业出版社，1984.

[2] 马王堆汉墓帛书整理小组. 马王堆汉墓帛书. 五十二病方［M］. 北京：文物出版社，1979.

[3] 黄兴宗. 中国科学技术史：发酵和食品科学卷［M］. 北京：科学出版社，2008.

关于西汉已有豆酱及酱油雏形的另一则证据是，在西汉史游的《急就篇》中，有下列内容记载：

> 史游《急就篇·第十》："稻黍秫稷粟麻秔，饼饵麦饭甘豆羹，葵韭葱薤蓼蔬姜，芜荑盐豉醯酢酱，芸蒜荠芥茱萸香。"唐颜师古《急就章注》："酱，以豆合面而为之耳。以肉曰醢，以骨为臡，酱之为言将也，食之有酱。"[1]

对于上面引文的认识，笔者在《酿制豆酱与面酱源流考》中已经讨论过，认为我国西汉时期已有豆酱。虽然这种认识很可信，但是对于酱油起源来说，演绎的结论毕竟不是真凭实据，仍需要深入探明酱油起源的真相。笔者认为，有关酱油雏形已有些出现的较明显记载是始见于东汉，当时的俗称叫"清酱"。例如：

> 东汉崔寔《四民月令》："正月可作诸酱，上旬炒豆，中旬煮之，以碎豆作末都。末都者，酱属也。至六、七月之交，分以藏瓜。可以作鱼酱、肉酱、清酱。"[2]

黄兴宗《发酵和食品科学》史卷引用一些学者的话说，《四民月令》中记载的清酱，首先表示的是肉酱和鱼酱，人们很难肯定清酱实际上是指澄清的豆酱，而不是另一种风味酱。我们认为，在《四民月令》中的这条引文里，肉酱、鱼酱、末都、清酱是同时出现且独立存在的，所以如果说"清酱"是源于肉酱或鱼酱的，那么也应当有源于末都的清酱，即豆酱清。我们这样根据原文直接诠释的结论应当是合理可信的，即清酱是酱油的古名，滥觞的证据之一。据清汪谢诚《湖雅》卷八载："清酱曰酱油"。

现在，令我们感到不足的是，在西汉及以前的历史时期内，至今不见有酿制豆酱清的工艺过程，所以我们的研究目标只好转向东汉以后的时代。而首先应当熟识的是，古今酿制酱油法的区别。

---

[1] 西汉史游. 急就篇［M］. 长沙：岳麓书社，1989.

[2] 东汉崔寔. 四民月令［M］. 缪启愉辑释. 北京：农业出版社，1981.

古今酱油制法区别

古往今来，由于时代的变迁与科学技术的进步，所以我国酿制酱油法的发展历程也深受影响，出现了不少革故鼎新事项。这种变化，很容易导致一些人对酿制酱油法在历史上的变化产生不易理解的因素。因此，我们认为，首先对古代酿制酱油法和近现代酿制酱油法的特点作些论述是必要的。

一、古代酿造酱油

我国酿制酱油法，古今工艺原理一致：即以豆类为原料，经过浸泡、蒸煮熟、降温后制曲，然后加入食盐水在缸中制酱醪，经过发酵成熟后过滤、酱液灭菌，最后包装与销售。但是，随着科学时代的昌明，古今酿造酱油法已有许多操作技术发生了明显的变化。

1. 选择原料方面

在古代，人们所使用的原料都是未经压榨的天然大豆和麦粉，现代人所使用的原料则都是榨出了油脂的大豆饼及麸皮等。这种不同，由于原料成分改变而对酱油品质和风味必然会有很大的影响。豆料品质不同，对酱油氨基酸化合物等营养成分影响很大。影响酱油品质的另一种原料是水，古人使用的是天然水，现代生产中使用的以自来水居多。水质不同对酱油的风味影响也很大。

2. 菌种利用方面

众所周知，我国古代不见有利用高科技手段，将酿造酱油用的菌种从自然界中分离出来的做法。古人起初只能依靠大自然的恩赐，利用自然界中的霉菌等酿造酱油。古代的酱油是一种多菌种共同作用后的产物。到了近现代，酿造酱油法发生了许多变化，特别是运用科技方法分离得到了用于制曲的菌种，那是一项青出于蓝的重要突破，目前广泛应用的有米曲霉、酱油曲霉等。这种不寻常的变化，对于酱油的品质和风味影响很大，传统酱油优于现代酱油，产量却反之。

3. 古代酿造酱油工艺流程（图6-1）

古代酿造酱油时，制曲是在圆形竹匾里进行的，用茅草屋调控温度和湿度；配制酱醪时，稀醪在大瓷缸里发酵成熟；发酵时间很长，多数1年左右，酱醪经"日晒夜露"后成熟；提取酱油的方法很传统，有淋油法、抽提法和压榨法等。

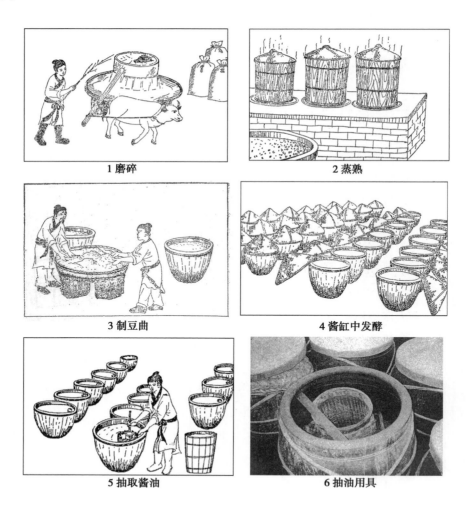

1 磨碎　　　　　　　　　2 蒸熟

3 制豆曲　　　　　　　　4 酱缸中发酵

5 抽取酱油　　　　　　　6 抽油用具

7 酱渣

图 6-1　古代传统酿造酱油工艺流程

（根据传统工艺原理与研究作图）

二、现代酿造酱油

现代酿造酱油法与古代传统方法比较有许多区别。现代采用的是豆饼和麸皮为主要原料，用蒸汽蒸料，用纯菌种制曲，在大水泥池里发酵，没有"日晒夜露"工序，发酵周期很短，只有几十天，选用压榨机分离提取出酱油，用自动化生产线包装产品等。现在，根据调研资料设计工艺流程如下。

1. 工艺流程（图 6-2）

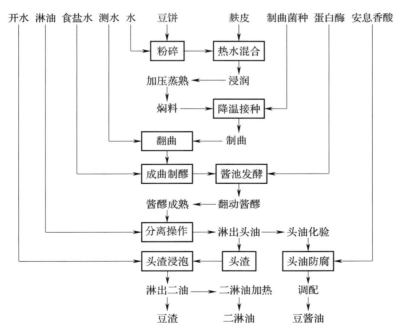

图 6-2　现代酿造酱油工艺流程

2. 工艺流程概述

如前所述，关于酿造豆酱油工艺的特点，若是古今对照分析，则不难发现，现在的酿制法，可论述的内容主要有下列几方面。

（1）选用豆饼与麸皮为原料的原因　这种选料的做法是源于节约粮食之需，出于无奈之举，始于20世纪中，迄今已有50多年历史。虽然这样做的历史不长，酱油的风味也稍逊于从前，但是可以认为相当成功，因为不仅如愿以偿地实现了节粮初衷，而且生产技术已日趋成熟，扩大了生产，解决了供不应求的矛盾。

（2）采用精选的曲霉菌取代天然菌种的制曲方法　在古代，酱曲或酱油曲俗称"黄子"，其曲中含有很多野生微生物发酵菌种，尤以黄绿色曲霉菌为最突出。

近现代则与古代不同，自从日本人高峰1894年发现了曲霉菌产淀粉酶之后，科学家们便对曲霉菌的奥秘倍加重视，加强研究。如1930年，日本人山崎百治在上海自然科学研究所时，曾经向各地征集到了酒曲和酒药205份用于分离研究[1]。

1931年，南京中央工业试验所首次从"黄子"里分离得到了蛋白酶活力很强的米曲霉菌株，为酿制酱油法开拓了新途径。1976年，上海市粮油工业公司酿造实验工厂，选育成功了米曲霉3042新菌种4株，用于酿制酱油时，效果很好，制曲时间由原来的7天缩短为1天，原料利用率大大提高，酱油风味很好。这一菌株已保存在中国科学院，编号A.C3.951[2]。

1978年，重庆市调味品研究所也从4家老酱园的曲房里，分离诱变得到了1株优良的酱油曲霉好菌种。根据上述成果说明，我国科技工作者在研究酱曲制备方面成绩卓然，令人刮目相看。

3. 酿造酱油过程中的微生物

我国现在酿造酱油的方法，大多数厂家都采用含蛋白质多的豆饼和含少量淀粉质的麸皮为主要原料。原料蒸煮后，接入精心扩大培养的曲霉菌种。在适宜温度、湿度和供氧条件下制曲。然后把曲子拌入高浓度（15%～18%）食盐水中发酵，在自然温度或保温情况下，由多种微生物协同作用成熟。提取酱油的方法有数种，后面还会讨论到。酱油经过严格消毒后，即可以销售食用了。因此，下面要讨论的是，制曲和发酵中的微生物种类及作用。

（1）制曲过程中的微生物种类及作用　制曲是酿制酱油过程中最重要的工序之一。在适宜温度、湿度和充分供氧的情况下，曲霉菌大量繁殖，产生了蛋白酶和糖化酶及少

[1]　［日］花井四郎. 日本酒的由来［A］.［日］石毛直道. 酒和饮酒文化［C］. 东京：平凡社，1998.

[2]　中国微生物菌种保藏管理委员会. 中国菌种目录［M］. 北京：中国轻工业出版社，1983.

量其他生物酶，为后面发酵工序的顺利进行，打下了坚实的基础。

但是，曲霉菌的种类很多，必须选择那些不产生毒素的曲霉菌为菌种。经过努力，我国现在各厂家几乎都是采用科学方法选育到的，以不产生毒素的优良曲霉为菌种。其中，被广泛采用的有下列数种：

米曲霉（*Aspergillus oryzae*）：有 A.C3.042、A.C3.863 等；

酱油曲霉（*Aspergillus sojae*）；

溜曲霉（*Aspergillus tamara*）；

鲁氏酵母（*Saccharomyces rouxii*）及有益细菌等。

（2）发酵过程中的微生物种类及作用 制曲主过程是产酶，发酵与制曲的目的不同。在发酵过程中，生化作用的结果是，曲菌产生的蛋白酶将原料中的蛋白质分解为肽、氨基酸，糖化酶将淀粉分解为糖，细菌所产生的酶使酱油的色香味风格更高雅优美。

但是，发酵在食盐水中进行，好气而不耐盐水的小球菌被抑制或消灭，嫌气且耐盐水的乳酸菌和酵母，如嗜盐足球菌、鲁氏酵母迅速繁殖，有益菌协同作用赋予酱油各种芳香成分，如糠醇、乙脂、羰基化合物等。

据从酱油醅中分离得到的微生物种类看，除曲菌以外，参与发酵作用的还有细菌 6 个属 14 个种，酵母 7 个属 23 个种，它们有的是有益的，有的是有害的。例如：

巴氏芽孢杆菌（*Bacillus pasteurii*）；

地衣芽孢杆菌（*Bacillus licheniformis*）；

泛酸芽孢杆菌（*Bacillus pantothenticus*）；

表皮葡萄球菌（*Staphylococcus epidermidis*）；

酱油四联球菌（*Tetrecoccus soyae*）；

嗜盐足球菌（*Pediococcus halophilus*）；

鲁氏酵母（*Saccharomyces rouxii*）；

易变球似酵母（*Torulopsis versatilis*）；

埃契氏球似酵母（*Torulopsis etchellsii*）；

上面这些霉菌在酿造酱油过程中的作用，大多有益于酱油香气的形成。这种多菌群的联合作用，不仅可以提高酱油品质和风味，而且可以缩短生产周期和提高产量。因此，向酱油醅中添加嗜盐足球菌和鲁氏酵母的设想，已引起许多厂家的关注。

第三节

魏晋南北朝时期的酱油

自东汉至南北朝时期，我们在古文献中无论怎样检索也总不见有"酱油"之称，这说明"酱油"之名尚未显露踪迹。但是，豉汁、酱汁、酱清、豆酱汁、豆酱清等，却屡屡出现于古籍中。这说明，"酱油"的原始称呼不因时代的进步与配制酱油法的逐步成熟而改变。我们在本文前面已经说过，"酱油"的本源始于豆酱，"酱油"与"豆酱"的起源发展过程息息相关。这样说之所以贴切可信，那是因为下列文献记载，也可以再次给予证明。

一、两晋时的文献记载

晋葛洪《肘后备急方》卷八："治牛马六畜水谷疫疠诸病方：虫颡十年者，酱清如胆者半合，分两度灌鼻，每灌一二日将息，不得多，多即损马也。"[1]

晋徐衷《南方草木状》："合浦有菜，名'优殿'，人种之，以豆酱汁食，芳香好味。"

二、南北朝时的文献记载

北魏贾思勰《齐民要术·羹臛法》："作羊盘肠雌解法：取羊血五升，去中脉麻迹，裂之。细切羊脟肪二升，切生姜一斤，橘皮三叶，椒末一合，豆酱清一升，豉汁五合，面一升五合……"[2]

---

[1] 晋葛洪. 肘后备急方［M］. 北京：人民卫生出版社，1983.
[2] 石声汉. 齐民要术选读本［M］. 北京：农业出版社，1981.

贾思勰《齐民要术·素食》:"焦茄子法:用子未成者,子成则不好也。以竹刀、骨刀四破之,用铁则渝黑。汤煠去腥气。细切葱白,熬油令香,苏弥好。香酱清,擘葱白,与茄子俱下。焦令熟,下椒、姜末。"

三、讨论

虽然从上面文献中,我们仍然见不到酿制提取酱油的工艺过程,但是从"豆酱汁"和"豆酱清"的名称看完全可以明白,这"豆酱清"产品的确是从豆酱中分离出来的,不可能是另外一种酱汁,而且都是作为烹调菜肴或做羹用的,其调味品的特殊地位已明显确立。

如果根据《齐民要术》中记载的内容再分析,则我们还会发现,这"豆酱清"与"豉汁"是分别充当调味品食用的。这件事很有趣味,因为豆豉和豉汁,豆酱和豆酱清的起源近乎同时,但是"豉汁"并没有像"豆酱清"那样发展成为众人爱不释手的产品,如今豉油厂已寥寥无几,正在面临逐渐消失的境地。据笔者所知,目前仍在生产豉油的企业有两家,即福建省南安市洪濑镇的永利源和连江县的琯头豉油厂。这种情况提醒我们,最好不要把"豉油"和"酱油"科技发展史掺和在一起探讨,单独撰写"酿制豉油科技发展史"是很有意义的。

如今,"豆酱清"已被历史湮没,被"酱油"大名所取代。"酱油"的名称已家喻户晓,成为人们特别偏爱的调味品。

唐宋时期的酱油

我们在本篇开头的"酱油起源考"中已经说过，西汉史游《急就篇》的唐颜师古注是可信的。颜师古在《急就章注》里说："酱，以豆合面而为之耳，以肉曰醢，以骨为臡，酱之为言将也，食之有酱。"也就是说，唐颜师古《急就章注》里的话是针对汉朝社会情况而说的，当时已有豆酱及酱油了，但是，由于颜师古是唐朝人，所以他的话具有双重性，可以是指汉朝，也可以是指唐朝时代。对于我们来说，虽然在唐朝的文献中，我们已经发现有酱油的古名，但是还很不够，应当进一步深入探讨。

一、唐朝时的酱油

唐孙思邈《千金宝要·治卒猘所毒》："猘犬咬人：以豆酱清涂之；日三四次。"又孙思邈《千金宝要·治足皲》："酱清和蜜，温涂之。"又唐王焘《外台秘要·治疯疾病》："用酱清和石硫磺细末涂之。"

令人称奇的是，五代陶谷在《清异录·馔羞门》中说："酱，八珍主人也。"，而唐颜师古在《急救章注》里则说："酱之为言将也，食之有酱。"据此反倒说明，自先秦时代，孔子名言"不得其酱不食"，及至五代，人们对于酱的偏爱，总是始终不渝的。中国人这种迷恋酱类食品的守旧历史非常悠久，及至宋代，"酱油"的美妙称呼翩然出现。这种变化终于产生了非凡的意义。

二、宋朝时的酱油

"酱油"的名称，最初始见于宋代。这是一个美妙的称呼，反映食俗习惯，柴米油盐酱醋特别重要。当然，这不是说我国稀醪发酵法酿造酱油起源于宋代，而是说到了宋代，液态酱油已经批量生产，广泛应用于烹调菜肴了。

1. 古文献中的记载

宋吴氏《吴氏中馈录·脯鲊》："肉生法：用精肉切薄片子，洗净，入酱油，火烧，红锅爆炒；醉蟹：香油入酱油内……用酒七碗，醋三碗，食盐，醉蟹亦妙。"又《吴氏中馈录·制蔬》："撒拌和菜：将麻油入花椒，先熬一二滚，收起。临用时，将油倒一碗，入酱油、醋、白糖些少，调和得法安起。"

宋林洪《山家清供》卷上："柳叶韭：韭菜嫩者，用姜丝、酱油、滴醋拌食，能利小水，治淋闭；山海兜：春采笋、蕨之嫩者，以汤瀹过，取鱼虾之鲜者，同切作块子，用汤泡，爆蒸熟，入酱油、麻油、盐、研胡椒，同绿豆粉皮拌匀，加滴醋。今后宛多进此，名虾鱼笋蕨兜。"又《山家清供》卷下："山家三脆：嫩笋、香菇、枸杞头，入盐汤焯熟，同香熟油、胡椒、盐各少许，酱油、滴醋拌食。赵竹溪（密夫）酷嗜此；忘忧荠：忘忧草，春采苗，汤焯过，以酱油、滴醋作为荠。或燥以肉。"[1]

中国传统菜肴的烹调技艺特点是，大火烧炒扬锅翻动，还有蒸煮炖等。对于大火烧炒扬锅翻动菜肴来说，使用酱油调味的优越性非常突出，那是豆酱或其他酱类无法媲美的。对于凉拌菜肴来说，酱油的调和作用也是特别非凡的。

2. 酱油的食文化意义

（1）酱油的流动性和分散性比豆酱好，调味易使菜肴鲜美。

（2）酱油无渣滓，不会对菜肴的口感和味道产生不良影响。

（3）酱油的色泽有深浅多种，可以做到使菜肴的色泽尽如人意。

但是，据笔者所知，在我国唐朝及宋朝的古文献中，至今我们不见有关于酿造酱油法的具体记载。据北宋史学家欧阳修《唐书·百官志》说："掌醢署有酱匠廿三人，酢匠十二人，豉匠十二人。"这段记载说明，在唐朝及宋朝早期，制酱行业虽然最大，但是酿造酱油产业依然不见专管，这说明尚无独立地位。据笔者所知，我国酿造酱油法出现独立记载的始见于元朝。

---

[1] 宋林洪. 山家清供［M］. 北京：中国商业出版社，1985.

元明时期的酱油制法

根据前面的讨论已知，虽然"酱油"的起源与豆酱的出现密切相关，酱油的名称虽然出现于宋朝，但是，有关酿造酱油工艺的史料记载却出现较晚，最初始见于元朝。

一、元朝时的酱油法

元倪瓒《云林堂饮食制度集》载："酱油法：每黄子一官斗，用盐十斤足称，水廿斤足称。下之须伏日，合下。"[1]

元韩奕《易牙遗意》卷上："酱油法：豆黄搓去衣，取一斗净者，下盐六斤，下水比常法增多。熟时其豆在下，其油在上也。"[2]

上面两例的原文虽然很简单，但不失科学道理，当然也有需要解释的内容。例如，"黄子"和"豆黄"，那是古代酱曲的俗称。由于酱曲的外表上布满了微黄色的霉菌孢子，所以古人通称酱曲为"黄子"，如果酱曲是用豆类制作的，则酱曲俗称"豆黄"。在上述原文中，还有"下之须伏曰"和"合下"的话，前者是说酿造酱油时应当选在夏季三伏天，后者是说配料要齐全，投料要同时，这种要求至今依然如此。但是，元朝时期的酿制酱油法，其水平仍然很低下。倪瓒（1301—1374 年），号云林。韩奕（约生于 1330 年），号蒙斋。

到了明朝，如果从已发现的史料内容看，则酿造酱油法的技术已经达到相当高的水平。

---

[1] 元倪瓒. 云林堂饮食制度集. 清初毛氏汲古阁抄本［M］. 北京国家图书馆.

[2] 元韩奕. 易牙遗意（卷上）［M］. 北京：中国商业出版社，1984.

二、明朝时的酱油法之一

1.《本草纲目·豆油法》原文

明李时珍《本草纲目·谷部》第二十五卷："酱者，将也。豆酱有大豆、小豆、豌豆及豆油之属。豆油法：用大豆三斗，水煮糜，以面二十四斤，拌罨成黄。每十斤入盐八斤，井水四十斤，搅晒成油，收取之。"[1]

2. 豆油法工艺流程（图6-3）

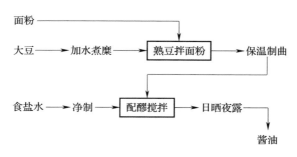

图6-3　酿制豆油法工艺流程

3. 讨论

如果根据这个工艺流程分析，则我们可以肯定地说，这酿制豆油法实际上就是酿造酱油法工艺，只是称呼不同罢了。这种不同称呼在我国至今仍然存在，例如，在福建东南地区及台湾地区，人们常称酱油为豆油或豆豉油。在上述工艺流程中，还有一项需要讨论，那就是如果根据"豆油法"标题解释，则"豆油"产品应当是从豆酱醪中分离出来的，而不是豆酱的延伸副产品。很可惜的是，豆油法原文中没有分离豆油的方法，也无抛弃豆渣的记录，所以这个"豆油法"内容是不完美的。

据笔者所知，在明朝的古籍中，较完善的酿制酱油工艺法始见于《养余月令》。举例如下。

三、明朝时的酱油法之二

1.《养余月令·南京酱油方》原文

明戴羲《养余月令·六月》："南京酱油方：每大黄豆一斗，用好面二十斤。先

---

[1]　明李时珍. 本草纲目：第二十五卷［M］. 刘衡如校. 北京：人民卫生出版社，1978.

将豆煮。下水以豆上一掌为度。煮熟摊冷,汁存下。将豆并面用大盆调匀,于以汁浇,令豆、面与汁俱尽,和成颗粒。摊在门片,上下俱用芦席,铺豆黄(熟黄豆)于中,罨之,再用夹被搭盖,发热后去被。三日后去豆上席,至一七日取出,用单布被摊晒,二七晒干,灰末霉尘俱莫弃莫洗。下时,每豆黄一斤,用筛净盐一斤,新汲冷井水六斤,搅匀,日晒夜露,直至晒熟堪用为止。以篾筛隔下,取汁,淀清听用。其末及浑脚,仍照前加盐一半、水一半,再晒复油取之。脚豆极咸,可以各菜及萝卜切碎拌匀,晒干收之。可当豆豉,但微有沙泥耳。"[1]

2. 南京酱油方工艺流程(图6-4)

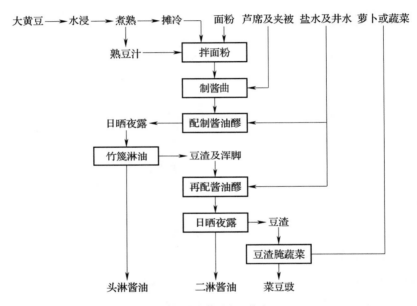

图6-4 南京酱油方工艺流程

3. 讨论

如果根据这个工艺流程分析,则我们必然会发现,这是一个由制豆酱曲开始,然后延伸为酿造酱油的传统工艺。这种工艺如果与元朝时期的酿造酱油法比较,则很明显地具有下列创新特点。

(1)根据工艺流程及原文论述可知,这是一项明朝以前史书上不见的,既具体又全面的记载,因此具有重大的史学意义。《养余月令》约成书于1640年。

(2)在酿造技术方面,这是一项采用制豆酱曲法再延伸为酿制酱油的工艺,在原料

[1] 明戴羲. 养余月令 [M]. 明崇祯刻本. 北京国家图书馆.

中添加了面粉，这种方法具有典型的东亚发酵科学特点。这种酿造酱油工艺，是中国人发明的。

（3）在原文中，首次提到了"日晒夜露"的后发酵法，这是提高酱油品质的重大举措，对于后代酿制酱油业来说，具有深远的意义。

（4）在原文中，首次提到了用头批豆渣进行"二次发酵"的方法，这是提高原料利用率的科学性创新进步，对于后来酱油工业的发展和节省粮食来说，都具有深远的意义。

（5）在原文中，首次提到了采用竹篾编成的"酱油笪"分离酱油的方法。这种抽油的方法可以说是一种既科学又实惠的小发明，事项虽小，但酱油笪造价低廉，运用自如，便于普及，意义重大。插图可参见《豆豉的起源与发展史》。

在明朝的古籍中，有关酿造酱油法的史料仍然不多，这可能是由于家庭自制酱汁或豉油居多，而大作坊酿造酱油法依然尚少之故。正因为如此，所以宋诩《宋氏养生部》里的《小麦酱油》法也很有参考价值。这项酱油法实际上与"南京酱油法"同类，现在特意转载如下：

> 明宋诩《宋氏养生部·酱制》："小麦酱油：黄豆一石，赤豆二斗，煮熟去汁，染小麦面二百余斤，幽室中为黄，曝燥。每黄五斤，盐二斤，紫苏汤十斤，通匀于缸。日曝成油，挹取清渌者，别贮瓮中曝之。其（醙）味尚厚，煎盐汤，俟冷，续注之，再挹取之。余豆面，曝为酱。"[1]

---

[1]　明宋诩. 宋氏养生部［M］. 北京：中国商业出版社，1989.

第六节

清朝时期的酱油制法

我国清朝时期的酿造酱油法，虽说不如近现代有水平。但是如果从历史角度看，清朝时期的酿造酱油法，无论是酿造技术还是产品质量等，其高超程度都是前所未有的。为了便于阐明这些进步，兹分别举例讨论如下。

一、《食宪鸿秘》酱油法

清朱彝尊《食宪鸿秘·酱之属》："酱油：黄豆或黑豆煮烂，入白面，连豆汁揣和使硬。或为饼，或为窝。青蒿盖住，发黄。磨末，入盐汤，晒成酱。用竹篾密撑缸下半截，贮酱于内，沥下酱油。或生绢袋盛滤。"[1]

1. 工艺流程（图6-5）

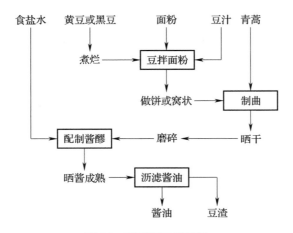

图6-5　配制酱油工艺流程

---

[1]　清朱彝尊. 食宪鸿秘［M］. 北京：中国商业出版社，1985.

2. 讨论

在《食宪鸿秘》中，还有配制"豆酱油"和"秘传酱油方"两种工艺。如果根据这三种工艺分析，并与明朝时的情况比较，则有下列特点值得讨论。

（1）所用原料有些不同，明朝时除了用黄豆和面粉，还用红豆与豆渣为原料，清初时又出现了用黑豆和麦皮为原料。

（2）制曲方法有些不同，明朝时主要是制散曲和颗粒曲，清初时又出现了制饼曲和窝曲。

（3）配醪方法有些不同，明朝时用井水和煮豆汁做曲坯，用紫苏汤配醪，清初时又出现了用甘草汤配醪。

（4）日晒和提取酱油的方法有些不同，明朝时首次出现了"日晒夜露"和采用"酱油笪"取酱油的方法，清初时又出现了淋油法和绢袋压榨法。

在清朝的古籍中，上面的各种内容很容易见到，例如清李化楠的《醒园录》、清顾仲的《养小录》、清曾懿的《中馈录》、佚名氏的《调鼎集》等，都有相关史料记载。为了便于理解和讨论，将举例如下。

二、《醒园录》做清酱法

清李化楠《醒园录·酱之属》卷上："做清酱法：每拣净黄豆一斗，用水过头煮熟，豆色以红为度，连豆汁盛起。每斗豆用白面二十四斤，连汤豆拌匀，用竹筐或柳筐分盛。摊开，拍按实。将筐安放无风屋内，上覆盖稻草。霉至七日后，去草，连筐搬出日晒。晚间收进，次日又晒，晒足十四天。如遇阴雨须补足十四天之数，总以极干为度。此作酱黄之法也。

霉好酱黄一斗，先用井水五斗，量准，注入缸内。再每斗酱黄用生盐十五斤，称足，将盐盛在竹篮内或竹淘箩内，在水中溶化入缸，去其底下渣滓，然后将酱黄入缸晒三日，至第四日早，用木扒兜底掏转（晒热时切不可动）。又过二日，如法再打转。如是者三四次。晒至二十天即成清酱，可食矣。

至逼清酱之法：以竹丝编成圆筒，有周围而无底口，南方人名"酱笪"，京中花儿市有卖；并盖缸箴编箬絮，大小缸盖，俱可向花儿市买。临逼时，将酱笪置之缸中，俟笪坐实缸底时，将笪中浑酱不停挖出，渐渐见底乃止。上用砖头一块压住，以防酱笪浮起。缸底流入之酱，至次早启盖视之，则笪中俱属清酱，可用碗缓缓挖起，另注洁净缸坛内，仍安有日晒处再晒半月。坛口须用纱或麻布包好，以防苍蝇投入。

如欲多做，可将豆、面、水、盐等照数增加。清酱已成，没笐时，先将浮面豆渣捞起一半晒干，可作香豆豉用。"[1]

1. 工艺流程（图6-6）

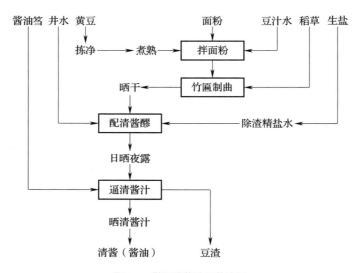

图6-6　做逼清酱法工艺流程

2. 讨论

上面《醒园录》中的"做清酱法"，虽然没有提到"豆渣二次再发酵"内容，但是如果从整个工艺过程论述看的确很完美，既有制曲和发酵，也有提取酱油的"逼清"工序。不过要是略加思考也会发现，其中添加12kg面粉拌料的做法像是太多了，古往今来只有做酱时才加入较多的面粉。

在《醒园录》中，还有用黑豆、面粉、茶汤、花椒等酿制清酱的；又有用小麦、花椒、大料、黄酒等酿制麦油的。这两种工艺所获得的产品虽然也称"清酱""麦油"，但是如果从原文的内容看，它并不是酿制酱油的，像是做豆酱和麦酱的，所以在此不进行讨论。

三、《调鼎集》中的酱油

在清朝时期的饮食专著中，《调鼎集》可说是一部很有实用价值的古典佳作。如果根据书中的目录及相关酱油的篇目分析，则有专论酿造酱油技术的五项，还有酿造酱油方法的14种。具体内容如表6-1所示。

---

[1] 清李化楠. 醒园录（万卷楼藏本）［M］//［日］田中静一. 中国食经丛书. 东京：书籍文物流通会，1972.

表 6-1 《调鼎集》中的酱油

《调鼎集》	论造酱油事项	造酱油宜三伏	造酱油宜三熟	造酱油宜陈酿
		造酱油用制盐水	造酱油忌污染	
	酱油 14 种	苏州酱油	小麦酱油	花椒酱油
		扬州酱油	麸皮酱油	千里酱油
		黄豆酱油（1）	蚕豆酱油	白酱油
		黄豆酱油（2）	麦酱油	套油
		黑豆酱油	米酱油	

1. 关于古人论造酱油

在上面表 6-1 中，有古人"论造酱油"的实践经验体会，内容不少。这些论述，有真知灼见的见解，也有不合情理的说法。因此，不可以生搬硬套地拿来直接运用。

例如，造酱油宜三伏，夏天气温高，湿度大，适宜发酵菌的繁殖条件；酿造酱油宜三熟，采用的原料要蒸熟，用水要烧开烧熟，制酱曲要成熟；酿造酱油时要忌讳污染等。在酱油里不要有泥沙杂质，不要用粗制食盐水酿造酱油。这些都是传统实践经验，很可靠。

又如，古人认为，造酱油要忌辛日，要采用腊月水，要加入草乌酱油才不会生虫，要避免孕妇参加造酱油等。这些都是不可轻信的。

2. 关于酱油 14 种

在上面表 6-1 中，古人论述了 14 种酱油的概况。如果根据论述的内容和所采用的原料看，则 14 种酱油可以分成 4 类，并分别讨论如下：

（1）用大豆及其他豆为原料，蒸熟加面粉制成豆黄，然后造酱油　在上面表 6-1 中，这类酱油有黄豆酱油、黑豆酱油、蚕豆酱油、白酱油。其中，黄豆酱油两种。

（2）用豆黄造酱油　所谓"豆黄"，就是酱油曲豆黄产品，是事先制作贮存的，需要时取出来造酱油。在上面表 6-1 中，这类酱油有苏州酱油、扬州酱油、花椒酱油。

（3）用小麦和大豆为原料，蒸熟，加面粉制成麦黄，然后造酱油　在上面表 6-1 中，这类酱油有麦酱和小麦酱油。所谓"麦黄"，就是酱油曲麦黄产品，是事先制作贮存的，需要时拿出来造酱油。

（4）用其他原料造酱油　这类品种不少。在上面表 6-1 中，有用麸皮和豆腐渣为原料，制曲造酱油的产品；有用糯米加红曲酿造的米酱油，有千里酱油和白酱油等。

在《调鼎集》中，由于古人论述这些酱油品种时，内容都是概况而已，没有详细的工艺过程介绍，所以在此我们不作深入讨论，不作猜测想象。

但是，《调鼎集》中出现的"蚕豆酱油"例外，这是古籍中首次出现的例子，而且对于蚕豆产区来，有借鉴的意义和启发的作用，所以应当讨论。

3.《调鼎集》蚕豆酱油法

清佚名氏《调鼎集·酱》卷一："蚕豆酱油：五月内，取蚕豆一斗，煮熟去壳，用面三斗，滚水六斗，趁热拌匀作饼。草罨七日上黄，刷净晒干，晒松捶碎待用。

盐水十八斤，滤净。入黄，二十日可抽。如天阴，须二十余日才得抽净。二油加盐再晒。又，蚕豆三斗煮糜，白面二十四斤，搅晒成油。"

（1）工艺流程，如图6-7所示。

（2）讨论 如果根据图6-7的工艺过程观察，则"蚕豆酱油"的酿造工艺过程很传统，与我国传统酿造酱油工艺原理相同，因此不需要多加讨论。然而需要说明的是，《调鼎集》中的"蚕豆酱油"原文，较乱且不通顺，现在书上的"原文"是笔者作文字调整形成的，仅仅是调整通顺而已。

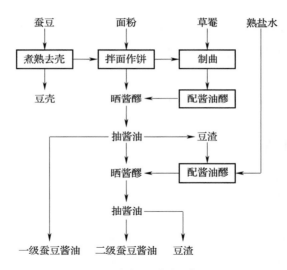

图6-7 酿造蚕豆酱油工艺流程

还有需要讨论的是，在《调鼎集》里的"麦酱油"篇幅中，有"炒饴糖熬汤下，色更浓"的话。这是我国使用焦糖法着色，使酱油色泽更加幽深的最初记载。据此推测可知，此法迄今已有数百年历史。但是有人认为，添加焦糖不好，利弊参半。据研究认为，添加焦糖的方法是安全的。如今科学昌明，重视食品安全精神可贵，应当郑重对待。笔者认为，其实淡色酱油也很好，应当扩大生产，用于蔬菜烹调可以很好地突出鲜绿色。在国内，淡色酱油具有独辟蹊径、独占鳌头的特点，应当发扬光大生产食用，不必墨守成规坚守传统。

中外酱油史概要

如今，世界上普遍食用的"酱油"大致有三类：一是欧美人称呼的Sauce；二是东南亚国家采用水产品或水产品的下脚料酿造的鱼露，也称鱼酱油或鲚油；三是中国及亚洲国家用大豆或黑豆等酿造的酱油，也称豆酱油。本文虽然要探讨的是后者，如果对前者也略加讨论，那也会有些好处，可以互相交流学习，发展生产。

一、关于 Sauce

在欧美国家，"Sauce"可说是酱汁或调味料之类的俗称。这类食物既有酱油的性质和作用，又有各自独具的特点，所以许多人说它是酱油类，常见的有化学酱油、调味酱油和配制酱油等。

化学酱油　此类产品采用食用酸水解动物或植物性原料而获得。例如，采用盐酸水解大豆成分化合成味液；德国和英国人采用盐酸水解动物或植物原料化合成麦琪（Maggi）等。

调味酱油　此类产品在制作过程中，通常根据饮用爱好分别加入了调味料，如香辛料、辣椒、胡椒、糖、醋、食盐和果蔬汁等以满足不同饮食习惯和消费者的需要。

由于调味料的品种很多，所以调味酱油的品种也丰富多彩。此类产品最常见的是辣酱油（Chilli sauce），例如，英国的伍尔斯特辣酱油（Worcestershire sauce），墨西哥的塔巴斯格辣酱油（Tabasco sauce）等。此类酱油中国自古也屡见不鲜，如花椒酱油、千里酱油、香辣酱油等。

配制酱油　此类酱油指的是，以酿造酱油为主体，添加味液、食品添加剂或其他调味汁，然后配制成了液体调味品，俗称配制酱油。例如，酱油与味液、酱油与食品添加剂、酱油与香菇鲜味汁勾兑等。这类酱油我国现在也有生产，而且已经在 2000 年 12 月制订了国家标准。

二、关于大豆酱油

"酱油"这一称呼，笔者早在 1982 年就已经论述过，它始见于宋朝，迄今已有 1000 多年历史。"酱油"是中国人首先命名的，古人的想法突破常规，别出心裁，贴近饮食生活，妙不可言。但是，"酱油"并非是有名无实，它的祖型显然源于清酱。

清酱最初出现于东汉崔寔的《四民月令》中。如果按照汉语的词意解释，则"清酱"应当是指纯净的酱汁。可是，由于汉朝以前的"酱"多指肉酱或鱼肉酱，所以当时"酱"是统称，《四月民令》中的"清酱"也应当是统称，所指的是各种纯净酱汁。

因为《四月民令》中已有叫"末都"的豆酱，所以《四民月令》中的"清酱"不仅指肉酱汁或鱼肉酱汁，也应当包括豆酱汁。这豆酱汁应是今日酱油的祖型。[1]

当然，上面所言仍然是一种推论，酱油最明确的祖型出现于魏晋南北朝时代。例如本文前面已经提到的，在晋徐衷《南方草木状》和北魏贾思勰《齐民要术》中，已有豆酱汁或豆酱清的记录。这豆酱汁或豆酱清，当然都是现在酱油真实的祖型。[2]

现在应当探讨的另一项内容是，"清酱"和"酱清"的连带关系。如果根据汉语的用法解释，则"酱清"应当是"清酱"的反写词。如果按照俗称的用语看，则"清酱"和"酱清"可以是指同一食品。

首先，"豆酱清"自南北朝至清朝古籍中很常见，它是酱油的祖型可信而不必再多言。至于"清酱"，在古籍上也很常见，如清袁枚的《随园食单》和李化楠的《醒园录》上，不仅有用清酱作调味品的，还有"做清酱法"三种，后者说的都是酿造豆酱油法。[3] 因此，"清酱"也可以看成是酱油的祖型。

在我国古代，酱油的俗称还很多，兹列举说明如下。

豆油　可参见明李时珍《本草纲目》卷二十五及本文前面的"豆油法"。现在福建闽南地区仍然有人称酱油为豆油。

抽油　抽油可能源于"筥油"语音，就是用"竹筥子"分离抽取酱油。可参见明戴羲《养余月令》，清李化楠《醒园录》和王士雄《随息居饮食谱》。到了近现代，抽油又有生抽酱油和老抽酱油之别。

生抽酱油就是首次从酱醪里抽出的酱油，又名母油或露油。老抽则是用抽过酱油的酱醪添加食盐水再酿制而得到的产品。第二老抽酱油又名泰油，再次产品又名顶油，再

[1]　缪启愉辑. 四民月令辑释［M］. 北京：农业出版社，1981.

[2]　石声汉. 齐民要术选读本［M］，北京，农业出版社，1961.

[3]　清李化楠. 醒园录（万卷楼藏本）［M］//［日］田中静一. 中国食经丛书. 东京：书籍文物流通会，1972.

次产品又名上油。这些称呼是行话，有迷惑人之嫌疑。

淋油　即铺淋酱油，北京特产，就是用竹编床的分离设备自淋提取酱油而得名。

秋油　它是用生抽酱油经过夏日伏晒而得到的珍品，俗称秋油。可参见清王士雄《随息居饮食谱》和袁枚《随园食单》，书中有食用秋油的记载。

套油　这是一种把几种品质较差的酱油混合起来，然后与酱曲配醪并酿制成的酱油。套油又称夹缸酱油，始见于清佚名氏的《调鼎集》中。在浙江省舟山有洛泗座油特产，香气独特，汁浓鲜美，久负盛名，类似套油做法，据说创始于清朝道光年间。工艺过程是，将面酱油与豆酱油混合，采用传统伏晒法成熟。历史悠久，远销香港及南洋各地。

三、中外酱油史各论

我国自古以来，酿制酱油时都是采用稀醪发酵工艺的。这种工艺很科学，是生物工程中造就调味品脱颖而出的典范，所以直至今日，依然是因循旧法酿成的酱油风味好。如今，稀醪发酵酿制酱油法已经遍布东亚各国。特别是日本，他们的酱油产品久负盛名，具有闻名天下的声势，他们的酱油史由来已久，令人瞩目。

据日本笹川临风和足立勇《近世日本食物史》说：日本最初出现"酱油"名称的记载，是在《易林本节用集》的跋中看到的。该书写成于日本年历庆长二年，相当于中国明朝万历二十四年，即1596年，该书作者又说：日本酿制大酱和酱油的方法最初是从中国的名城泉州（福建）传到日本的八幡滨、大阪的。

日本人称豆酱、面酱为"味噌"，音读"みそ"，称豆酱油为"酱油"，音读为"しょうゆ"。这种称呼很像福建闽南话，人们称面酱为"蜜细"近似（みそ），称酱油为"豉油""秋油""鲒油"，近似音读（しょうゆ）。因此可以认为，笹川临风氏的研究是可信的。

美国学者黄兴宗在《中国科学技术史·发酵和食品科学》中说：尽管"酱油"这个名称令人惊奇且贴切，但是事实上，这种贴切是源于酱和豉的出现，酱油始终是酱和豉的一种延伸产品。清酱和酱清的确是同义词，一物两俗称都是酱油的前体。

日本坂口谨一郎在《东亚食文化研讨会论文集》上说：日本的味噌源于中国的大酱，而日本的酱油源于中国的豉油。他说，有关这方面的史料记载，可在《言继卿日记》（1595年）和《多闻院日记》（1586年）中检索到。[1]

虽然笔者没有上面两部参考书，但是如果从中日两国的相关史料综合分析看，这坂口谨一郎的研究相当可信。也就是说，"酱油"名称在日本出现的时候，比中国宋朝《吴

---

[1]　［日］坂口谨一郎. 发酵——东亚的发明［A］.　［日］石毛直道. 东亚食文化论集［C］. 东京：平凡社，1981.

氏中馈录》和林洪《山家清供》中记载的"酱油"名称，大约晚了500年。

然而，近年来又有一些新的说法。

韩国学者郑大声氏《朝鲜食物志》认为：现在日本的酱类，其祖型有源于中国和源于朝鲜的两种，而酱油的原型大酱，则是在8世纪时从中国传入日本的。

日本的海老根英雄在《朝日百科·世界的食物》里说：日本的大酱类和酱油生产方法都是从中国传入的。但是，日本的寺尾善雄在《中国传入故事》里所言相反。

日本的后藤氏在《酱油社史》里说：日本和中国基本上是同时发明酿造酱油的，因为两国间的生产方法虽然科学原理一致，但是有一道工序明显不同。中国酿造酱油的最后工序是，把酱油置于日光下长期照晒，日本没有这道工序。不过他肯定地说，虽然日本也独创了酿造酱油法，但是"酱油"的名称是借用中国的，非日本固有。

日本的中国食物史研究学者田中静一在《中国饮食传入日本史》里说：现在笔者尚不同意（见前面）郑大声氏的说法，即日本的大酱类生产方法有源于中国和朝鲜的两种，不过他的理由值得研究。田中认为，日本酿造大酱的方法，大约是在中国隋、唐时期传入日本的。[1]

田中认为，日本的"酱油"名称始见于《易林本节用集》（1596年），中国则初见于元倪瓒的《云林堂饮食制度集》（约1300—1374年），又见于元末明初韩奕的《易牙遗意》，如果从文字上看，《易牙遗意》中的酿造酱油法内容只提到了原料、食盐和水，不见有煮豆和制曲工序，因此其记载仅可以作为参考。

田中静一说，日本营业性酿造酱油始见于1587年的兵库县龙野，又见于1616年的千叶县铫子，中国详细记载酿造酱油全过程的是清顾仲的《养小录》（约1698年），中日差别相距不足100年。另外，日本与中国不同，日本酿造酱油时没有日晒工序。因此可以认为，日本酿造酱油法是独创的，而"酱油"名称则来源于中国。

田中的意思是，日本酱油与大酱（みそ）在音调上没有相承关系，而中国的酱与酱油其音调则一脉相承，所以日本的"酱油"名称只能来自中国。

对于田中和后藤氏的论述，笔者认为他们的理由有诸多缺点。如本文前面所说，我国"酱油"名称已在宋朝的《山家清供》和《吴氏中馈录》中出现，而酿造酱油法工艺全过程，元朝倪瓒的《云林堂饮食制度集》（1301—1374年）和韩奕的《易牙遗意》（约1360年）已有记载，名副其实。田中静一认为，《易牙遗意》里的酿造酱油法没有煮豆和制曲内容，工艺过程不全，不可轻信。其实这是误解。

《易牙遗意》和《云林堂饮食制度集》里的酱油法，其所用的原料是"黄子"和"豆黄"，那不是生料，而是"豆曲"的俗称。我国古人为了全年食用豆酱或酱油，通常在夏季多

---

[1]　［日］田中静一. 中国饮食传入日本史［M］. 东京：柴田书店，1987.

做些豆曲晒干放着，到了不能做曲季节时拿出来做酱油。由于干曲很坚硬，必须再浸泡或破碎才运用。田中认为"豆黄"是生料实是误解。

我国有关"豆黄"的记载，最初始见于北魏贾思勰的《齐民要术》和唐韩鄂的《四时纂要》中。田中和后藤氏关于晒酱和晒酱油的质疑之事，其实也有误解。关于晒酱或酱油的工艺，并非日本独创。我国自古也有不晒酱和晒酱油的证据，现举例如下。

四、《素食说略》造酱油法

清薛宝辰《素食说略》卷一："造酱油：用大豆若干，晚间煮起，煮熟透。停一时，翻转再煮，盖过夜。次早将熟豆连汁取起，放筛内，俟汁滴尽，用麦面拌匀，于不透风处，用芦席铺匀，将楮叶盖好。三四日，俟上黄取出，略晒干。入熟盐水浸透，半月后可食，或再煮一滚，入坛内泥好听用。

每豆黄一斤，配盐一斤，水七斤。若是腊月，酱油取起，收瓷坛内，经年不坏，再入茴香、花椒末更佳。"[1]

1. 造酱油工艺流程（图6-8）

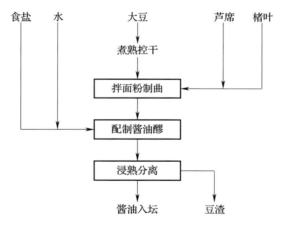

图6-8　造酱油工艺流程

2. 造酱油工艺探讨

根据上面的内容可知，这是一种不经过日晒的酿制酱油工艺。酱醪日晒夜露的好处是，酱或酱油的风味会更加优美。

---

[1] 清薛宝辰. 素食说略［M］. 北京：中国商业出版社，1984.

但是，这种工艺美中也有附带进来的缺点，例如，增加沙尘污染，生产周期太长，劳动强度加大等。日本人不采纳日晒夜露工序是一种微小改动，是民族才智发挥的体现，是饮食生活许可的做法，因此合情合理，不能成为否定舶来整套生产技术的理由。

我们认为，日本的酱油工艺祖型的确是从中国传入的。中国出现"酱油"名称始见于宋朝的《吴氏中馈录》和《山家清供》（约1127年），日本出现"酱油"名称始见于《易林本节用集》（约1596年），相比之下的"酱油"出现史，中国比日本早500年。

第八节

我国酱油史年表

根据前面的讨论结果，现在可以归纳我国酱油史发展历程，如表 6-2 所示。

表 6-2　我国酱油史年表

朝代	出现名称	酿制或食用史料内容	参考资料来源
汉朝以前	醢（肉酱）鱼酱	有做肉酱工艺过程，无做酱油法	参见《周礼郑玄注》
汉朝	清酱	出现简单做豆酱工艺及清酱名称	崔寔《四民月令》
晋朝	酱清 酱汁 豆酱汁	不见有酿制工艺过程 出现食用 3 种产品名称	葛洪《肘后备急方》 徐衷《南方草木状》
南北朝	豆酱清 香酱清	出现酿制工艺过程及 2 种产品名称	贾思勰《齐民要术》
唐朝	酱清 酱汁	不见有酿造工艺过程 出现食用 2 种产品名称	孙思邈《千金宝要》 王焘《外台秘要》
宋朝	酱油	不见有酿造工艺过程 首次出现酱油名称	吴氏《吴氏中馈录》 林洪《山家清供》
元朝	酱油	出现酿造工艺过程及产品名称	倪瓒《云林堂饮食制度集》 韩奕《易牙遗意》
明朝	豆油 小麦酱油 南京酱油	出现酿造工艺过程及产品名称	李时珍《本草纲目》 宋诩《宋氏养生部》 戴羲《养余月令》

朝代	出现名称	酿制或食用史料内容	参考资料来源
清朝	酱油 豆酱油 秘传酱油	出现酿造工艺过程及产品名称	朱彝尊《食宪鸿秘》
	豆酱油 秘传酱油 急就酱油		顾仲《养小录》
	酱油 秋油 酱汁 清酱	只见食用产品名称	袁枚《随园食单》
	笃（抽）油 秋油 母油		王士雄《随息居饮食谱》
	黄豆酱油 黑豆酱油 苏州酱油 扬州酱油 麸皮酱油 小麦酱油 蚕豆酱油 夹缸酱油 花椒酱油 千里酱油 白酱油 （淡色酱油）	出现酿造工艺过程及产品名称	佚名氏《调鼎集》

参考文献

［1］西汉史游. 急就篇［M］. 长沙：岳麓书社，1989.

［2］马王堆汉墓帛书整理组. 马王堆汉墓帛书. 五十二病方［M］. 北京：文物出版社，1979.

［3］东汉崔寔. 四民月令［M］. 缪启愉辑释. 北京：农业出版社，1981.

［4］晋葛洪. 肘后备急方［M］. 北京：人民卫生出版社，1963.

［5］晋徐衷. 南方草木状［M］. 上海：商务印书馆，1939.

［6］北魏贾思勰. 齐民要术［M］. 石声汉选读本. 北京：农业出版社，1981.

［7］唐孙思邈. 备急千金要方［M］. 据日本江户医学本影印. 北京：人民卫

参考
文献

生出版社. 1982.

［8］宋吴氏. 吴氏中馈录［M］. 北京：中国商业出版社. 1987.

［9］宋林洪. 山家清供［M］. 北京：中国商业出版社，1985.

［10］元倪瓒. 云林堂饮食制度集［M］. 据北京国家图书馆，清初毛氏汲古阁抄本.

［11］元韩奕. 易牙遗意［M］. 据《夷门广读》明刻本.

［12］明李时珍. 本草纲目［M］. 刘衡如校. 北京：人民卫生出版社，1978.

［13］明戴羲. 养余月令［M］. 据北京国家图书馆，明崇祯刻本.

［14］明宋诩. 宋氏养生部［M］. 北京：中国商业出版社，1989.

［15］清朱彝尊. 食宪鸿秘［M］. 北京：中国商业出版社，1985.

［16］清李化楠. 醒园录［M］//［日］田中静一. 中国食经丛书. 东京：书籍
文物流通会，1972.

［17］清佚名氏. 调鼎集［M］. 北京：中国商业出版社，1986.

［18］清薛宝辰. 素食说略［M］. 北京：中国商业出版社，1984.

［19］洪光住. 中国食品科技史稿（上）［M］. 北京：中国商业出版社，1984.

［20］黄兴宗. 中国科学技术史：发酵和食品科学史卷［M］. 北京：科学出版
社，2008.

［21］中国微生物菌种保委会. 中国菌种目录［M］. 北京：中国轻工业出版社，
1983.

［22］［日］花井四郎. 日本酒的由来［A］.［日］石毛直道. 酒和饮食文化［C］.
东京：平凡社，1998.

［23］［日］坂口谨一郎. 发酵——东亚的发明［A］.［日］石毛直道. 东亚食
文化论集［C］. 东京：平凡社，1981.

［24］［日］田中静一. 中国饮食传入日本史［M］. 东京：柴田书店，1987.

第七章

鱼露与蚝油及虾油考

在我国，鱼露有人称为鱼酱油，福建人称为"鲭油"，那是东南亚各国沿海民众自古以来喜爱的一种液体调味品。"蚝油"是源于牡蛎俗称而来，福建、台湾、广东人称牡蛎为"蚝"，用蚝或其副产品制成的调味品俗称"蚝油"。此外，还有"虾油"调味品，那是用虾类产品制成的。

为了探明鱼露及作为调味品的由来真相，本文需要涉及的相关产品有鱼醢、鱼酱、鱼酱汁、鱼酱油、虾酱、虾油、鲊、糟鱼与鲞等。但是后两种是食品，与鱼露无关。

然而，当我们想要探讨"鱼露源流"时，却发现在我国古代经典著作中，根本就没有"鱼露"这种称呼。这就是说，只有首先知道"现代酿造鱼露工艺过程"，我们才能按照"工艺过程"的内容，通过"按图索骥"的方式来检索史料，探明酿造鱼露科技发展史的真相。

第一节
现代鱼露生产工艺

一、酿造工艺流程（图7-1）

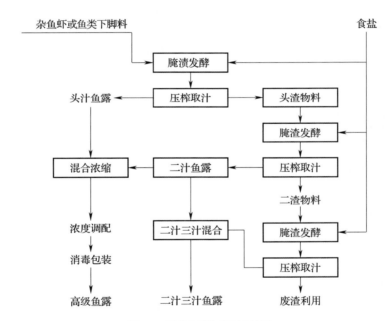

图7-1　现代鱼露生产工艺流程

1. 工艺流程说明

在设计本工艺流程之前，笔者已经利用参加"全国鱼露生产学术交流会"期间，参观了神州鲯油厂生产车间，向专家学者们请教了相关工艺技术，查阅了相关资料。因此本设计是比较切合实际的。对于贤达们的指教与帮助，笔者在此表示诚挚的感谢。

本工艺流程是根据中外近现代实际生产情况设计的。对于我国来说，投料过程中添加谷物、豆类、酒曲、酒、辛香调味料等，这种情况通常出现于古代制作鱼酱、糟鱼和鲊之时，不见于近现代酿造鱼露过程。对于东南亚国家来说，酿造鱼露时，至今仍然有不添加谷物、豆类、酒或辛香调味料的情况。为了顾及中外情况，使之更加切合生产实际，故设计了本工艺流程。

2. 关于"鱼露"名称

"鱼露"是中国人现在的称呼，不见于古代。对于亚洲国家来说，由于酿造鱼露的工艺过程和历史背景有所不同，食用习惯也会有些差异，所以对鱼露的称呼自然也会有相似与不同的情况。对于欧美国家而言，也有鱼露生产，但不发达，人们称鱼露为"安抽比"（Anchoby）。

对于我国而言，鱼酱油通常被称为鱼露是特别实在的。如果按照豆酱与酱油的由来关系思考，则鱼露应当称为鱼酱油，但是却别称为鱼露，没有中国人传统命名的韵味。鱼露的名称与东南亚国家同类调味品的名称很相似。我国酿造酱油等调味品，都有蒸料、制曲、加食盐与添加辅料的操作，但是酿造鱼露没有这些作为。因此笔者认为，我国自古出现的酿造鱼露工艺，可能是从东南亚学来的。

3. 关于东南亚的鱼露

根据石毛直道的调查研究认为，自古至今，东南亚各地的咸鱼与发酵鱼的种类始终五花八门，品种很多，只是生产酿造规模不大。在东亚各国，这类产品的食用起源很早，足有数千年历史。在我国，这类产品后来被物美价廉的豆酱、豆豉、酱油等所取代，于是退出大众餐桌，仅在僻壤处相传。所以，不知者必然会感到新奇，认为是稀罕的珍物，其实是误解之见。关于鱼露的产地分布，如表7-1所示。

关于东南亚腌咸鱼与发酵鱼的产地分布与产品名称分类，可以参考黄兴宗《中国科学技术史》的研究与笔者的调查结果，如表7-2所示。

但是，朝鲜也有"鳎鲦酱"，这当中有何关系笔者不明，有待于再探讨。笔者认为，因为上面表格中的分门别类不可能准确，所以仅能作参考之用。

表 7-1 东南亚地区鱼露的产地分布及名称

产地	名称
泰国	Nampla
越南、柬埔寨	Nouc-mam
马来西亚	Budu

产地	名称
菲律宾	Patis
中国	Yeesui
日本	Shottsuru
韩国	Aekjeot
印度尼西亚	Ketjap-ikan
印度	Colombo-cure

表 7-2　东南亚国家的咸鱼与发酵鱼产品

国家 \ 鱼产品	咸鱼与发酵鱼产品			
	咸干鱼类	盐渍糟渍类	发酵鱼虾	腌制与拌制类
中国	咸鲞咸脯	盐水牡蛎 盐渍马面鲀 糟鱼　糟蟹	鱼露　鲬油 鳑鲏酱	鱼鲊　腌藏鱼
日本	盐辛鱼	盐辛酱	shiojiri shiru ikango	鲊
朝鲜	—	鳑鲏	鳑鲏酱	食醢
越南	cakho mam	mam nem	nuoc mam	mam tom chua
柬埔寨	prahoc	prahoc	tuk trey	phaak
老挝	pa daek	pa daek	nam pa	som pa
泰国	pla deak pla ra	kapi	nam pla budu	plarap la som
缅甸	ngapi komg	ngapi	ngan pya ye	nakyang khying
马来西亚	—	—	budu	kasam ikan masin
印度尼西亚	terasi ikan	—	kecap ikan	—
菲律宾	bagoong	—	patis	burong isds

二、操作方法

1. 原料选择

在我国及东南亚各国，对于原料的选择取向均以资源不同而有些区别。这种区别，对于各国来说都具有互为借鉴的意义。各国不同特点，如表 7-3 所示。

表 7-3　东南亚国家酿制鱼露通常选用的原料

国名	原料名称
中国	福建、广东、浙江采用：蓝圆鲹、竹夹鱼、七星鱼、鳀鱼、鲳鱼、小虾、小杂鱼、副产品鱼头、鱼内脏等
日本	千叶县和秋田县采用：鲳鱼、鲭鱼、玉筋鱼、副产品鱼头及内脏 北海道采用：枪乌贼内脏、加工蛤和干贝时的副产品 鹿儿岛和长崎采用：加工鲣鱼和牡蛎时的副产品
越南 柬埔寨	蓝圆鲹、银带鲱、鹿斑鲾、天竺鲷等
泰国 菲律宾	鳀鱼、鲳鱼、小杂鱼、副产品鱼头和内脏等

2. 酿造工艺选择

我国酿造鱼露的方法实际上只有 2 种，即天然发酵法和加热保温发酵法。在国外还有酸解法。鱼虾若采用盐酸水解，其反应速度快，生产周期短，所制成的产品称"化学鱼酱油"，风味很不好。

天然发酵法的历史较悠久，它起源于水产品用食盐腌制法，在缸中进行。但是，天然发酵法的操作过程都在常温下进行，醪液的温度随气温变化而改变，时高时低，不稳定，对发酵菌的繁殖影响很大，结果导致生产周期很长，通常需要 1 年以上。为了改变传统老工艺的缺点，近现代生产厂家多数已经改用"加热保温操作法"酿制鱼露，产品虽然不如传统工艺的优美，但是生产周期只需半年，产量大增。

3. 腌制与发酵操作

在我国古代，腌渍鱼虾与发酵过程都是在大瓷缸或木桶中进行的，近现代则改用在水泥槽中生产。若以缸为例，其腌渍方法如下：

取洁净大缸一口，先在缸内铺一层物料，然后撒上一层食盐，如此相间投料，直到缸内满八分料为止，最后再撒上一层较厚的食盐作为封面。在一般情况下，腌鱼与发酵期间的主要操作条件，如表 7-4 所示。

表 7-4　腌鱼与发酵的主要操作条件

食盐用量	用盐总量：投料总量的 25% ~ 30%
	初腌用盐量：用盐总量的 30%
发酵温度	天然发酵温度：随气温而改变
	加热保温发酵温度：50 ~ 60℃

经过数星期的腌渍发酵之后,根据实际情况就可以进入翻缸倒料阶段。翻动物料时,要上下逐层对翻,逐层补加食盐。如此反复翻料多次,直到将剩余食盐全部补加进去为止。

各种鱼虾原料进行及时腌渍的操作很重要,而且腌渍操作必须得当,才能抑制住杂菌的繁殖,保证原料新鲜,使物料中的"酶"具有正常的分解能力。如果鱼虾原料腐败了,则杂菌必然旺盛繁殖,酶解作用失常,腐败的原料就不可能酿成风味优美的鱼露。所以可以认为,通过腌渍措施来保证原料新鲜度的技术,是天然发酵法酿制鱼露的基础之一。

据研究认为,天然发酵法优质鱼露的形成,主要来源于下列各方面的良好协同作用:

（1）如主要发酵菌的作用　有芽孢杆菌、棒状杆菌、莫拉氏杆菌、嗜盐杆菌、微球菌等。

（2）如各种酶的分解作用　其中包括原料中的酶和各种发酵菌产生的酶的作用,如组织蛋白酶、发酵菌蛋白酶等。

（3）如日晒夜露的晒炼作用　有蒸发浓缩作用,醇化酯化作用等。

（4）如食盐腌渍的保鲜作用等。

4. 榨汁与浓缩操作

所谓"榨汁",就是将发酵好的鱼露从发酵醪里压榨出来,也称"提取法"。

我国提取鱼露的方法有多种,如用竹帘自淋法,使用布袋压滤法或采用压滤机分离法等。为了尽可能多地将鱼露从发酵醪里提取出来,以提高原料利用率,首批鱼露压榨出来后,还要将鱼渣重新投入发酵缸中,分别再加入食盐和稀鱼露进行发酵,成熟后开始第2次压榨,最后才将残渣抛弃。由于第二次和第三次提取出来的稀鱼露可以直接用于出售食用,也可以用来调配其他高级鱼露,或用于发酵鱼渣,所以不同规格的稀鱼露产品要分别贮存,以利于区别对待。

所谓"浓缩",就是要把刚提取出来的鱼露放在阳光下进行晒炼,使鱼露的品质和风味更好。我国晒炼鱼露的传统方法与外国不同,所采用的是"日晒夜露法",就是白天晒鱼露,晚上袒露着不遮盖,任其吸收露水。这种日晒吸热蒸发,夜间吸露降温的变化过程,对于提高鱼露的品质来说作用很大,但科学道理至今不明。

5. 产品调配与包装

这里的"产品调配"包括两方面,其一是按市场要求把不合格的产品调配成合格的商品,以满足消费者的需要;其二是把回收来的稀鱼露产品按不同要求调配好,并把它添加到要继续发酵的渣醪中参与发酵。这种循环利用回收稀鱼露再次发酵的方法,能使原料利用率再度提高。

鱼露的包装与酱油、豉油、食醋的包装方法相同。在包装之前,产品都必须经过高温消毒，然后才能灌装成各种规格的商品，进入销售市场。

通过以上全面讨论之后得知，酿造鱼露时的重要工序是，用食盐腌渍、长时间发酵和压榨分离鱼露等。也就是说，我国古代如果已有鱼露的话，那么古人的酿造方法也应当与现代的方法相同或相似。如此说来，我们下面要探讨的内容也就只能是鱼酱、鱼酱汁或鱼酱油了。

鱼酱和鱼酱汁源流考

据笔者所知，在我国清朝以前的古籍中，至今不见有"鱼酱油"的名称，也不见有酿制鱼酱油工艺，更不见有用"鱼酱油"调味或用于饮食生活的记载。一直到了近现代，我们才在《辞海》里见到了下列相关叙述。

> 鱼酱油　液体调味品之一。分为两类：一类叫"鱼露"或"鲚油"，为自然发酵制品，以小杂鱼及鱼类废弃物为原料，用盐或盐水腌渍，经长时间自然发酵分解后，取汁液滤清而成；另一类为加酸水解制成，也叫"化学鱼酱油"。

由上面的情况说明，我国鱼露的祖型不可能源自"鱼酱油"，人们可以不必在这方面继续探讨了。对于我们而言，最值得关心的目标首先是"鱼酱"或"鱼酱汁"，它们很有可能是鱼露的真正史源，也可能不是。

如果根据已知的史料分析，则我国始有鱼酱的起源非常早，其祖型称为"鱼醢"。例如：

> 《周礼·天官》载："醢人：掌四豆之实，朝事之豆，其实……笋菹，鱼醢。""馈食之豆，其实……豚拍，鱼醢。"汉郑玄注："醢人：作醢及臡者，必先膊干其肉，乃后莝之，杂以粱曲及盐，渍以美酒，涂置瓮中百日则成矣。"又郑玄注："酱，谓醯醢也；醢，肉酱；醢，肉酱汁也。"[1]

根据上面的记载内容说明，我国至晚在商周时期就已经有做鱼肉酱的了，其古名叫"鱼醢"，它是用鱼肉、食盐、粱曲及美酒等酿制而成的。类似记载着鱼醢的，在我国战国时期也有体现，那是用"鳣鲔"做成的特产。据记载说，它是用于充当调味品的。例如：

> 吕不韦《吕氏春秋·本味篇》："和之美者：阳朴之姜，招摇之桂，

---

[1] 汉郑玄注. 周礼注疏. 唐贾公彦疏［M］. 上海：上海古籍出版社，1990.

越骆之菌，鳣鲔之醢，大夏之盐。"[1]

但是，在西汉以前的年代里，典籍中只见有"鱼醢"而不见有"鱼酱"之名，更不见有称呼"鱼露"的。这就是说，鱼醢是鱼酱的祖型。然而，自西汉以后，典籍中的鱼醢称呼逐渐消失，出现了"鱼酱"的称呼。这种变化说明，先秦时代的"鱼醢"不仅是鱼酱的祖型，也应当是鱼露的祖型。

这种把鱼醢与鱼露联系起来的理由是，鱼体内的"酶"在自然界中会自动起分解作用，鱼肉在食盐水中发酵虽然只有"百日"，但是 3 个月时间不算太短，也肯定会有一些液态氨基酸化合物"鱼酱汁"产生，鱼醢中的这些鱼酱汁当然可以说它是古代的鱼露，也可以称它是今日鱼露的祖型，或者说我国鱼露始见于商周时代。然而，自商周经两汉以来，在后来的历史长河中，鱼醢、鱼酱与鱼露之间的关系及演变如何？尚需我们继续探讨，才能明白。

由于自西汉以来，"鱼醢"的名称逐渐被"鱼酱"所取代，所以关于我国鱼露科技的研究方向自然也应当跟着改变才好。其实很明显，可以从"鱼酱"或"鱼酱汁"的史学因素入手研究鱼露史，那是最佳的思路选择。据目前所知，我国"鱼酱"之名始见于汉朝，而"鱼酱汁"的俗称始见于南北朝。例如：

汉崔寔《四民月令》："正月：可作诸酱。可以作鱼酱、肉酱、清酱。"[2] 北魏贾思勰《齐民要术·炙法》："衔炙法：取极肥子鹅一只……切小蒜一合，鱼酱汁二合，椒数十粒作屑，合和，更剉令调；腩炙法：肥鸭净治……酒五合，鱼酱汁五合，姜、葱、橘皮半合，豉汁五合，合和，渍一炊久，便中炙。"[3]

虽然"鱼酱"和"鱼酱汁"已经出现，但是前者没有做酱的具体内容，后者只是说这"鱼酱汁"是用于充当调味品的。对于我们来说，最想知道的内容是，酿制鱼酱或鱼酱汁的工艺过程，那是科技史的真凭实据。可庆幸的是，我们终于在北魏时期贾思勰的《齐民要术》中，见到了一条描写汉朝时期制作鱼酱的文献。在这条文献中，有些内容与现代酿造鱼露工艺相似。例如：

贾思勰《齐民要术·作酱法》："作鳢鲕法：昔汉武帝逐夷，至于海滨。闻有香气而不见物，令人推求。乃是渔父造鱼肠于坑中，以至土覆之，香气上达。取而食之，以为滋味。逐夷得此物，因名之，盖鱼肠酱也。

[1] 战国吕不韦. 吕氏春秋：卷十四［M］. 北京：中国商业出版社，1983.
[2] 缪启愉. 四民月令辑释［M］. 北京：农业出版社，1981.
[3] 石声汉. 齐民要术选读本［M］. 北京：农业出版社，1961.

取石首鱼、鲚鱼、鲻鱼三种，肠、肚、胞，齐洗净，空着白盐，令小倚咸。内器中，密封，置日中。夏二十日，春秋五十日，冬百日，乃好熟。食时下姜、酢等。"[1]

汉武帝即刘彻（前156—前87年），西汉皇帝。如果根据上面酿造"鳀鮧酱"的工艺过程看，可知这是一种民间做鱼酱的方法。其中，采用原料和使用食盐腌制以及长时间发酵使有香气，的确与酿造鱼露法相似，但是仍然不见有压榨分离取汁工序。因此，西汉时期的"鳀鮧酱"工艺，可以说应当是酿制鱼露法的祖型。

在上面原文中，酿造鳀鮧酱时所用的原料好像是石首鱼、鲚鱼和鲻鱼的内脏。可是，笔者在北宋沈括的《梦溪笔谈》中，却发现了下列记载。

沈括《梦溪笔谈·杂志》："宋明帝好食蜜渍鳀鮧，一食数升。鳀鮧，乃今乌贼肠也。"

沈括所言必有道理。在古代也许是这样的，凡是用鱼肠或内脏为原料酿造鱼酱的，其产品都可以称"鳀鮧酱"。这种沿袭前人称呼的习惯，在历史上不少见。例如，用面粉做成饺子、包子等，不管品种多少都可以通称为"面食"。"鳀鮧酱"可以看成是一种统称。

虽然"作鳀鮧法"很有代表性，内容也很具体，但是《齐民要术》中的其他酿制鱼酱法也很重要，必须进行探讨。在这部经典著作中，还有作鱼酱法、干鲚鱼酱法和作虾酱法等。由于这些作鱼酱法的工艺过程大同小异，所以在此仅举例探讨如下。

一、南北朝时期

1.《齐民要术·作鱼酱法》原文

北魏贾思勰《齐民要术·作酱法》："作鱼酱法：鲤鱼、鲭鱼第一好，鳢鱼亦中，鲚鱼、鲐鱼即全作，不用切。去鳞，净洗，拭令干。如脍法披破缕切之，去骨。大率成鱼一斗，用黄衣三升，一升全用，二升作末。白盐二升，黄盐则苦。干姜一升，末之，橘皮一合，缕切之。和令调匀，内瓮子中，泥密封，日曝。勿令漏气。熟，以好酒解之。"[2]

[1] 石声汉. 齐民要术选读本［M］. 北京：农业出版社，1961.

[2] 石声汉. 齐民要术选读本［M］. 北京：农业出版社，1961.

2. 工艺流程（图7-2）

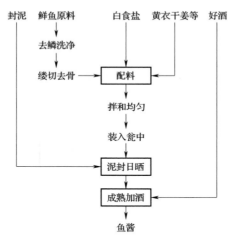

图 7-2　作鱼酱法工艺流程

3. 讨论

根据上面的工艺流程内容分析可知，我国自先秦至南北时期，做鱼醢或鱼酱的目的仍然一致，都不是作为调味品的，而是鱼酱食品。至于《吕氏春秋》中的用"鳣鲔之醢"调味，《齐民要术》中的用"鱼酱汁"调味，那都是副产品利用而已。我国鱼露的真正起源仍然不见于南北朝时代。那么，自南北朝以来会有哪些发展变化呢？让我们继续往下探讨看看，再作结论。

据笔者发现，我国自唐宋以来至明清时期，有关制作鱼酱的史料内容仍然很守旧，大都规行矩步于前人所言，少有革故鼎新出现。现举例说明如下。

二、唐朝时期

1.《四时纂要·鱼酱》原文

唐韩鄂《四时纂要·十二月》："鱼酱：鲻鱼、鲹鱼第一，鲤鱼、鲫鱼、鳢鱼次之。切如脍条子一斗，摊曝令去水脉。即入黄衣末五升，好酒少许，盐五升，和如肉酱法。腹腴之处居最下。寒即曝之，热即凉处。可以经夏食之。《月录》云：用曲末恐不停久，宜减之。"[1]

---

[1]　缪启愉. 四时纂要校释［M］. 北京：农业出版社，1981.

2. 工艺流程（图7-3）

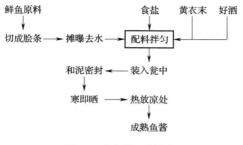

图7-3　作鱼酱工艺流程

3. 讨论

如果根据上述例子分析，则我们很容易发现，这种做鱼酱的方法与前代一脉相承，新内容不多，只有《四时纂要》引《月录》的话相当有意义。《月录》的全称是《保生月录》，唐人韦行砚撰。根据《月录》的话说明，我国至晚在唐朝时期已有人发现，做鱼酱时添加酒曲的方法未必好，甚至会有害，应该加食盐，慎重行事。现代生产实践证实，不加酒曲也很好，何必多此一举。

三、宋朝时期

1.《吴氏中馈录·鱼酱法》原文

宋浦江吴氏《吴氏中馈录》："鱼酱法，用鱼一斤，切碎洗净后，用炒盐三两，花椒一钱、茴香一钱、干姜一钱，神曲二钱、红曲五钱，加酒和匀拌鱼肉。入瓷瓶封好，十日可用。吃时，加葱花少许。"[1]

2. 工艺流程（图7-4）

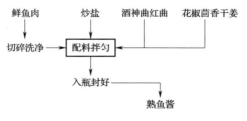

图7-4　鱼酱法工艺流程

---

[1]　宋吴氏. 吴氏中馈录［M］. 北京：中国商业出版社，1987.

3. 讨论

根据上面内容分析可知，我国宋朝时期的做鱼酱法仍然很传统，因循故旧，做鱼酱的目的纯粹是为了吃鱼酱，与充当调味品的目的无关，即与鱼露科技发展史无关。在宋陈元靓的《事林广记》癸集中，也有造鱼头酱、白鱼片酱、鲤鱼酱法，也与鱼露史无关。所以，对于宋朝时期的情况就不再作探讨了。

四、明朝时期

在明朝期间，我国古籍中有关做鱼酱的记载甚少。如果有的话，那也是传承前代而来的较多。例如，明高濂《饮馔服食笺》里的"鱼酱法"与前面浦江《吴氏中馈录》里的"鱼酱法"相同。又如明刘基《多能鄙事》里的"蛤蜊酱"与元朝佚名氏《居家必用事类全集》里的"红蛤蜊酱"，虽然标题略有不同，但内容也完全相同。当然，用"蛤蜊"作原料是元朝时首次出现的新鲜事，故今特地引述如下。

1.《居家必用事类全集·红蛤蜊酱》原文

"红蛤蜊酱"原文："生者一斤，将原卤洗去泥沙，布裹石压一宿，入盐二两，红曲末一两，麦黄末一合，入罐，装酒少许。泥封固。"[1] 又明朝："蛤蜊酱：生蛤蜊一斤，将原卤洗去泥沙，布裹石压一宿，入盐二两，红曲末一两，麦黄一合，入罐，装酒少许。泥封固。"[2]

2. 工艺流程（图7-5）

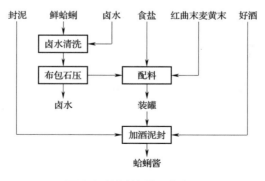

图7-5 制作蛤蜊酱工艺流程

[1] 元佚名氏. 居家必用事类全集·造鲊品［M］. 北京：中国商业出版社，1986.
[2] 明刘基. 多能鄙事［M］//［日］田中静一. 中国食经丛书. 东京：书籍文物流通会，1972.

3. 讨论

如果从上面的原文和工艺流程看，虽然改用蛤蜊作原料，但是做酱工艺仍然因循旧传统，所做成的蛤蜊酱也不是用来作为调味品的，一切与鱼露科技发展史的由来无关紧要。这里，这有一点必须指出，我国自古代以来的制作鱼酱法，都是采用密封瓮中成熟的。这种方法只能靠少数厌氧发酵菌和少量原料中的"酶"起作用，以此方法做成的酱，其风味永远不可能鲜美。这种情况与露天发酵法酿造鱼露工艺也是断然不同的。

五、清朝时期

清朝期间，我国古籍中有关酿制鱼酱的资料仍然甚少，而且酿制鱼酱的方法也还是因循旧传统，数千年来没有新突破，这种情况令人深感意外。不过，在鱼酱品种方面出现了新的增加，其中有用"离水烂"做鱼酱的，还有"鱼子酱"制作工艺等。例如：

清郝一行《记海错》："离水烂为酱：离水烂，无名小鱼也。渔者围细网，海边撩取之。长数寸，圆体绕肋，逡巡失水便致糜烂，海人为难，于是收藏以为酱。鲜美可啖，经典所称鱼醢，当指此而言。凡蟹、虾、八带鱼皆可作酱。"

在我国，制作与食用鱼子酱的起源一定很早。例如，在《礼记·内则》里就有："食：蜗醢而苽食……濡鸡醢酱实蓼，濡鱼卵酱实蓼……"

清孙希旦《礼记集解》："濡，烹煮之，以其汁调和也。知卵读为鲲者，鸟卵非为酱之物，蚳醢是蚍蜉之子，'卵酱'承'濡鱼'之下，宜是鱼之般类，故读为鲲。鲲，鱼子也。……濡鱼以鱼子为酱。"[1]

但是，自《礼记》时代至明朝，古籍中不见有制作鱼子酱的具体方法。最初出现制作鱼子酱工艺的，始见于清朝多种著作中。

1.《食宪鸿秘·鲲酱》原文

清朱彝尊《食宪鸿秘·酱之属》卷上："鲲酱：鱼子去皮膜，勿见生水，和酒、酱油，磨过。入香油，打匀，晒、搅，加花椒、茴香，晒干成块。加（物）料及盐、酱，抖开再晒方妙。虾酱同法。"[2] 又清佚名氏《调鼎集·江鲜部》卷五："鱼子酱：各种鱼子，去血膜，勿见水，用酒和酱油捣烂，加麻油、椒末、茴香末，和匀作酱。"

---

[1] 清孙希旦. 礼记集解［M］. 沈哨寰点校. 北京：中华书局，1989.

[2] 清朱彝尊. 食宪鸿秘［M］. 北京：中国商业出版社，1985.

2. 工艺流程（图7-6）

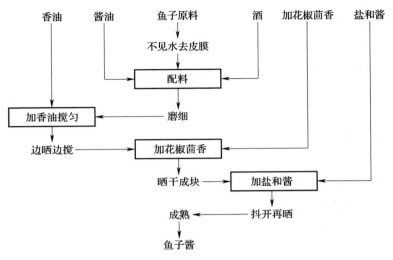

图7-6　制作鱼子酱工艺流程

3. 讨论

纵观本节上述所有内容可知，我国自古以来的酿制鱼酱工艺一直很传统，数千年来自成体系。酿制鱼酱的目的也很明确，都是用于充当肴馔的，与鱼露的调味用途无甚关联。

因此，我们认为，如果从史学角度看，我国的鱼酱与鱼露间，它们自古以来大概只有相似的滥觞祖型而已，并无一脉相承的科技发展史牵连关系。由此可见，想从鱼酱由来探索鱼露科技发展史的努力，自然不会取得任何成果。

虾酱和虾油考

在我国，食用虾酱和使用虾油充当调味品的历史是相当悠久的。那么，虾酱或虾油是否与鱼露有传承连带关系呢？对此问题，人们只有通过认真考查才能明白，而且只有首先熟知"现代酿制虾油法"才能对照检索出所需的史料。对于我国来说，现代酿制虾酱虾油法各地大同小异，都是先用浓盐水腌制，靠原料中的"酶"和发酵菌起作用而获得虾油的。具体情况如下。

一、现代虾油生产工艺

1. 生产工艺流程（图7-7）

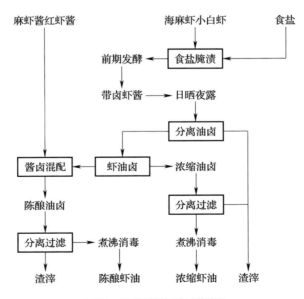

图 7-7　现代酿制虾油工艺流程

2. 工艺流程说明

（1）选料及配比　为了使虾油的风味纯正鲜美，通常选用清明节前后捕捞的新鲜麻虾、小白虾为原料，且要及时用约30%～40%的食盐水进行腌渍，在最后的原料上面还要覆盖一层食盐。加盐量必须适当，太多了则发酵受阻，发酵速度迟缓；太少了则原料腐败，变质变味，导致虾油品质不佳。

（2）发酵与提取虾油卤　发酵过程，严格地讲是由前期发酵与日晒夜露组成的。影响发酵的因素很多，除了食盐影响因素，还有气温变化、操作技术等。

对于前期发酵而言，每批原料的发酵周期需5～6个月，才能酿成带卤虾酱。带卤虾酱还需要移到室外进行后期"日晒夜露"酿制。在此期间，每日要搅拌2次，大约经过4～5个月成熟。当带卤虾醪中的渣滓全部下沉时，表明虾油卤已经成熟，可以使用过滤设备将虾油卤分离出来了。

（3）用浓缩或陈酿方法精制虾油　在通常情况下，以虾油卤为原料，采用大锅加热浓缩法或添加虾酱陈酿法，都可以分别精制成好虾油。

若是采用浓缩法，可以使用大铁锅煎熬虾油卤。在煎熬前，传统习惯是先用棉籽油在锅内涂抹，据说这样做可以消除或减少从锅里蒸升上来的各种难闻异味。经过反复煎熬后，带渣的半成品用过滤法除去残渣，再用煮沸法消毒，即可获得鲜美虾油。

若是采用陈酿法，通常先要往虾油卤里添加麻虾酱和少量红虾酱，搅拌均匀后陈酿1周，产品用过滤法除去残渣，煮沸消毒后即可获得鲜美虾油。

通过上述全面讨论之后得知，如果我国古代已有虾油的话，那么古人的酿制方法也应当如同上面工艺流程，至少是相似的。这就是我们下面要参照探讨的酿制虾油史依据。

二、古代酿制虾油考

如果根据我国酱油源自豆酱的相似传统道理看，则探讨虾油源流的出发点就应当从虾酱的滥觞开始。据笔者所知，我国最初开始记录酿制虾酱法的，始见于《齐民要术》。

> 北魏贾思勰《齐民要术•作酱法》："作虾酱法：虾一斗，饭三升为糁，盐二升，水五升，和调，日中曝之。经春夏不败。" [1]

很明显，在《齐民要术》的这条记载里，我们见不到有虾油的踪影。而且，自那时以来至明朝末年，在古文献中也见不到有做虾酱或虾油的新内容出现。据笔者所知，最

---

[1]　石声汉. 齐民要术选读［M］. 北京：农业出版社，1961.

初记载着"虾油"做法的出现于清朝。

1．《随园食单·虾油》原文

清袁枚《随园食单·小菜单》："虾油：买虾子数斤，同秋油入锅熬之，起锅用布沥出秋油，仍将布包虾子，同放罐中盛油。"[1] 又清佚名氏《调鼎集·江鲜部》："虾子熬酱油：虾子数斤，同酱油熬之，起锅用布滤去酱油，仍将布包虾子，同放罐中盛油。"[2]

2．工艺流程（图7-8）

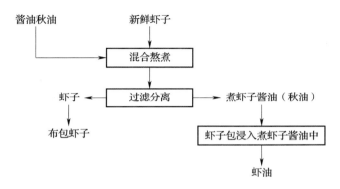

图 7-8　做虾油工艺流程

3．讨论

由上面原文及工艺流程分析可知，《随园食单》及《调鼎集》里的做虾油方法是相同的。但是，用虾子与酱油混合煮成的"虾油"，与今日酿制虾油的情况却相去甚远。清代的虾油至多只能说是现代虾油的同名而已。不过，在《调鼎集》中还有下列一例应当关注。

《调鼎集·江鲜部》："制虾油：蟛蜞卤聚晒，加鳓鲞卤煮熟虾汤、松萝茶汁，即成虾油。入白酒娘更得味。"

在上面原文中，"蟛蜞"就是螃蜞，即相手蟹；"鳓鱼"就是脍鱼，即曹白鱼，它是做曹白鱼鲞的好原料。据原文分析可知，用伏晒过的相手蟹卤汁、鳓鱼卤汁、煮虾汤、酒娘、松萝和茶汁等精心调配成的"虾油"，虽然与酿制虾油不同，但是一定很鲜美，可称调味品的一种。

[1]　清袁枚. 随园食单［M］. 关锡霖注释. 广州：广东科技出版社，1983.
[2]　清佚名氏. 调鼎集［M］. 北京：中国商业出版社，1986.

纵观本节上面所有内容可知，我国古代的酿制虾油法与现代酿制虾油法虽然相去甚远，但是虾油的调味品地位并不低，例如，辽宁省的"锦州虾油小菜"就很著名。当然，如果从史学角度看，我国虾油与鱼露两者之间并无连带关系，想从虾油史入手探讨鱼露科技发展史的努力，肯定不会取得任何成果。

第四节

精制蚝油考

所谓"蚝油"，那是一种俗称。在福建、广东等地，人们自古以来称牡蛎（Ostrea）为"蚝"，用煮蚝鲜汁或蚝肉为原料通过浓缩调配而精制成的调味品俗称蚝油。我国自渤海、黄海至南沙群岛均产牡蛎，约有 20 种。牡蛎的肉质很鲜美，可以生食、烹食，也可以加工成蚝干及多种蚝肉罐头。精制蚝干或蚝肉罐头时，煮鲜蚝而后分离出来的就是鲜蚝汁。

在历史上，我国古人食用牡蛎的起源非常早，例如，在辽宁省营城子西汉墓里，就发现有牡蛎作为随葬品。在历代本草书中也有不少关于牡蛎的记载。例如：

《神农本草经》："牡蛎，味咸平，主伤寒寒热。"南北朝陶弘景《名医别录》卷一："牡蛎：一名杜蛤，生东海，采无时。"唐孟诜《食疗本草》卷中："牡蛎：去壳食之甚美，令人细润肌肤，美颜色。海族之中惟此物最贵，北人不识。"[1]明李时珍《本草纲目》引宋苏颂《图经本草》："牡蛎：今海旁皆有之，而通、泰及南海、闽中尤多。皆附石而生，魂礌相连如房，呼为蛎房，晋安人呼为蚝脯。"[2]

由上面内容分析可知，我国古人对牡蛎的食用价值已很了解，但是一直到了明朝，仍然不见有精制蚝油的记载。目前，我国约有蚝油厂 200 家，年产量约 3500 吨。如果从精制方法看，全国主要有三种工艺。

---

[1] 唐孟诜. 食疗本草［M］. 谢海洲辑. 北京：人民卫生出版社，1984.

[2] 明李时珍. 本草纲目（第四册）［M］. 刘衡如点校. 北京：人民卫生出版社，1978.

一、制蚝食品及蚝油工艺

1．工艺流程（图7-9）

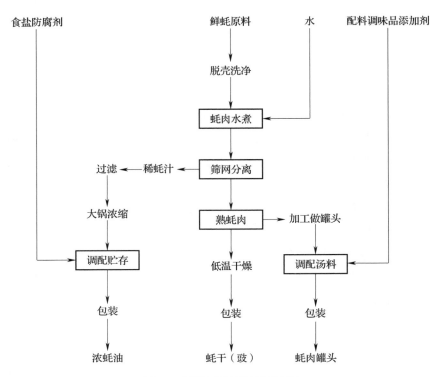

图 7-9　制蚝食品及蚝油工艺流程

2．工艺流程说明

根据上面工艺流程分析可知，采用煮蚝汁精制蚝油的方法，实际上是一种综合利用副产品的举措。在生产过程中，煮蚝汁要事先经过静置，然后用 120 目的不锈钢网筛过滤，除去残渣。传统的浓缩方法是，用大铁锅煎熬及搅拌，当水分 ≤ 65%，氨基酸态氮 ≥ 1% 时，即为产品。如果产品需要贮存，则还要添加食盐和食品防腐剂，以延长保质期。

二、精制原汁蚝油工艺流程

1．工艺流程（图7-10）

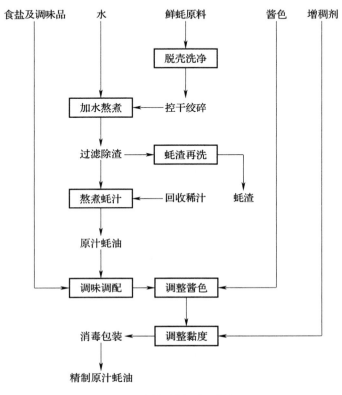

图 7-10　精制原汁蚝油工艺流程

2．工艺流程说明

　　根据上面工艺流程分析可知，采用蚝肉精制原汁蚝油的方法比较复杂，要首先生产原汁蚝油，然后再调配。在生产过程中，蚝肉要用绞肉机绞成蚝酱，然后再加水熬煮。为了提高原料利用率，蚝渣要经过清洗，把回收的稀汁也放入大锅中一起熬煮。当产品浓缩至水分≤65%，氨基酸态氮≥1% 时，即为合格产品，在通常情况下，原汁蚝油虽然也是成品，但并不直接食用，而是作为中间产品，经过调味，调酱色，调黏度，调浓度等，制成合格的精制原汁蚝油，可以出售了。

三、原汁制复合蚝油工艺流程

1．工艺流程（图7-11）

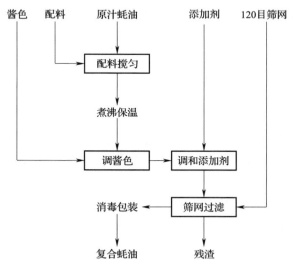

图7-11　原汁制复合蚝油工艺流程

2．工艺流程说明

配料说明　包括水、食盐、糖、淀粉、增稠剂等。

添加剂说明　包括鲜味剂、增香剂、防腐剂等。

据初步调查得知，我国现在常用的配料如下：食盐、白糖、淀粉、焦糖色、白酒、味精、鸟苷酸钠、肌苷酸钠、安息香酸钠、增稠剂 CMC-Na 等。

本工艺在操作时，必须使用合格原汁蚝油为原料，然后根据原料的理化指标确定各种配料的用量。由于各地厂家的传统资源和对复合蚝油风味的要求不同，所以复合蚝油的特色各地有别。目前，我国大量生产复合蚝油的地区或厂家如下：香港的李锦记、合胜隆、冠生园，广东的沙井、珠海，福建的同安，广西的钦州，深圳的三井，广州的致美斋等。不言而喻，我国古代当然不可能有复合蚝油产品，所以下面不再通过讨论有关工艺过程进而探讨蚝油史了。

四、我国蚝油制作考

如果对照我国上述各种生产蚝油的方法探讨，我们在古籍中至今不见有相似的记载。

笔者儿时在福建省南安市盛产牡蛎的海边长大，不仅敢于生食牡蛎，而且也常见母亲做牡蛎酱的方法，很简单，只要加食盐和作料腌制就可以了。这种情况说明，我国蚝油在民间的出现也许很早。

　　明冯时可《雨航杂录》卷下说："牡蛎言牡，非谓雄也。道家以左顾者呈雄名牡蛎，右顾者名北蛎。……土人用以为酱，曰蛎黄酱。"近人徐珂在《清稗类钞•饮食类》里说："张船山喜食蚝油。香山有蚝油，以调食物，略如酱油。"[1]

　　据报道说，香港的李锦记最初在澳门建厂生产蚝油始于1902年，又在香港建厂生产蚝油始于1932年。如果根据上述"牡蛎酱"和"蚝油"出现的时代背景看，则我国蚝油生产史大约只有百年之久。另外，由于蚝油与鱼露的酿制工艺根本不同，前者没有发酵过程，所以想通过蚝油史来探讨鱼露科技发展史的方法，显然是不会有成果的。

　　这就是说，我国酿制鱼露的技术并非古代已有，而是近代从海外传入的，可能来源于东南亚国家，大概仅有近百年历史。

参考文献

　　[1] 汉郑玄注. 周礼注疏. 唐贾公彦疏［M］. 上海：上海古籍出版社，1990.

　　[2] 战国吕不韦. 吕氏春秋：卷十四［M］. 北京：中国商业出版社，1983.

　　[3] 石声汉. 齐民要术选读本［M］. 北京：农业出版社，1961.

　　[4] 唐韩鄂. 四时纂要［M］. 缪启愉校释本. 北京：农业出版社，1981.

　　[5] 宋吴氏. 吴氏中馈录［M］. 北京：中国商业出版社，1987.

　　[6] 元佚名氏. 居家必用事类全集•造鲊品［M］. 北京：中国商业出版社，1986.

　　[7] 明刘基. 多能鄙事［M］//［日］田中静一. 中国食经丛书. 东京：书籍文物流通会，1972.

　　[8] 清孙希旦. 礼记集解［M］. 北京：中华书局，1989.

　　[9] 清朱彝尊. 食宪鸿秘•酱之属［M］. 北京：中国商业出版社，1985.

　　[10] 清袁枚. 随园食单•小菜单［M］. 关锡霖注释. 广州：广东科技出版社，1983.

　　[11] 唐孟诜. 食疗本草（卷中）［M］. 谢海洲辑. 北京：人民卫生出版社，1984.

　　[12] 明李时珍. 本草纲目（第四册）［M］. 刘衡如点校. 北京：人民卫生出版社，1989.

　　[13] 清末徐珂. 清稗类钞（第十三册）［M］. 北京：中华书局，1986.

　　[14] 洪光住. 我国的鱼酱油起源初探. 中国食品科技史稿［M］. 北京：中国商

---

[1]　徐珂. 清稗类钞［M］. 北京：中华书局，1986.

业出版社，1984.

［15］黄兴宗. 中国科学技术史：发酵和食品科学史卷［M］. 北京：科学出版社，
2008.

［16］何福春. 鱼露生产工艺介绍［J］. 中国酿造，1982（2）.

［17］福建调味品技术协作组. 缩短鱼露发酵周期试验研究［J］. 调味品科技，
1977（2）.

［18］刘传先. 蚝油加工及其发展前景［J］. 中国调味品，1987（1）.

［19］黄远雄. 蚝油加工技术［J］. 中国调味品，1984（12）.

［20］刘培芝. 国外鱼露生产技术概述［J］. 中国酿造，1988（3）.

第八章

五谷酿醋考

我国是五谷酿醋的故乡，历史非常悠久，内涵特别丰富。所以，特撰写本文，以表达对酿醋行业的钦佩。

所谓"五谷酿醋"，仅指用五谷杂粮为原料，运用发酵工艺酿醋，成品应当具有下列特性。

（1）感官特性　应当具有酿造醋特有的色泽、香气和风味，有别于其他"酸味食物"或"酸味调味品"。

（2）理化特性　应当具有酿造醋特有的成分、性质和优点，醋酸成分应当鲜美突出，可溶性固形物、氨基酸态氮等，应当符合基本要求，无不良异味，无酒石酸等。

（3）科技史价值　历代酿醋工艺应当具有传承关系。

自古以来，我国传统法五谷酿醋工艺有两大类，即液态法和湿态法[1]。据史料记载说明，液态法五谷酿醋工艺早于湿态法。因此，有人认为，由于液态法酿醋工艺与谷物酿酒工艺有许多相同之处，而且历史上又有"苦酒法"酿醋工艺出现。所以，他们认为，五谷酿醋与谷物酿酒同源。我们认为，这的确是一个应当首先探讨的问题。

---

[1]　笔者注：近现代的镇江香醋，那是采用液态与湿态法联合酿成的。

第一节

五谷酿酒起源

对于我国来说，有关谷物酿酒起源的情况，我们可以根据笔者《中国酿酒科技发展史》的研究成果作论据，特别是酿造黄酒。[1] 对于谷物酿醋来说，酿造黄酒是酿醋的前道工序，黄酒可以是食醋的中间体。那么，真实的连带关系如何呢?

一、关于黄酒起源

《中国酿酒科技发展史》:"我国以谷物酿造黄酒的起源，大约始于新石器时代初期，到了夏朝已有较大的发展，但是真正蓬勃发展的时代，应当是始于发明饼曲、块曲之时，即大约始于春秋战国、秦汉时期。"

二、关于白酒起源

《中国酿酒科技发展史》引元李东垣《食物本草·酿造类》卷十五:"烧酒，其酒始自元时创制。用浓酒和糟入甑，蒸令气上，用器承取滴露。凡酸坏之酒皆可蒸烧。近时惟以糯米、或粳米、或黍米、或秫、或大麦，蒸熟和曲酿瓮中七日，以甑蒸取，其清如水，味极浓烈，盖酒露也。"

由上可知，我国酿制蒸馏白酒的起源，可信的证据只能是始于元朝，或稍早些。此事说明，我国的五谷酿醋起源，不可能与酿造白酒有关，不必再讨论。但是可能与酿造黄酒有关，应当探讨。

---

[1] 洪光住. 中国酿酒科技发展史［M］. 北京:中国轻工业出版社，2001

第二节

五谷酿醋起源考

一、起源史料表

为了探明五谷酿醋的由来，现将一些重要的相关史料列于表 8-1 中，以供后面展开深入讨论之用。

表 8-1　五谷酿醋起源史料表

史料 项目	史料来源及内容摘要		
醢	《诗·行苇》：醓醢以荐[1]	《左传·昭公二十年》：醯醢	《四民月令》：醢酱
	《周礼·醢人》：醢酱，醢物	《论语·公冶长》：或乞醯焉	《释名》：醢，苦酒
	《周礼郑玄注》：醢，肉酱汁	《论语义疏》：醢，醋也	
	《周礼郑玄注》：醓醢，多汁肉酱	《急就篇》：醢酢	《本草纲目》：醋，音醢
酢	《易·系辞》：酬酢之礼	《淮南子》：酬酢之礼	《齐民要术》：酢，今醋也
	《书·顾命》：秉璋以酢	《急就篇颜氏注》：大酸，酢	《新修本草》：酢酒
	《诗·行苇》：或献或酢	《四民月令》：作酢，酢酱	
	《郑玄毛诗笺》：客答之曰酢	《说文解字》：酸，酢也	《本草纲目》：醋，音酢
醋	《神农本草经》：酸酱，醋酱	《说文解字》：醋，客酌主人	
	《仪礼·士昏礼》：尸以醋主人	《齐民要术》：酢，今醋也	
	《仪礼郑玄注》：醋，极也	《重修政和本草》：醯，醋酒	
	《论语义疏》：醢，醋也	《食物本草》：苦酒，醋酒	《本草纲目》：醋，古酢
苦酒	《晏子春秋》：兰本，苦酒	《新修本草》：酢酒，苦酒	
	《释名·释饮食》：醯，苦酒	《太平御览》：兰本，苦酒	
	《齐民要术》：作苦酒法	《食物本草》：苦酒，醋酒	《本草纲目》：醋，苦酒

---

[1]　笔者注：在古籍中，"醓"与"醓"异体通用。

在表 8-1 中，必须分别讨论的课题是，醯、酢、醋、苦酒。应当关注的原因和重要史料现在特意转载如下。

元李东垣《食物本草·酿造类》："醋：一名酢，一名醯，一名苦酒。"[1] 明李时珍《本草纲目·释名》："醋：酢、醯、苦酒。弘景曰：醋酒为用，无所不入，愈久愈良，亦谓之醯。以有苦味，俗呼苦酒。"[2]

二、"醯" 的史学意义

在古籍中，"醯" 与 "醯" 异体通用。宋史绳祖在《学斋占笔》里说："九经中无醋字只有醯，及和用酸而已。"所谓 "九经"，即指 "四书五经"。但是，在先秦时代的古籍中已有 "醋" 字，本文后面会讨论到，可参考。如今已知，"醯" 字最初始见于下列各经典著作中。

《诗·行苇》："醓醢以荐，或燔或炙。"宋朱熹《诗经集传》："醓醢，醢，多汁者也。"[3] 又《周礼·醯人》："醯人掌共五齐七菹。凡醯酱之物宾客亦如之。"郑玄与贾公彦《周礼注疏》："醯人者，皆须醯成味，故与醢人共掌。醢，肉汁也。醓醢，肉酱也。"[4]《春秋左传》："和如羹焉，水火醯醢盐梅，以烹鱼肉。"汉刘熙《释名·释饮食》："醢多汁者曰醓。"

由上面内容推知，在先秦时期，因 "醢" 是肉酱，"醓醢" 是多汁的肉酱类，所以 "醯" 应当是肉酱汁的统称。如果从其他相关史料看，则先秦时期的醯、醢、醓醢等，其属性都是 "菜肴" 类肉食品。

当时的 "醯"，虽然有充当调味品的迹象，但是，仅作为肉类菜肴食用而已，与五谷酿醋无关联。

笔者认为，肉类食品经过分解，必然会有多种有机酸生成，如氨基酸、乳酸、醋酸、葡萄糖酸等。这些成分的味道鲜美醇厚，当然可以构成令人喜欢的 "醯"。这种构成是自然而然的，不必人为干预。

因此，古人误认为，古代的 "醯" 就是醋的祖型，这是可以理解的，是科技水平不高所致，不必见笑。其实，在先秦时代，人们通常食用的酸味调味品，主要是酸梅果实。因此，《尚书·说命》载："若作如羹，尔惟盐梅"。古籍里的梅如图 8-1 所示。

[1] 元李东垣. 食物本草［M］. 李金生点校. 北京：中国医药科技出版社，1990
[2] 明李时珍. 本草纲目［M］. 刘衡如点校. 北京：人民卫生出版社，1978.
[3] 宋朱熹. 诗经集传［M］. 长春：吉林人民出版社，1999.
[4] 汉郑玄注. 周礼注疏. 唐贾公彦疏［M］. 上海：上海古籍出版社，1990.

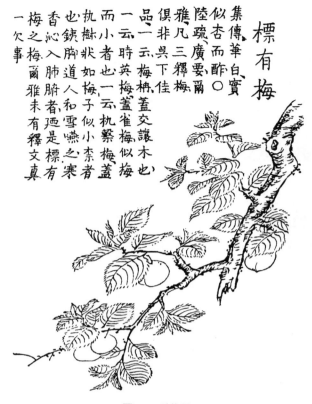

图 8-1　酸梅图

（引自《毛诗品特图考》卷三）

在我国酿醋科技史上，误认为"醯"是醋的，主要源自元李东垣《食物本草》和明李时珍《本草纲目》的论述。他们的话其实不难破解。例如，在历代古籍中，根本就没有酿醯工艺出现过，更没有作醯工艺连接酿醋工艺的记录，即使在《齐民要术》中也无踪影。这就是说，"醯"在历史上与酸味食物有关，但与五谷酿醋无关。

三、"酢"的史学意义

在先秦时代，"酢"在许多古籍中都能见到，酸味的"酸"也是如此。兹举例如下：

《易·系辞》："是故可与酬酢；酬酢之礼。"又西汉刘安《淮南子·主术训》："牺酌俎豆，酬酢之礼，所以效善也。"又《书·顾命》："秉璋以酢。"唐孔颖达《尚书正义》："报祭曰酢。"又《诗·行苇》："或献或酢，洗爵奠斝。"汉郑玄《毛诗笺》："进酒于客曰献，客答之曰酢。"又《诗·瓠叶》："有兔斯首，燔之炙之，君子有酒，酌言酢之。"

根据上面原文已知，在先秦时代，"酢"的意义是表达礼仪行为的。例如"酬酢"，那是宾主互相敬酒时的礼仪用语，"酬"是主人向客人敬酒，"酢"是客人向主人敬酒用语。对于"酸"，那是指五味之一。在先秦时代，"酸"或"酢"都与五谷酿醋无关。但是到了汉朝，出现了新变化。兹举例如下：

西汉史游《急就篇》："盐咸酢淡辨浊清。"唐颜师古注："大酸谓之酢。"又东汉崔寔《四民月令》："四月四日可作酢也；五月五日可作酢。"又东汉许慎《说文解字》："酸，酢也。关东谓酢曰酸。"

根据上面原文已知，自西汉以后，"酢"已经具有指"酸味"物质的意义。因为酸味产物的品种较多，例如酸醯、酸蜜、酸酒、酸糟浆、粮食醋等，所以贾思勰把所有制作酸味食物的工艺都写进了《齐民要术》里，构成了"作酢法"专章，有谷物酿醋与非谷物酿醋两大类。这是很科学又重要的传承，对于科技史研究来说，具有帮助明辨真实的作用。

通过以上讨论之后，结合《齐民要求》中的"作酢法"分析可知，我国自西汉以后，"酢"仍然具有多种意义。虽然"酢"与"酸"，"酢"与"醋"有牵连，但是前者始见于汉朝，后者出现于《齐民要术》中，情况不同。

由于在南北朝以前至今不见有谷物酿醋工艺证据，可是《齐民要术》中的"作酢法"却又特别高明全面，科技水平高深不凡，这是需要长期造就才能达到的。所以笔者认为，我国的谷物酿醋起源，应当是早于南北朝晚于汉。

四、"醋"的史学意义

根据史料记载已知，宋史绳祖在《学斋占笔》中说："九经中无醋字。"但是据检索已知，在我国先秦汉朝的古籍中已有"醋"字，而且意义清楚。兹举例如下：

《神农本草经》载："酸酱，一名醋酱。"又《仪礼·士昏礼》："尸以醋主人。"汉郑玄注："醋，极也。"又汉许慎《说文解字》载："醋，客酌主人也。"到了南北朝，贾思勰的《齐民要术》载："酢，今醋也。"

在上面这些古籍记载中，不少内容是应当简要诠释才能明白的。例如，《神农本草经》中的"醋酱"，那是植物名称，不是食品；《仪礼》中的"尸以醋主人"，即尸"代表死者受祭"，并且回敬主人的诚意；《说文解字》中的"醋"，那是客人用酒敬主人之意。由此可知，在先秦时代，"醋"与"酢"类似，都是与五谷酿醋无关。"醋"与五谷酿醋有关，有证据的，始见于南北朝。

南北朝皇侃《论语义疏》："醯，醋也。"又贾思勰《齐民要术·作酢法》："酢，今醋也。"唐孟诜《食疗本草》："醋，酢酒。"又唐苏敬《新修本草》卷十九："酢酒：味酸……俗呼苦酒"。

在南北朝人的心目中，醯和酢被认为是酿造醋。在唐朝人的心目中，酢酒和苦酒也被认为是酿造醋。这种认识，可能就是李东垣和李时珍的认识依据，他们都说："醋：一名醯，一名酢，一名苦酒。"

但是，如果从酿醋工艺的生产内容看，则我们就会发现，例如，在唐韩鄂的《四时纂要》中，根本就没有醯、酢、苦酒酿醋法，全部都是采用米醋法、麦醋法、酸酒作醋法等命名的。"醋"已经取代了醯、酢、苦酒的运用，成为酿醋专业用语了。由此可知，"醋"虽然始见于先秦时代，但当时与酿醋无关。"醋"与五谷酿醋有关的始见于南北朝，沿用至今，已是酿醋业的专用语。

五、"苦酒"酿醋法

在《齐民要术》中，因为有"苦酒法"记载，所以有人认为，我国五谷酿醋与谷物酿酒同源。笔者也曾经认为，我国用黄酒酿醋的方法，至晚应当起源于汉代[1]。现在看来，似乎有些欠妥。

因为，用酒酿醋与用酸酒酿醋的操作过程很不相同。前者，必须采用传统复合连续发酵法，先酿酒然后直接酿醋。后者，采用有醋酸菌的酸酒液为原料直接酿醋。这些用酒或用酸酒酿醋工艺，因为原料性质不同差别很大，所以应当分别探讨，如黄酒酿醋法、酸酒酿醋法、苦酒法等。

1. 黄酒酿醋法

采用黄酒为原料，当然可以酿成醋，但是酒精浓度必须恰当。如果酒精浓度超过7%，则酒液就会抑制醋酸菌的繁殖，使醋酸发酵受阻。此情况很可能就是在历史上，采用黄酒酿醋的方法很少见的原因之一。

黄酒配佳肴，自古人称高贵享受。用黄酒酿醋得不偿失，削足适履，没有人愿意干傻事。虽然如此，经过努力，我们终于在南北朝时期的《齐民要术》中，见到了最早的用黄酒或酒糟酿醋的例子。

> 贾思勰《齐民要术》："作酢法又方：大率酒两石，麦麲一斗，粟米饭六斗，小暖投之。耙搅，绵幕瓮口，二七日熟，美酽殊常矣。"又"酒糟酢法：春酒糟则酽，颐酒糟亦中用。然欲作酢者，糟常湿下，压糟极燥者，酢味薄。
>
> 作法：用石磑子，辣（压）谷令破，以水拌而蒸之。熟便下，掸去热气，与糟相拌，必令其均调。大率糟常居多。和讫，卧于醋瓮中，以向满为限。

---

[1] 洪光住. 中国食品科技史稿［M］. 北京：中国商业出版社，1984.

以绵幕瓮口。七日后，酢香熟，便下水，令相淹渍。经宿，酯孔子下之。"[1]

笔者认为，"黄酒酿醋法"主要包括三类，即黄酒稀释酿醋、黄酒醪稀释酿醋和鲜酒糟酿醋等。这三类酿醋工艺都始见于北魏时期的《齐民要术》中。但是，在历史上，前两类工艺几乎不见有传承记载，唯独鲜酒糟酿醋工艺较常见。一直到了近现代仍有酒糟酿醋法。

酒糟中含酒精量少，正是酿醋的好原料。例如，采用老法酿造江苏镇江香醋时，就是利用鲜酒糟为原料的，现在已改用五谷为原料酿醋。酒糟酿醋法有两难，一是糟中酒精含量难稳定，一是大量酒糟难求，不能工业化大生产，现已成为历史。

2. 酸酒酿醋法

在古籍中，利用酸酒酿醋的方法有两种，即采用酸酒液或酸酒醪为原料酿醋。这两种酿醋工艺都始见于北魏时期的《齐民要术》中。但是，在历史上，这两种方法几乎都不见有传承记载。

后代不见传承的原因可能是，自南北朝以后，五谷酿醋技术已很高明，无须采用酸酒或酸酒醪酿食醋。在饮食生活中，当然也会造成一些黄酒变酸，但是，在通常情况下，此类酸酒数量少，不纯洁又很分散，极难收集，不可能用于酿醋。

总之，酸酒酿醋法虽然也是五谷酿醋法之一，但是在历史上无发展前途可言，可以不讨论了。

3. 苦酒醋法考释

据宋李昉《太平御览》引《晏子春秋》说："兰本三年而成，湛之苦酒，则君子不近，庶人不佩。"[2]唐柳宗元认为，这《晏子春秋》是春秋齐国墨子之徒所作。由此推知，这"苦酒"名称始见于春秋战国时期。但是，当时的"苦酒"是香兰的别名，即与酿酒无关，也与酿醋无关。

在古籍中，"苦酒"与酿醋有连带关系的，始见于北魏时期的《齐民要术》中。在贾思勰的《齐民要术》中，共有"苦酒法"8种，其名称如下：

作大豆千岁苦酒法；	水苦酒法；
作小豆千岁苦酒法；	乌梅苦酒法；
作小麦苦酒法；	蜜苦酒法；

---

[1] 石声汉. 齐民要术选读本［M］. 北京：农业出版社，1961.

[2] 宋李昉. 太平御览：第六百六十六［M］. 北京：中国商业出版社，1993.

卒成苦酒法；　　　　　　　　　　　外国苦酒法。

在这 8 种苦酒法当中，"蜜苦酒法"和"外国苦酒法"是用蜜酿醋的，与五谷酿醋无关。"乌梅苦酒法"是用"苦酒"浸泡乌梅的，没有发酵过程，不是酿醋工艺，也可以认为与五谷酿醋无关。

"作大豆千岁苦酒法""作小豆千岁苦酒法""作小麦苦酒法"是同类。其中，"作大豆千岁苦酒法"又名《食经》作大豆千岁苦酒法。在这些苦酒法的操作过程中，虽然分别加入熟大豆、生小豆拌黍饭、熟小麦，但是没有添加酒曲，五谷基本上没有发生酒精发酵作用，与酿酒再酿醋无关。

后来，虽然分别加入酒醅、酒、薄酒，这样做当然会引起醋酸发酵作用，但是，操作中加入的豆类或麦，在苦酒法中，仅起填充料作用，并无醋酸发酵作用。因此，这些苦酒法，并非五谷酿醋工艺，后代无传承不必再探讨了。

还有，"水苦酒法"和"卒成苦酒法"是同类。这两种方法与《齐民要术》中的其他五谷酿醋"作酢法"相似，应当作些讨论。据检索已知，这两种酿醋名称仅出现于《要术》中，采用熟饭、熟粥为原料，加酒曲发酵酿醋。但是，"水苦酒法"与"卒成苦酒法"的名称令人费解，而且不见相传后代就消失了，昙花一现，因此可以不讨论了。

总之，在五谷酿醋史上，黄酒酿醋法、酸酒酿醋法、苦酒酿醋法等，都比五谷酿酒起源晚很多，可以不深究了。

六、酿醋起源见解

通过前面各项讨论后，对于我国五谷酿醋起源发展而言，已有下列结论可以认定。

（1）我国五谷酿醋起源，早于酿造白酒，晚于酿造黄酒。酿酒与酿醋，不可能同源。

（2）在远古时代，"醯"是酸味食物，与今日食醋性质不同，与五谷酿醋无关。

（3）在古代，"酢"与五谷酿醋有连带关系始见于汉朝，但是真正的酿醋工艺始见于《齐民要术》。由此可知，我国的五谷酿醋起源应当是稍早于南北朝的。

（4）在先秦时代，"醋"与五谷酿醋无关，但是自南北朝以后，"醋"成为五谷酿醋的专用语，"酢"成为历史证据。

（5）在古代，"苦酒法"与五谷酿醋有些连带关系是始于北魏《齐民要术》的，因为所有"苦酒法工艺"都没有相传后代的明显表现，所以与酿醋起源无甚关联可以不研讨。

总之，我国谷物酿醋工艺大约起源于南北朝前夕，其源流始末是由"酢"与"醋"构成的，与"醯"源流无关。

南北朝时期的酿醋

在南北朝时期，有关酿醋工艺的史料很丰富。但是，仅仅出现于贾思勰的《齐民要术》中。在这部书中，作者特意编撰了"作酢法"酿醋工艺专章，共收录了作酢法24项。令人惊奇与费解的是，这些作酢内容在南北朝以前的史籍中，从来不见有记载的踪迹。

按理说，事物的发明与发展必有过程，不可能霎时大量涌现，像晴天降雨那样，仅由"老天"决定。正因为如此，所以我们认为，我国谷物酿醋的真实起源，应当比明确记载的南北朝略早一些。

在《齐民要术》中，这些作酢工艺的内容丰富多彩，类型很多。如果按照作酢的原料及工艺原理分类，则可以将这些作酢工艺分成下列7类：

五谷酿醋工艺　　　　　　　　　　　　　　8种

酸酒或酸酒醪酿醋工艺　　　　　　　　　　2种

酒糟或糟糠或酒糟拌饭酿醋工艺　　　　　　3种

酒拌粟米饭酿醋工艺　　　　　　　　　　　1种

麸皮拌饭酿醋工艺　　　　　　　　　　　　1种

苦酒法工艺　　　　　　　　　　　　　　　8种

汉崔寔"作酢"法工艺　　　　　　　　　　1种

由上面的内容分析可知，这排列在前面的15种制作工艺，可说是谷物酿醋法，而后面的9种，只能说是其他制作法。对于后面9种，如果从原文看，有蜂蜜制作法，水果制作法，黍米粥拌曲作醋法，酒醪浸大豆制作法，薄酒浸小麦饭制作法等。这些方法，今已不能见到，所以本文不打算讨论，将来有必要时再说。

为了便于探讨南北朝时期的谷物酿醋工艺水平，兹选择一例讨论如下。

一、酿醋法举例

1.《齐民要术·秫米酢法》原文

北魏贾思勰《齐民要术·作酢法》:"酢,今醋也。凡醋瓮下皆须安砖石,以离湿润。

秫米酢法:五月五日作,七月七日熟。入五月,则多收粟米饭醋浆,以拟和酿,不用水也。浆以极醋为佳。末干曲,下绢筛,经用。粳、秫米为第一,黍米亦佳。米一石,用曲末一斗,曲多则醋不美。米唯再馏,淘不用多遍。初淘,浦汁泻却,其第二淘泔,即留以浸馈。令饮泔汁尽,重装,作再馏饭。下,掸去热气,令如人体。于盆中和之。擘破饭块,以曲拌之,必令均调。

下醋浆,更搦破,令如薄粥。粥稠则酢克,稀则味薄。内著瓮中,随瓮大小,以满为限。七日间,一日一度搅之。七日以外,十日一搅,三十日止。初置瓮于北荫中风凉之处,勿令见日,时时汲冷水遍浇瓮外,引去热气,但勿令生水入瓮中。取十石瓮,不过五六斗糟耳。接取清,别瓮贮之,得停数年也。"[1]

2. 工艺流程（图8-2）

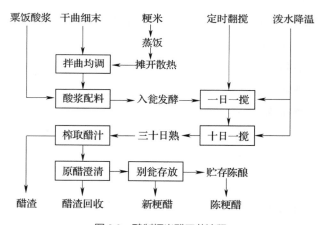

图 8-2　酿制粳米醋工艺流程

3. 讨论

如果根据上面的原文及工艺流程看,则我们必然会明白,我国古代的酿醋工艺具有显著的特点,那就是全然依靠微生物的发酵作用和人的聪明才智合力完成的。在整个工艺操作过程中,主要工序有4道,即原料选择和加工,制作糖化剂,配料发酵和产品榨

[1]　石声汉. 齐民要术选读本［M］. 北京:农业出版社,1961.

出贮存等。兹分别探讨如下。

（1）原料选择和加工　在《齐民要术》中，用于酿醋的谷物原料有多种，但都是粳秫米，例如粟米、黍米、粳米等，用于蒸饭或煮粥。这类原料俗称主料，就是用量最多之意，其中不包括制糖化剂原料或其他配料。在这些主料中，需要加以说明的是秫米。

据《现代汉语词典》说，秫米是高粱米。但是，汉许慎《说文·禾部》说："秫，稷之黏者"，这应当是指黍或粟。萧统《陶渊明传》说："公田悉令吏种秫。曰：吾常得醉于酒足矣。"这应当是指黏稻，其米俗称糯米或江米。

由此可知，《齐民要术》中用于酿醋的秫米应当是黍米或糯米，不可能是高粱米[1]。在古籍中，我国使用高粱米酿醋的真正记载起源很晚，至今很难检索到，可能始于清朝。如今，用于酿醋的主料品种很多，今非昔比。

在主料加工方面，古今都是采用蒸煮方法将生料做成熟饭的，为的是迎合霉菌或其他发酵菌的需要。如今有人认为，酿醋主料可以用生料，但可惜现代没有发展。这也许可以折射说明，我国古代的酿醋工艺已很高明，今人想超越并不容易。

（2）制作糖化剂　在《齐民要术·作酢法》中，虽然有24项作酢法的内容，有多种使用糖化剂的区别，但是却不见有任何制作糖化剂工序，此事很容易使一些人感到不理解或不可思议。

这种情况事出有因，在《齐民要术》其他章节中，我们能检索到制作黄衣、黄蒸、笨曲或其他醋曲的方法。因为在同一部书中，没有必要重复论述制曲的内容，所以在《齐民要术·作酢法》专章中省略了各种制作糖化剂的内容是可以的。

糖化剂制作非常重要，它是糖化菌的载体。我国用富含淀粉质的谷物酿醋，首先必须把淀粉质转化为糖类，以迎合酒精发酵的需要，如转化为葡萄糖、半乳糖、麦芽糖等。这种转化需要转化剂，俗称糖化剂，古人称之为"曲"。

我国经历了几千年制曲史，传承至今约有曲种3类，即小曲、大曲、红曲等。关于"醋曲"的内容，本章后面还会讨论到，可参见"我国醋曲分类简表"。

根据分析，在《齐民要术·作酢法》中，用于谷物酿醋的糖化曲大约只有4类，即麦麸、麦麸加黄蒸、笨曲和干曲等。对于后者"干曲"，可参见前面列举的"秫米酢法"。据"秫米酢法"说："末干曲，下洰筛，经用"，这说明干曲有小块或颗粒。笔者认为它也许是笨曲类。至此，我们认为，在南北朝时期，我国谷物酿醋糖化曲只有3种，即麦麸、黄蒸和笨曲。

为了便于理解和探讨需要，现将这三种糖化曲的制作法原文及工艺流程引述如下。

---

[1]　包启安. 秫米是高粱原料［J］. 中国调味品，1987（2）.

二、制醋曲举例

1.《齐民要术·作黄衣法》原文及工艺流程（图8-3）

北魏贾思勰《齐民要术·黄衣黄蒸及糵·黄衣一名麦䴗完》："作黄衣法：六月中，取小麦，净淘讫，于瓮中以水浸之，令醋。漉出，熟蒸之。槌箔上敷席，置麦于上，摊令厚二寸许。预前一日，刈薍叶薄覆。无薍叶者，刈胡枲，择去杂草，无令有水露气。候麦冷，以胡枲覆之。

七日，看黄衣色足，便出曝之，令干。去胡枲而已，慎勿扬簸！齐人喜当风扬去黄衣，此大谬！凡有所造作用麦䴗者，皆仰其衣为势。今反扬去之，作物必不善矣。"

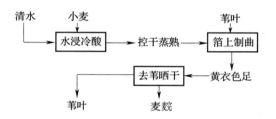

图 8-3　制麦䴗工艺流程

2.《齐民要术·作黄蒸》原文及工艺流程（图8-4）

北魏贾思勰《齐民要术·黄衣黄蒸及糵》："作黄蒸法：六七月中，春生小麦，细磨之。以水溲而蒸之，气馏好熟，便下之。摊令冷，布置、覆盖、成就，一如麦䴗法。亦勿扬之，虑其所损。"

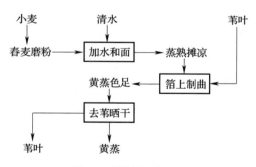

图 8-4　制黄蒸工艺流程

3.《齐民要术·作秦州春酒曲法》原文及工艺流程（图8-5）

北魏贾思勰《齐民要术·笨曲并酒》："作秦州春酒曲法：七月作之，节气早者望前作；节气晚者望后作。

用小麦不虫者，于大镬釜中炒之。炒法：钉大橛，以绳缓缚长柄匕匙著橛上，缓火微炒。其匕匙如挽棹法，连疾搅之，不得暂停，停则生熟不均。候麦香黄便出，不用过焦。然后簸择，治令净。磨不求细，细者酒不断粗，刚强难押。预前数日刈艾，择去杂草，曝之令萎，勿使有水露气。

溲曲欲刚，洒水欲均。初溲时，手搦不相著者佳。溲讫，聚置经宿，来晨熟捣。作木范之：令饼方一尺，厚二寸，使壮士熟踏之。饼成，刺作孔。竖槌，布艾椽上，卧曲饼艾上，以艾覆之。大率下艾欲厚，上艾稍薄。密闭窗户，三七日曲成。打破看，饼内干燥，五色衣成，便出曝之。如饼中未燥，五色衣未成，更停三五日，然后出。反复日晒，令极干，然后高厨上积之。此曲一斗，杀米七斗。"

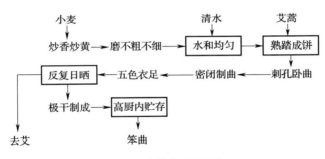

图 8-5　制笨曲工艺流程

4. 讨论

如果根据上面3种制作糖化曲工艺看，则我们自然会发现，它们都是用小麦为原料，利用植物上和自然界中的曲霉为菌种的，是多菌群堆集利用的制作工艺。

但是，制黄衣（麦䴗）用的是整粒小麦蒸熟为原料，采用摊开制曲法。制黄蒸用的是面粉团蒸熟为原料，采用摊开制曲法。制笨曲用的却是磨碎小麦加水生料做饼为原料，在不通风湿度大的曲室中制成曲。

由于工艺过程不同，所以糖化曲的性质特点亦异。前两种可以看成是散曲类，是传统小曲的祖型，后者可以看成是块曲，是传统大曲的祖型。

糖化剂亦称糖化曲，俗称醋曲或曲子。"黄衣""黄蒸"也是俗称，是古人对黄曲霉菌丝体和孢子的俗称，两者物理状态略有不同，故引起俗称略异。黄曲霉繁殖初期外观呈黄色或黄绿，菌龄长了变为褐色。

另外，由于制笨曲时出现"五色衣"，所以可以肯定地说，这笨曲上的菌群有多种。据中科院微生物所研究说，主要有根霉、毛霉、米曲霉，可能还有犁头霉、灰绿曲霉等，它们的闭囊壳有的能折射出"五色"或金黄色光彩。

用谷物酿醋的方法是中国人首先发明的，这在全世界都具有特别深远的意义。如今已知，我国自古以来，可用于谷物酿醋的糖化剂有多类，笔者根据曲的俗称，试分类如下。

三、糖化剂分类表

1. 分类表（表8-2）

表8-2　我国酿醋糖化剂分类表

我国酿醋糖化剂分类表	小曲	传统小曲	有药小曲：谷物、中草药、自然菌、传统菌种制曲
			无药小曲：谷物、自然菌、传统菌种制曲
		现代小曲：谷物、根霉、米曲霉、酵母等，纯菌种制曲	
	大曲	传统大曲	制糟糠麸皮曲：见《齐民要术》作糟糠酢法、神酢法等
			制麦曲：纯麦、自然菌、传统菌种制曲
			制麦豆混合：大小麦、豆类、根霉、毛霉、黄曲霉传统菌制曲
		现代大曲	大小麦、豆类混合、米曲霉、黑曲霉等，纯菌种制曲
			麸皮、谷糠等，米曲霉、黑曲霉，白曲霉纯菌种制曲
	红曲	传统红曲：稻米，乌衣红曲霉等传统菌种制曲	
		现代红曲：稻米，优选的红曲霉为菌种，纯菌种制曲	
	其他	液体曲	传统液体曲：见《齐民要术》回酒酢法、动酒酢法等
			现代液体曲：种子罐配制培养基，用曲霉菌孢子等制曲
		酶制剂	制备培养基：用碎米浆、碳酸钠、氯化钙等制作
			酶直接发酵：用淀粉酶、酒母、醋酸酐菌等酿醋

2. 分类表讨论说明

自古至今，采用五谷杂粮酿醋的科技原理是相同的，即原料蒸煮、淀粉糖化、醋酸发酵和新醋陈酿等。还有，酿醋工艺有两类，即天然发酵工艺和人为科技方法发酵工艺，这也是古今相同的。在古代，酿醋多采用天然发酵，少采用人为发酵工艺，所以采用糖化剂酿醋的史料甚少，表8-2的内容很适合于近现代需要参考，不适合于古代情况。

虽然如此，在《齐民要术》中，已有三类糖化剂出现，那是今日糖化剂的祖型。

（1）传统小曲　见《齐民要术》的作黄衣法和作黄蒸法（散曲类）。

（2）传统大曲　见《齐民要术》的作秦州春酒曲法（笨曲麦曲类）；作糟糠酢法、酒糟酢法、作糟酢法（糟糠曲类）；神酢法（麸曲类：用黄衣或黄蒸、麸皮制曲）。

（3）传统液体曲（或称古代液体曲）　见《齐民要术》的回酒酢法和动酒酢法等。

另外，如果从《我国醋曲分类表》以及当代酿醋工业的实际情况看，则我们还可以明白，我国古代的酿醋用曲主要是小曲、大曲和红曲，现代主要是用大曲。如今，传统制曲法正在全面地被纯菌种制曲法所取代，制小曲法被制大曲法所取代。

在纯菌种制大曲法中，用麸皮、谷糠为原料的制麸曲工艺发展特别快，那是猛增食醋产量解决供求平衡的好办法，也是大力节约五谷杂粮迎合国情需要的好途径。

四、配料发酵探讨

在南北朝时期，例如在《齐民要术》中，谷物酿醋的"配料发酵过程"有一个很明显的特点，那就是所有酿醋工艺几乎都是采用复合连续发酵逐渐完成的，即谷物原料及其配料的糖化、酒化和醋酸发酵过程，都是在同一系统中相继完成的。因此，配料发酵酿醋过程是个连续有序的生化反应过程。我国复合发酵酿醋工艺有两大类型，即液醪发酵工艺和湿醪发酵工艺，每类又有若干种。笔者认为，在《齐民要术》中，那时已有下列四种类型的复合发酵酿醋工艺。

（1）熟饭加醋曲，加水或酸浆水，混合稀醪发酵法　如作大酢法、秫米神酢法、粟米曲作酢法、秫米作酢法、大麦酢法等。

（2）酸味（味醋者）酒或酸酒醪，加醋曲（或不加）与水，混合稀醪发酵法　如动酒酢法、回酒酢法等。

（3）鲜酒糟或鲜糟糠混合料，加饭（或不加）与水，混合湿醪发酵法　如作糟酢法、酒糟酢法、作糟糠酢法等。

（4）熟麸皮放凉，加醋曲与水，混合湿醪发酵法　如神酢法等。

如果根据上面4种工艺分析，则我们必然会明白，由于它们所采用的原料、醋曲以及醋酸发酵醪有不同之处，所以这些古代的酿醋工艺，其主要发酵菌种也会有区别，否则不能迎合工艺需要。为了探明传统菌种的真实情况，中国科学院微生物研究所以及国内一些科研单位，早在20世纪30年代，即开始了对老传统酿醋工艺的菌种进行研究。终于发现了一些异同之处，其中包括糖化菌、酵母菌和醋酸菌等。兹分别列表8-3、表8-4、表8-5，明示如下。

笔者上面所列举的糖化菌、酵母和醋酸酐菌等，是中外科学家们研究后发现的酿醋主要菌种。虽然我国南北朝时期谷物酿醋菌种都是野生自然菌，很多而且复杂，但是，由于谷物酿醋工艺自古一脉相承选育，所以其主要菌种自然也与上述相同或相当，可以确信的坏菌种很少。

表 8-3　传统工艺中不同糖化曲主要糖化菌

项目 古代曲名	古今曲名对照	制曲原料	制曲方法	主要野生糖化菌
黄衣	小曲或麦曲	整粒小麦	席箔青苇叶覆盖	主要是曲霉，黄曲霉、米曲霉、黑曲霉
黄蒸	小曲或麦曲	小麦粉面团	席箔青苇叶覆盖	主要是曲霉，黄曲霉、米曲霉、黑曲霉
笨曲	麦曲或大曲	小麦碎渣	制饼块覆盖青艾	主要是根霉，毛霉、米根霉
麸皮（曲）	麸曲	麦麸加粟饭	熟麸卧瓮中制曲	主要是曲霉
糟糠（曲）	大曲或糟糠曲	糟糠混合料		主要是曲霉

表 8-4　传统工艺中主要酵母菌对糖化醪的作用

糖化醪 野生酵母菌	糖化醪主要成分				糖化醪类型
	葡萄糖	麦芽糖	蔗糖	半乳糖	
鲁氏酵母	+	−	+	−	加酸米浆液醪搅动发酵
产膜假丝酵母	+	−	+	−	酒醪液面生臭衣发酵不可搅
乳酵母	+	−	+	+	醪面上生白醭液醪搅动发酵
啤酒酵母	+	+	+	−	秫粟饭糖化液搅动发酵
河南南阳酵母	+	+	+	−	糟糠淋汁湿醪翻动发酵
异常汉氏酵母	+	−	+	−	麸皮淋湿卧瓮中不翻发酵
拉氏酵母	+	+	+	−	鲜糟醪糖化液不搅发酵
产酯酵母	+	+			酒糟淋汁湿醪卧瓮中发酵

说明：在表中"+"为菌株发酵良好，"−"为菌株微弱发酵或不发酵

表 8-5　传统工艺中主要醋酸菌对糖化醪的作用

项目 野生醋酸菌	产酸能力	控制温度	生物特性
许氏醋酸酐菌	10% ~ 11.5%	27 ~ 35℃	对生成的食醋不再起分解作用
恶臭醋酸酐菌	7% ~ 10%	28 ~ 30℃	中国科学院分离培养的酿醋优良菌种
沪酿醋酸酐菌	7% ~ 8%	28 ~ 35℃	上海酿造科研所从丹东分离到的酿醋好菌种
纹膜醋酸酐菌	6% ~ 8%	30 ~ 40℃	耐高浓度酒精，能将食醋再分解为 CO_2 和 H_2O
攀膜醋酸酐菌	微弱		不能用于酿醋，是酿葡萄醋的有害菌
胶膜醋酸酐菌	微弱		能引起酒酸臭，是酿醋有害菌

五、试论谷物酿醋工艺特点

我国古代谷物酿醋工艺有个很显著的特点，那就是采用"复合连续发酵法"。这种方法的操作过程是，配料在同一系统中由糖化菌作用后，酵母菌利用糖化醪进行酒精发酵，最后由醋酸菌进行发酵生产食醋。

因为发酵菌在同一系统中分别进行生化反应，所以糖化醪和酒精浓度可以及时转化，保持浓度稳定适宜，不易偏颇一方，这是很宝贵的优点。但是，在同一系统中进行生化反应，其温度不能迎合多种需要。

例如，酵母的最佳繁殖温度是 28 ~ 30℃，糖化菌和醋酸菌的最佳繁殖温度是 50 ~ 65℃，温差区别很大，只能采用低温发酵法，从而导致生产周期很长，产量小。这是一项很难克服的缺点。

在《齐民要术》中，有"作糟酢法""作糟糠酢法"的酿醋工艺，采用湿醪发酵，这应当是我国北方湿醪发酵的雏形。又有"秫米酢法""回酒酢法"等，用"粟米饭醋（酸）浆"或"酿酒失所味醋（酸）者，或初好后动未压者"的配料，即粟饭酸浆水或酸酒醅或酸酒醪酿醋，这可认为是加"醋母"或"酒母"酿醋的雏形。又有"动酒酢法"的酿醋工艺记载。其原文如下：

> "动酒酢法：春酒压讫而动不中饮者，皆可作醋。大率酒一斗，用水三斗，合瓮盛，置日中曝之。雨则盆盖，之勿令水入，晴还去盆。七日后当臭，生衣，勿得怪也。但停置，勿移动挠搅之。数十日，醋成，衣沉，反更香美。日久弥佳。"

据"动酒酢法"的内容说明，当时古人已知，那种发酵醪上的"当臭，生衣"现象是正常的，是好兆头而并非酿醋失败。笔者认为，那种当臭生衣的"膜"，应当是由纹膜醋酸酐菌（*Acetobacter aceti*）或恶臭醋酸酐菌（*A.rancens*）的发酵特性产生的。现代科研实践已经证明，上面这两种菌的确具有"当臭生衣"的特性，都是酿醋工业中的常用菌。但是，有人用大篇幅论论说，那种能产"当臭生衣"的菌，"当为胶醋酸菌（*Acidobacter Xylinum*）。由于这种菌具有较强的产膜能力，能合成一种高级多糖化合物的膜，酵母寄生于其上，形成一种共生关系。"[1] 我们认为，如此论述值得商榷。在酿醋工厂实践中，胶膜醋酸菌（*A.Xylinum*）的生酸能力很弱，在酒醪中繁殖可引起醪液酸败，发黏，还会使食醋分解为 H_2O 和 CO_2，是酿醋过程中的有害菌，不可以用于酿醋，更不会使食醋"气味芳香"。

---

[1]　包启安. 古代食醋的生产技术 [J]. 中国调味品，1987（4）：18.

第四节

唐宋时期的酿醋

通过前面的讨论，我们现在已知的，都是我国早期的谷物酿醋情况。到了唐朝和宋朝时期，我们很想知道的当然是，我国谷物酿醋的传承与发展情况。据笔者所知，唐宋时期的谷物酿醋进展情况，较突出的表现至少有两方面，即出现了新创的酿醋工艺，统一了醋与酿醋行业的术语。

一、唐朝时的酿醋

在唐朝，除了传承《齐民要术》中的酿醋技术外，很突出的进展是，出现了新的谷物酿醋工艺。例如，在唐朝韩鄂的《四时纂要》中，就有 6 种酿醋法。今举例如下。

1.《四时纂要·麦醋》原文

《四时纂要·七月》："麦醋：取大麦一石，春取一糙，取一半完仁，一半带皮便止。[1] 取五斗烂蒸，罨黄，一如作黄衣法。五斗炒令黄，熟浸一宿，明日烂蒸。摊如人体，并前黄衣一时入瓮中，以蒸水沃之，拌令匀。其水于麦上深三五寸即得。密封盖，七月便香熟，即中心著筹取之，头者别收贮。余以水淋，旋喫之。

《齐民要术》云：造麦醋，米酘之，此恐难成，成亦不堪，盖失其类矣。"[2]

---

[1]　笔者注："至一半完仁"，《四时纂要校释》原文为"取一半完人"。

[2]　缪启愉. 四时纂要校释［M］. 北京：农业出版社，1981.

2. 工艺流程（图8-6）

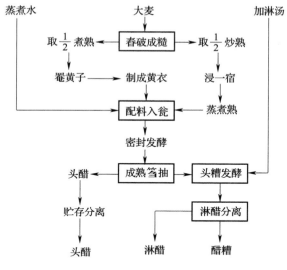

图8-6 酿麦醋工艺流程

3. 讨论

除本例酿造"麦醋"法外，在《四时纂要》中，还有米醋法、暴米醋、暴麦醋、醋泉等。这些酿醋法，在贾思勰的《齐民要术》中都不见有相似记载，因此可以说是始见于唐朝的新创。其中，暴米醋的"暴"字，是指简速之意，"醋泉"即指醋取之不尽，是夸大过甚之词。在这些酿醋工艺中，有下列内容值得讨论。

（1）关于"醋"如何取代"酢"与"醯"的考释 如前所叙，在南北朝以前，"醋""酢""醯"都已经出现了，由于含义具有相通因素，所以存在着混称不明的表现。到了南北朝时期，在贾思勰的《齐民要术》中，终于出现了统一酿醋科技语的突破，把所有的酿醋工艺，包括"醋"的名称和酿造果醋法等，都首次被统一为"作酢法"。

然而，贾思勰在《齐民要术》中说："酢，今醋也。"这就是说，"醯"与食醋或酿醋无关，从而印证了笔者前面的讨论是正确的。贾思勰的诠释"酢，今醋也"很重要，他使那些认为醯就是"醋"的人不断减少。

到了唐朝时期，革故鼎新的见解出现了，在韩鄂的《四时纂要》中，所有的酿醋工艺都不称"作酢法"，而与现代人对"醋"的统称含义一致，即"醋"指产品，"酿醋"指生产工艺。

因此我们已很清楚，在我国酿醋科技史上，"酢"的运用大约始于汉朝兴于南北朝，大约在唐朝前夕消失。"醋"字运用大约始于南北朝兴于唐朝并沿用至今，已成为不期然而然的定局。

（2）春原料为糙与原料炒令黄操作法考释　在《齐民要术》的"作笨曲并酒"与"作神曲并酒"中，已首次见到把麦粒磨碎或炒熟作原料，然后用于制曲酿酒的记载。但是，在《齐民要术》的"作酢法"中，却不见有类似的情况出现，为何如此至今不明。到了唐朝，革新突破的事项出现了。例如上面列举的，在韩鄂的《四时纂要》中，已有把麦粒"春为糙"，将米或麦粒"炒令黄"，然后进行制曲酿醋的记载。

我们认为，这种"春为糙"与"炒令黄"的操作，与《齐民要术》中的"磨碎"与"炒熟"很相似，或许两者同源，只因《齐民要术》中无制醋曲论述，所以不见端倪。

现代已知，麦粒的种皮坚硬，磨碎或春为糙自然会有利于糖化发酵。而炒令黄也另有好处，即可以增加产品的焦香风味。当然，这些操作法应当严格控制不可过度，原料过精有益成分散失利用率会下降。原料炒焦了产品会有焦味，后果严重时影响食用价值，损失更大。

二、宋朝时的酿醋

宋朝与唐朝相同，除了传承《齐民要术》中的酿醋技术，也有前代未见过的酿醋新工艺记载。例如，宋陈元靓撰《事林广记》中，就有长生醋法、作麦醋法、梅子醋法等。兹举例之一如下。

1.《事林广记·长生醋法》原文

《新编群书类要事林广记》癸集卷之四："长生醋法：大麦五斗，磨丸作曲，发好曲成过后，捣为细末，次用良姜三两，又明椒三两，水一担入瓮内，封固就日晒，三七日后方熟。每取时，三升醋却还水三升入瓮，更入姜、椒些少，甚香美。须用五六日造。"[1]

2. 工艺流程（图8-7）

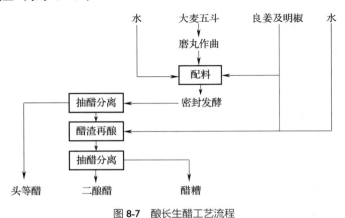

图8-7　酿长生醋工艺流程

---

[1]　宋陈元靓. 事林广记：癸集［M］. 北京：中华书局，1999.

3. 讨论

在上面的原文中，有添加良姜和明椒酿醋的做法。据清初陈扶摇《花镜》说："椒，一名汉椒，有秦、蜀二种。"明李时珍《本草纲目·果部》说："秦椒，花椒也。始产于秦。"又《本草纲目》引宋苏颂《图经本草》说："秦椒，今秦、凤、明、越、金、商州皆有之。"由此可知，这"明椒"应当是指秦椒，即盛产于明州的花椒，故名。

我国酿醋添加调味料的明确记录初见于唐朝，苏敬在《新修本草》卷十九说："酢，亦谓之醯，以有苦味俗呼苦酒，丹家又加余物，谓为华池左味。"这"余物"中必然会有花椒等物，恰如"长生醋法"所言即是。

在我国酿醋科技史上，采用中草药及调味料作辅料的创意由来已久。到了近现代，例如四川保宁醋的酿造工艺，那可说是典型的传承了"丹家酿醋"之作，其所采用的中草药及添加的调味料达数十种，产品风味独特，俗称药醋，具有良好的保健作用。

如前面所言，我国酿醋工艺自古有稀醪和湿醪两类。如果按传统操作法看，则有密封和通风两种。现代微生物学认为，醋酸菌繁殖发酵时，通风供氧大有好处。但是，在我国古代，几乎所有醋酸发酵都是在大缸中进行的，采用加盖密封日晒成熟法，这似乎有些不符合酿醋科技原理。

笔者认为，古人酿醋只有使用大缸或木桶最为经济且方便，若是加盖密封发酵，则可以防止雨水渗入及各种污染危害，还可以防止醋酸产品白白挥发掉，这些都是很科学的。当然，设备加盖密封对醋酸发酵会有不利影响。然而，醋酸发酵过程是错综复杂的，其中也有厌氧发酵因素存在，所以并非供氧越足越好。

例如，在糖化和酒精发酵过程中，酒精发酵就不需要供氧，充分供氧会产生巴斯德效应，使酒精产量减少，醋酸产率降低。由此可知，我国古代的谷物酿醋工艺，是很先进的科学创举，是珍贵的重大发明，其史学意义至今依然很大。

元明清时期的酿醋

　　根据前面的讨论已知，我国自孔子时代（约公元前 6 世纪）起，到了南北朝贾思勰的《齐民要术》出现时，中国人所常说的"酸味食物或调味品"，其实都是意识形态上的感受而已。在秦汉及以前，根本不见有任何具体的酿醋工艺记载。这就是说，当时的"酸味"感受与酿醋工艺无关，"酸味"仅指"五味"之一，不能作为酿醋起源的证据。令人难以理解的是，到了南北朝，许多酿醋工艺却在《齐民要术》中突然冒了出来，而且工艺技术水平还很高明。为何长期无酿醋先兆而酿醋工艺却突然出现？原因至今不明，值得研究。

　　在元朝至清朝时期，由于古人大都采用天然复合连续发酵酿醋工艺，采用制曲酿醋工艺的甚少。所以在古籍中，有关酿醋的史料既简单又很少，内容历代很相同，大多数仅出现酿醋原料和各种食醋的名称，给人以不景气和不值得探讨的印象。

　　其实不然，自元朝以来，我国的酿醋行业已经发展到了很高级的程度。例如，在佚名《居家必用事类全集》中，就有不少酿醋种类的记载，可以给人以兴旺发达的印象。

　　元佚名氏《居家必用事类全集·造诸醋法》的章节中，有：黄陈仓米自然发酵"造七醋法"、陈仓米自然发酵"造三黄醋法"、小麦自然发酵"造麦黄醋法"、大麦仁自然发酵"造大麦醋法"、腊糟麸皮粗糠自然发酵"造糟醋法"、麦麸陈仓米自然发酵"造麸醋法"、新糟稻糠自然发酵"造糠醋法"、陈仓米糯米小麦曲发酵"造小麦醋法"、饧糖稀白曲发酵"造饧糖醋法"、乌梅酽醋"造千里醋法"，还有烧炭小麦"收藏醋法"等。

一、元明清古代传统酿醋工艺图说

我国地域辽阔，各地物产和酿醋科技史有些不同，所以到了明朝，已经出现了数种不同的酿醋传统工艺。主要有古老的稀醪发酵、湿醪发酵工艺，还有其他老传统特殊酿醋工艺等。

虽然酿醋类型不同，操作方法和所使用的设备有些不同，但是传统酿醋工艺原理和操作工序是相同的。主要包括原料破碎加工、原料蒸煮、制作曲坯、曲坯糖化发酵、醋酸发酵、淋醋分离、新醋陈酿等。

为了直观感受，达到百闻不如一见目的，也为了便于讨论。现在要做的是，将传统酿醋工艺流程中的七道工序，用插图展示于下面，如图8-8所示。

1. 原料破碎加工

2. 原料蒸煮

3. 制作曲坯

4. 曲坯糖化翻动发酵

5. 醋酸发酵

6. 淋醋分离

7. 各种醋产品

图 8-8　我国传统酿醋工序图

根据前面的讨论已知，在我国元、明、清时期的古籍中，有关酿醋工艺的详细记载甚少。因此，依靠古人提供的史料证据，研究酿醋科技发展史的方法，已经不可能获得好结果，必须另寻出路。

笔者认为，研究科技发展史的方法很多。在我国明朝和清朝时期，在全国范围内，已经出现了多种类型的酿醋工艺，出现了许多著名的酿醋生产厂家，相传至今已成为宝贵的中华老字号。这些中华老字号，就是很好的研究对象。由于著名厂家很多，所以只能择优举例探讨如下。

二、明朝时的传统酿醋范例

1. 山西老陈醋

　　山西老陈醋的特点是，清香扑鼻鲜味浓，酸甜柔和回味绵长，色泽枣红久贮无沉淀。其中，太原清徐所产老陈醋最为驰名，而"益源庆"古坊名扬四海，相传创建于明洪武（1368 年）初年，距今约有 650 年历史。

　　然而，对于湿醪发酵酿醋工艺的发明情况，却有多种见解。一种认为，那是由山西平阳府的"祥泰盛"首先创制的；一种认为，那是由山西介休人王来福在清朝顺治年间（1644—1661 年）创制的；一种认为，那是"益源庆"自明末清初时开始创制的。后两者的时代背景相似。笔者认为，这种工艺起源于清朝是可信的，因为在全国范围内，山西省的酿醋史特别悠久，而且颇为著名，独树一帜。其中，老"益源庆"在清代铸造的，用于拌料制曲发酵的巨型铁甑至今完好保存着，甑上铸有"清嘉庆贰拾贰年七月吉日成造"（图 8-9）。这种铁甑的造型，与历来各种用于湿醪发酵酿醋工艺的传统设备传承相同，包括陶瓷甑等。山西老陈醋的湿醪发酵醋工艺如下。

图 8-9　益源庆清朝铁甑

2. 工艺流程（图 8-10）

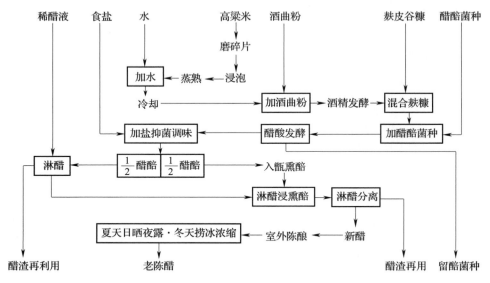

图 8-10　山西酿造老陈醋工艺流程

3. 说明与讨论

笔者曾经认为，在南北朝时期的《齐民要术》中，已有湿醪发酵酿醋工艺的记载[1]。如今看来，如果用山西老陈醋的酿造工艺对照，则当时的见解并不准确。在《齐民要术》中，共有三种"糟糠酿醋"工艺。其中，利用糟糠混合，不添加其他原料，不加酒曲，用水浇淋糟糠，使残留于糟中的酒氧化成醋的 1 种；利用湿酒糟拌蒸熟的碎谷物，不加酒曲，使湿醪中的酒发酵成醋的 1 种；利用酒糟加水搅成稀醪，发酵 3d 取汁，然后拌入粟米饭，传种不加酒曲，密封发酵成醋的 1 种。

在上述三种酿醋工艺中，前 2 种工艺仅具有鲜明的湿醪发酵酿醋工艺特征。例如，少加或不加水，多加谷糠或碎谷物，促使发酵醪具有良好的疏松、湿润、通风供氧作用等，即是很好的证据。

但是，我们也发现，在上述两种工艺中，不见有"谷物糖化和酒精发酵"过程。很显然，那是由"酿酒作坊"完成的。因此我们认为，《齐民要术》中的"糟糠酿醋工艺"，仅是湿醪发酵酿醋工艺的祖型而已。

对于山西酿造老陈醋工艺，尚有下列创新要点应当讨论。

（1）添加食盐　在当代酿醋生产中，有向熟醪添加食盐的要求，加入量大约是原料

---

[1]　洪光住. 中国食品科技史稿［M］. 北京：中国商业出版社，1984.

重的 4%。其好处是，抑制醋酸菌将熟醅深度氧化，强化食醋鲜香风味，使保质期更长。这种加盐措施始见于元朝。

> 元鲁明善《农桑衣食撮要·六月》："做老米醋：将陈仓米三斗或五斗……；温水泡下，将瓮口封闭。二十日看一遍，候白衣面坠下或白衣不下，澄清，以味酸为度，去白衣。将醋入锅内熬一沸，又入炒盐少许，候冷，用洁净瓶瓮收贮，以泥封之，可留一二年。"

古人将食盐加到产品里，今人将食盐加到醋醅里，这是很不相同的操作。如果醋糟还要再次用于酿醋，那么残留于糟中的食盐是否会影响酿醋工艺？笔者不知，待考。

（2）添加酒曲粉　用五谷酿醋，首先必须添加酒曲粉，如此才能使谷物淀粉糖化并进行酒精发酵，与酿酒过程相同。但是，酿醋添加酒曲的起源与酿酒用曲的起源不同。酿醋加曲始见于南北朝的《齐民要术》中，酿酒用曲始于先秦时代。这种情况可以再次说明，谷物酿醋与酿酒是不同源的，酿醋起源较晚。

（3）利用醋醅传种　在我国，酿醋使用醋醅传种，使菌种进入物料里，这种做法最初始见于南北朝的《齐民要术》中。但是，自南北朝至明朝初年，这种醋醅传种方法却不见有传承证据，其原因不明。关于"酒醅"与"醋醅"的传种证据，兹举例说明如下：

> 贾思勰《齐民要术·作酢法》："回酒酢法：凡酿酒失所味醋者，或初好后动未压者，皆宜回作醋。大率：五石米酒醅，更著曲末一斗，麦䴷一斗，井华水一石。粟米饭两石，掸令冷如人体投之。耙搅，绵幂瓮口，每日再度搅之。春夏七日熟，秋冬稍迟，皆香美清醇。后一月接取，别器贮之。"[1]

根据上面内容分析可知，记载中的"酒失所味醋者"，"初好后动未压者"，很显然，那都是带醋酸菌的"醋醅"载体。当古人把"曲末"及"麦䴷"拌入粟米饭进行糖化、酒精发酵成酒醅时，事先接入的"醋醅菌种"，毋庸置疑，必然会更加迅速地进行醋酸发酵。当然，古人接入的"醋醅菌种"是自然菌，山西酿醋时接入的是前一批酿醋时优选的，特意留下来的优良醋酸醅菌种。虽然菌种来源不同，发酵醅也不相同，但是生化效果一致，异曲同工。

（4）添加麸皮谷糠　酿醋添加麸皮或谷糠的好处是，增加醅液中的蛋白质含量，使发酵醅更加松软保湿性更好，食醋的色泽更红润，味道更鲜美。如今已知，这种添加辅料的办法起源很早，在南北朝时期的《齐民要术》中已有记载。而且，如果从记载内容看，当时添加麸皮是用于稀醪发酵酿造"神酢"的，而添加谷糠是用于湿醅发酵酿造"糟糠酢"的，两者都特别符合酿醋科技原理。然而很可惜，这种添加辅料的好方法，在元朝以前却很罕见，而兴盛于近现代，可算是创新成果。

---

[1]　石声汉. 齐民要术选读本［M］. 北京：农业出版社，1961.

（5）熏醋与食醋调味考释　在古籍中，甚至明清时期，至今不见有关于制作熏醋的记载。虽然，山西老陈醋的起源很早，但是何时出现制作熏醋的证据却不明，有待于探讨。不少人认为，酿造熏醋有好处，可以使食醋增添焦香风味，色泽乌黑，能使食醋较为醇厚不呛。但是，如今看来，酿醋熏蒸也有缺点，例如耗费人力物力，熏醋的色泽与风味许多人不喜欢，甚至认为有毒害成分等。据初步调查说明，当今食用熏醋者日渐减少，似无发展空间可言。

然而，风味极好的醋人见人爱，古今如此。由此推知，研究食醋调味技术相当重要。在我国，食醋调味记载初见于宋朝，历经元朝至清朝，虽无重大发展却相传不断。特举例说明如下：

宋陈元靓《事物广记•癸集》："长生醋：入姜、花椒些少，甚香美。"[1] 元韩奕《易牙遗意》："醋，用茴香煎煮入瓶。"明宋诩《宋氏养生部》："四时醋：加花椒、甘草同煎。小麦麸醋：注以香油，加之以炒盐，再煎二三沸，热贮于瓮。"清佚名氏《调鼎集》卷一："佛醋：每斗加盐半斤，椒、茴各少许，封口听用。米醋：入花椒、黄柏少许，煎数滚，收坛听用。"等等。

（6）湿醪酿醋与食醋陈酿考释　如本文前面所述那样，我国湿醪发酵酿醋工艺的起源虽然很早，但是历代相传迹象微乎其微，而是兴盛于近现代。由于古今湿醪发酵酿醋工艺很不相同，所以可以认为，今日的工艺无疑是一种新创举。现代，湿醪发酵酿醋工艺的特点是，全料制曲，酒精发酵之初，加缸盖厌氧低温操作，然后采用倒缸翻醅通风供氧，高温醋酸发酵。同一个系统，实现了多种操作，完美的结合自然而然，彰显了山西人的超强智慧。

这种酿醋工艺的另一项优点是，采用高粱或玉米等为原料，价格比稻米便宜，节约了细粮，降低了成本，利国利民，发展前途远大。至于食醋陈酿，山西人也有新创举。例如，传统老方法湿醪酿醋工艺，采用地火熏醋，新工艺采用蒸汽水浴熏醋，夏天陈酿采用日晒夜露，冬天陈酿采用室外冰冻捞冰浓缩，产品风味全国独树一帜，令人钦佩。有关陈酿的其他学术史内容，后面还会讨论到。

三、清朝时的酿醋之一

1. 福建永春红曲老醋

福建红曲老醋的酿造特点很多。选用糯米为原料，接入红曲霉为菌种，添加炒芝麻为调味料，传承发扬了古代淀粉糖化和分级投料发酵技术，是稀醪发酵酿醋工艺的典型。

---

[1]　宋陈元靓. 事物广记［M］. 北京：中华书局，1999.

产品色泽枣红偏黑，风味清香扑鼻，味道甜酸不涩，口感甘酸绵长，是脍炙人口驰名中外的著名特产。在历史上，福建永春老醋是长年畅销国外 30 多个国家的代表产品之一，是国内食醋产品的佼佼者，其酿造工艺创始于清朝初永春县。

2. 工艺流程（图 8-11）

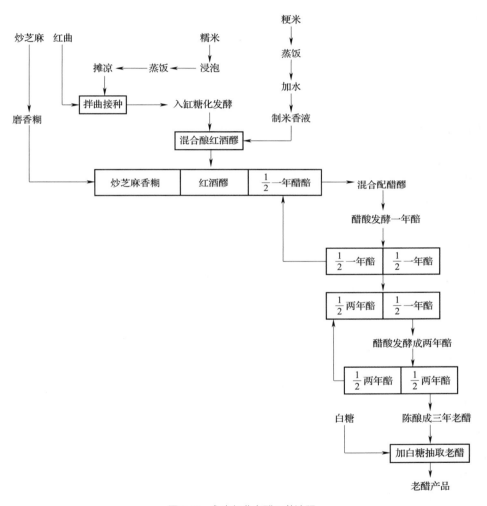

图 8-11　永春红曲老醋工艺流程

3. 说明与讨论

如果根据上面工艺流程分析，则我们已知，这是一种典型的稀醪发酵酿醋工艺。因为具有典型性，所以下列内容值得讨论。

（1）关于食醋陈酿方法　如果从古文献记载情况看，则我国食醋陈酿技术主要有三类，即稀醋醪直接陈酿法、湿醋醪直接陈酿法和新醋陈酿法等。

对于前两类，所采用的操作是，在醋醪中陈酿，待成熟后再将陈醋从醪中分离出来，可供餐桌上享用。在历代古籍中，凡是从投料开始到产品出来，中间不见有"新醋陈酿"操作的，都可以认为是此类。这是历代都有的陈酿三年，然后抽出老醋，供天下人享用的。又如，在南北朝时期的《齐民要术》中，已有"糟糠酢法"，那是采用湿醋醪反复浇淋操作进行陈酿的，书中说："酢极甜美，无糟糠气便熟。犹小苦者，是未熟，更浇如初，候好熟，乃挹取筟中淳浓者，别器盛。"由此可知，采用醋醪直接陈酿的方法起源很早，可说始于南北朝。

至于采用"新醋陈酿法"，那是先将食醋从醪里分离出来，即得新醋，用于陈酿。此类食醋陈酿的起源也很早。例如，在南北朝时期的《齐民要术》中，有"大麦酢法"，书中说："三七日熟……八月中，接取清，别瓮贮之，盒合泥头，得停数年。"这是新醋用于厌氧贮存兼陈酿的最初记载。又如，山西老陈醋的陈醋，那是采用新淋出的熏醋与新淋出的食醋混合，再行陈酿的操作，有一年或两年陈的，还有更多年的品种。

（2）关于提取食醋的方法　据笔者调查已知，在我国历史上出现的，将食醋从醋醪里提取出来的方法，主要有三类，即压榨法、淋出法和抽取法等。由于所用设备及工具不同，所以每类提取方法不同，操作技术别有窍门。

对于压榨法　就是采用机械装置挤压，使食醋与醋渣分离的方法。常见的有木板上放重物压榨法，又有杠杆装置挤压法等。在古代，通常是把醋醪装入布袋里，然后利用重物或杠杆装置将食醋挤压出来。此类方法的起源很早，例如，在南北朝时期的《齐民要术》中，已有下列明确记载：

> 贾思勰《齐民要术》："神酢法：黄蒸一斛，熟蒸麸三斛……瓮中卧，经再宿。三日便压之，如压酒法。又秫米神酢法：前件三种酢，例清少浣多。至十月中，如压酒法，毛袋压出，则贮之。"

对于抽取法　这是采用竹筟插入醋醪里，使食醋通过竹筟缝隙进入筟内，到时即可抽出来食用。至于醋糟，因被阻挡在筟外，故可以达到分离目的。这种分离方法的起源很早。如前所述，在南北朝时期的《齐民要术》中，已有："作糟糠酢法：候好熟，乃挹取筟中淳浓者。"这种经济实用的方法，至今在小工厂里依然可以见到，堪称源远流长。

对于淋醋法　这种淋醋法可以看成是一种过滤技术。在古代，淋醋设备大多数采用大缸，俗称淋缸。淋醋缸的外观与普通酿醋大缸相同，只是缸底一侧开有一圆孔，孔上内部铺设多孔板及过滤材料，孔中可设密封塞子。当醋醪成熟时，拔下孔中塞子，食醋立刻会透过滤材及多孔板流入醋糟或贮缸中。多孔板上铺设的过滤材料有多种，如滤布、棕榈须等。在我国，淋醋的起源很早。例如，在南北朝时期的《齐民要术》中，就有多种酿醋工艺采用淋醋法，分离食醋与醋渣的。兹摘录数种如下：

> 贾思勰《齐民要术》："酒糟酢法：以绵幕瓮口。七日后，酢香熟，便下水，令

相淹渍。经宿，酳孔子之下；粟米曲作酢法：日熟……接取清，别瓮著之；大麦酢法：八月中，接取清，别瓮贮之。"

在上面数例中，都是淋醋法工艺。现代，这种淋法以四川省阆中市嘉陵江上保宁醋淋取最有名。保宁醋的酿造工艺，以糯米加曲药或辣蓼汁入缸发酵酿酒母，拌麸皮进行醋酸发酵，醋醅陈酿时间达一年，然后淋醋分离。保宁醋采用棕榈须为过滤材料，铺于醋缸假底上，将醋醅盛入淋缸中，醋汁穿过滤材流出，即得成品。此法俗称棕榈淋醋法。

4. 镇江酿造香醋法

在我国五谷酿醋史上，如今的镇江香醋酿造工艺，堪称是革故鼎新的创举，操作巧妙，超乎寻常。如此评价并不过分，兹概述如下：

例如，老传统酿造镇江香醋时，用酒糟为主要原料。这种方法，至晚始见于南北朝时期的《齐民要术》中，历史相当悠久。但是，采用酒糟酿醋的方法，存在着不可克服的缺憾，如糟中的酒精含量很不稳定，各厂家各批糟都不同，而且，酒糟的来源也特别分散，良莠不齐，很难满足生产需要，非改不可。

天道酬勤，通过不断努力，如今酿造镇江香醋，其工艺技术已有许多显著突破。例如，完全改用糯米为主要原料，不用酒糟或酒醅，运用我国精湛的酿造黄酒技术，稀醪发酵酿酒母。采用我国首创的酿造白酒技术，以麸皮为辅料，少用砻糠作填料，湿醪醋酸发酵酿香醋。这种珠联璧合的酿醋工艺，厚古扬今，灵巧高明，堪称创举。新的工艺出现之时，老法酿醋即成历史。

据说镇江香醋的现代工艺，创始于1850年，迄今已有近170年历史。为了便于了解概况，现将工艺流程展示于下面，如图8-12所示。

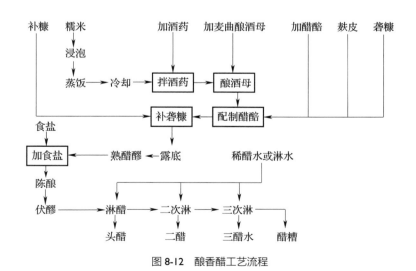

图 8-12　酿香醋工艺流程

参考文献

［1］汉郑玄注.周礼注疏.唐贾公彦疏［M］.上海古籍出版社，1990.

［2］石声汉.齐民要术选读［M］.北京：农业出版社，1961.

［3］宋朱熹.诗经集传［M］.北京：中华书局，1958.

［4］元李东垣.食物本草［M］.李金生点校.北京：中国医药科技出版社，1990.

［5］明李时珍.本草纲目［M］.刘衡如点校.北京：人民卫生出版社，1978.

［6］魏吴普述.神农本草经［M］.清孙星衍辑.北京：人民卫生出版社，1978.

［7］宋李昉.太平御览［M］.北京：中国商业出版社，1993.

［8］唐韩鄂.四时纂要［M］.缪启愉校释本.北京：农业出版社，1981.

［9］宋陈元靓.新编群书类要事林广记：癸集［M］.北京：中华书局，1999.

［10］元鲁明善.农桑衣食撮要［M］.王毓瑚校注.北京：农业出版社，1962.

［11］洪光住.中国酿酒科技发展史［M］.北京：中国轻工业出版社，2001.

［12］洪光住.中国食品科技史稿［M］.北京：中国商业出版社，1984.

［13］冯德一.发酵调味品工艺学［M］.北京：中国商业出版社，1993.

［14］中国酿醋学会.食醋酿造［M］.江苏调味副食品科技情报站，1982.

［15］包启安.古代食醋的生产技术［J］.中国调味品，1987（4）.

［16］董胜利，张平真.中国酿造调味食品文化［J］.北京：新华出版社，2001.

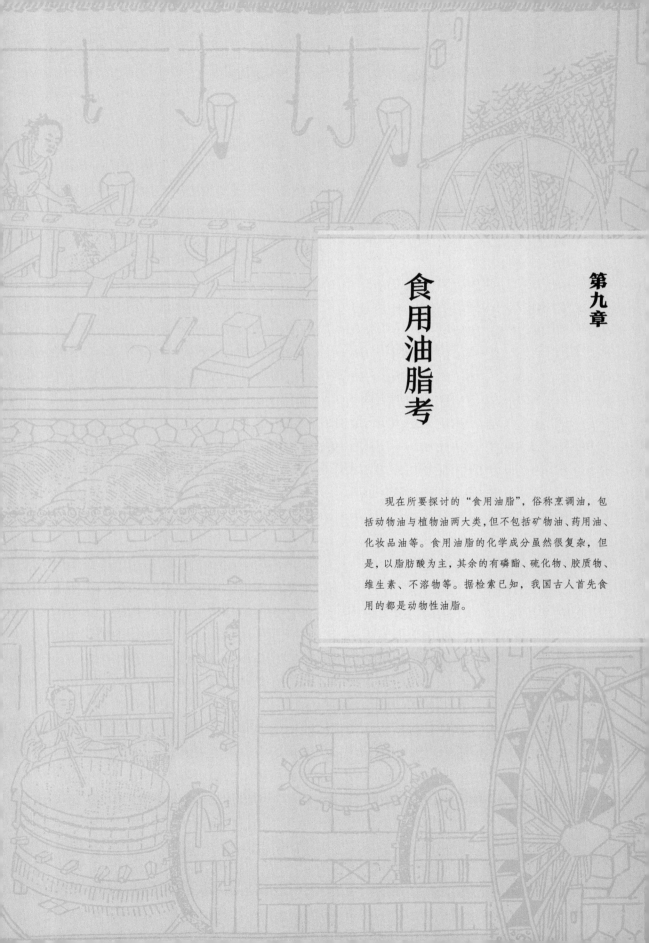

第九章

食用油脂考

现在所要探讨的"食用油脂",俗称烹调油,包括动物油与植物油两大类,但不包括矿物油、药用油、化妆品油等。食用油脂的化学成分虽然很复杂,但是,以脂肪酸为主,其余的有磷酯、硫化物、胶质物、维生素、不溶物等。据检索已知,我国古人首先食用的都是动物性油脂。

第一节

提炼动物油脂起源

在我国，较重要的动物油脂有牛油、羊油、猪油，其次有鸡油、鸭油、奶油等。动物油脂属于不干性油，含饱和脂肪酸多，制取方法较简单。古老的方法是使用大铁锅，加热烧炼即可以使油与渣分离。笔者研究过简单精炼猪油的方法，兹叙述如下：

烧炼猪油法：原料猪板油，取来之后，去掉皮膜杂碎，洗净后切成较大块，便于油与渣分离。洗净铁锅，放入板油块，加入少量清水、花椒、大料等。用小火烧炼，直到没有水分蒸发为止。出锅前，捞去油渣，加入少量食盐，搅匀降温静置后即可倒入容器中存放。在常温下，猪油呈半凝固状态，食用时只需挖一块即可，很方便。

采用上述方法烧炼猪油，成品洁白明亮，滋味清香纯厚，还可以存放较长时间。笔者认为，此法的操作关键就是必须刷锅防黑，加清水、花椒、食盐等，只要认真掌握火候，必然成功。有兴趣者可以随时一试。

在我国，先民们食用动物油脂的起源，大约可以追溯到狩猎时代之初，当然，现在很难找到起源证据。但是，如果从文字记载考研，探讨古人食用动物油脂的最初情况，那是比较容易的。兹举例如下：

《诗·卫风》："伯兮：岂无膏沐？谁适为容！硕人：手如柔荑，肤如凝脂。"又《周礼·天官》："庖人：凡用禽献，春行羔豚，膳膏香；夏行腒鱐，膳膏臊；秋行犊麛，膳膏腥；冬行鲜羽，膳膏膻。"注引郑玄·杜子春说："膏香，牛脂也。膏臊，犬膏，干鱼膏也；膏腥，猪膏，鸡膏也；膏膻，羊脂也。"又《礼记·内则》载："脂、膏，以膏之。"疏："凝者为脂，释者为膏。以膏沃之，使之香美。此等总谓调和饮食。"

据上面的分析可知，我国先民们在远古时代，已经食用各种动物油脂了。在远古时代,人们称液态动物脂肪为"膏",称固态动物脂肪为"脂",但不见有"油脂"名称。动物脂肪很适合于直接烹调食用,鲜香扑鼻,不适合于烧炼贮存,容易变质变味,温度稍低容易凝固,所以古人称膏,命名极具智慧。

由于本文不讨论动物性脂肪,所以到此为止。下面要探讨的内容,全文都注重植物性油脂科技史。

提取植物油起源

我国幅员辽阔，气象万千，各种地理环境都有，因此油料植物资源很丰富。如果按照植物的质茎分类，则有草本油料植物与木本油料植物两大类。例如，油菜与花椒、核桃等。

我国是世界驰名的烹调大国，特别喜欢用植物油炒菜，油炸食品种类很多。因此，植物油的品种应当很多，提取植物油的起源应当很早。但是令人费解的是，现代常用的植物烹调油，大都出现特别晚，例如大豆油、花生油、茶油、菜籽油等，不见于远古时代。在我国，芝麻香油的出现很早，而且提取工艺格外特殊，所以本书决定设立专题放在后面讨论。

据笔者检索已知，我国提取植物油的起源，似乎是出现于汉朝以后，证据有两个。其一，在北魏贾思勰的《齐民要术》中，例如在"炙法""饼法"等章节中，所使用的烹调油几乎都是动物油，例如猪油、牛羊油脂、骨髓油等，可说是没有使用植物油的证据。其二，在汉崔寔的《四民月令·二月》中，虽然有"苴麻子黑又实而重，捣治作烛。"的记载。但是，捣治技术比较简单，仍然不是压榨工艺的水平，而且至今不见汉朝已经有提取植物油的工艺设备，所以没有理由认为始于汉朝。

笔者认为，我国提取植物油的工艺起源于南北朝，其证据如下：

北魏贾思勰《齐民要术·蔓菁》："蔓菁，种不求多，唯须良地；一顷收子二百石，输与压油家，三量成米，此为收粟米六百石，亦胜谷田十顷。"又《齐民要术·荏蓼》："三月可种荏、蓼。荏子秋末成；收子压取油，可以煮饼。荏油色绿可爱，其气香美，煮饼亚胡麻油，而胜于脂膏。"唐韩鄂《四时纂要·四月》："收蔓菁子，压年支油。"

根据以上原文考查已知，"输与压油家"显然也在告诉我们，当时的城乡里已经建有或大或小的榨油"作坊"了。既然有作坊，就必然有提取植物油的工艺设备，只是原文中没有明示而已。在《齐民要术》中，还有"荏子秋末成，收子压取油。"其意义与上面相同。

自南北朝之后，唐韩鄂《四时纂要》中的"压年支油"述说也很实在。因为蔓菁子在榨前体积很大，压榨后成渣饼体积很小，体积变化很大则说明，每次装料量要多才好榨，减少损失。每次压榨时，"榨床"上会损耗不少成品油，所以每家每年压榨一次植物油供一年食用最合算。"压年支油"很明智，值得提倡。

笔者认为，自南北朝到唐朝时期，提取植物油的证据是连续的。自唐朝以后更是如此。所以，认为我国压榨法提取植物油的起源始于南北朝是可信的。

据英国李约瑟《中国科学技术史》六卷五分册撰文说：根据希腊的考古发现表明，在米诺安（Minoan）文化时期，即公元前1800年—前1500年，希腊人已经发明了压榨橄榄油的榨油机了。后来，希腊人又在基克拉泽斯岛上，发现了公元前1600年—前1250年时期的杠杆式橄榄油压榨机遗物。希腊考古家们的第三次发现是，他们发现了公元前6世纪时的一个瓶子，瓶上绘有杠杆式压榨机的图形，如图9-1所示。

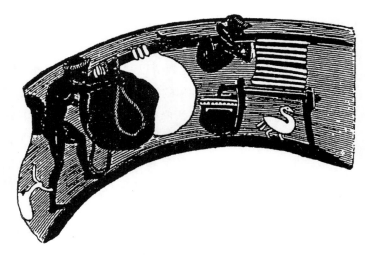

用于榨取橄榄油和葡萄汁的简易杠杆式压榨机。杠杆装在右侧墙的凹孔内（未画出）。

图 9-1 公元前 6 世纪希腊的榨油机
（引自李约瑟：《中国科学技术史》，科学出版社，2008 年）

画中的人物表现是：杠杆的一端固定在墙体的凹孔内，待压榨的物料装在那个圆形多层榨筒内，物料筒置于榨床上杠杆下，在榨床左侧的下方，放着一个油料收集器用于收集成品油。杠杆的另一端，有施加压力的重物与人，压榨操作活灵活现[1]。

如果说，我国在南北朝时期已经发明了杠杆式压榨机，以《齐民要术》中的记载为证据，那么这种发明与希腊人的发明比较，不言而喻完全没有可比性。为何会有如此天壤之别？有待于将来深入研讨。

---

[1]　［英］李约瑟. 中国科学技术史：第六卷五分册［M］. 北京：科学出版社，2008.

第三节
宋元榨油考

在唐朝时期的"本草"或"食疗"书上，也有一些关于提取植物油的记载。但是，如果从内容上思考，则几乎与北魏贾思勰《齐民要术》中的内容相似，说明没有新发展。例如，唐苏敬《新修本草》卷十八："荏子：味辛温无毒，其子可作油。"又唐孟诜《食疗本草》卷下："蔓菁：其子可压油。"等。

到了宋朝与元朝，则有许多新突破，提取植物油的史料明显增加，内容日渐丰富。宋朝吴自牧在其《梦粱录》卷十六说："盖人家每日不可缺者，柴米油盐酱醋茶"，即"开门七件"，已极为重要。而食用油，包括植物油在内，更是日常必需食品了。相关证据较多，兹举例说明如下：

> 北宋寇宗奭《本草衍义》载："芜菁、芦菔二菜也，采撷之余，可收子为油。"[1]宋录赞宁《物类相感志》载："豆油煎豆腐有味。"宋庄绰《鸡肋编》卷上："河东食大麻油，气臭，与荏子皆堪作雨衣。陕西又食杏仁、红蓝花籽油、蔓菁籽油。山东也以苍耳籽作油。"[2]

在上面这些史料中，大麻籽油即火麻籽油。大麻即火麻，桑科草本植物，原产于我国，雄株称"枲"，雌株称"苴"，其种子古人用于榨油食用，其茎叶可以入药。还有一种就是"荏"油料，历史也很悠久。荏又名白苏，唇形科草本植物，原产于我国，其种子自古用于榨油食用，但主要用于

[1] 北宋寇宗奭. 本草衍义［M］. 上海：商务印书馆，1939.
[2] 宋庄绰. 鸡肋编（卷上）［M］. 北京：中华书局，1983.

制作涂料等。白苏的茎叶可以用于提取芳香油，其同科的另一品种称紫苏。紫苏的嫩茎叶自古作为蔬菜享用，其种子用于榨油与入药。

在上面这些植物油中，大麻籽油、苏油、蔓菁籽油等，虽然出现很早，但是油的品质不佳，有的甚至有毒，所以自明朝以后逐步被淘汰不再食用了。

在我国，虽然提取植物油的起源较早，在《齐民要术》中已有证据可考，但是一直到了宋朝时期，仍然不见有榨油机械设备图像出现，也无文字描述，这的确是令人百思不解的。

据笔者检索已知，我国最初出现详细论述榨油工艺过程及设备的，始见于元朝的《王祯农书》中，兹引述如下：

> 元朝《王祯农书·农器图谱九》："油榨：取油具也。用坚大四木，各围可五尺，长可丈余，叠作卧枋于地；其上作槽，其下用厚板嵌作底盘，盘上圆凿小沟，下通槽口，以备注油于器。
>
> 凡欲造油，先用大镬灶炒芝麻，既熟，即用碓舂或辗碾令烂，上甑蒸过；理草为衣，贮之圈内，累积在槽，横用枋程相拶；复竖插长楔，高处举碓或椎击，辟之极紧，则油从槽出。此横榨，谓之'卧槽'；立木为之者，谓之'立槽'。傍用击楔，或上用压梁，得油甚速。"[1]

在《王祯农书》的原文中，还附带配上了"油榨"的组装图，图像的场景如图 9-2 所示。所谓"油榨"，俗称榨油机、油车、榨油床等，全国别名不少。

对于油榨的构造，原文中说："用坚大四木"，然后"叠作卧枋"。就是说，用四根粗大坚硬方柱形的好木料制作卧榨床，再做成榨油机。除此之外，文中还提到了用立木制作"立槽"做成立式榨油机。但是没有详细论述榨油机的压榨原理和操作方法，没有说明可以压榨哪种植物油。但是仍然可以说明，卧式与立式榨油机，至晚在元朝时已经较容易见到了。

根据《王祯农书》中的论述，我们可以肯定地说，当时的榨油技术，已经很高明。其证据如下。古人已知，待榨原料必须预处理，否则将会严重影响出油率。预处理工序包括油料籽仁破碎、软化、蒸炒、轧坯成型、湿度与温度控制等。

在《王祯农书》中，有"用大锅灶炒；用碓舂或碾辗令烂"的论述，无论压榨何种油料，原料破碎与锅炒都是必须的。如果待榨的原料颗粒太大且皮厚，在种子里的油分就会压不出来。大颗粒不利于压成饼坯装入榨油机，所以必须破碎。油料的含水量如果过高，则油料制坯时会出油黏成团，油料的含水量如果过低，则破碎后会成为粉末，制坯时不会成团。所以，油料含水分过高时要用锅炒，古人的每一项努力都是具有科技原理的。

---

[1]　元王祯. 王祯农书［M］. 北京：农业出版社，1981.

图 9-2　卧式榨油机

（引自元王祯:《王祯农书》，农业出版社，1981 年）

在《王祯农书》原文里，有"上甑蒸过；理草为衣，贮之圈内，累积在槽"等概述。如此概述很重要，此有诠释的必要。对于用稻草或其他草为衣，包扎原料并用铁箍或其他箍圈起来的做法，那是为了使油料不会漏出榨油机，加压力后能把植物油分离出来。对于物料，如果干硬需要软化与增加水分，那就应当"上甑蒸过"。所以，古代的榨油操作是遵循科技原理的，非空穴来风。

第四节

明朝时期的榨油

如前所说，在元朝的《王祯农书》里，只有卧式油榨的详细论述，没有立式油榨方面的论述与插图明示。这是一种缺憾但可以另外探讨研究。到了明朝，在宋应星的《天工开物》里，终于出现了可喜的补缺，填补了元朝时期留下的空白。现将《天工开物》里的"立榨"论述，转载如下。

一、《天工开物·法具》原文

明宋应星《天工开物·膏液》卷上："油品：凡油供馔食用者，胡麻、莱菔子、黄豆、菘菜子为上，苏麻、芸薹子次之，茶子次之，苋菜子次之，大麻仁为下。"

又《天工开物·膏液》："法具：凡取油，榨法而外，有两镬煮取法，以治蓖麻与苏麻。北京有磨法，朝鲜有舂法，以治胡麻。其余则皆从榨出也。凡榨木巨者围必合抱，而中空之。其木樟为上，檀与杞次之，此三木者脉理循环结长，非有纵直纹。故竭力挥椎，实尖其中，而两头无璺拆之患，他木有纵文者不可为也。中土江北少合抱木者，则取四根合并为之。铁箍裹定，横栓串合而空其中，以受诸质，则散木有完木之用也。

凡开榨，中空其量随木大小。大者受一石有余，小者受五斗不足。凡开榨，辟中凿划平槽一条，以宛凿入中，削圆上下，下沿凿一小孔，剚一小槽，使油出之时流入承藉器中。其平槽约长三四尺，阔三四寸，视其身而为之，无定式也。实槽尖与枋唯檀木、柞子木两者宜为之，他木无望焉。其尖过斤斧而不过刨，盖欲其涩，不欲其滑，惧报转也。撞木与受撞之尖，皆以铁圈裹首，惧披散也。

榨具已整理，则取诸麻菜子入釜，文火慢炒，透出香气，然后碾碎受蒸。凡炒诸麻菜子，宜铸平底锅，深止六寸者，投子仁于内，翻拌最勤。若釜底太深，翻拌疏慢，则火候交伤，减丧油质。炒锅亦斜安灶上，与蒸锅大异。

凡碾埋槽土内，其上以木竿衔铁陀，两人对举而推之。资本广者则砌石为牛碾，一牛之力可敌十人。亦有不受碾而受磨者，则棉子之类是也。既碾而筛，择粗者再碾，细者则入釜甑受蒸。蒸汽腾足，取出以稻秸与麦秸包裹如饼形。其饼外圈箍，或用铁打成，或破篾绞刺而成，与榨中则寸相吻合。

凡油原因气取，有生与无，出甑之时，包裹怠慢，则水火郁蒸之气游走，为此损油。能者疾倾、疾裹而疾箍之，得油之多，诀由于此。榨工有自少至老而不知者。包裹既定，装入榨中，随其量满，挥撞挤轧，而流泉出焉矣。包内油出滓存，名曰枯饼。凡胡麻、莱菔、芸薹诸饼，皆重新碾碎，筛去秸芒，再蒸、再裹而再榨之。初次得油二分，二次得油一分。若柏、桐诸物，则一榨已尽流出，不必再也。" [1]

在《天工开物》的原文中，还附带配上了斜立式南方"法具"榨油机组装图，图像的场景如图9-3所示。所谓"法具"，可诠释为"榨油工艺原理与设备"。

图9-3　斜立式榨油机
（引自明宋应星:《天工开物》，上海古籍出版社，1988 年）

[1]　明宋应星. 天工开物·膏液（卷上）［M］. 上海：上海古籍出版社，1988.

二、榨油操作法

1. 榨油的原料

自古以来，我国用于榨油的原料种类不多。原产于我国用于榨油的有火麻、白苏、蔓菁、芸薹、大豆；舶来的品种有芝麻、花生、葵花籽；近现代大量生产的有米糠油、玉米芯油、瓜果籽仁油、谷物胚芽油等。

2. 榨油工具和设备

古代常用的榨油设备有卧槽式榨油机、立槽式榨油机、杠杆式榨油机、小磨香油法水替油设备、蒸馏提取食用油（如茴香油）设备等；近现代常用设备有水压取油机、螺旋榨油机、萃取设备等。

3. 榨油工艺流程

在古代，因为只见有榨油工艺论述，没有综合"流程图"。所以笔者认为，把"传统榨油工艺流程"设计出来是有意义的，能填补空白，也是必要的总结。可参见图9-4所示。

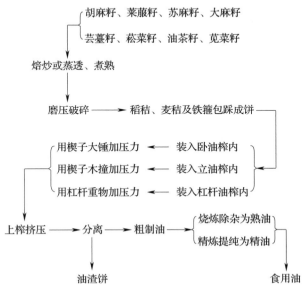

图9-4 传统榨油工艺流程

4. 榨油操作规程（图 9-5）

1. 原料蒸或炒（引自《天工开物》）

2. 原料破碎（引自《天工开物》）

3. 原料破碎（引自《王祯农书》）

4. 用于成型的铁箍

5. 农村卧式榨油机（1937年黄兴宗摄影）

6. 农村中杠杆榨油机

图 9-5　榨油操作规程图
（根据榨油科技原理与研究作图）

5. 论述

在《天工开物》中，有"凡油原因气取有生与无"，"出甑之时包裹怠慢，则水火郁蒸之气游走，为此损油"，还有"能者，疾倾疾裹而疾箍之，得油之多诀由于此。榨工有自少至老而不知者"。这一段话的论述蕴涵科学哲理，举足轻重，但是要正确理解原意并不容易。

在科学技术不很高明的时代里，许多现象说不清、道不明但很常见。上面论述的，正是榨油的科技原理，即油料破碎之后必须进行蒸炒，才能使物料内的物理状态与化学组成发生适当的变化，例如物料软化与微观变化可以促使食用油成分，从容地流出来。此时古人又发现，"蒸炒"并不是最后的工序，"出油率"还与包装熟料的快慢有关。当熟料出甑时，能者疾倾疾裹而疾箍之，得油之多。古人的研究观察，与现代的榨油工艺原理一致，即"出油率"不仅与蒸料有关，还与熟料的保温、保湿有关。熟料进榨前的包装快慢，对物料的温度、湿度影响很大，温度低、湿度小，出油率会下降，可惜有的榨油老师傅干了一辈子，仍然不知这一科技道理，实在是令人感到遗憾。

第五节

部分食用油榨取考

一、菜籽油

在我国，菜籽油采用油菜种子压榨制取（图9-6）。油菜，唐苏敬《新修本草·菜部》卷十八始著录："芸薹味辛温无毒。"明李时珍《本草纲目》和清吴其濬《植物名实图考》称："芸薹菜即油菜，冬种冬生，叶苔供茹，籽为油。"

油菜的名称不少，有寒菜、薹菜、薹芥、胡菜等。在东汉服虔的《通俗文》中，有："芸薹谓之胡菜。"但《通俗文》早已失传。北魏贾思勰《齐民要术·蜀芥芸薹芥子》中有："芸薹取子者，皆二三月好雨泽时种。"但没有"榨油"记载。因为油菜可以大量农耕种植，所以自古以来都是我国主要的油料作物，也是很重要的蜜源植物之一。

油菜喜温暖沃土，有芥菜型油菜、白菜型油菜和甘蓝型油菜三类，主要产地是长江流域及江南各地。据笔者检索已知，在唐陈藏器《本草拾遗》中，有："芸薹子取油傅头，令发长黑。"到了宋朝，有关菜籽油的记载大见增多。兹举例如下：

北宋苏颂《图经本草·油菜》："油菜形微似白菜，叶青有微刺，结夹子亦如芥子，但灰赤色，出油胜诸子。油入蔬清香，造烛甚明，涂发黑润。"又南宋赵希鹄《调燮类编·虫鱼》："蛭即马蟥，虽用火灸经年犹活，唯浇以菜油则不复生，又畏石灰、食盐。"

有许多史料表明，菜籽油的生产与食用，在宋朝社会上已经相当普遍。但是不知为何，在古籍中依然不见有关于压榨工艺与设备方面的论述。兹再次举例如下：

南宋佚名氏《务本新书》载："十一月种油菜，明年初夏间收子取油，甚是香美。陕西唯食菜油，燃灯甚明。"元李杲《食物本草·菜部》：

"芸薹：一名寒菜，一名油菜，俗名塌科菜，结荚收子，亦如芥子灰赤色。炒过榨油黄色，燃灯甚明，食之不及麻油。"[1]

根据上述原文分析已知，这是一种采用"原料焙炒干燥法"的压榨工艺。这种工艺的起源可能很早，但是笔者知道的始见于元朝。在我国，还有一种"原料蒸煮压榨工艺"，这种工艺可能晚于元朝，清朝有史料记载。

据笔者所知，"原料焙炒干燥法"的运用相当广泛，许多植物油料都可以采用这种方法取油，操作容易效果很好。例如，焙炒花生压榨提取花生油，就是采用这种工艺的。自明朝以来，有关压榨提取菜籽油的史料已经很容易检索到。兹举例如下：

图9-6　油菜籽

明李时珍《本草纲目·菜部》卷二十六："芸薹："此菜易起薹，须采其薹食，则分枝必多，故名芸薹。准人谓之薹芥，即今油菜，为其子可榨油也。子如芥子灰赤色，炒过榨油黄色。近人因有油利，种者也广。"明张自烈《正字通·菜部》："油菜：冬种，春日暖抽嫩心，开花如黄金，摘心为菜茹，其房心结子可榨油。"

清方以智《物理小识·各种取油》："菜籽油：点灯使菜籽油……凡榨油，先炒子，磨之又碾之，乃蒸之。草裹入铁围。上榨不可太过，太过则有水气。"

二、大豆油

大豆原产于我国，已有数千年历史。大豆油也称黄豆油、豆油，淡黄色、透明，有油香气特点。大豆油的主要成分如下所示：

含饱和脂肪酸约10%，含亚油酸、亚麻油酸、油酸1.5%~2.5%，含甾醇0.38%~0.53%。含维生素、维生素E100~120mg/100g油。还含有硬脂酸、棕榈酸、菜油甾醇等。

---

[1] 元李杲. 食物本草·菜部（卷六）［M］. 北京：中国医药科技出版社，1990.

因为大豆原产于我国，所以压榨豆油在我国的起源按说应当很早，但是从古文献记载来看却很晚。笔者认为，因我国养猪业特别发达，各种动物油脂富足，所以对植物油的需求并不迫切。另外，大豆脂肪与大豆细胞结构性连接很紧密，采用中国传统压榨方法很难将油压榨出来。

如果从文献记载看，"豆油"始见于宋朝。例如，北宋苏轼《物类相感志》载："豆油煎豆腐有味；豆油可和桐油，作腻船灰甚妙。"此后，有关史料记载如下所示：

> 元贾铭《饮食须知·味类》卷五："豆油：味辛甘，性冷，微毒；与菜油功用相同。"又明李时珍《本草纲目·谷部》卷二十四："大豆：有黑白黄褐青斑数色黄者可作腐，榨油、造酱。"

> 清王士雄《随息居饮食谱·谷食类》："黄大豆，甘平；青大豆，甘平。诸豆有早中晚三收，以晚收料大者良。并可作腐、造酱、榨油。"又《随息居饮食谱·调和类》："豆油：甘辛温润燥，解毒杀虫。熬熟可入烹炮；盛京来者，清澈独优。"

三、花生油

根据中外的研究结论认为，花生的原产地在南美洲的巴西。新近的研究认为，花生确实原产于南美洲，但是原产地在玻利维亚南部，至今仍有野生种；在秘鲁首都利马郊区已发现了公元前 850 年时的花生的证据。在墨西哥的瓦安谷地，也发现了公元前 3 世纪时期的花生。

根据《中国花生品种志》的研究认为，我国从外国传入花生种，约始于明末清初，已有约 500 年历史。其证据是，在明弘治十六年（公元 1503 年）出版的《常熟县志》中，有"俗云花落在地，而生子土中，故名花生"的记载。

日本人研究认为，在 16 世纪初，西班牙人将花生从南美洲的西海岸传到了菲律宾然后扩传到中国南部、马来西亚和印度。在 18 世纪时，黑人将花生传入美国。在宝永三年（1706 年），花生从中国传入日本，日本人称为南京豆。

然而，关于花生传入我国的结论，上面的说法并不准确。因为新的证据表明，花生传入我国的时间，应当始于明朝以前。兹举例如下：

> 元贾铭《饮食须知·果类》卷四："落花生：味甘微苦，性平。形如香芋。近出一种落花生，诡名长生果，味辛苦甘，性冷，形似豆荚，子如莲肉。"

> 明黄省曾（约 1530 年）《种芋法》记载说："芋：引蔓开花，花落于地生子，名之曰落花生。嘉定（今上海嘉定区）有之，皮黄肉白，甘美可食，谓之香芋。"

> 明王世懋《学圃杂蔬》载："香芋与落花生产嘉定。"

图 9-7　落花生植物

图 9-8　花生果和花生米

　　对于《种芋法》里的记载，似乎认为落花生就是香芋。其实，它们是不同的两种作物。香芋俗称地粟子，又称美洲土圉，蝶形花朵，绿白色有红晕，而花生的花冠是黄色或浅黄的。花生和香芋都是豆科植物，果实成熟于地下，古人观察不细，或者记录时文理欠通造成混称，这是很容易发生误解的。落花生植物，如图 9-7 所示。

　　对于花生传入我国的问题，现在可以根据《饮食须知》中的原文及其他史料进行探讨了。首先，撰者贾铭的简历很重要。

　　贾铭字文鼎，今浙江海宁人，生于南宋，曾在元朝为官，大约卒于1374年，享年106岁。他的著作《饮食须知》，"历观诸家本草汇成"，在清朝时编入《钦定四库全书》中，这说明它是重要的好书。由于贾铭在明朝只生活了 6 年，而且是百岁老人，所以《饮食须知》

应当是在元朝时写成的，花生传入我国的年代也应当是在元朝，很可能是在 13 世纪初，而不会是在 16 世纪初。总之，前面所言花生传入我国的年代，是需要再认识的。

花生又名落花生、长生果、土豆、番豆、地豆等，是食用价值很高的食品原料。花生的含油率 50%~55%，皂化值 188~197，碘值 83~103，油酸 39.2%~65.7%，亚油酸 16.8%~38.2%，是品质很优良的食用油脂。花生果和花生米，如图 9-8 所示。

自明朝以来，有关花生的史料大见增多。例如，明弘治时期的《上海县志》，明正德时期的《姑苏志》，明李诩的《戒庵漫笔·种山药诸物》等，都有关于花生的内容，但都不见有压榨花生油的记载。

到了清朝，有关花生的史料，食用花生和压榨花生油的记载开始增加，这说明花生的种植发展正在迅速扩大，兹举例如下：

清初陈淏子《花镜·藤蔓类考》："落花生：落花生一名香芋，引藤蔓而生，叶桠开小白花，花落于地，根即生实。连丝牵引土中，累累不断，冬尽掘取煮食，香甜可口，南浙多产之"

清檀萃《滇海虞衡志·果志》："落花生：为南果中第一，以其资助民用者最广。宋、元间，棉花、红薯、地豆之类，粤贾从海上诸国得其种归种之。呼棉花曰吉贝，呼红薯曰地瓜，呼落花生曰地豆；粤海之滨，以种落花生为生涯，用于榨油，皆供给于数省。"

清张宗法《三农纪·番豆》："番豆，乃落花生也；引蔓铺地开黄花，根角插土中成荚，故名落花生。可炒食，可果，可榨油。油色黄浊，渣饼可肥田。"

在上面的《滇海虞衡志》中，撰者檀萃说，花生传入我国始于宋朝和元朝时期。这很重要，说明我们前面的讨论见解是可信的。

在我国，花生是特别重要的食品原料，花生果仁的用途非常广泛。除了用于榨油，还可以用于炒制各种风味的花生米，可以用于作为各种糕点的配料，可以用于作为制作酱菜的配料，可以用于制作糖果和用于烹调菜肴等。

四、核桃油与松仁油

核桃又名胡桃，我国新疆与黄河流域为盛产地，初夏开花，核果圆形或椭圆形居多，是很优良的油料树种。硕果八月或九月成熟，核桃仁含油量一般在 70% 以上。核桃仁的食用方法较多，可鲜吃、炒食、糖制。

我国是世界上产核桃最多的国家之一，全球总产量约 90 万吨，我国总产量约 15 万吨，名列世界前茅，占世界贸易量首位。但是，核桃仁用于榨油的情况不明。据明陈继儒《偃曝谈余》引《邺中纪》说，三国曹操建"铜雀台"时曾经使用核桃油涂抹房顶瓦片。引文说："筒瓦用其覆故油其背，版瓦用其仰，故油其面。"因为是后人的话，故只能供参考。

据笔者检索已知，在唐孟诜《食疗本草》与明徐霞客《滇游记》中，已有关于"核桃油"的记载。兹引述如下：

唐孟诜《食疗本草》卷上："胡桃：仙家压油，和詹香涂黄发，便黑如漆光润。"

明徐霞客《滇游记》："顺宁郡境，所食所燃皆核桃油。其桃壳薄而肉嵌，一钱可购数枚，捶碎砸为油，胜芝麻、菜籽油多矣。"

清赵学敏《本草纲目拾遗·果部》："核桃油，好者可补火，若坏核桃，榨取者有毒，味劣不宜食。"清寿富《京师土产表略·杂产类》："芝麻、胡桃、落花生、乌白子皆可取油。"

在松树的果实中，各层果瓣里都夹有松子。松果晒干后果瓣张开松子脱果而出，经人工榨取即可得松子仁油。松子仁的食用价值很高，可以制作成各种美味炒货，广泛应用于糕点、糖果生产。例如，松仁糕、月饼、粽子、松仁软糖，还有松仁小肚等。

松子仁不仅可以用于榨油，还可以用于入药。兹举例如下：

元忽思慧《饮膳正要·果品》："松子：味甘温无毒，治诸风头眩，散水气，润五脏。"明宋诩《宋氏养生部·杂造制》："松仁油：宁夏有核桃仁压为油。松子去皮壳，捣糜烂，水绞汁，熬取浮清油，绵滤洁，再熬之。或研压取油。"

五、八角茴香和茴香油

1. 我国的八角茴香

八角树的果实称八角茴香、大茴香、大料，用果实提取的油称茴香油。依用途分类，其树有两种：一是用于采集八角果的通称八角树；二是用于采集枝叶作为蒸馏茴香油的通称茴油树。我国《辞海》上说：八角茴香也称大茴香，这种说法与埃及、墨西哥特产食用大茴香的名称是混为一谈的，或许不妥，其实那是两种不同的植物。

八角茴香树原产于我国亚热带省市，主产区有广西、云南、福建、广东等。在宋朝浦江的《吴氏中馈录》里就有多种食物，如肉酱、鱼酱法、酿瓜、配盐瓜菽、胡萝卜鲊、水豆豉法等，都使用大茴香或小茴香为调料。在广西的龙州与百色，据说有不少大茴香树至今已生长了200多年。大茴香的枝叶及八角果，如图9-9所示。

我国是出产八角果和茴香油的大国，产量占

图9-9 八角茴香

世界总量的80%。近几年来，每年出口八角干果约2000 t，八角茴香油约200 t，但距离国际需要量还差相当远，据说差一半以上。因此，我国台湾地区也有很大的发展前途。

2. 八角茴香干果，制作流程（图9-10）

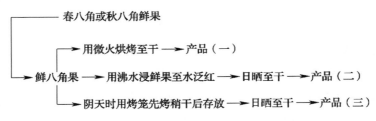

图9-10　八角茴香干果制作流程

加工制作说明：

（1）八角鲜果采下后要立刻处理，以免影响产品质量。

（2）在上述三种制作方法中，产品（二）的方法最好。凡是色泽均匀，朵大，表面闪光的，俗称大红八角。

3. 蒸馏取茴香油（图9-11）

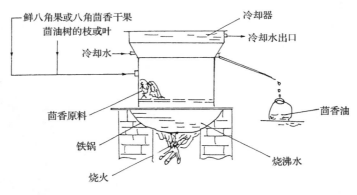

图9-11　蒸馏取茴香油图
（根据操作科技原理作图）

操作说明：

（1）这是一套间断式蒸馏系统。每批装料150kg，蒸馏时间约11h，出油量约2.1kg。产品淡黄色，香气纯正，25℃时的相对密度为0.978~0.988，20℃时的折光指数为1.553~1.560，凝固点在15℃以上者为合格产品。

（2）用于蒸馏八角茴香油的原料，几乎不用干的八角果，如果采用新鲜八角果，则只需破碎就可以使用。如果采用干八角果为原料，则要把果粒粉碎。

（3）为了保证八角茴香油品质稳定，可以加入 0.01% 的丁基羟基甲苯稳定剂。

六、香茅和香茅油

1. 我国的香茅

香茅的原产地在东南亚热带地区。我国种植香茅的起源较晚。据调查研究，于 1935 年由广东省的侨胞从印度尼西亚的爪哇岛引进传入我国，初植于湛江和海南岛，但是到了 1955 年，才见到了出口香茅油的记录。到了 1969 年，年出口香茅油已达 4000 t。据了解，国际上希望我国每年能出口香茅油 7000 t 以上，由此可见发展前途远大。

香茅油的用途很广，主要有三个方面：

（1）作为日用香料　用于制作香水、香皂、牙膏等。

（2）作为食品香料　用于饼干、糖果、饮料等。

（3）作为制药的原料。

2. 提取香茅油法

采用香茅加工制作香茅油的方法目前主要有三种：即直接煮蒸法、沸水蒸馏法、蒸汽蒸馏法。如果根据操作要求看，这三种方法对技术的要求都比较高。其蒸馏操作如下。

3. 蒸馏香茅油

（1）蒸馏系统（图 9-12）

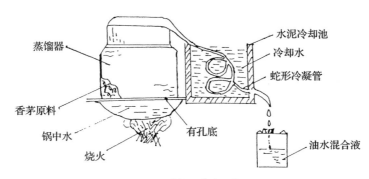

图 9-12　蒸馏香茅油系统图
（根据操作科技原理作图）

（2）工艺流程（图 9-13）

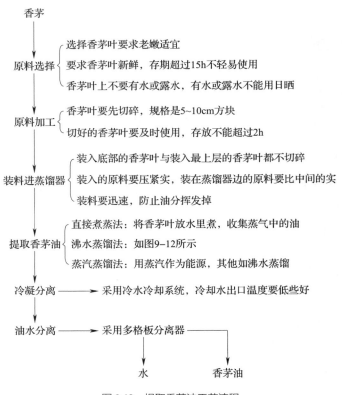

图 9-13　提取香茅油工艺流程

说明：

（1）采用直接煮蒸法的优点是，设备与操作简单，但是部分香茅油被分解，蒸馏时间长能源消耗多。

（2）沸水蒸馏法与蒸汽蒸馏法相似，操作稳定收油率高，但是要安装蒸馏系统，要回收"废气"再利用。

七、茶油与其他油

我国油料植物大致可以分为两类，有质茎软的油料植物如油菜、芝麻等，有木本油料植物，如油茶、山茶、油渣果、文冠果等。在这些油料植物中，自原料中提取的油料，有的可以作为烹调油脂食用，有的不能作为食用油，只能作为工业原料或入药。例如蓖麻油、油桐油等，就不能作为食用油。对于茶油，我国则自古食用不亦乐乎。

1. 茶油

油茶是山茶科常绿灌木或小乔木植物，用种子榨的油称茶油，可供食用或作为工业原料。明李时珍《本草纲目》中有："山茶产南方；结实如梨大如拳，中有数核，如肥皂子大。"但没有谈及榨油。其实，自明朝以来，即已有不少关于"茶油"的记载。兹举例如下：

明王世懋《闽部疏》："余始入建安，见山麓间多种茶……问之知为茶油；榨其实为油，可镫、可膏、可釜。"又清郭柏苍《闽产录异·油》："闽诸郡皆产茶子、桐子、菜子，兴化、福清产落花生。诸郡皆设油厂，榨茶子为茶油，麻子为麻油，落花生为花生油。"

清屈大均《广东新语·食语》卷十四："油：韶、连、始兴之间，多茶子树，以茶子为油。客至辄以油煎诸物为献；琼州文昌多山柚油、海棠油、山竹果油。外有榄仁油、菜油、吉贝仁油（笔者注：棉籽油）、火麻子油，皆可食。然率以茶子油白者为美，曰白茶油。又有山茶油，以乌药子色红如珠者榨之。"[1]

清王士雄《随息居饮食谱·调和类》："茶油：甘凉润燥，清热息风，解毒杀虫，上利头目。烹调肴馔，日用所宜，蒸熟用之，泽发生光。诸油惟此最为轻清，故诸病不忌。"

2. 杏仁油

杏，蔷薇科，原产于我国，有甜杏与苦杏之分。甜杏果可供食用，制杏干、杏脯、取杏仁。杏仁的食用价值很高，可用于做酱菜、烹调菜肴、做杏酪、榨杏仁油。苦杏有微毒，可用于入药。据笔者所知，明朝已有制作杏仁油的记载。

明宋诩《宋氏养生部·杂造制》："杏仁油：杏仁捣糜烂，和水煮，取浮油。油绵滤洁，再熬成油。"

---

[1] 清屈大均. 广东新语（卷十四）［M］. 北京：中华书局，1985.

第六节

小磨香油考

一、起源考

小磨香油又名小磨芝麻香油、香麻油、芝麻香油、香油等。因为制取香油所用的原料是芝麻，而研细芝麻为麻酱所用的设备是石磨，所以制得的产品人称"小磨香油"。由此还可知，要查清小磨香油的起源，首先必须探明芝麻在我国的发展史。在宋朝，芝麻的植株如图9-14所示。

一般认为，芝麻（Sesamum indicum）原产于非洲或中亚细亚地带，由于栽培历史过于悠久，所以原产地问题至今未能查清，史学界没有统一的看法。至于中国栽培芝麻的起源，相传始于西汉张骞通西域时代，当时从胡地大宛引进，故称胡麻。后来由于广泛播种，人们对芝麻的认识各地不尽相同，加上语言差别，所以芝麻的别名很多，有钜胜、狗蚤、藤宏、方茎、脂麻、油麻等。如果根据名称考查，则芝麻在我国的史迹有下

白油麻大寒無毒治虚勞滑腸胃行風氣通血脉

重修政和經史證類備用本草 卷二十四 米穀部上品

图 9-14 芝麻
（引自《重修政和经史证类备用本草》）

列证据：

《神农本草经》卷一："胡麻：味甘平，主伤中虚羸，补五内，益气力，长肌肉，填髓脑，久服轻身不老，一名巨胜。"西汉《氾胜之书》："区田法：区种荏（注：苏子），令相去三尺，胡麻相去一尺。"东汉崔寔《四民月令·二月》："二月可种禾、大豆、苴麻（大麻）、胡麻。"三国张揖《广雅·释草》："狗虱、钜胜，胡麻也。"晋葛洪《抱朴子内篇·仙药》："巨胜一名胡麻，饵服之不老，耐风湿，补衰老也。"

北魏贾思勰《齐民要术·胡麻》："《汉书》：张骞外国得胡麻，今俗人呼为乌麻者非也。《广雅》曰：'狗虱、钜胜，胡麻也'。《本草经》曰：'胡麻，一名巨胜，一名鸿藏'。案今世有白胡麻、八稜胡麻。白者油多，人可以为饭。"

唐苏敬《新修本草·米部》卷十九："胡麻：味甘平无毒，主伤中虚羸，补五内益气力；久服轻身不老，明耳目，耐饥渴，延年，以作油微寒利大肠。"[1]

根据上述史料已足够说明，我国在西汉时期已广种芝麻了。不过需要说明一点，自古至今，我国西北和内蒙古地区的人们，对当地广种的亚麻也俗称为胡麻。我国亚麻有纤维用、油用、纤维及油兼用三种，但其油仅用于配制油漆、油墨，不能食用，与芝麻油大不相同。另外，根据上述的史料我们还可以发现，在我国唐朝以前的古籍中，不见有"芝麻""油麻"之名，这些名称始自唐朝以来。兹举例如下：

唐韩鄂《四时纂要·十二月》："乌金膏，治一切恶疮肿方：油麻油一斤，黄丹四两，……"宋苏沈《苏沈良方》卷十九："胡麻直是今油麻，更无他说。"宋郑樵《通志》："胡麻曰巨胜；今之油麻也，亦曰脂麻。"宋唐慎微《重修政和经史证类备用本草·米谷部》："油麻：白油麻大寒无毒，治虚劳滑肠胃，行风气通血脉；胡麻油微寒利大肠，胞衣不落。"

元忽思慧《饮膳正要·米谷品》："芝麻：白芝麻味甘大寒无毒。"明李时珍《本草纲目·谷部》卷二十二："巨胜即胡麻之角巨如方胜者，非二物也。方茎以茎名，狗虱以形名，油麻、脂麻谓其多脂油也。"明王象晋《群芳谱·谷谱》："脂麻一名芝

---

[1]　唐苏敬. 新修本草［M］. 上海：上海古籍出版社，1985.

麻，一名油麻，一名胡麻，一名方茎。"清王士雄《隋息居饮食谱·调和类》："胡麻一名脂麻，俗名油麻，甘平，补五内。"

明白了中国栽培芝麻史及芝麻名称演变之后，下面需要探讨的核心问题，那就是国人发明小磨香油法了。据笔者已检索到的史料分析，中国人以芝麻为原料而制取芝麻油的起源，可能始于东汉三国时代。从那时候起至今，我国历代古籍中都有关于制取芝麻油的记载。兹举例如下：

陈寿《三国志·魏志满宠传》："宠拜为征东将军，孙权至合肥新城，宠驰往赴，募壮士数十人，析松为炬，灌以麻油，从上方放火，烧贼攻具。"晋葛洪《抱朴子内篇》卷四载："稷丘子丹法：以清酒、麻油、百华醴、龙膏和。封以六一泥，以糠火温之，十日成。"北魏贾思勰《齐民要术·作菹藏生菜法》："作汤菹法：盐、醋中，熬胡麻油著，香而且脆。"

唐王焘《外台秘要》卷三十："疗疥癣恶疮方：石硫磺六两，白矾十二两，熬并于磁器中研，以乌麻油和……。"唐孙思邈《千金宝要》卷三："耳聋：用菖蒲、附子各等分末之，以麻油和，以绵裹，内耳中。"

根据上面的史料内容分析可知，虽然我国在三国时代已有食用香油的记载，但是不知为何自三国至唐朝期间，史书上不见有香油制法的记录。我国自北宋开始至清朝期间，古籍上才有关于香油制法的介绍。兹举例如下：

北宋寇宗奭《本草衍义》："芝麻炒熟，乘热压出油，谓之生油，但可点照，须再煎炼乃为熟油，始可食不中点照。"

元朝《王祯农书·杵臼门》："油榨：凡欲造油，先用大镬灶炒芝麻，既熟，即用碓舂或辗碾令烂，上甑蒸过；理草为衣，贮之圈内，累积在槽，横用枋楻相挤；复竖插长楔，高处举碓或椎击，擗之极紧，则油从槽出。此横榨，谓之'卧槽'；立木为者，谓之'立槽'，傍用击楔，或上用压梁，得油甚速。"

明宋应星《天工开物·膏液》："法具：榨具已整理，则取诸麻、菜子入釜，文火慢炒，透出香气，然后碾碎受蒸。凡炒诸麻、菜子，宜铸平底锅，深止六寸者，投子仁于内，翻拌最勤。若釜底太深，翻拌疏慢，则火候交伤，减丧油质；既碾而筛，择粗者再碾，细者则入釜甑受蒸，蒸气腾足，取出以稻秸与麦秸包裹如饼形。其饼外圈箍，或用铁打成，或破篾绞刺而成，与榨中则寸相吻合；包裹既定，装入榨中，随其量满，挥撞挤轧，而流泉（油）出焉矣。包内油出浑存，名曰枯饼。"

根据上面史料分析可知，中国在北宋的时候，人们已将芝麻进行炒制、蒸熟，然后入榨"制油"了。可是，关于"小磨香油法"的发明，尚不见于宋朝。据笔者所知，小磨香油法可能始于明朝初，因为《王祯农书》中已有"用碓舂或辗碾令（原料）烂"的工序。关于明朝初已有"小磨香油法"的证据，兹举例如下：

明宋诩《宋氏养生部·杂造制》卷六："芝麻油：芝麻炒熟，研碎，入汤内煮数沸，壳沉于底，油浮于面，勺取，去水，收之。较车坊者更新香也。"

明吴氏《墨娥小录·饮膳集珍》："晃油：芝麻炒熟，擂碎，入汤内煮数沸，壳沉于汤底，油浮于汤面，铜勺撇起碗内，澄去水脚，与车坊所榨者无异，其味无伪，反而胜之。盖有人家止有斗升不可入榨者，依此甚便矣。"

在上面原文中，"车坊"即"油坊""榨油坊"，榨油机俗称"油车"。这种称呼在江南很普遍，在《方志》中很常见。

宋诩字久夫，江南华亭人，一说江苏松江人，"久处京师"，他的《养生部》成于1504年，即明弘治甲子年。吴氏《墨娥小录》刻本，今本为隆庆五年，即1571年。如果根据这两部书的时代背景推测，笔者认为，"小磨香油法"大约始于南宋时期，而"小磨香油"名称始见于清曾懿《中馈录》，可参见后面的探讨。在明朝，还有下列记载：

明宋应星《天工开物·膏液》："法具：凡取油，榨法而外，有两镬煮取法，以治蓖麻与苏麻。北京有磨法，朝鲜有舂法，以治胡麻。其余则皆从榨出也；北磨麻油法，以粗麻布袋捩绞，其法再详。"

由上述可知，宋诩"久处京师"，而宋应星又在《天工开物》中特意说明"北京有磨法"，二人所说的可能是一件事，南北断言不谋而合这不可能是巧遇甜谈。所以笔者认为，小磨香油法源于北京或北京周边地带是可信的。例如北京新街口小磨香油与河北的大名府小磨香油，那都是很著名的中华特产。古代小磨香油法，又称磨油法、水

代取油法、水替油法等。笔者在北京新街口所见到的车间，磨麻酱的场景如图9-15
所示。

石磨磨炒芝麻

金属葫芦锤分离香油与芝麻渣

石磨内的磨牙

小磨香油厂车间

图 9-15　北京小磨香油厂磨麻酱替油车间
（笔者拍摄于 1975 年）

　　现在，利用新的小机械设备，也可以提取出"升斗"芝麻中的香油了，惠及民生，
但有利有弊。小磨香油的品质，比压榨香油更加芳香清纯，所以古人的新创举是开拓的
见证，可喜可贺。

　　根据古文献记载及调查研究说明，我国自古以来的小磨香油法，虽然略有变化，工
艺过程及设备有些改变，但是科学技术原理是相同的。因此，生产工艺流程可以归纳设
计如下，作为参考之用。

二、工艺流程（图 9-16）

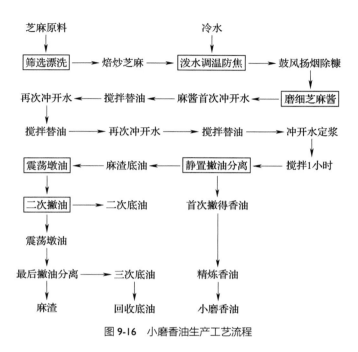

图 9-16　小磨香油生产工艺流程

三、工艺原理探讨

1. 焙炒芝麻

　　在古代，炒芝麻采用明火将铁锅加热直接炒熟。在操作过程中，首先可用稍大的火力，然后用文火焙炒，要不停地翻动防止烟焦。传统实践证明，当芝麻炒熟时，要向锅内料上喷洒冷水，用水量约芝麻量的 3%。喷后应当再炒 1 分钟出锅，如此操作好处很多。

　　喷水的作用是，芝麻炒热炒熟时突然遇到冷水，子仁细胞结构必然疏松，功能改变，研为麻酱自然会更加精细，出油率提高，麻油的香气会更加浓郁。研究表明，在芝麻种子中，含有两种重要成分，即芝麻林（Sesamolin）与芝麻明（Sesamin）。在炒芝麻制油过程中，芝麻林有下列转变反应。反应式如下所示：

芝麻林　$+H_2O$　$\xrightarrow{\text{热炒}}$　芝麻酚　$+C_{13}H_{14}O_5$　蘁明

芝麻酚是一种天然优良抗氧化剂，所以芝麻香油不易酸败耐贮存，保质期较长。食物煎、炸、炒会生香是个普遍存在的现象，这说明香味物质有的并不存在于食物内部，而是在加热过程中发生化学反应产生的。炒芝麻就是如此，当炒到199℃时，油脂、蛋白质等成分已经接近全部析出，不可以再炒，更不可以超过200℃。炒制过头的坏处是香油成品有煳味，焦体物会吸油使出油率下降。

2. 研磨麻酱与冲开水替油

首先，出锅的熟芝麻温度很高，如果不降温直接研磨，则芝麻可能会发生进一步煳化，使香油有煳味，香油因高温而大量挥发，影响出油率、风味与色泽。如今已知，熟芝麻的理想研磨温度是保持在65~75℃之间。

其次，在炒芝麻过程中，必然会产生一些碎皮与焦末，这些产物会吸走香油，使出油率下降，还会影响香油风味，必须清除掉再研磨。芝麻酱磨得越细越好。

最后，冲开水替油操作法，加入的沸水量约等于麻酱重量的80%~100%，也可以用下列公式计算：

$$所加沸水量 = 麻酱总重量 × （1- 麻酱含油率） × 2$$

加沸水的方法要分四次进行，不可以一次加入。加沸水前，麻酱的温度不能低于40℃。搅油时，操作者必须协助搅拌机搅拌，全面搅动不可以留死角。古代仅用人工搅。

第一次，加入总用水量的60%，搅拌40~50min。

第二次，加入总用水量的20%，搅拌40~50min。

第三次，加入总用水量的15%，搅拌15min。

第四次，根据实践经验与具体情况加，料温约保持在50℃，搅拌1h左右。静置后可以撇头油。

在水替油法过程中，温度对于芝麻香油的影响极为重要，温度高时流动性好，离析容易，温度低时黏度变大，流动性下降。例如花生油更是如此，低温时很容易凝结成块。这种现象说明，控制好温度是水替油法的重要条件。在生产实践中，首次冲开水后的料温不能低于70℃；第二次冲开水后的料温要控制在60℃左右；第三次冲开水后的料温约控制在50℃。还有一个要求也很重要，即撇出头油后物料上要保留大约9mm高的油层，不可以撇尽，为下一道工序作准备。

3. 震荡墩油撇油操作

经过以上撇油之后，湿麻渣内还有一部分香油必须回收。自明朝以来，我国小作坊所采用的回收香油工艺称"晃油法"，回收设备是"晃油锅"和"晃油金属球"组合，安装如图9-17所示。

图 9-17　家用震荡锅与葫芦锤

这是一套冲开水搅油、震荡分离香油与麻渣的小巧玲珑设备，多项操作程序都可以分别在同一套设备内进行。设备的下面是晃油铁锅，锅内装入了待分离的油渣料，锅下安装有可以上下震动与转动的齿轮盘，转速为 10r/min。锅上方安装了一杆插入油渣料内带桨叶的耙式搅拌器，又安装了两个空心金属葫芦球，一个处于锅中间物料里，一个处于锅边物料里。搅拌器是固定不动的，靠铁锅转动而达到搅拌的目的。金属葫芦球则可以上下锤击物料，迫使包在麻渣内的香油挤升出来，进入到物料上的油层里，达到分离油与渣的目的。

操作开始时，首先是物料锅转动，然后冲入开水保温以及搅拌，进行水替油生产。此时，分离操作进入运行状态。当水替油工序完结时，即可进入分离工序。在料锅继续转动条件下，停止搅拌器作业，开始开动金属葫芦球上下锤击物料，进入深墩油首次操作，约经历 50min 撇油。然后，用同样方法再深墩油一次。第四次改用浅墩油方法，墩油 1h 后撇香油与抛麻渣。所谓浅墩油，就是金属葫芦球轻轻锤击物料。

小磨香油与大槽压榨芝麻香油营养价值相同，但芳香程度却差别很大，主要源于芝麻经过焙炒所致。在 1982 年以前，许多科学家们都认为，小磨香油的特殊芳香与芝麻酚成分有关。但是，如今又有许多新发现。

自 1984 年以来，我国科学家们发现了芝麻香油中的其他多种香味成分，其中含硫化合物、羰基化合物、吡嗪类化合物是最重要的。例如乙酰对二氮杂苯就是我国首次发现的重要香味成分。现代分析技术也已经证实，小磨香油中的芳香味成分并不是芝麻酚。

自明朝到清朝，有关小磨香油工艺与食用价值的史料已经很多，这说明小磨香油深受国人喜爱与关心。兹再举些例子如下：

明李时珍《本草纲目·谷部》卷二十二："胡麻：胡麻油即香油；气味甘，微寒无毒；主治利大肠、产妇胞衣不落；入药以乌麻油为上，白麻油次之，须自榨乃良，若市肆者不惟已经蒸炒，而又杂之以伪也。"

清曾懿《中馈录·第四节》："制鱼松法：大鳜鱼最佳，大青鱼次之。将鱼去鳞除杂碎洗净。用大盘放蒸笼内蒸熟。去头尾皮骨细刺，取净肉。先把小磨香油炼熟，投以鱼肉炒之。再加盐及绍酒，焙干后，加极细甜酱瓜丝、甜酱姜丝，和匀后，再分为数锅。文火揉炒成丝，火大则枯焦成细末矣。"

参考文献

［1］汉郑玄注．周礼注疏．唐贾公彦疏［M］．上海：上海古籍出版社，1990.

［2］石声汉．齐民要术选读本［M］．北京：农业出版社，1961.

［3］北宋寇宗奭．本草衍义［M］．上海：商务印书馆，1939.

［4］宋庄绰．鸡肋编（卷上）［M］．北京：中华书局，1983.

［5］元王祯．王祯农书［M］．王毓瑚校．北京：农业出版社，1981.

［6］明宋应星．天工开物·膏液［M］．上海：上海古籍出版社，1988.

［7］明李时珍．本草纲目·菜部［M］．刘衡如校．北京：人民卫生出版社，1978.

［8］元贾铭．饮食须知（卷四）［M］．北京：中国商业出版社刊本，1985.

［9］元李东垣．食物本草·菜部［M］．北京：中国医药科技出版社，1990.

［10］明宋诩．宋氏养生部·杂造制［M］．北京：中国商业出版社，1989.

［11］中国农科院油料作物所．中国油菜品种志［M］．北京：农业出版社，1988.

［12］山东省花生研究所．中国花生品种志［M］．北京：农业出版社，1987.

［13］中国科学院植物所．中国油脂植物手册［M］．北京：科学出版社，1973.

［14］洪庆慈．小磨香油生产工艺［M］．北京：中国食品出版社，1989.

［15］刁鸿荪．油料预处理及压榨工艺学［M］．南昌：江西科学技术出版社，1985.

［16］［英］汉密尔顿．油脂的化学和工艺［M］．胡熊飞等译．北京：中国轻工业出版社，1988.

［17］［苏］库斯托娃．精油手册［M］．刘树文，胡宗藩译．北京：中国轻工业出版社，1982.

［18］中国香料植物栽培与加工编写组．中国香料植物栽培与加工［M］．北京：中国轻工业出版社，1985.

第十章

部分蔬菜
食用简史

在远古时代，人类采集野生食物的活动是多方面的，其中包括对野生蔬菜的选择。随着采集经验的丰富积累，古人一定会发现，野生蔬菜可以移植改良。通过选育，可以得到新种子，新长出来的蔬菜品质更加鲜美。这种农业活动的进展，必然会出现栽培蔬菜的园艺性劳动。当野生蔬菜首次被人类选育成为优良蔬菜品种时，栽培蔬菜的起源也就如愿出现了。

我国的蔬菜资源

对于我国来说，栽培蔬菜的起源过程如同上述。我国栽培蔬菜的起源是世界上最早的，证据很多，而且蔬菜资源也是世界上最丰富的。

例如，1957 年，考古工作者在陕西省西安半坡村，发现了一个仰韶文化时期的小陶罐，里面贮存着芥菜或白菜种子。这可以说明，我国在距今约 5000 年时，已经有着栽培蔬菜的活动了。其他有关考古发现的资料，可参见本书中的其他章节。

在蔬菜品种资源方面，据中国农科院调查研究说，我国现在常见的蔬菜有 180 余种，其中原产于我国的有 60 余种。又据李朴《蔬菜分类学》说，我国常见的蔬菜是 179 种，其中包括变种。由此可知，学术界的见解是很相同的。

然而，我国蔬菜资源非常丰富的时代并非起始于近现代，而是源于我国自古具有得天独厚的优越地理条件，源于我国先民们在远古时代就学会了栽培蔬菜的聪明才智。据调查研究得知，我国早在公元前的先秦时代，先民们就已经栽培了下列数十种蔬菜、瓜果、浆果类，大多数品种名称可见《诗经》中，兹列举如下：

芥（芥菜）	芸（油菜）	葑（芜菁）	菰（茭白）
蓴（莼菜）	韭（韭菜）	蓼（辛菜）	荼（苦菜）
苋（苋菜）	蕨（蕨菜）	菱（菱角）	菽（大豆）
荷（莲藕）	蘋（四叶菜）	堇（紫地丁）	藿（豆叶）
芹（芹菜）	蘩（蒿子）	遂（羊栖菜）	藜（灰叶菜）
薤（藠头）	薇（野豌豆）	苣（苣饶子）	菲（萝卜）
菘（白菜）	芍（芍药根）	藻（藻类菜）	匏（葫芦）
荠（荠菜）	葵（冬寒菜）	筍（竹笋）	浆果类
菖蒲	襄荷	苤首（球甘蓝）	凫茈（荸荠）

枸杞	荇菜	卷耳	薯蓣（山药）
蒜类	蕈类	瓜类	葱类
姜等			

在上面列出的 45 种古代蔬菜、瓜果、浆果中，有许多种类现在已经发展成为我国非常珍贵的特产，彰显了中国人的创造智慧。各种原产于我国的传统蔬菜，一年四季行销海内外，令国人自豪，也令世界受益而赞叹不已。随着园艺学的不断发展，当许多优良蔬菜被选育出来之后，古人栽培蔬菜的农作业发展起来了。在这种情况下，优质蔬菜得到了发展，而许多古代曾经被作为蔬菜食用的，品质不好的品种回归自然又沦为野菜。例如野豌豆、苦菜、紫花地丁、冬寒菜等。

根据笔者所查资料得知，"蔬菜"之名在唐朝释玄应《一切经音义》中已有如下记载："蔬菜，凡可食之菜通名曰蔬。字林：蔬菜也"。《字林》为晋朝吕忱所撰，部目依据《说文解字》，为补《说文》之漏而作。因此可以推知，"蔬菜"之名少说也始见于晋代。

蔬菜与人类的进化关系十分密切，除了具有维护人体健康，增强抵抗疾病能力的作用外，因蔬菜含有很多很好的多种维生素和稀有元素成分，所以人们称蔬菜是美容食品绝不过分。在饮食文化中，我国蔬菜不仅具有光辉灿烂的地位，而且对世界具有特别重大的贡献，应当加强研究。

第二节
部分蔬菜简史

一、萝卜

学名：*Raphanus sativus* L.。

名称：萝卜又名莱菔、萝菔、菜头、萝葡等。

1. 品种与分布

我国萝卜品种很多，根据收获季节可以分为下列种类。

（1）冬春萝卜　当年10月播种，第二年春季收获。这类萝卜主要分布在长江以南各地，如浙江、江西、福建、四川及西南地区等。

　　著名的品种有：湖北武汉春不老、浙江萧山蜡烛红、福建小白萝卜、四川成都枇杷缨、江苏太湖扬花萝卜、江南日本传入的春富萝卜等。

（2）夏秋萝卜　此类萝卜夏种秋收，南北方都有播种。

　　著名的品种有：北京大红袍、浙江杭州三堡萝卜、山东济南青皮脆、广州蜡烛红、北京娃娃脸、湖北武汉亮白萝卜、日本传入品种美浓早生萝卜等。

（3）秋冬萝卜　此类萝卜7月种10月收，大江南北都有播种。

　　著名的品种有：北京心里美、山东潍坊紫芽青皮、浙江绍兴湖田萝卜、四川西康圆根萝卜、福建大头菜、东北灯笼红萝卜、江苏扬州小圆萝卜、广州火车头、贵州遵义沙罐和草团萝卜等。

（4）四季萝卜与高原萝卜　四季萝卜全年均产，高原萝卜都是夏秋萝卜。

　　著名品种有：江苏南京扬花萝卜、上海小红萝卜、法国传入品种红玫瑰萝卜。西藏、青海、甘肃高原大萝卜等，大的重达 10kg。

2. 起源与食用

（1）栽培起源 萝卜原产于我国。但是也有人认为，萝卜的原产地在欧洲东部或中亚细亚地带。虽然关于萝卜的原产地说法不一致，但是我国自古最早栽种萝卜却是有据可查的。例如李时珍在《本草纲目》中说："莱菔乃根名，上古谓之芦萉，中古转为莱菔，后世化为萝卜，南（方）人呼为萝脬（雹）"。在我国古代文献中，有关萝卜的史料特别多，在《诗经》《周礼》《礼记》等，都有记载。古代的萝卜，如图 10-1 所示。

《诗·邶风》："谷风：采葑采菲，无以下体。"其中的"葑"是蔓菁，"菲"是萝卜。《尔雅·释草》："葖，芦萉"，郝懿行疏："葖，一名芦萉，今谓之萝卜是也"。今四川人仍然称萝卜为葖子。《方言》："（菲）其紫华者谓之芦萉，东鲁谓之拉葖"。《齐民要术》中有："种菘、萝卜法"和"菘和萝卜菹法"。

菲   莱菔
（引自明文淑
《金石昆虫草木状》）

莱菔
（引自宋唐慎微
《重修政和经史证类备用本草》）

萝卜

图 10-1 菲、莱菔、萝卜

（2）食用概况　食用方法很多，可用于煮食、炒食、做馅蒸包子、做萝卜泥蒸米粿、红烧。配菜以萝卜花做装饰品。其他用途是做泡菜、腌咸萝卜、糟菜、酱萝卜、切丝晒干制菜脯、做果脯。

二、蔓菁

学名：*Brassica rapa* L.。

名称：蔓菁又名葑、芜菁、九英菘、诸葛菜、圆根、盘菜等。

1. 品种与分布

我国栽培蔓菁较少，只有秋冬蔓菁和四季蔓菁两类。

著名的品种有：浙江瑞安秋冬晚熟盘菜、山东晚秋早冬芜菁；日本传入的天王寺、小蔓菁、圣护院、时芜菁、京都、近江等；从欧美传入的金球蔓菁、牛角长蔓菁、黄扁、紫米兰、中长白蔓菁；还有浙江杭州紫顶圆白蔓菁等。

2. 起源与食用

（1）栽培起源　大多数学者认为，蔓菁的原产地在欧洲地中海沿岸。但是也有人认为，蔓菁的原产地在西亚，以阿富汗为中心的地带。我国自古栽培蔓菁，迄今有很悠久的历史。兹将古籍中的一些记载摘抄如下，供参考。

《诗·邶风》："谷风：采葑采菲，无以下体"，其中的"葑"是蔓菁。《周礼·天官》："朝豆之事，其实菁菹"。《吕氏春秋·本味篇》："菜之美者，具区之菁"，其中的"具区"是地名，"菁"是蔓菁。《后汉书·桓帝纪》："蝗灾为害……其令所伤郡国种芜菁，以助人食"。《四民月令》："四月：收芜菁及芥；六月：中伏后，可种冬葵，可种芜菁；七月：可种芜菁；十月：可收芜菁，藏瓜。"这是我国汉代一年种三次蔓菁的史料。古代蔓菁，如图10-2所示。

（2）食用概况　食用方法很多，可用于煮食、炒食、制做菜馅、做酱菜、大头菜等。

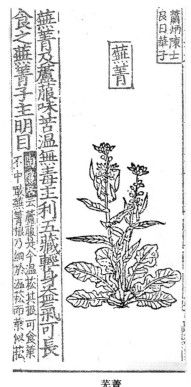

芜菁
（引自明文淑
《金石昆虫草木状》）

芜菁
（引自宋唐慎微
《重修政和经史证类备用本草》）

图 10-2　葑，蔓菁

三、胡萝卜

学名：*Daucus Carota*　L.。

名称：胡萝卜又名红菜头、红萝卜、黄萝卜等。

1. 品种与分布

我国自古栽种胡萝卜，但是品种不多，按根部肉质外形分类有长根和短根两类。

著名的品种有：山东烟台早熟种短五寸、江苏南京晚熟种长圆胡萝卜、河南安阳早熟种大顶、台湾地区从日本传入的晚熟种金时和札幌、北京鞭杆红和洋黄胡萝卜、河北保定红、广东汕头红、陕西西安红、河南安阳短圆种胡萝卜、浙江杭州谭浮、从美国传入的中熟半长胡萝卜等。

2. 起源与食用

（1）栽培起源　胡萝卜的原产地至今尚无定论，有人认为在阿富汗及喜马拉雅山地带，有人认为在中央亚细亚地区。我国中原地区种植胡萝卜较晚，在宋朝《吴氏中馈录》有"胡萝卜鲊"，元忽思慧《饮膳正要》里有"胡萝卜"。明朝李时珍《本草纲目》载："胡萝卜，元时始自胡地传来，气味微似萝卜故名"。但是根据我国长江流域近年来多次发现野生胡萝卜说明，其栽培史可能早于元朝。古代的胡萝卜，如图 10-3 所示。

（2）食用概况　食用方法很多，可用于煮食、炒食、制馅蒸包子、凉拌吃、红烧，其他用途是制腌菜、泡菜、晒干丝、作饲料等。

四、大白菜

学名：*Brassica Pekinensis Rupr*。

名称：大白菜简称白菜、结球白菜、菘、黄芽菜等。

图 10-3　胡萝卜
（引自元忽思慧《饮膳正要》）

1. 品种与分布

自先秦以来，大白菜全国各地都有栽培，品种及变种非常多。如果根据结球型分类，主要有直筒种、平头种和卵圆种。

著名的品种有：北京包头青、小青口、小白口和双青 156；河北石家庄一号、河北唐山河头、天津竹杆青和青麻叶；河南洛阳大包头、河南郑州早黑叶；浙江杭州黄芽菜、福建笔尾白菜、黑龙江二牛心白菜、四川成都竹筒白菜；山东济南大包头、济南胶菜、济南小白心和莱阳花心菜、胶县大叶和胶县白、莱阳高脚白菜、域阳青菜等。

2. 起源与食用

（1）栽培起源　大白菜原产于我国，自古至今已有很悠久的栽培史。例如我国在陕西西安半坡村仰韶文化遗址中，发现贮菜籽陶罐一个，装有已炭化的白菜或芥菜籽，可知我国栽培白菜迄今至少已有数千年。在《诗经》中，古人称大白菜为"菘"。古今大白菜，如图 10-4 所示。

图 10-4　大白菜

梁代陶弘景《名医别录》:"菜中有菘,最为常食"。明朝李时珍《本草纲目》引宋陆佃《埤雅》说:"菘:凌冬晚凋,四时常见,有松之操,故曰菘,今俗谓之白菜;燕、赵、辽阳、扬州所种者最肥大而厚,一本有重十余斤者。"

（2）食用概况　食用方法很多,可用于煮汤、炒食、制成菜馅,做酸菜、腌咸菜、做白菜腐乳包皮、作饲料、制作冬菜等。

五、洋白菜

学名: *Brassica Oleracea*　L.。

名称:洋白菜又名甘蓝、结球甘蓝、包心菜、卷心菜、高丽菜、莲花白菜等。

1. 品种与分布

我国栽培洋白菜的历史虽然较短,但是经过人们的精心选育之后,现在已具有很多优良品种。

著名的品种有:福建的大平头、内蒙古的虎头甘蓝、山西大同的圆白菜、甘肃兰州的二转甘蓝、东北三省的磨盘甘蓝、广东和广西的大灰叶、北京和天津的早熟迎春甘蓝、上海的黑叶平头甘蓝、陕西的牛心甘蓝、湖南的鸡心甘蓝等。

2. 起源与食用

（1）栽培起源　洋白菜原产于欧洲,特别是在英国南部、西班牙、地中海沿岸、亚得里亚海沿岸,都发现了洋白菜的原始野生种。在史前,欧洲已开始种植洋白菜。公元前4世纪甘蓝传到罗马,17世纪传到

图 10-5　洋白菜苗

美国。公元 19 世纪初，甘蓝传入我国，最早的记载始见于《植物名实图考》。但是有人认为，华南的甘蓝由荷兰人传入，时间在 17 世纪。有人根据"高丽菜"之名认为，洋白菜自朝鲜传入。我国新疆、甘肃种植甘蓝比较早，据说它是元朝时自欧洲传入的。洋白菜苗，如图 10-5 所示。

（2）食用概况　食用方法较多，可用于煮食、炒食、做馅蒸包子，做泡菜、腌菜、作饲料。

六、芥菜

学名：*Brassica juncea*。

名称：芥菜又名辣菜、盖菜、钙菜、春菜、挂菜等。

1. 品种与分布

在植物学上，我国现在栽培的芥菜可分为大芥菜和小芥菜两类。在我国，每一类芥菜都有许多优良品种。芥菜如图 10-6 所示。

著名的品种有：浙江杭州黄芥菜、四川涪陵榨菜（大心芥菜）、福建披芥菜和大叶芥、浙江宁绍雪里蕻、台湾地区包心芥、广西宜山肉芥、台湾鸡冠芥、肉甲芥、大心芥。除此之外，还有东北根芥、长江流域雪里蕻、华中银丝芥等。

2. 起源与食用

（1）栽培起源　芥菜的原产地有多种说法，一说原产于地中海西岸，一说原产地在我国《礼记》《四民月令》《齐民要术》里都有关于芥菜的记载。现在大多数学者认为，中国是芥菜的故乡。其理由如下。福建大叶芥和北京雪里蕻，如图 10-7 所示。

1954 年，我国在陕西西安半坡村仰韶文化遗址，发现了贮存菜籽的陶罐，里面装有已经炭化的白菜和芥菜籽，可知我国自古就栽培芥菜。迄今已有数千年的历史。在文字记载方面，据《礼记·内则》载："凡脍，

图 10-6　芥菜

图 10-7 古代芥
（引自元忽思慧《饮膳正要》）

春用葱，秋用芥"。又《史记·鲁周公世家》："季氏与郈氏斗鸡，季氏芥鸡羽，郈氏金距"，集解说："捣芥子播其鸡羽，可以岔郈氏鸡目"。汉崔寔《四民月令》载："正月：可种芥；七月：可种芜菁及芥"。

（2）食用概况　可用于煮粥、炒食、做菜饭、做酱菜、腌咸菜、做榨菜、作饲料等。

七、菜花

学名：*Brassica Oleracea L.Var.botrytis L.*。

名称：菜花又名花菜、花椰菜，绿色的称西蓝花。

1. 品种与分布

在植物学上，花菜可分为普通种和木立种两类，属甘蓝变种。我国常见的品种很多。

著名的品种有：福建省福州的福大 2 号和福大 7 号花菜、台湾地区喜树早生花菜和喜树中生花菜、福建六十日花菜和八十日花菜。此外，广东、云南、四川、河北、山东、江苏等也是栽培花菜的著名产地，驰名品种有冬魁、秋卫、雪白、青花等。

图 10-8 菜花

2. 起源与食用

（1）栽培起源　菜花起源于欧洲西部沿海温暖地带，是由野生甘蓝变种培育成功的。在罗马时代，菜花传入希腊，取名"西马"。在 12 世纪，叙利亚、埃及、土耳其已开始种植。我国的菜花，如图 10-8 所示。据日本人的研究说，公元 1680 年，菜花首次传入中国华南。[1] 笔者在清朝薛宝辰（1850—1926）《素食说略》中查到一条较详细的记载，全文如下：

"菜花，京师菜肆有卖者。众蕊攒簇如球，

---

[1]　［日］星川清亲.栽培植物的起源与传播［M］.段传德译.郑州：科学技术出版社，1981.

有大有小，名曰菜花。或炒或焯，或搭配炒，无不脆美，蔬中之上品也"。

（2）食用概述　可用于煮食、炒食、熘食、与其他蔬菜烹调。做泡菜、腌渍菜、作饲料。

八、荸荠

学名：*Eleocharis dulcis*。

名称：荸荠又名马蹄、乌芋、凫茈、凫茨、荸脐等。

1. 品种与分布

在植物学上，荸荠靠球茎或根株繁殖，所以变异品种不多。但是，荸荠的外皮都有颜色，如果按颜色分类，则有黑紫皮、红紫皮和淡红紫皮三种。我国江南水乡盛产荸荠，江苏、浙江、安徽、江西、广东、广西等，产量大且质量好。例如桂林马蹄和广州泮塘马蹄，都是中外著名的特产。

2. 起源与食用

（1）栽培起源　荸荠原产于我国。有人认为，荸荠的原产地在印度。但是，由于我国自古栽培，史籍上早有记载，而且我国江南很多地区至今仍然可以找到野生荸荠，所以荸荠原产于我国的理由是充分可信的。古代的荸荠，如图 10-9 所示。

《尔雅·释草》："芍，凫茈"，樊曰："泽草可食也"。唐孟诜《食疗本草》卷上载："凫茨，下丹石消风毒，除胸中实热气，可作粉食"。宋寇守奭《本草衍义》："乌芋，今人谓之荸荠，皮浓色黑肉硬白者谓之猪荸荠，皮薄色泽淡紫肉软者，谓之羊荸荠。正二月，人采食之"。

（2）食用概况　食用方法较多，可用于煮食、炒食、做肉丸子、凉拌、制马蹄粉、做蜜饯和制药等。

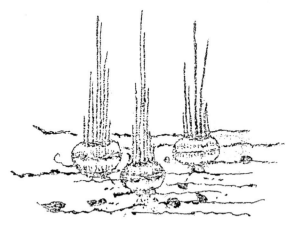

图 10-9　荸荠，凫茈
（引自元李杲：《食物本草》）

九、茭白

学名：*Zizania caduciflora*。

名称：茭白又名茭笋、茭泽、菰菜、茭竹、菰笋等。

1. 品种与分布

在植物学上，茭白是从菰心长出的食物，菰是一种靠分株繁殖的水生植物。茭白的生长除了靠菰提供养分，还要靠寄生于菰中的食用黑穗菌的繁殖，形成了有趣的生长史。我国菰的变异品种并不多，按生长季节分有春夏茭白、夏秋茭白和秋季茭白三类。

著名的品种有：福建的五月茭白、浙江省蚂蚁和梭子茭白、江苏和安徽象牙茭白、广东和广西夏秋茭白、四川夏秋茭白。盛产茭白的省市还有江西、湖南、天津、济南等。

2. 起源与食用

（1）栽培起源　茭白原产于我国，而且在世界上只有我国把茭白作为蔬菜生产，产量很大。大量生产茭白的原因很多，首先它是一种美食原料，烹调后口感香甘脆，其次是我国人民自古作为蔬菜食用，有良好的喜食习惯。但是从文字记载方面看，我国远古时代种菰并不是用作蔬菜，当时的菰是粮食作物，其米做饭称"菰做"，其味芳香可人。

菰由粮食作物转变为蔬菜的起源大约始于晋代。也就是说，菰起源于远古时代，茭白作为蔬菜生产出现较晚。我国的茭白，如图 10-10 所示。

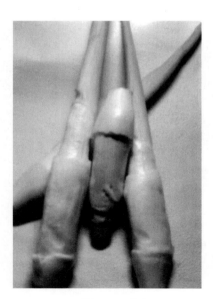

图 10-10　茭白

《晋书·张翰传》："翰因见秋风起，乃思吴中菰菜"。苏颂《图经本草》："菰植江湖陂泽中皆有之，生水中，叶如蒲苇，刈以喂马甚肥。春日生白茅如笋，即菰菜也，又谓之茭白。生熟皆可啖，甘美。其中，心如小儿臂者名菰手"。

宋陆游《剑南诗稿》卷十六："舟中晓赋：香甑炊菰白，醇醪点蟹黄。"又《剑南诗稿》卷十三："幽居：芋魁加糁香出屋，菰首芼羹甘若饴。自注：菰首葵白也。"又《古文苑·宋玉》:"讽赋:为臣炊雕胡之饭。"《广雅·释草》:"菰,其米谓之雕胡。"菰米蒸饭极香美。

(2)食用概况　可用于煮食、炒食、作配菜、制罐头,雕菰米用于蒸饭等。

十、蕹菜

学名:*Ipomoea aquatica Forsk*。

名称:蕹菜又名空心菜、应菜、甕菜等。

1. 品种与分布

蕹菜是我国江南各省的重要蔬菜,生长期很长,但品种不多。如果按照叶形分类,有大叶种和小叶种。如果按照花蕊颜色分类,有白花种和紫花种。在古代,蕹菜的栽培以南方为盛,特别是福建、广东、广西、江西、浙江、台湾地区。普遍栽培产量很大。

2. 起源与食用

(1)栽培起源　蕹菜原产于我国,有很悠久的栽培史。但是史书上记载较晚,最初只见于晋代徐衷《南方草木状》:"蕹菜如落葵而小,性冷味甘。南人编苇为筏作小孔浮于水上,种子于水中如萍,根浮水面,及长茎叶皆出于苇筏,……南方之奇蔬也"。这是水上栽种蕹菜的史料,说明我国无土栽培蔬菜的起源极早。现在虽然仍有水上栽种蕹菜,但是产量最大的是陆地栽种。将蕹菜的蔓茎取下一段扦插于土壤中,浇水施肥即可以旺盛生长。蕹菜,如图10-11所示。

(2)食用概况　可用于煮羹汤、炒食、晒干菜、作饲料。

图10-11　蕹菜

十一、芹菜

学名:*Apium graveolens*。

名称:芹菜又名勤菜、堇菜、蕲菜,分水芹或旱芹菜,香芹或药芹菜等。

1. 品种与分布

据调查已知，我国自古栽培的芹菜有两类，即水芹和旱芹。其中，水芹品种10个，俗称蕲菜、楚葵、水英，自古栽培供作蔬菜，产地以江南和西南为主；我国现有旱芹品种3个，即绿色种、白色种和改良品种。

著名的品种有：北京铁秆青芹菜、河北实秆绿芹菜、天津白庙芹、南京洋白芹和晚青芹、广州大叶芹、上海晚青芹菜、福建青梗芹、江苏早青芹、山西实秆绿芹菜、四川草白芹、河南商丘胡芹等。

2. 起源与食用

（1）栽培起源　芹菜原产于我国，俗名本芹。后来，又有从欧美引进的舶来种，人称洋芹。在我国古籍中，有关芹菜原产于我国的记载很多，兹举例如下。

《诗·小雅》："采菽：觱沸槛泉，言采其芹"。《周礼·天官》："醢人：加豆之实，芹菹兔醢深蒲"。《吕氏春秋·本味篇》："菜之美者……阳华之芸，云梦之芹，具区之菁"。汉许慎《说文解字》："芹，楚葵也"。北魏贾思勰《齐民要术》："作菹藏生菜法：胡芹小蒜菹法：胡芹细切，小蒜寸切，与盐、酢分半"，这里的"胡芹"是舶来菜的通称，以此推测，它是芹菜传入中原的记实。

（2）食用概况　可用于炒食、做凉拌菜和配菜、做腌菜或泡菜、用芹菜种子做调味品。

十二、茄子

学名：*Solanum melongena* L.。

名称：茄子又名落苏、酪酥、昆仑瓜，简称茄。

1. 品种与分布

据研究已知，我国茄子的品种很多，如果按照茄果的大小形态分类有大圆茄、长圆茄、矮性卵茄三类。各类茄子的产地品种分布不同。

著名的品种有：北京的灯泡茄、浙江余姚藤茄和杭州紫红茄、四川成都竹丝茄和重庆紫茄、河南安阳和郑州大圆茄、天津和北京大敏茄、山东济南磨茄、河南安阳冬茄、上海日本千成茄、浙江金华白茄、福建长圆茄、贵州湄潭荷茄、陕西西安大圆茄、辽宁辽阳柳条青茄、黑龙江哈尔滨鹰嘴茄等。

2. 起源与食用

（1）栽培起源　很多人认为，茄子原产于我国，因为先秦古籍《山海经》和《水经注》中已有"茄"字。虽然茄子是否原产于我国的问题尚需再研究，但是我国自古栽培茄子完全可以肯定。古代的茄如图 10-12 所示。古籍上的记载如下。

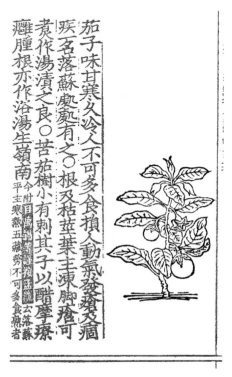

图 10-12　茄子一名落苏
（引自宋唐慎微《重修政和经史证类备用本草》）

北魏贾思勰《齐民要术·种瓜》："种茄子法：茄子九月熟时，摘取擘破。水淘子，取沉者速曝干裹置。至二月畦种；十月种者，如区种瓜法；其春种者亦得。"

晋朝徐衷《南方草木状》："茄树，交广草木经冬不衰，故蔬圃之中种茄，宿根有三五年者。渐长，枝干乃成大树，夏秋成熟则梯树采之。五年后，树老子稀即伐去之，别栽嫩者"。《杜宝拾录》："（茄），隋炀帝改呼曰，昆仑紫瓜"。五代陶谷《清异录》："落苏，本名茄子，隋炀帝缘饰为昆仑紫瓜"。宋寇宗奭《本草衍义》："茄子，新罗国（今朝鲜）出一种，淡光微紫色，形长味甘，今其子已遍布中国蔬圃中"，这是朝鲜茄传入中国的最早记实。

（2）食用概况　可用于煮食、炒食、蒸食、凉拌熟茄，做腌渍茄、酱茄、糟茄、茄干等。

图 10-13　黄瓜

十三、黄瓜

学名：*Cucumis Sativus* L.。

名称：黄瓜又名胡瓜、刺瓜等。

1. 品种与分布

黄瓜，葫芦科一年生蔓生或攀援草本植物。我国各地普遍栽培，且许多地区均有温室或塑料大棚栽培。根据黄瓜的分布区域及其生态学性状分下列类型：

华南型：分布在我国长江以南。嫩果绿、绿白、黄白色，味淡；熟果黄褐色，有网纹。代表品种有昆明早黄瓜、广州二青、上海杨行、武汉青鱼胆、重庆大白等。

华北型：分布于我国黄河流域以北区域。嫩果棍棒状，绿色，瘤密，多白刺。熟果黄白色，无网纹。代表品种有山东新泰密刺、北京大刺瓜、唐山秋瓜、北京丝瓜青等。

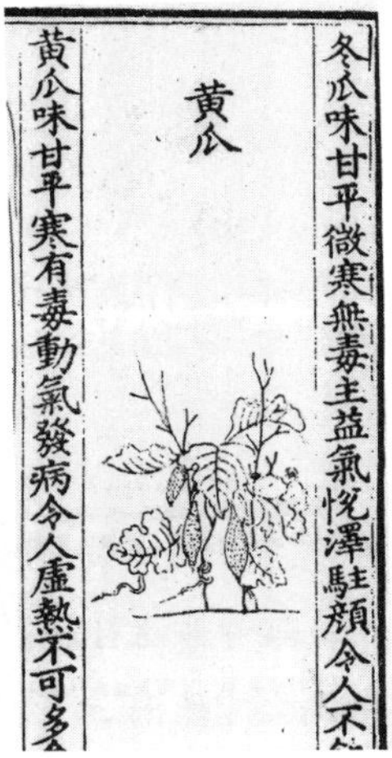

图 10-14　胡瓜、黄瓜

（引自元忽思慧《饮膳正要》

2. 起源与食用

（1）栽培起源　黄瓜原产于我国。但是也有人认为，黄瓜的原产地在印度。多年来，我国科学工作者和云南省植物研究所通过实地调查，已经在喜马拉雅山脉、云南和西藏等好几个地区发现了黄瓜野生品种。黄瓜如图 10-13 所示。

因此可以相信，我国也是黄瓜的原产地之一。至于公元 2 世纪汉朝张骞从"西域"传入黄瓜品种的历史事项，今人可以有两种认识，一是张骞从外国传入的是黄瓜新品种，二是张骞将中国边疆的黄瓜种子传到了中原。关于黄瓜原产地问题虽然尚待继续研究，但是我国自古栽培黄瓜的事实却是毋庸置疑的。古代黄瓜，如图 10-14 所示。

北魏贾思勰《齐民要术·种瓜》："种越瓜胡瓜法：四月中种之，胡瓜宜竖柴木，令引蔓缘之"。李时珍《本草纲目》引《杜宝拾遗录》："隋大业四年避讳，改胡瓜为黄瓜"。

（2）食用概况

可用于煮食、炒食、生食、做腌菜或酱菜、制罐头或泡菜等。

部分特产蔬菜概述

一、部分特产蔬菜分布（表10-1）

表 10-1　部分特产蔬菜分布表

名称	别名	产地和品种	用途
菜豆	四季豆、豆角、云扁豆	北京云扁豆和棍儿豆、东北花雀蛋、福建长菜豆、台湾黑敏豆、贵州长荚菜豆和湄潭豆子菜豆、山东青岛金蜡菜豆、齐齐哈尔花菜豆、浙江多福菜豆等	烹调供食、制作糕点
扁豆	豆角、鹊豆、蛾眉豆	浙江慈溪红扁豆和菱湖扁豆、贵州湄潭白鹊豆、台湾紫花大扁豆、广东白花大扁豆、北京紫花大扁豆	烹调供食、制作糕点
豌豆	淮豆、麦豆、荷兰豆（景豌豆变种）	台湾大敏豆、福建敏豆、法国传入大豌豆、浙江红花和白花豌豆、四川斑纹豌豆和白豌豆、青海绿豌豆、江南荷兰豆	烹调供食、制罐头、制作糕点
毛豆	大豆、黄豆	东北大黄豆、中原黑大豆、西南毛豆	烹调供食、做豆腐豆酱酱油
菜豆	荷包豆、皇帝豆、洋扁豆	台湾大花仁菜豆和黑菜豆、福建矮性白花菜豆、广东和广西大菜豆	烹调供食、制作糕点
豇豆	带豆、豇豆、裙带豆	北京青豇豆和白豇豆、福建长豇豆、台湾大红皮和青边红豇豆、浙江本青和洋青豇豆	烹调供食、泡菜制馅做糕点

二、部分特产蔬菜概述

特产蔬菜是我国人民很喜爱的副食珍品，它具有中华民族的传统特色，在世界上占有很重要的地位。本节重在介绍著名特产蔬菜，供喜爱者参考。

1. 鲜菜品种

大葱：山东省章丘市是世界上最驰名的大梧桐葱、八叉葱、八叶葱产地。山东省禹城市和章丘市的鸡腿葱，辽宁省铁岭市八叶齐大葱、仙鹤腿和独棵大白葱，山西省晋城市巴公"扁担葱"等，都是中外驰名的特产。

大蒜：山西省应县紫皮蒜、山东省苍山县大白蒜、辽宁省海城市紫皮大蒜、甘肃省民乐县紫皮莲花大蒜、上海市嘉定娄塘大白蒜、广东省开平市火焙大蒜俗称火蒜头、广西壮族自治区玉林市和全州县的紫皮大蒜和白大蒜、湖北省江陵县荆州城无孢母白独蒜、河南省中牟县宋城早熟大白蒜、四川省广汉市和绵竹市淡紫皮大蒜、西藏自治区拉萨薄皮特大宝蒜、福建省闽南青蒜苗等，都是中外著名的特产。

葱头：天津市黄皮葱头、福建省泉州市红皮霸葱头、浙江省杭州市赤皮葱头、上海市洋葱头等，全国驰名。

薤头：湖北省武汉市东南梁子湖大薤头、福建省闽南白薤头等，全国驰名。

百合：甘肃省兰州市西果园百合、江苏省宜兴市太湖百合、南京市卷丹百合、浙江省湖州市太湖大百合、山西省平陆县百合等，全国驰名。

槟榔芋：广西壮族自治区荔浦县"荔浦芋"、福建省福州市和南安市槟榔芋、福建省连江县槟榔芋、台湾地区槟榔芋等，中外驰名。

2. 干菜品种

黄花菜：湖南省产量居全国首位，邵东、祁东、邵阳等地所产全国驰名。江苏省苏北运河北段淮阴及徐州、苏州等所产全国驰名。浙江省缙云和仙居、湖北省随州和黄梅、四川省城口和巫溪、陕西省大荔县和长武、甘肃省庆阳和镇远、安徽省和县与宿松、河南省淮阳和永城、山西省晋城等所产全国驰名。

蘑菇：内蒙古自治区锡林格勒和河北省张家口所产白口蘑、山西省五台山产台蘑、青海省祁连山区皇城草原和俄博草原所产白蘑菇、吉林省林区和黑龙江省兴安岭林区产榛蘑和元蘑、吉林省林区盛产松蘑和榆蘑、内蒙古自治区草原产白蘑和青蘑、河北省平泉县和承德所产黑蘑，都全国驰名。

猴头蘑：黑龙江省小兴安岭和完达山、河南省伏牛山区、云南省迪庆地区、山西省中条山各林区、内蒙古自治区兴安岭林区、吉林省长白山林区等地盛产的猴头蘑中外驰名。

香菇：我国香菇的主要产地是福建、贵州、江西、安徽、广东、广西、台湾、浙江、四川、湖南、湖北、云南等。品种有花菇、厚菇、薄菇、菇丁等。

竹笋：福建省各地出产笋干、广西壮族自治区融水苗山产冬笋、广西壮族自治区田林盛产楠竹八渡笋、云南省滇东滇北盛产罗汉笋、云南省思茅盛产甜竹笋、湖南省邵阳和怀化等盛产玉兰片、江西省井冈山和会昌等则盛产毛竹笋、浙江省西部天目山盛产石笋、四川省雅安地区盛产天府鲜嫩笋，都是全国著名的特产。

参考文献

[1] 宋朱熹. 诗经集传 [M]. 长春：吉林人民出版社，1999.

[2] 汉郑玄注. 周礼注疏. 唐贾公彦疏 [M]. 上海：上海古籍出版社，1990.

[3] 战国吕不韦. 吕氏春秋·本味篇 [M]. 陈奇猷校释本. 上海：上海古籍出版社，1990.

[4] 西汉刘安. 淮南子 [M]. 上海：上海古籍出版社，1989.

[5] 北魏贾思勰. 齐民要术·作菹藏生菜法 [M]. 北京：农业出版社，1981.

[6] 汉崔寔. 四民月令 [M]. 缪启愉辑释. 北京：农业出版社，1981.

[7] 唐孟诜. 食疗本草 [M]. 谢海洲等辑. 北京：人民卫生出版社，1984.

[8] 宋苏颂. 图经本草 [M]. 胡乃长等辑. 福州：福建科学技术出版社，1988.

[9] 晋徐衷. 南方草木状 [M]. 上海：商部印书馆，1939.

[10] 宋寇宗奭. 本草衍义 [M]. 上海：商务印书馆，1939.

[11] 明李时珍. 本草纲目·菜部 [M]. 刘衡如点校. 北京：人民卫生出版社，1978.

[12] 唐苏敬. 新修本草·菜部 [M]. 上海：上海古籍出版社，1985.

[13] 明邝璠. 便民图纂·制造类 [M]. 石声汉校注. 北京：农业出版社，1959.

[14] 胡昌炽. 蔬菜学各论 [M]. 中国台湾：中华书局，1966.

[15] 李朴. 蔬菜分类学 [M]. 中国台湾：中华书局，1963.

[16] [日]星川清亲. 栽培植物的起源与传播 [M]. 郑州：河南科学技术出版社，1981.

[17] 黄于明等. 中国名特优蔬菜及其栽培 [M]. 上海：上海科学技术出版社，1992.

[18] 上海果品杂货公司. 中国干菜调料 [M]. 北京：中国商业出版社，1985.

第十一章

用具设备简史

现有的学术研究认为，我国古人学会用明火烧烤食物熟食的起源，至今已有数十万年之久。然而笔者认为，中国人的饮食文明之形成，除用火烧烤熟食之外，还与各种生产食品的用具设备的发明与发展有关，例如杵臼、碓、磨、碾、飏扇、锅、蒸笼等。本文将对这些用具设备作简要探讨。

第一节
杵臼起源考

杵臼是一种很古老的生产用具设备，用途很广。例如，杵臼可以用于稻谷破壳使壳脱落制得稻米，或用于其他食物粉碎加工等。利用杵臼，可以把小麦或荞麦捣细为面粉，把大豆或小豆捣细为豆粉，把大块酒曲捣碎后用于酿造黄酒或白酒等。特别是在亚洲，例如中国、日本、南亚各国，都自古运用杵臼制作食品。人们把熟江米饭放进杵臼里捣烂做成年糕团，然后沾上白糖、炒芝麻食用。

在传统制药生产及药店里，杵臼是加工药材的重要用具设备。在传统建设住房的施工中，杵臼是很重要的设备，用于把黏土、麻丝、稻草、石灰等捣烂成稀泥，作为砖石的黏合剂。

自古至今，我国已出现的杵臼种类很多。如果以制造材料区分，则有木杵石臼、木杵木臼、石杵石臼、石杵木臼、金属杵臼，如药店里的铜杵臼等。杵臼的大小与样式也很多，大的可以用于生产粮食，小的可以用于捣蒜。

在我国，杵臼的起源很早。例如，《易·系辞》载："断木为杵，掘地为臼"。如果从字面上分析，"掘地为臼"似乎很不合理。笔者认为，如果"掘地"是为了把石臼放进地穴的，那就特别合情合理了。

如果从出土文物研究看，则杵臼的起源也很早，可以追溯到新石器时代，例如图11-1所示。

自1951年起，我国在浙江吴兴钱三漾和杭州水田畈都发现了木杵臼。1977年，我国在浙江余姚河姆渡发现了多种木制用具，其中有木杵臼。自1951年以来，我国在陕西西安半坡村、山西芮城镇东庄、内蒙古自治区西林、河南淅川黄楝树村、山东日照市、两城镇等，都发现了新石器时代的杵臼。

新石器时代的臼　　　　　　　　唐朝杵臼舂米俑（阿斯塔那出土）
（陕西西安出土）

图 11-1　古代杵臼

根据上面的证据表明，我国制作杵臼的起源，的确始于新石器时代。其中，石杵臼的发明、发展更为重要。石材不易朽坏，虽然凿制困难，但是动力能的利用率很高，生产效率必然更高。在唐刘恂的《岭表录异》中，已有关于"排杵臼"的记载。

　　　　唐刘恂《岭表录异》卷上："广南有舂堂，以浑木刳为槽，一槽两边约排十杵，男女间立，以舂稻粮。"[1]

由上面记载可知，古人发明排式杵臼至晚始于唐朝。关于金属杵臼的出现，其起源也很早。其中，在江苏省铜山的小龟山遗址已发现了西汉铜杵臼；在湖南长沙东郊已发现了西汉铜杵臼；在广西合浦也发现了汉代铜杵臼。

在历史上，铜杵臼的用途与其他杵臼有些不同，主要用于制作药剂，俗称"药杵"。例如，宋陆游《剑南诗稿》中，就有关于"药杵"研药的诗句。

　　　　陆游《剑南诗稿》卷十八："病中偶书：灯火青荧古屋深，桂冠境界已骎骎。竹枝影瘦横残月，药杵声寒续暮砧。病觉死生真大事，老知道德愧初心。"

---

[1]　唐刘恂. 岭表录异［M］. 广州：广东人民出版社，1983.

第二节
碓的起源探讨

　　碓，实际上是卧式杵臼的革新设备，其结构和用途与卧式杵臼相似，但加工食物的效率远远地超过了杵臼。获得这种先进效果的原因是：古代的碓，碓头和碓身连接好了之后，所形成的杠杆捣力作用很大；碓头下的臼是倾斜安装在地坑里的，捣动时被加工的物料有自动慢翻的流动性；操作碓的捣动力是来自脚而不是手，操作杵臼的捣动力是手，脚力当然比手力大。正因为如此，所以自古人们称碓为杵舂、碓机，说明人们已知碓是由杵臼进展而成的。碓，如图11-2所示。

图11-2　古代的碓

　　汉桓谭《新论》载："宓牺制杵舂，万民以济。杵臼之利，后世加巧，因延力借身重以践碓，而利十倍。"

　　元朝《王祯农书·杵臼门》："碓；舂器，用石杵臼之一变也。广雅曰碻，碓也。方言云，碓梢谓之碓机，自关而东谓之'椳'。堀碓，以堈作碓臼也。集韵云，堈，甕也。其制：先掘埋堈坑，深逾二尺，次下木地钉三茎，置石于上。后将大磁堈穴透其底，向外侧嵌坑内埋之。复取碎磁与灰泥和之，以室底孔，令圆滑如一。候干透，乃用半竹篾，长七寸许，径四寸，如合脊瓦样，但其下稍阔，以熟皮周围护之，取其滑也，倚于堈之下唇。篾下两边以石压之，或两竹竿刺定。然后注糙于堈内，用碓木杵捣于篾内。堈既圆滑，米自翻倒，籔于篾内。一捣一籔，既省人搅，米自匀细。"碓，如图 11-3 所示。

图 11-3 《王祯农书》中的碓

如果从前面所记载的内容看，说明汉朝时的古人已知碓由杵臼进展而成。若从《王祯农书》所记载的内容看，则元朝时，我国古人在造碓和利用碓方面，无论是技术或者技巧，都是很高明的。正因为如此，所以我国自元朝以来，碓的普及程度和运用范围非常广，特别是水碓的普及和运用更是引人注目。关于我国水碓的起源和发展简史，兹列举一些史料作为参考如下：

《后汉书·西羌传》："禹贡雍州之域，厥田惟上……因渠以溉，水舂（水碓）河漕，用功省力，而军粮饶足。"《三国志·张既传》："既假三郡人，为将使者修课，使治屋宅，作水碓，民心遂安。"《世说新语·俭啬》："司徒王戎既贵且富，区宅、僮牧、膏田、水碓之属，洛下无比。"宋陆游《剑南诗稿》卷八十四《病思》："水碓舂粳滑胜珠，地炉爆芋软且酥。"

元朝《王祯农书·利用门》："机碓，水捣器也。通俗文云，水碓曰'翻车碓'。杜预作连机碓，孔融论水碓之巧，胜于圣人。断木掘地，则翻车之类愈出于后世之机巧。王隐晋书曰，石崇有水碓三十区。今人造作水轮，轮轴长可数尺，列贯横木相交，如滚枪之制。水激轮转，则轴间横木间，打所排碓梢，一起一落舂之，即连机碓也。凡在流水岸傍，俱可设置。须度水势高下为之，如水下岸浅，当用陂栅。或平流，当用板木障水俱使傍流急注。贴岸置轮，高可丈余，自下冲转，名曰'撩车碓'。若水高岸深，则为轮减少而阔，以板为级，上用木槽引水，直下射转轮板，名曰'斗碓'，又曰'鼓碓'。此随地所制，各趋其巧便也。"机碓，如图11-4所示。

图11-4 《王祯农书》中的机碓

明宋应星《天工开物·粹精》："攻稻：凡水碓，山国之人居河滨者之所为也。攻稻之法，省人力十倍，人乐为之。引水成功，即筒车灌田。同一制度也。设臼多寡不一，值流水少而地窄者，或两三臼，流水洪而地室宽者，即并列十臼无忧也。江南信郡，水碓之法巧绝。盖水碓所愁者，埋臼之地卑则洪潦为患，高则承流不及。信郡造法，即以一舟为地，撅椿［桩］维之。筑土舟中，陷臼于其上。中流微堰石梁，而碓已造成，不烦斫木壅坡之力也。又有一举而三用者，激水转轮头，一节转磨成面，二节运碓成米，三节引水灌于稻田，此心计无遗者之所为也。凡河滨水碓之国，有老死不见砻者，去糠去膜皆以臼相终始。惟风筛之法则无不同也。"

总之，有关碓和水碓的起源发展问题已经相当清楚，但是还可以从考古发现方面进行一些补充说明，使之更加全面。

经资料检索已知，我国在河南济源泗涧沟已经发现了西汉陶碓一套，在北京平谷区发现了东汉陶碓一套，在河南洛阳发现了东汉陶碓一套，在湖北鄂城发现了东吴瓷碓一套等。这些发现，与文献资料所记述的内容不谋而合，很可信！

碾的起源与发展

碾，《广韵》称作"辗"，碾轮转动似车轮转也。从用途看，碾在古代是非常重要的制粉设备。尤其是在北方，要把小麦、大麦、玉米等制成碎粒或粉，最重要的设备就是碾，其次是两扇圆形石磨。在我国，以粉煮食的地区碾多，以稻米、小米为主煮食的地区则碾少磨多。

如果从操作原理和用途看，碾的雏形可能是起源于磨盘与磨辊的。我国磨盘与磨辊的起源极早，例如在河南新郑裴里岗、在河北武安磁山、在河南庙底沟和三里桥等，都发现了雕琢精美的石质磨盘和磨辊，而且，它们都是新石器时代的产物。

磨盘和磨辊若来回滚压，即可将食物原料压碎或压成粉，但功效很差。于是古人将石磨辊改造成大石碾轮，把长石磨盘改造成圆形平面大石碾盘，碾轮两端中心处各安装一长一短之轴后，短轴与碾盘中心垂直轴作关节性连接，用人力或畜力推动或拉动碾轮长轴，在碾盘上滚压食物原料，直到成碎粒或粉末为止。因为这种加工方法经济实惠功效好，所以很快普及全国。古代的碾，如图 11-5 所示。

那么碾的起源与发展如何呢？明赵忻在《古今事物考》中说："碾，后魏书云，崔亮在雍州读杜预传，见其为八磨，嘉其有济时用，遂教为碾，此疑碾之始也。"根据赵忻的说法追溯，则得知《魏书·崔亮传》载："亮在雍州读杜预传，见其为八磨，嘉其有济时用，遂教民为碾。及为仆射，奏于张方桥东堰谷水，造水碾磨数十区，其利十倍，国用便之。"因此可知，我国至迟在南北朝时期就已经会制造数种碾了。

作为佐证，1959 年，我国在河南安阳隋朝时期张盛墓中，发现了陶质槽碾一套，槽中有碾轮一个，轮心有辊孔。该墓记是开皇 15 年，即公元 595 年。由此可知，我国隋朝时期已经发明了槽碾。

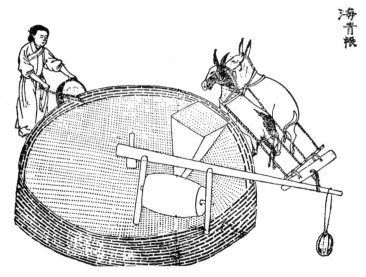

图 11-5 《王祯农书》中的海青碾

　　碾是加工粮食的常用设备，以造型分类有辊碾和槽碾。若以俗称分类，则有石碾、石碨碾、海青碾、茶碾、药碾、水碾等。古今的碾，如图 11-6 所示。

　　在我国古籍中，有关碾的史料很多。兹举例如下：

明宋应星《天工开物》中的牛碾

现在民间的药碾（笔者拍摄于福建）

图 11-6　古今的碾

元朝《王祯农书·杵臼门》："石碾，今以砺石为圆槽，周或数丈，高逾二尺，中央作台，植以楎轴，上穿輐木，贯以石碢。有用前后二碢相逐，前备撞木，不致相击，仍随带搅杷。畜力轹行，循槽转碾，日可碾米三十余斗。近有法制碾槽，轹米特易。辊碾，世呼曰'海青碾'，喻其速也。但比常辗减去圆槽，就碢輐栝以石辊，辊径可三尺，长可五尺。上置板槛，随辗輐圆转，作窍下谷，不计多寡，旋辗旋收，易于得米，较之碢辗疾过数倍，故比于鸷鸟之尤者，人皆便之。"

元朝《王祯农书·利用门》："水碾，水轮转碾也。其碾制上同，但下作卧轮或立轮，如水磨之法，轮轴上端穿其碢輐，水激则碢随轮转，循槽轹谷，疾若风雨。日所毂米，比于陆碾，功利过倍。"

明宋应星《天工开物·粹精》："攻黍、稷：凡小米舂、磨、扬、播制器，已详《稻》《麦》之中。唯小碾一制，在《稻》《麦》之外。北方攻小米者，家置石墩，中高边下，边沿不开槽。铺米墩上，妇子两人相向，接手而碾之。其碾石圆长如牛赶石，而两头插木柄。米堕边时，随手以小帚扫上。家有此具，杵臼竟悬也。"北方民间小碾，如图11-7所示。

图11-7　北方民间小碾（笔者拍摄）

这小碾，与新石器时代的磨盘磨辊的作用原理是相同的。我国在河南裴里岗出土的新石器时代的磨盘和磨辊如图11-8所示。

图 11-8　河南裴里岗出土的磨盘和磨辊

中国食品科技史

磨的起源与发展

据笔者所知，"磨"字最早出现于《诗·卫风》："淇奥：有匪君子，如切如磋，如琢如磨"，此乃表达磨光物体表面之意。作为磨碎或磨粉食物的设备，其"磨"又名"石磨"，在古书上又名"礳""磑""硙""磿"等。这些不同名称的出现，可参见下列各史籍记载：

> 如《淮南子·原道训》："攻大礳坚，莫能与之争。"汉杨雄《方言》："礳，或谓之磿。"汉许慎《说文解字》："礳，石磑也；硙，礳也。"明张自烈《正字通》："俗谓磑曰磨，以磑合两石，中琢纵横齿，能旋转碎物成屑；磑，碎物之器，古公输班作磑。晋王戎有水磑，今俗谓之水磨。"《康熙字典》："磿，磑也。"

根据上面内容分析可知，"磨"在我国的起源至晚始于秦汉时期，其中两扇圆形石磨是重大发明。而且，这发明不仅有文字证据，更是有许多可靠的考古发现。对于考古发现的证据，可参见图11-9及图11-10所示。

图11-9　秦都栎阳出土战国时期石磨
（引自：陕西文物管理会）

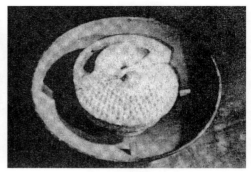

图 11-10　满城出土西汉手推石磨侧视图与俯视图
(引自:《满城报告》)

对于"磨"的起源与发展，很直接的成果是，促进磨粉效率与小麦食用价值的提高，同时对于小麦生产发展与普及，也起到了相当大的促进作用。"磨"的普及与运用，对于推动北方"面食世界"的发展，对于推动南方"糕点世界"的发展，都有举足轻重的作用。除上面《淮南子》《方言》《说文》之外，下列各史籍中的史料，关于磨的运用与作用的论述也是不可忽视的。

西汉史游《急就篇》："碓砑扇𬪩舂簸扬"颜师古注："砑所以礶也，亦谓之磄。古者雍父作舂，鲁班作砑。"东汉崔寔《四民月令·六月》："是月廿日，可捣泽小麦磑之，至廿八日溲，寝卧之。"

晋陆翙《邺中记》："石虎有指南车，……又有磨车。置石磨于车上，行十里辄磨麦一斛。"北魏贾思勰《齐民要术·法酒》："大州白堕曲方饼法：谷三石，蒸二石，生一石，别磑之，令细，然后合和之也。"

唐韩鄂《四时纂要·七月》："米醋法：先六月中取糙米三五斗，炊了，细磨，取苍耳汁和溲，踏作曲，一如麦曲法。"宋陆游《栈路书事》诗："危阁闻铃驮，湍流见砑船。"

明宋应星《天工开物·攻麦》："凡磨大小无定形。大者用肥犍力牛曳转，其牛曳磨时，用桐壳掩眸，不然则眩晕，其腹系桶以盛遗，不然则秽也。次者用驴磨，斤两稍轻。又次小磨，则止用人推挨者。凡力牛一日攻麦二石，驴半之，人则强者攻三斗，弱者半之。"清王士祯《蜀道驿程》记："江间多碓船，如水车之制，泊急流中，辇硇舂簸，采用水功，轧鸦之声不绝。"

根据上述史料内容分析说明，我国在晋朝时期已经发明了"车上磨"，最晚在两宋时期就已经发明了"船上磨"，对于宋朝时期的"水磨"情况，时至今日仍有许多不明之处。据说在民间还有不少传承物证，但是笔者没有见到证据，所以只好不讨论了。在元朝的《王祯农书·利用门》中，有一段关于船上搭建水磨，利用水力推动石磨的论述，描写逼真生动。

"复有两船相傍，上立四楹，以苫竹为屋，各置一磨，用索缆于急水中流。船头仍斜插板木凑水，抛以铁爪，使不横斜。水激立轮，其轮轴通长，旁拨二磨。或遇泛涨，则迁之近岸，可许移借，比之他所，又为'活法磨'也，庶兴利者度而用之。诗云：用水良有法，假物役机智。夫磑固利于民，复以水为利。湍流激轮转，坤轴发枢秘。"

如果从水力动力能的利用技术看，船上"水磨"实际上只是各种水磨中的一种。我国最为广泛运用的并非船上水磨，而是磨具设在陆上用水力带动的水力磨，俗称水磨，古人称"旱水磨"。我国"旱水磨"有多种，仅元朝《王祯农书·利用门》中就有水转卧轮磨、立轮连二磨、水转连磨等。具体内容分别如下：

"水磨：凡欲置此磨，必当选择用水地所，先尽并岸擗水激轮。或别引沟渠，掘地栈木。栈上置磨，以轴转磨中，下彻栈底，就作卧轮，以水激之，磨随轮转，比之陆磨，功力数倍，此'卧轮磨'也。

又有引水置闸，甃为峻槽，槽上两傍植木作架，以承水激轮轴。轴腰别作竖轮，用击在上卧轮一磨，其轴末一轮，傍拨周围木齿一磨。既引水注槽，激动水轮，则上傍二磨随轮俱转。此水机巧异，又胜独磨。此'立轮连二磨'也。"水磨，如图11-11所示。

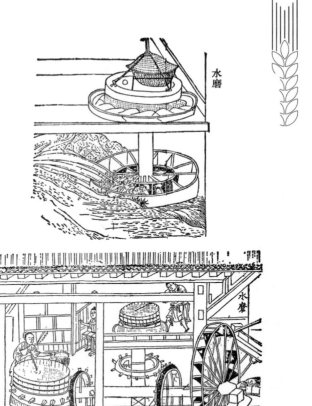

图 11-11 《王祯农书》中的水磨

"水转连磨，其制与陆转连磨不同。此磨须用急流大水，以凑水轮。其轮高阔，轮轴围至合抱，长则随宜。中列三轮。各打大磨一盘，磨之周匝俱列木齿。磨在轴上，阁以板木。磨傍留一狭空，透出轮辐，以打上磨木齿。此磨既转，其齿复傍打带齿二磨，则三轮之力互拨九磨。其轴首一轮既上打磨齿，复下打碓轴，可兼数碓。"

关于石磨的发明和发展问题，除从文史资料方面考证之外，从考古发现方面寻找证据也是极重要的。据目前所知，我国已经发现了许多先秦时期的磨具，其中有生产实践中已经用过的实物，也有作为随葬品而特意仿造的"冥器"。

例如，在河北省邯郸发现了战国时期的石磨、在陕西省秦都栎阳发现了秦代石磨、在河北省满城发现了西汉时期的石磨、在辽宁省辽阳三道壕发现了西汉陶磨四件、在江苏省扬州和江都凤凰河发现了西汉陶磨、在山西省繁寺岩发现了金代水磨图等。

在上述这些考古发现中，如果根据秦都栎阳的石磨分析，则可知它具有三大特点：

第一，石磨上下扇之间接触面上，已琢了磨齿。这种磨齿出现，可以大大地加速物料被磨碎或磨细的速度。

第二，石磨的进料孔在上扇水平面中心的一侧，由上至下直达磨齿间，当上扇转动时物料将自动分散，从而大大地提高了石磨的功效。

第三，作为带动石磨旋转的磨耳或车轴，古人把它安装在上扇侧面的中部或把车轴延长至下扇外部，所形成的推力或拉力点，正好在上扇一侧的切线位置上。如果是延长车轴法，则形成的是杠杆作用，如此装置非常科学，高效又省力。

总之，我国古人如此早又如此高明地发明两扇圆形石磨的创造，那是很伟大的，在人类发明史册上，它并不亚于碾米机或面粉机的出现。磨的功能与构造特点，如图11-12所示。

图 11-12 《王祯农书》中的磨

砻的起源与发展

砻，古书上提到的有木砻、土砻和砻磨三种，前两种以造砻所用的材料命名，后一种以操作砻运转的方法命名。在我国北方，砻又有"木礧"及"石木礧"之称，也是以造砻材料命名的，只是发音不同而已。笔者不仅见过土砻，而且见过造土砻，还经常帮着父母推土砻干活。现在已是机器碾米时代，不必早晚辛劳真是非常幸福。

在 1949 年以前，我国农民大多数都是靠砻脱去（磨掉）稻谷外壳而获糙米的，然后用杵臼或碓捣制成精米。虽然这种工艺今人看来粗笨原始，但完全可以说，那是古代一项伟大的科学技术性发明，是永远可以利用不会过时的创举。

有关"砻"的起源问题，因为考古发现的都是明朝和清朝以来的土砻，所以只能通过检索文史资料的办法，证明其历史是很悠久的。据笔者所知，"砻"字最早始见于东汉许慎《说文解字》中："砻，礳也"。《广雅·释诂》上也有"砻"字，王念孙疏证说："《晋语》：斫其椽而砻之，砻与砻同。"但是，如果根据历来的文献资料解释和生产中的真实设备分析，则远古时代的砻可能是用石材制作的，砻的上扇薄而轻能把谷壳磨破脱落，而不会把谷粒粉碎，砻与礳并列都有"石"字，并非一物二名，而是两种设备，其造型和功效相似罢了。

我国有关砻的最真实详细记录始见于元朝，从那时以来古籍中相关史料很多。古代砻，如图 11-13 所示。

图11-13　明清时期的土砻

　　据元朝《王祯农书·杵臼门》记载："砻，砻谷器，所以去谷壳也。淮人谓之'砻'，江浙之间谓之'砻'。编竹作围，内贮泥土状如小磨，仍以竹木排为密齿，破谷不致损米。就用拐木窍贯砻上掉轴，以绳悬梁上，众力运轴转之，日可破谷四十余斗。[1]北方谓之'木砻'，石凿者谓之'石木砻'。砻、砻字从'石'，初本用石，今竹木代者亦便。又有砻磨，上级甚薄，可代谷砻，亦不损米，或人或畜转之，谓之'砻磨'。复有畜力挽行大木轮轴，以皮弦或大绳绕轮两周，复交于砻之上级；轮转则绳转，绳转则砻亦随转；计轮转一周，则砻转十五余周，比用人工既速且省。"书中的砻，如图11-14所示。

　　明宋应星《天工开物·粹精》："攻稻：凡稻去壳用砻，去膜用舂、用碾。然水碓主舂，则兼并砻功。燥干之谷入碾亦省砻也。凡砻有两种：一用木为之，截木尺许（贡多用松），斫合成大磨形，两扇皆凿纵斜齿，下合植笋穿贯上合，空中受谷。木砻攻米二千余石，其身乃尽。凡木砻，谷不甚燥者入砻亦不碎，故入贡军国漕储千万，皆出此中也；一土砻，析竹匡围成圈，实洁净黄土于内，上下两面各嵌竹齿。上合笃空受谷，其量倍于木砻。谷稍滋湿者，入其中即碎断。土砻攻米二百石，其身乃朽。凡木砻必用健夫，土砻即屠妇弱子可胜其任。庶民饔飧皆出此中也。"砻，如图11-15及图11-16所示。

──────────

[1] 这里所论述的"砻"即"土砻"，与上面所拍摄的土砻很相同。

图 11-14 《王祯农书》中的砻磨

在古代，特别是在产稻区，几乎家家户户都有一台依靠人力推动的砻。如此普及的原因是，造砻的费用并不昂贵，更重要的原因是使用方便，不必因使用公用砻而相互等待，影响自家农活和休息。当然，自家用的砻大多数是小土砻或木砻，大砻和砻磨较少。当然也有例外，凡是有水力可以利用的乡村或城镇，自家造砻的较少，多数人靠廉价的商业性水力砻加工粮食。我国水砻的起源可能与水磨一样早，至晚在元朝时期已有造型优美，构造先进的水砻在生产实践中普遍运用了。例如：

元朝《王祯农书·利用门》："水砻，水转砻也。砻制上同，但下置轮轴，以水激之，一如水磨。日夜所破谷数，可倍人畜之力。水利中未有此制，今特造立，庶临流之家以凭仿用，可为永利。诗云：旋输粝谷入轻砻，役水还将与硙同。粒米精粗来有自，轮枢日复转无穷。"

图 11-15　宋应星博物馆藏砻磨
（笔者拍摄于江西奉新县）

图 11-16　日本的砻磨
（笔者拍摄于大阪国立民族学博物馆）

飏扇的起源与发展

　　飏扇，俗称风扇车、风车、风扇、扬谷器、风鼓等，它是一种利用风力将谷物或其他物料中相对密度不同的成分，吹散分离的设备。飏扇的构造和工作原理是：飏扇后部的里面，有一套用薄板块做成的叶轮，轮中心安转轴。当手扶转把鼓动转轮时，气流立刻吹向飏扇前端，此时待分离的物料如果自上而下流动并与水平方向吹动的气流相交时，相对密度轻的物料如谷糠、稻草等被吹向远方，相对密度大的物料直接落入成品袋里，从而达到了分离的目的。由此可知，飏扇应是今日鼓风机分离机械的祖型。飏扇，如图 11-17 所示。

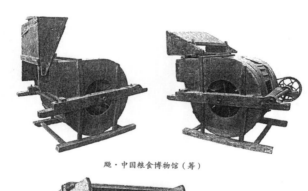

飏·中国粮食博物馆（筹）

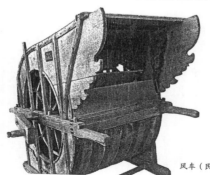

风车（民国）·中国粮食博物馆（筹）藏

图 11-17　古代飏

在我国考古发现中，风飏的证据始见于汉朝。例如，在河南济源市泗涧沟已发现了汉代的风飏模型，在河南洛阳市也发现了汉代风车。这些发现与古文献记载一致。

汉许慎《说文解字》："飏，风所飞扬也。"宋梅尧臣《宛陵集·和孙端叟寺丞农具十五首》诗："飏扇：田扇非团扇，每来场圃见。因风吹糠粃，编竹破筠箭。任从高下手，不为寒暄变。去粗而得精，持之冀言倦。"

图11-18　近代飏

元朝《王祯农书·杵臼门》："飏扇。集韵云，飏，风飞也，扬谷器。其制，中置篆轴，列穿四扇或六扇，用薄板或糊竹为之。复有立扇、卧扇之别，各带掉轴。或手转足蹑，扇即随转。凡春碾之际，以糠米贮之高槛，槛底通作匾缝，下泻均细如箩，即将机轴掉转搧之，糠秕既去，乃得净米。又有抬之场圃间用之者，谓之'扇车'。凡蹂打麦禾等稼，穰粃相杂，亦须用此风扇，比之枕掷箕簸，其功多倍。"

根据《王祯农书》中的"复有立扇、卧扇之别"，由此可知，我国常用的飏扇至少应当有两类。笔者所拍到并在本书中选用的这一种，现在农村中还在运用，那是立式飏扇很典型的设备之一。可参见图11-18。《王祯农书》上的飏扇插图当是卧式设备的代表。关于风飏的造型以及卧式飏扇的实物，可参见图11-19。

对于立式飏扇，其优点很多。第一，结构巧妙合理，物料斗在飏扇上面，物料自动下漏经气流时吹去次品，精制产品可以自动进入包装容器中。第二，飏扇中叶轮的旋转速度由人力控制可快可慢，鼓起的风力可大可小，通过风力大小可以控制产品数量和质量，风力大吹走的次料多，留下的产品精良。第三，飏扇的用途很广，造价低，易普及。第四，飏扇的气流方向可以随时调整，使之与自然风的吹向一致，效果很好，可以全年

图11-19 《王祯农书》里的风飏

应用于生产实践。

对于飏扇的先进性和广泛运用的情况，明朝人有真知灼见的论述。兹举例如下：

明宋应星《天工开物·粹精》："攻稻：凡去秕，南方尽用风车扇去。北方稻少，用扬法，即以扬麦、黍者扬稻，盖不若风车之便也；凡既舂，则风扇以去糠秕，倾入筛中团转；细糠随风扇播扬分去，则膜尘净尽而粹精见矣；其去秕法，北土用扬，盖风扇流传未遍率土也；凡豆击之后，用风扇扬去荚叶，筛以继之，嘉实洒然入廪矣。"

在我国广大山村，特别是交通不便，传统经济主导社会生活的地区，如今仍然很容易见到飏扇。它是分离谷物、糠皮、杂质，精制粮食的可心、得力的设备。

第七节

锅的起源与发展

在中华民族极其悠久的饮食文化长河中，今日的"锅"是统称，系指多种烹调用具，但主要是指烹调菜肴、煮制羹汤、煮粥等的用具。因此，"锅"与民众的饮食生活非常密切，家家户户必备。对于锅的起源与发展，很值得探讨。

在我国，锅的种类很多，有陶瓷锅、铜制锅、铁铸锅、不锈钢锅、铝锅等。但是，如果根据汉许慎《说文解字》，以及历代文献记载分类，则有下列三大类，每类又有若干造型，兹讨论如下。

1. 鬲（lì）类

如图 11-20 所示。

鬲：鼎属，有足中空。汉许慎《说文解字》："鬲，鼎属。"

䰝：同釜，鍑属。

甑：也作甗，鬵属。

鬵：大釜，炊具。

鬶：三足釜，有柄喙。

鬴：秦名土釜。

鏖：三足鍑也，潃米器。

在古文献中，"鬲"为烹调炊具，是今日锅的祖型之一。因鬲最初三足空心，所以《汉书·郊祀志》载："其空足曰鬲"颜师古注引

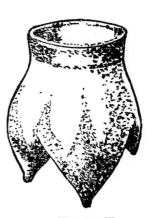

图 11-20　鬲

苏林曰："足中空不实者名曰鬲。"又《汉书·匈奴传》："胡地秋冬甚寒，春夏甚风，多赍鬴鍑薪炭，重不可胜。"又《诗·桧风》："匪风：谁能亨鱼？溉之釜鬵。"

2. 釜（fǔ）类

如图 11-21 所示。

图 11-21 釜

釜：烹调器，无足之锅也。

鍑：釜属，釜之大口者。

镬：釜属，用于煮食物。

锉：小釜也。

鏎：釜属，温器也。

鍪：小釜类。

在我国各地，釜与鬲的起源都始见于新石器时代，都是今日锅的祖型之一。《周礼·天官》："亨人：亨人掌共鼎镬，以给水火之齐。"汉郑玄注："镬，所以煮肉及鱼腊之器。"又刘安《淮南子·说山训》："尝一脔肉知一镬之味"注："无足曰镬"。《汉书·匈奴传》："鬴鍑薪炭"注："鍑，釜之大口者也。"又西汉史游《急就篇》卷三："铁鉥钻锥釜鍑鍪"唐颜师古注："鍪似釜而反唇。一曰鍪者，小釜类，即今所谓锅也。"

3. 鼎（dǐng）类

如图 11-22 所示。

鼎：古代烹调食物之用具。

錡：或言三脚釜也。

鎐：小鼎。

鉹：鼎属。

鼐：大鼎。

在考古发现中，陶鼎出现于新石器时代，很可能是由陶盆或陶罐演变发展来的。鼎有三脚，可以较平稳地随意轻放在不平坦的地方，优于无足釜，是锦上添花。《诗·周颂》："丝衣：鼐鼎"传曰："大鼎谓之鼐"。《周礼·秋官》："掌客：鼎簋十有二。"注:"鼎,牲器也。"又《周礼·天官》:"亨人:掌共鼎镬,以给水火之齐。"

图 11-22　五虎鼎及其铭文
（引自《夏商周新断代工程报告》,世界图书出版公司,2000 年）

　　作为烹调食物的用具,"鼎"的造型大多数都是三足二耳的。后来,鼎的发展变化特殊,无足之鼎北方称锅,南方称锅或镬。在出土文物中,如河南安阳出土的"后母戊鼎",鼎已向礼器方向发展,四脚两耳,鼎上雕刻着"钟鼎文",记载着历史事件,不用于烹调食物。虽然如此,鼎的双重作用在古文献中仍然经常出现。兹举例如下:

　　　　《周礼·天官》:"内饔:王举则陈其鼎俎,以牲体实之。"郑玄注:"取于镬以
　　　　实鼎,取于鼎以实俎。"又《孔子家语·致思》:"从车百乘,积粟万石,累草而坐,
　　　　列鼎而食。"唐王勃《滕王阁序》:"闾阎扑地,钟鸣鼎食之家。"

　　自先秦时代以来,鼎曾经是高贵者割烹用具,是社会生活中许多准则或观念的代名词。例如,科举考试得状元称"鼎甲之首",政局不稳称"鼎沸",大户人家称"鼎贵",三国对立称"鼎立",更新除旧称"革故鼎新",著名称"大名鼎鼎"等。

第八节

铁锅的起源与发展

铁锅，我国最重要也是最普及的烹饪炊事用具，它与先秦时代出现的鬲、釜、鼎等，是一脉相承的。如今，铁锅的造型大多数仍然因循古代风格，凡是有足、有耳、无柄的称鼎，无足、无耳、有柄的称炒勺，其他的称锅或镬。

如果从考古方面探讨，则铁锅的起源显然始见于汉朝。例如，我国在贵州的赫章县已发现了汉代铁釜一件。在河南省南阳县瓦房庄，已发现了铁锅一件，直径达一米。据《新中国的考古发现和研究》说，我国两汉时期的冶铁工业已经很发达，在许多考古遗址中，已发现的炊事用具中，有铁釜、铁鼎、铁剪和铁刀。这事可以说明，以上的认识是可信的。当然，有关铁锅、铁釜等的发现仍然比较少。笔者认为，铁锅等在地下很容易被氧化生成三氧化二铁，最终消失，因此发现遗物少是很自然的。

如果从古文献记载方面探讨，则铁锅、铁鼎等，此类炊事用具的起源那显然也始见于汉朝。例如，西汉史游《急就篇》载："铁鈇钻锥釜鍑鍪"唐颜师古注："铁鈇，以铁为茎刃也，一曰以铁为椹也。"既然"铁鈇"是用铁制成的，而且上面"釜鍑鍪"是"金属"的，所以认为铁锅起源于汉朝是可信的。据笔者所知，我国最早明确记载使用铁锅烹调食物的，起初始见于南北朝时期。兹举例如下：

> 北魏贾思勰《齐民要术·炙法》："炙蚶：铁鎘上炙之。汁出……" [1] 同书《齐民要术·醴酪》："治釜令不渝法：常于谙信处，买取最初铸者；铁精不渝，轻利易然。其渝黑难然者，皆是铁滓钝浊所致。" [2] 唐释玄应《一切经音义》："铁鏊，可以作饼者。"宋周密《武林旧事·湖山胜概》："净慈报恩光孝禅寺……理宗御书华严法界正

---

[1] 铁鎘：北魏贾思勰《齐民要术·炙法》中有"铁鎘"，应当是"铁鏊"即铁锅。

[2] 根据"最初铸者""铁精""铁滓"判断，文中之"釜"即铁锅。

遍知阁等额。梁贞明大铁锅存焉。"明陆容《菽园杂记》卷十二："凡煎烧之器，必有锅盘。锅盘之中，又各不同，大盘八、九尺，小者四、五尺，俱用铁铸。大止六片，小则全块。锅有铁铸，宽浅者谓之鏾盘。"

自清朝以来，我国已经普及运用铁锅烹调食物了，普及程度达到家家户户皆有。科学家们认为，铁离子对人体健康有益，特别是对缺铁性贫血症患者来说尤其如此。除铁锅之外，蒸煮食物也有运用砂锅的，烹调饭菜也有运用铝锅者，但是都不如铁锅普及。其原因是，砂锅粗笨，适用范围狭窄，易破损等；运用铝锅虽然轻便，但有不少人认为，铝离子有破坏脑神经使人呆傻的危害。待考。

第九节
蒸笼的起源与发展

　　蒸笼，古人称甑、甗、鬻鼎等，它是一种利用蒸汽将食物蒸熟的炊器。若按照结构与配套区别，则有笼与锅分体配套的，笼与锅整体不分，连为一体的蒸笼两类。如果根据考古发现和蒸笼的古名甑、甗、鬻分析可知，我国蒸笼最早出现于新石器时代，其祖型是单层陶甑（甗）。例如我国在浙江省余姚河姆渡、河南省郑州和洛阳、山西省襄汾寺、湖北省当阳季家湖等，都发掘到了单层陶蒸笼（图11-23）。新石器时代的陶蒸笼，其构造有连体和不连体的两类。例如浙江余姚河姆渡出土的陶蒸笼，就是由陶鬲、陶笼和陶盖组成的。到了商周时期，我国已经出现了铜蒸笼。至于多层蒸笼的考古发现，笔者查到的证据是，在甘肃嘉峪关的魏晋墓室中发现了"蒸食图"画像砖一幅[1]。在甘肃陇西县寿山，发现了南宋时期李泽夫妇墓室中的墓壁上有庖厨图，其中有六层蒸笼绘画图。我国还在河北阜城县的廖纪墓室中，发现了一套陶灶台，台上有釜具及五层笼屉组成的陶质蒸笼器具，如图11-24所示。[2] 因此，我国多层蒸笼至晚创始于魏晋时期。

[1]　甘肃省文物队. 嘉峪关壁画墓发掘报告［M］. 北京：文物出版社，1985.
[2]　见《考古》杂志1965年第2期。

图 11-23 古代蒸笼

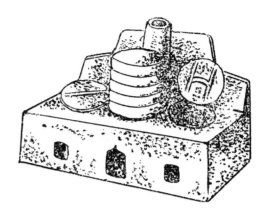

图 11-24 明廖纪墓陶灶蒸笼

蒸笼是农家必备用具，因此在中国饮食文化史上占有很重要的地位，在历代古籍上都有许多记录。兹举例如下：

西汉史游《急就篇》："甑，一名甗。"汉许慎《说文解字》："甑，甗也。"

北魏贾思勰《齐民要术·作酱》："用春种乌豆，于大甑中燥蒸之，气馏半日许。"在《齐民要术·蒸缹法》中有"蒸豚法""蒸鸡法""蒸羊法""蒸猪头法""毛蒸鱼菜""蒸藕法"等，所用的设备都是"甑"。唐韩鄂《四时纂要·十二月》："蒸独子：是月生者，不蒸则脑冻而死。宜以笼盛独子，置甑中微火蒸之。"宋高承《事物纪原》："黄帝造釜、甑，火食之道成。"

虽然陶蒸笼的出现在我国由来已久，但是如今常见的都是竹、木蒸笼和铝合金材料做成的金属蒸笼。由于不锈钢和铝合金蒸笼源于现代，所以最值得探讨的是竹、木蒸笼。据笔者所知，迄今不见有竹、木蒸笼的考古发现，但古籍上有关记载却不少。兹举例如下：

宋陆游《剑南诗稿》卷六："宿彭山县通津驿大风邻园多乔木终夜有声：陶盎治米声叟叟，木甑炊饼香浮浮。芼姜屑桂调甘柔，……。"

明程敏政《篁墩集·传家面食行》："旁人未许窥炙盘，素手自开竹蒸笼。"明高濂《饮馔服食笺·服食方类》："大小银盒锅二具，新瓦盆三个，盛一斗豆者木甑一个，容斗饭者盖甑盆一只……。"

清朱彝尊《食宪鸿秘·蒸羊肉》："肥羊治净，切大切，椒盐擦遍，抖净。击碎核桃数枚，放入肉内，外用桑叶包一层，又用稻草包紧，入木甑按实，再加核桃数枚于上，密盖，蒸极透。"

蒸笼在我国的运用很广。家用蒸笼主要用于蒸做主食，如馒头、花卷、包子、饺子、米饭；又用于蒸做糕点，如米糕、年糕、面点；也用于蒸做美味佳肴，如肉类菜肴、鱼类菜肴、虾蟹菜肴、瓜果和蔬菜类菜肴等。大饭店和工业化生产厂家所用的蒸熟设备与家用蒸笼不同，区别之处应另外讨论。

第十节
箸的起源与发展

　　箸，古称饭欹、筴、梜，又称箸、筷子等。箸是通称，筷子是俗称。箸的起源很早，根据考古发现表明，可以追溯到新石器时代。部分考古发现，如表 11-1 所示。

表 11-1　考古发现的部分箸

考古发现地	时代	材质	数量（支）	长度（厘米）	参考资料
河南安阳殷墟	商代	铜	6	残支	《梁思永考古论文集》，书 1952 年出版
湖北清江香炉石	商代	骨	残支	17.4	《文物》，1995 年 9 期
云南祥云大波那	春秋	铜	3	28	《考古》，1964 年 12 期
山西曲沃曲村	战国	木	10	31	现存大连箸陈列馆
湖南长沙马王堆汉墓	西汉	竹漆	2	24.6	《长沙马王堆汉墓》，书 1973 年出版
四川大邑凤凰乡	东汉	铜	8	22.7	《文物》，1976 年 10 期
湖南益阳羊舞岭	东汉	铜	1	16	《湖南考古辑刊》二集，书 1984 年出版
陕西唐长安李静训墓	隋	银	2	29	《唐长安城郊隋唐墓》，书 1980 年出版
浙江长兴县下莘桥	唐	银	30	33.1	《文物》，1980 年 11 期
江苏丹徒丁卯桥	唐	银	30	32	《文物》，1982 年 11 期
河南偃师杏园村	唐	银	5	15.8	《考古》，1984 年 10 期
陕西乾县背阴村	唐	银	2	30	《文物》，1966 年 1 期
湖北云梦罩子墩	北宋	银	2	19	《江汉考古》，1987 年 1 期
江西乐安县	宋	铜	44	24	《文物》，1983 年 12 期

考古发现地	时代	材质	数量（支）	长度（厘米）	参考资料
四川成都南郊	宋	铜	32	20.6	《考古与文物》，1983 年 6 期
江苏江阴张同之墓	宋	铜	2	20.2	《文物》，1973 年 4 期
吉林农安万金塔	辽	铜	8	16.5	《文物》，1973 年 8 期
辽宁建平辽代墓	辽	银	2	19.9	《考古》，1960 年 2 期
安徽合肥市	元	银	110	26.5	《文物参考资料》，1957 年 2 期
江苏无锡市元墓	元	银	4	25.2	《文物》，1964 年 12 期
河南商丘市宁陵华岗	明	木	1	31	《中原文物》，1983 年 7 期
四川珙县悬棺	明	竹	1	28	《文物》，1980 年 7 期
吉林长春市	清	银	2	21	吉林考古文物研究所征集
内蒙古自治区锡林郭勒盟	清	银	刀箸餐具	一套	内蒙古自治区博物馆

　　人类进食的方式、方法有多种，中国人以箸进食的方法，可说是独树一帜的创造。这种创造，根植于中华民族饮食文化的需要，国民以五谷杂粮、蔬菜为主食，肉、蛋、奶供给少，可以不使用刀叉进食。这种情况，应当也是东方人以箸进食，不同于西方人的重要原因。学者们一致认为，箸是中国人首创的，至今约有 3000 年历史。箸，如图 11-25 与图 11-26 所示。

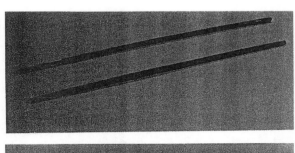

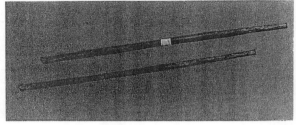

图 11-25　春秋战国时代的铜箸与木箸
（引自《考古》1964 年 12 期）

图 11-26　清代雕龙刀箸配套餐具
（引自内蒙古自治区博物馆）

如果从外观看，箸的构造与使用方法似乎很简单，其实箸的材质种类很多并不单调。箸的造型艺术丰富多彩并不简陋，箸的饮食功能及社会作用极其广泛。在政治、经济、文化、宗教、礼仪等方面，箸都有很高的地位与影响。

在我国，箸与匙都是餐桌上重要的饮食用具，几乎如影随形不可分离，是亲密的一对。但是，箸与匙的作用不同，分工有别，饮多用匙，取食多用箸。据考古资料提供的实物证据说明，箸之出现可能稍晚于匙，但都始于新石器时代。兹举例如下：

河北武安磁山发现骨匙 23 件；河南新郑沙窝李发现骨勺、陶勺 9 件；陕西西安半坡发现骨餐匙 27 件，其中有磨制的或穿孔的；在山东泰安和曲阜发现了角匙与蚌匙；在浙江余姚河姆渡发现了 30 多件骨餐匙，有的匙柄上还雕刻着花纹图案。

在我国，箸与匙用作饮食用具的记载出现于先秦时代，当时箸仅用于搛菜不用于吃米饭或粥。兹举例如下：

《礼记·曲礼上》："毋扬饭，饭黍毋认箸；羹之有菜者用梜，其无菜者不用梜。"

汉郑玄注："梜，箸也。贵者匕之便也。"

在汉朝，箸与匙组合进餐的方式已经开始发扬光大。凡是比较重要的宴请，箸与匙都是每人一套的。这种安排已成规矩，显示的是文明与尊重。在我国历史上，古代的这种箸与匙组合的传统规矩，至今仍然很常见。兹举例如下：

西晋陈寿《三国志·蜀书》："先主传：曹公从容谓先主曰，'今天下英雄，唯使君与操耳！本初之徒，不足数也'，先主方食，失匕箸"。

在上述原文中，"曹公"即曹操，"先主"即指刘备。刘备拿着箸与匙正要吃饭，听了曹操的狂言后，吓得魂不附体连箸与匙都掉在了地上。

箸，源于先秦时代的另一证据是，在古籍中有"纣为象箸"的记载。兹举例如下：

西汉司马迁《史记·十二诸侯年表》："纣为象箸而箕子唏。"又《史记·宋微子世家》："纣始为象箸。箕子叹曰：彼为象箸，必为玉杯，为玉杯则必思远方珍怪之物而御之矣。舆马宫室之渐，自此始不可振也。"

战国韩非《韩非子·喻老》："昔者纣为象箸而箕子怖。以为象箸必不加于土铏；盛羹于土簋，则必将犀玉之杯。象箸玉杯必不羹菽藿，必旄、象、豹胎。旄、象、豹胎必不衣短褐而食于茅屋之下，则锦衣九重，广室高台。吾畏其卒，故怖其始。"

东汉王充《论衡·龙虚》："传曰：纣作象箸而箕子泣，泣之者，痛其极也。夫有象箸，必有玉杯。玉杯所盈，象箸所挟，则必龙肝、豹胎。夫龙肝可食，其龙难得，难得则愁下，愁下则祸生，故从而痛之。"

纣，即帝辛，商代末君，杀比干、梅伯等，残暴昏君。周武王出兵牧野，兵败纣自焚。由上述原文可知，自先秦两汉之际，人们对"纣为象箸"已有评述，内容深刻，可以认定是真有其事。对于"纣为象箸"，学者们一致认为，那只是说纣王始作象箸而已，而非是箸之源。

如前所述，箸又称"筯"或"筷子"。据笔者所知，"筯"最初始见于南北朝时期，流行于唐朝。兹举例如下：

南朝刘义庆《世说新语·忿狷》："王蓝田性急，尝食鸡子，以筯刺之，不得便大怒，举以掷地。"唐陆羽《茶经·四之器》："火筴一名筯，若常用者，圆直一尺三寸，顶平截。"

唐李白诗中的"筯"。《行路难》："金樽清酒斗十千，玉盘珍羞值万钱。停杯投筯不能食，拔剑四顾心茫然。"《闺情》："玉筯夜垂泪，双双落朱颜。"

唐杜甫诗中的"筯"。《野人送朱樱》："忆昨赐沾门下省，退朝擎出大明宫。金盘玉筯无消息，此日尝新任转蓬。"《秋日阮隐居致薤三十束》："束比青刍色，圆齐玉筯头。"

据检索说明，箸又称筷子，这一称呼出现于明朝。自清朝以来，则筷子的称呼更加普及了。兹举例如下：

明陆容《菽园杂记》卷一："民间俗讳，各处有之，而吴中为甚。如舟行讳"住"讳"翻"，以箸为快儿，即筷子。"又清傅樵村《成都通览》：当新娘到时要撒筷子，边撒边大声喊"前撒金后撒银，快（筷）生贵子"。

如今，有关箸的传说典故、饮用礼仪、食用风俗、社交功能等，已特别丰富多彩与博大精深。箸，不仅是饮食用具，而且是政治经济、权势地位、富有程度的象征，是工艺美术品，是礼品与收藏品。箸的种类现在很多，如果按材质分类，则有下列各种。

竹箸：有素面箸、竹雕箸、烙花箸、漂白箸等。

木箸：有冬青木、枣木、柚木、云杉木、铁凝木、华梨木、红木、楠木、银木、乌木等。

其他：有金银箸、骨箸、玉箸等。

参考文献

［1］唐刘恂. 岭表录异［M］. 广州：广东人民出版社，1983.

［2］南朝刘义庆. 世说新语·俭啬［M］. 上海：上海古籍出版社，1982.

［3］元王祯. 王祯农书·利用门［M］. 王毓瑚校. 北京：农业出版社，1981.

［4］明宋应星. 天工开物·攻稻［M］. 上海：上海古籍出版社，1988.

［5］汉刘安. 淮南子·原道训［M］. 上海：上海古籍出版社，1989.

［6］西汉史游. 急就篇［M］. 上海：商务印书馆，1937.

［7］石声汉. 齐民要述选读本［M］. 北京：农业出版社，1961.

［8］宋周密. 武林旧事·湖山胜概［M］. 北京：中国商业出版社，1982.

［9］明陆容. 菽园杂记［M］. 北京：中国商业出版社，1989.

［10］明高濂. 遵生八笺·饮馔服食笺［M］. 北京：中国商业出版社，1985.

［11］汉司马迁. 史记·十二诸侯年表［M］. 北京：中华书局，1972.

［12］战国韩非子. 韩非子·喻老［M］. 上海：上海人民出版社，1974.

［13］南朝刘义庆. 世说新语·忿狷［M］. 上海：上海古籍出版社，1982.

［14］刘云. 中国箸文化大观［M］. 北京：科学出版社，1996.

［15］甘肃文物考古队. 嘉峪关壁画墓发掘报告［M］. 北京：文物出版社，1985.

第十二章

饮食文化岁时记

在中国，一年间的传统节日很多，而且不同民族、不同宗教信仰、不同地区之间，还有许多他们自己的节日，所以对于某地区来说，传统节日就更多了。在节日的活动形式和饮食文化方面，全国各地虽然有共同的节日和相同的饮食文化，但是不同之处同样很多。因此，研究"中国饮食文化岁时记"很有意义。但是本章只能讨论大节日的饮食文化岁时记。

第一节

除夕

"除夕"又名"大年三十""年兜",它是指一年的最后一天,也是指一年的最后一夜。在古籍中,有关"除夕"的史料不少。

西晋周处《风土记》:"至除夕,达旦不眠,谓之守岁。"南北朝宗懔《荆楚岁时记》:"岁暮,家家具肴蔌(蔬),诣宿岁之位,以迎新年。"

宋孟元老《东京梦华录·十二月》卷十:"除夕:至除日,……士庶之家,围炉团坐,达旦不寐,谓之守岁。"宋吴自牧《梦粱录·十二月》卷六:"除夜:十二月尽,俗云:月穷岁尽之日,谓之除夜。"宋周密《武林旧事》卷三载:"岁除:禁中以腊月二十四日为小节夜,三十日为大节夜。"

明刘若愚《明宫史·饮食好尚》火集:"三十日,岁暮,即互相拜祝,名曰辞旧岁。"清富察敦崇《燕京岁时记·除夕》:"京师谓除夕为三十晚上。"

据上述可知,中国除夕"守岁"风俗是由来已久的。守岁期间,家人欢聚一堂,有包饺子做年饭的,有放鞭炮玩耍的,有唱歌跳舞看戏的,也有小孩穿新衣戴新帽挑着蜡烛灯笼玩的。无论贫家富室,自古都有摆供献茶风俗,以欢达旦,以兆来年。"守岁"活动不仅体现了人们对旧年的思念,而且寄托着人们对新年的新追求,祈望能有鸿运转来,好机遇降临。

除夕的饮食文化全国不尽相同。在北方,人们以"饺子"为美味,有水煮饺、蒸饺、煎饺等。每家都包了很多,为的是初一初二出门探亲友或游玩回家有吃的。饺子的做法各地不尽相同。把面剂擀成薄皮,将馅料包入皮中捏成各种不同形态的月牙状,即成生饺子。若用清水煮熟叫"水饺",若用油煎熟叫"煎饺",若用蒸笼蒸熟叫"蒸饺"。

在南方,人们过年以年糕、松糕、糯米甜汤丸、粽子以及肉、蛋、鱼、蔬菜等为美味，一般不吃饺子。南方的年糕较多，有用糯米做的，有用多种米和豆搭配做成的。年糕的吃法也有多种，有蒸熟放温吃的，有蒸熟沾芝麻白糖吃的，也有将年糕切片加入油、盐、肉、蔬菜等烹调吃的。

但是，除夕饮食文化也在不断变化。例如现代，一部分人的除夕餐桌上，美味佳肴已不仅仅是饺子了。

春节

"春节"名称的由来历史悠久,而且自古以来历经许多演变。如现在的"春节",是 1911 年辛亥革命后不久初次确定的,但一直没有执行。到了 1949 年,国家才开始了这一全国性的庆祝活动,规定每年公历一月一日为"元旦"放假一天,农历正月初一至初三为"春节"放假三天。

在古代,"春节"之名始见于《后汉书·杨震传》:"冬无宿雪,春节未雨,百僚燋心。"又见于南北朝梁武帝时,江淹《杂体诗·张黄门协〈苦雨〉》:"有弇兴春节,愁霖贯秋序。"可知当时的"春节"系指春天节序,尚无类似今日"春节"的节日气氛。

今日"春节"的由来,除上述产生过程外,它源于自古已有的历法演变和传统节日的庆祝活动中,因此"春节"的古名较多。例如元日、正日、三始、三元、元朔、朔日、新年、元旦、正旦、大年初一等。这些古名的史料来源分别如下:

《书·舜典》:"月正元日,舜格于文祖。"月正即正月,元日即第一日。汉崔寔《四民月令·正月》:"正月之旦,是谓正日。"正日即第一日。《汉书·鲍宣传》:"今日蚀于三始。"颜师古注引如淳曰:"正月一日为岁之朝,月之朝,日之朝;始,犹朝也。"颜师古《奉和正日临朝》诗:"七府璿衡始,三元宝历新。"后半句指正月初一日。

如南北朝宗懔《荆楚岁时记》:"正月一日,是三元之日也。"唐德宗《元日退朝观军仗归营》诗:"献岁视元朔,万方咸在庭。"宋吴自牧《梦粱录》卷一:"正月:正月朔日,谓之元旦,俗呼为新年。一岁节序,此为之首。"明刘若愚《明宫史》火集:"正月:初一日正旦节。"清富察敦崇《燕京岁时记》:"元旦:京师谓元旦为大年初一。……又《玉烛宝典》:正月一日为元旦,亦云三元,岁之元,月之元,时之元。"在此需要说明,前面所说的元日、元旦、正日、正旦等,都是中国夏历上的节日，与今日世界公元历的"元旦"迥然不同。

据《史记·历书》说，中国夏、商、周三代的历法不同：夏代以正月为岁首，商代以夏历十二月为岁首，周代以夏历十一月为岁首。三代以后，秦代及汉初曾以夏历十月为正月，但是到了汉武帝时又改用夏历并沿用至今，所以古代夏历的元旦就是今日的春节。今日的元旦则是源自"公历"的。

在中国汉族地区及其他一些少数民族地区，"春节"在他们所有的传统节日中是最大最隆重的节日。公职人员都放假回家同自己的亲人团聚，十分愉快。在节日期间，人们互相拜年祝贺，增进友好感情，消除以往误会矛盾。有的人则忙于看望亲戚朋友，互赠礼品和年货。青年人则喜欢在春节期间结婚，敲锣打鼓放鞭炮，一片喜气洋洋。

春节的饮食文化可自旧年的十二月初八日起至第二年的正月十五日，在此期间常有节中节的饮食文化。例如旧年的十二月初八日是"腊八节"，中国人有吃"腊八粥"的食俗。"腊八粥"又称七宝五味粥、佛粥、五味粥、七宝粥，相应的资料来源如下：

　　宋孟元老《东京梦华录·十二月》："初八日……诸大寺作浴佛会，并送七宝五味粥与门徒，谓之腊八粥。都人是日各家亦以果子杂料煮粥而食也。"宋陆游《十二月八日步至西村》诗："今朝佛粥更相馈，更觉江村节物新。"宋吴自牧《梦粱录·十二月》："此月八日，寺院谓之'腊八'。大刹等寺，俱设五味粥，名曰腊八粥。"

　　明高濂《四时调摄笺·冬卷》："腊月八日，东京作浴佛会，以诸果品煮粥，谓之腊八粥，吃以增福。"清顾禄《清嘉录》引吴曼云《江乡节物词·小序》："杭俗，腊八粥一名七宝粥，本僧家斋供，今则居室者亦为之矣。"

煮腊八粥所用的食物原料，因时代和地域不同而有所不同。宋周密《武林旧事》载："用胡桃、松子、乳蕈、柿、栗之类作粥，谓之腊八粥。"明刘若愚《明宫史》载："初八日吃腊八粥。先期数日，将红枣槌破泡汤，至初八日早，加粳米、白果、核桃仁、栗子、菱米煮粥，供佛圣前。"

清富察敦崇《燕京岁时记》载："腊八粥者，用黄米、白米、江米、小米、菱角米、栗子、红江豆、去皮枣泥等，合水煮熟，外用染红桃仁、杏仁、瓜子、花生、榛穰、松子及白糖、红糖、琐琐葡萄、以作点染。切不可用莲子、扁豆、薏米、桂元，用则伤味。"

现在煮腊八粥之用料已日趋简朴，如北京出售搭配好的粥料中，只有大米、江米、小米、黑米、绿豆、云豆、红小豆、花生、枣等，有的只有上面数样而已，不及古人讲究了。

在初一前后，民间的传统节日还有：十二月二十四日祀灶、十二月二十五日"人口粥"节、正月初五日破五、正月初七日"人日"节、正月初八日"顺星"节、正月初九日天诞等。这些节日，如今虽然多数已不欢度庆祝了，但是在史籍上早已有记载。

例如清潘荣陛《帝京岁时纪胜·十二月》："祀灶：二十三日更尽时，家家祀灶，院内立杆，悬挂天灯。祭品则羹汤灶饭、糖瓜糖饼，饲神马以香糟炒豆水盂。"宋吴自牧《梦梁录·十二月》：“二十五日，士庶家煮赤豆粥祀食神，名曰人口粥。”

清富察敦崇《燕京岁时记》：“初五日（元月）谓之破五，破五之内不得以生米为炊，妇女不得出门；初七日谓之人日；初八日，黄昏之后，以纸蘸油，燃灯一百零八盏，焚香而祀之，谓之顺星。”清潘荣陛《帝京岁时纪胜·天诞》：“（正月）初九日为天诞，禁屠宰。”

据笔者所知，在我国南方许多地方，例如我国台湾地区、厦门市、泉州市、石狮市等，正月初九日的“天诞节”是非常热闹的。家家户户准备了鸡、鸭、猪、羊、鱼、肉等，蒸包、做粿、放鞭炮，祭天活动极隆重，不亚于过新年的，至今粲然若写，与《帝京岁时纪胜》中的“禁屠宰”断然不同。这也许是饮食文化的地理背景、民风食俗不同之故吧！

综合上面所述可知，我国春节饮食文化的表现形式是很多的，各地有不同之处，古今有不同。如果根据文献记载以及现实情况讨论，则下列人文活动也是很有意思的。

1. 古代春节饮食文化

汉应劭《汉官仪》卷下载：“正旦，饮柏叶酒，上寿。”南北朝宗懔《荆楚岁时记》引周处《风土记》：“元旦造五辛盘。”又宗懔《荆楚岁时记》：“（正月初一）长幼悉正衣冠，以次拜贺。进椒柏酒，饮桃汤，进屠苏酒，胶牙饧，下五辛盘。进敷于散，服却鬼丸，各进一鸡子。”

宋周密《武林旧事》卷二：“元夕：节食所尚，则乳糖圆子、馓饼、科斗粉、豉汤、水晶脍、韭饼及南北珍果，并皂儿糕、宜利少、澄沙团子、滴酥鲍螺、酪面、玉消膏、琥珀饧、轻饧、生熟灌藕、诸色龙缠、蜜煎、蜜果、糖瓜蒌、煎七宝姜豉、十般糖之类，皆用镂镕装花盘架车儿，簇插飞蛾红彩灯，歌叫喧阗。”

明刘若愚《明宫史·饮食好尚》火集：“正月：初一日五更起，焚香放纸炮；饮椒柏酒，喫水点心，即扁食也；所食之物，如曰‘百事大吉盒儿’者，柿饼、荔枝、圆眼、栗子、熟枣共装盛之。又驴头肉，亦以小盒盛之，名曰‘嚼鬼’；初七日‘人日’，吃春饼和菜；斯时所尚珍味，则冬笋、银鱼、鸽蛋、麻辣活兔，塞外之黄鼠，半翅鹖鸡，江南之蜜柑、凤尾橘、漳州橘、橄榄、小金橘、风菱、脆藕、西山之苹果、软子石榴之属，冰下活虾之类，不可胜计。

本地则烧鹅鸡鸭、烧猪肉、冷片羊尾、爆炒羊肚、猪灌肠、大小套肠、带油腰子、羊双肠、猪脊肉、黄颡管耳、脆团子、烧笋鹅鸡。爆腌鹅鸡、煠鱼、柳蒸煎煠鱼、煠铁脚雀、卤煮鹌鹑、鸡醢汤、米烂汤、八宝攒汤、羊肉猪肉包、枣泥卷、糊油蒸饼、乳饼、奶皮、烩羊头、糟腌猪蹄尾耵、鹅肫掌。

素蔬则滇南之鸡坳，五台之天花羊肚菜、鸡腿银盘等蘑菇，东海之石花海白菜、龙须、海带、鹿角、紫菜，江南蒿笋、糟笋、香菌，辽东之松子、蓟北之黄花、金针，都中之山药、土豆，南都之薹菜，武当之莺嘴笋、黄精、黑精，北山之榛、栗、梨、枣、核桃、黄连茶、木兰芽、蕨菜、蔓菁，不可胜计也。茶则六安松萝、天池、绍兴岭茶、径山茶、虎丘茶也。

凡遇雪，则暖室赏梅、吃炙羊肉、羊肉包、浑酒、牛乳、乳皮、乳窝卷蒸用之。先帝最喜用炙蛤蜊、炒鲜虾、田鸡腿及笋鸡脯，又海参、鳆鱼、鲨鱼筋、肥鸡、猪蹄筋，共烩一处，名曰'三事'，恒喜用焉。"

清潘荣陛《帝京岁时纪胜·正品》："时品：正月荐新品物，除椒盘、柏酒、春饼、元宵之外，则青韭卤馅包、油煎肉三角、开河鱼、看灯鸡、海青螺、雏野鹜、春橘金豆、斗酒双柑；新春日献辛盘。虽士庶之家，也必割鸡豚、炊面饼，而杂以生菜、青韭芽、羊角葱、冲和合菜皮，兼生食水红萝卜，名曰咬春；元旦不食米饭，惟用蒸食米糕汤点，谓一年平顺；不撮弃渣土，名曰聚财。"

2. 现代春节饮食文化

由于饮食文化是随着社会不断发展变化而改变的，所以现在我国各地的节日饮食文化，因发展的背景不同而有许多区别。例如台湾地区与大陆、农村与城镇、汉民族与少数民族之间等，其中虽然有许多相同的饮食文化，但也有许多不同之处。

对于现在春节饮食文化的表现，其实也是多种多样的。在我国，春节是全国性节日中最大的节日，欢度的人最多。在春节期间，饮食是一年中最丰盛的。此时的饮食文化与其他食文化比较，美味享受是最丰富多彩的，只是不同家庭会有不同表现而已。例如，农村平时饮食生活很俭朴，春节期间很丰盛，城里人平时与节日期间的饮食相差不大。又如北方汉民族春节常以饺子为主食，南方人以米饭炒菜为主食，至于少数民族春节的饮食文化则不同就更多了。如藏族人吃肉，喝青稞酒；壮族人吃糍粑、压年饭、喝红糖竹叶鲜姜水；土家族人吃大白菜和青菜，表示为人清白德行美；高山族人吃油炸丸子和长青菜，表示合家团圆人长寿等。

第三节

元宵节

"元宵节"是农历正月十五日，又名"上元节""上元夜""灯节"等。

研究认为，元宵节起源于道教的信仰。如唐朝玄宗（或张九龄）《唐六典·祠部郎中》载："三元斋：正月十五日天官为上元，七月十五日地官为中元，十月十五日水官为下元。"因为道教才有"三元斋"，所以"上元节"起源于道教信仰活动的理论是可信的。由于上元节之夜有张灯结彩和吃元宵的风俗与食俗，所以人们又称上元节为"上元夜""元宵节"或"灯节"。

元宵节的欢度活动项目很多，有张灯结彩观灯、比赛造灯艺术展、猜灯谜、灯诗赛、吃元宵等。据宋朝永亨的《搜採异闻录》载："上元张灯……汉家祀太一，以昏时祀到明。今人正月望日，夜游观灯。"但是在《史记》《汉书》及其他汉朝古籍中，至今不见有类似上述内容的记录。如果根据现有的有关史料分析，则人们普遍认为，我国大规模张灯结彩的欢庆活动，最初当始于唐代。后周王仁裕在《开元天宝遗事·百枝灯树》中说："韩国夫人置百枝灯树，高八十尺，竖之高山，上元夜点之，百里皆见，光明夺月色也。"[1]

在历史的发展和人们造灯艺术的不断高超下，我国终于出现了很多驰名中外的上元灯。其中最著名的有河南省的狮子灯和白象灯，福建省的白玉灯和橘皮灯，江苏省的罗帛灯和麦秸灯，浙江省的珠子灯和羊皮灯，北京市的走马灯和冰灯，南京市的夹纱灯等。

吃"元宵"的饮食文化起源很早，但是最初大概与古人"吃夜宵"食俗有关。兹将古籍上的一些记载抄录于下面作参考：

宋吴自牧《梦粱录·元宵》："正月十五日元夕节，乃上元天官

---

[1] 笔者注："开元天宝"，即唐玄宗时期。"韩国夫人"，即杨贵妃的姊姊。

赐福之辰。"可知宋朝时元宵又名"元夕节"。宋周密《武林旧事·元夕》:"节食所尚,则乳糖圆子"。宋周必大《太平园续稿》载:"元宵,煮浮圆子"。"乳糖圆子"可能与"浮糖圆子""煮浮圆子"同物,都是古代元宵。明刘若愚《明宫史·正月》:"自初九日之后,即有耍灯市买灯,喫元宵。其制法用糯米细面,内用核桃仁、白糖、玫瑰为馅,洒水滚成,如核桃大,即江南所称汤圆也。"明高濂《饮馔服食笺·甜食类》:"煮砂团方:砂糖入赤豆或绿豆,煮成一团(馅),外以生糯米粉裹作大团,蒸或滚汤内煮亦可。"这显然是豆砂馅元宵。自清朝以来,则元宵的史料很多。

在我国,"元宵"的做法和吃法各地不尽相同。例如在南方,有一种水磨元宵是用石磨先将浸泡好的糯米磨成米粉浆之后,把粉浆倒入滤袋中过滤除去水得粉团,用双手的手心将揪好的小粉团揉滚成小圆球状即成生元宵。吃元宵前,先将生元宵煮熟并盛入碗内,然后加入炒芝麻、油炸花生、瓜果仁和白糖等。这种元宵没有馅,但别有一番滋味。在北京,元宵是包馅的。馅心用炒芝麻、豆沙、花生米、核桃仁、山楂、白糖、瓜果子仁等搭配做成。一种馅心可以用两种馅料做,也可以用多种馅料做成。过去,做滚元宵用竹箩摇,现在多用电动滚筒成型。先将馅心做成约2厘米大小的正方块,放入已装有湿糯米粉的滚筒里滚,馅心沾了湿米粉越滚越大,大小合适时即为成品。元宵用清水煮熟食用,汤中不加任何种类佐料,别具风味。北京的油炸元宵也很好,尤其孩子们很爱吃。

我国现在各地都可以吃到元宵(汤圆)食品,品种很多。北京常见的就有50多种,如五仁元宵、豆沙元宵、巧克力元宵、山楂元宵、什锦元宵、芝麻馅元宵等。

清明节

　　我国的"清明节"古今名称一致，但是现在的"清明节"包括"寒食节"。古代这两个节日相距只有一两天，也许就是这个原因，所以后来"寒食节"被湮没在"清明节"之中了。自古以来，"清明节"是没有固定日期的，但是一般都在公历四月初，这是很有规律的。

　　"清明"一词在我国出现很早，如《诗·大明》载："凉彼武王，肆伐大商，会朝清明。"可见当时的"清明"并没有"清明节"的含意。关于"寒食"演变为"寒食节"的历史，相传起源于春秋战国时期。当时有个晋国大臣叫介之推，因国王用意之错把他烧死在深山中。为了悼念介之推，国王决定把烧死介之推的那一天叫"寒食节"，令全国停止生火做饭三天。

　　自古以来，清明节的活动内容主要有三方面：一是上山或到郊外祭扫陵墓；二是外出春游，又名"踏青"；三是下地察看农田，准备春耕。特别是后者，中国自古有"清明前后，种瓜点豆""清明谷雨相联，浸种耕地莫迟延""植树造林，莫过清明"，等等。这些谚语说明，清明节在中国人的心目中是非常重要的，它标志着春天的到来是大生产的开始。

　　清明节的饮食文化自古以来都比较简单，这可能与寒食节禁火不做饭的传统食俗有关。兹将清明节食文化中的部分史料摘转如下：

　　宋孟元老《东京梦华录》卷七："清明节：节日坊市卖稠饧、麦糕、乳酪、乳饼之类。"宋周密《武林旧事》卷三："祭扫：清明前三日为寒食节；车马朝食诸陵，原庙荐献，用麦糕稠饧。而人家上冢者，多用枣锢姜豉。"明刘若愚《明官史》火集："三月：清明，则秋千节也；二十八日东岳庙进香，喫烧笋鹅、喫凉糕、糯米面蒸熟加糖、碎芝麻，即糍粑也。"清富察敦崇《燕京岁时记·清明》："清明即寒食，又曰禁烟节，古人最重之，今人不为节。"

　　从宋张择端《清明上河图》的画面看，当时饮食业也是很冷清的,所以宋王禹《清明》诗说:"无花无酒过清明,兴味萧然似野僧。"因为不为节日,所以饮食生活淡素那是很自然的。

清明节的饮食生活很平淡有许多表现,但是最明显的是喝粥。例如隋杜台卿《玉烛宝典》引晋陆翙《邺中记》说:"寒食三日作醴酪,煮粳米及麦为酪,捣杏仁煮粥。"宋陈元靓《岁时广记》卷十五,引《岁华丽纪》说:"寒食作醴酪,以大粳米或大麦为之,即今之麦粥,醴即今之饧是也。"可知,以喝粥为主度过寒食节的生活是平淡的。

第五节
端午节

端午节又名"端阳节""五月节""重午节""浴兰令节"，时间在每年农历的五月初五日。

端午节的来历目前有两种说法：一认为起源于战国时期的屈原投汨罗江时代；二认为起源于中国古代的龙民族，由他们的"龙节"演变而来的。但是绝大多数学者认为，端午节起源于战国时期的屈原时代为可信。自古以来这方面的史料较多。

宋高承《事物纪原》引《齐谐记》说："屈原以五月五日投汨罗。楚人哀之。每至此日，以筒贮米祭；今世人五月五日作粽，汨罗之遗风也。"明李时珍《本草纲目·谷部》："糉俗作粽。……今俗五月五日以为节物相馈送。或言为祭屈原，作此投江，以饲蛟龙也。"清富察敦崇《燕京岁时记·端阳》："按续齐谐记：屈原以五月初五日投汨罗江，楚人哀之，至此日，以竹筒子贮米，投水以祭之，以楝叶塞其上，以綵丝缠之，不为蛟龙所窃。是即粽子之原起也。"

现在端午节最引人入胜的文化活动之一是划龙船比赛。龙船古称龙舟，为帝王专用之船，与今日多作游船大不相同。比赛活动的最早记录始见于南北朝宗懔《荆楚岁时记》："是日，竞渡，采杂药。按：五月五日竞渡，俗为屈原投汨罗日，伤其死，故并命舟楫以拯之。"在宋余靖《端午日寄酒庶回都官》诗中也有："龙舟争快楚江滨，吊屈谁知特怆神。"可知，此时的龙船已作为纪念活动中的赛舟了。因此，中国的划船比赛运动在世界体育史上应是最悠久的。

端午节最诱人的饮食文化特色之一是吃粽子。粽子的品种很多，按所用原料分有枣粽、豆粽、肉粽、糯米粽、黍米粽；按包裹材料分有竹筒粽、竹叶粽、菰叶粽、荷叶粽；按粽形分有角黍、锥粽、九子粽、枕头粽、秤锤粽等。

如果从史料记载内容看，则中国人吃粽子的习俗始于夏至，而不始于五月初五日。例如《太平御览》卷三十一引《风土记》载："仲夏端五。端，初也；俗重五日与夏至同。先节一日，又以菰叶裹黏米，以粟枣灰汁煮，令熟，节日啖。煮肥龟，令极熟，去骨加盐豉秫蓼，名曰俎龟。黏米一名粽，一名角黍，盖取阴阳尚包裹未（分）之象也。龟表肉里，阳内阴外之形，所以赞时也。"据谭麟研究说，今湖北省洪湖沔阳地区仍有大端阳（阴历五月十五日）吃粽子的习俗。

　　夏至节吃粽子演变为端午节吃粽子的原因虽然较多，但主要是屈原的伟大影响。夏至节与端午节很近，夏至节及其吃粽子的习俗被"端五"湮没了，于是一个纪念屈原、划龙船和吃粽子的节日，终于珠联璧合地诞生了，成为如今的端午节。这是敬重爱国精神的产物，是人民崇尚善美的结果。

　　因端午节历史悠久和制粽技术不断提高，所以我国现在有许多著名的粽子，例如北京的小枣粽和夹沙粽、浙江嘉兴的大肉粽、福建的黑豆粽、台湾的烧肉粽、扬州的火腿粽、山西的黍米粽等。

第六节

七夕节

七夕节，在每年农历的七月初七日，又名"七夕""乞巧节"。据葛洪《西京杂记》载："汉彩女常以七月七日穿七孔针于开襟楼，俱以习之。"[1] 据此可知，七夕节可能起源于西汉。

据南北朝宗懔《荆楚岁时记》载："七月七日为牵牛、织女聚会之夜。是夕，人家妇女结彩缕，穿七孔针，或以金银鍮石为针，陈瓜果于庭中以乞巧。"记载中的牵牛和织女，那是我国古人命名的两颗天上星名称。据自古相传的故事说明，织女为天帝孙女，也称天孙，善于织云锦，自嫁与河西牛郎后，因迷恋牵牛织业中断，天帝大怒，划银河为界将他们分开，只许他们每年七月初七日相会一次，从此有了"七夕节"。有关七夕节的传说还有很多，兹列举部分史料如下作为参考：

晋周处《风土记》："七月七日，其夜洒扫于庭，露施几筵，设酒脯时果，散香粉于筵上，以祈河鼓（牵牛）、织女。"宋孟元老《东京梦华录•七夕》："至初六日七日晚，贵家多结彩楼于庭，谓之'乞巧楼'。铺陈磨喝乐、花瓜、酒炙、笔砚、针线，或儿童裁诗，女郎呈巧，焚香列拜，谓之'乞巧'。妇女望月穿针。或以小蜘蛛安合子内，次日看之，若网圆正，谓之'得巧'。"宋吴自牧《梦粱录•七夕》："七月七日，谓之'七夕节'。其日晚晡（傍晚）时，倾城儿童女子，不论贫富，皆著新衣。"明刘若愚《明宫史•七月》："初七日'七夕节'，官眷内臣穿鹊桥补子。宫中设乞巧山子，兵仗局伺候乞巧针。"清潘荣陛《帝京岁时纪胜•七夕》："七夕前数日，种麦于小瓦器，为牵牛星之神，谓之五生盆。幼女以盂水曝日下，各投小针。浮之水面，徐视水底日影，或散如花，动如云，细如线，粗如椎，因以卜女之巧。"

---

[1] 晋葛洪. 西京杂记（卷一）［M］. 北京：中华书局，1985.

根据上面记载可知，七夕节的活动内容很丰富，有设乞巧山和乞巧市的，有以小针投水中观看谁的针浮水面的，有用瓜果节物上供的……。

　　在节日饮食文化方面，虽然现在全国已普遍冷淡对待，许多地区已无七夕节的气氛景象，但是古代的愉悦表现，从古文献记载中仍然可以获得依稀了解。

　　　　宋周密《武林旧事》卷三："乞巧：七夕节物，多尚果食、茜鸡；饾饤杯盘，饮酒为乐，谓之'乞巧'。"明高濂《遵生八笺·七夕》："七月七日妇女陈瓜果祀牛郎织女，次早以瓜上得蛛网为得巧。"清潘荣陛《帝京岁时纪胜·七夕》："街市卖巧果，人家设宴，儿女对银河拜，咸为乞巧。"

　　七夕节的饮食文化，实际上自古以来全国各地不尽相同。除用瓜、果、蜜饯上供外，也有用油炒面、糕点、鸡蛋、鱼和肉上供的。在我国福建闽南和台湾地区，七夕是用油焖米饭、鱼和肉等上供的，饭中还杂有红色米粒。

第七节

中秋节

中秋节，又名"中秋""八月节""团圆节"，时间在每年农历八月十五日。因为人们觉得这天的月亮又圆又明，所以中秋节又名"团圆节"。在我国，"中秋"一词的起源很早。例如《周礼·春官》："宗伯：中春昼，击土鼓……中秋夜，迎寒亦如之。"在《礼记·月令》中也有："中秋之月日在角，昏（在）牵牛中。"根据上述史料说明，中国人在秦汉以前已有中秋观月习俗了。

但是，中秋节赏月的最盛时代始于宋朝。例如吴自牧《梦粱录》卷四："中秋：八月十五日中秋节，此日三秋恰半，故谓之'中秋'。此夜月色倍明于常时，又谓之'月夕'。此际金风荐爽，玉露生凉，丹桂香飘，银蟾光满，王孙公子，富家巨室，莫不登危楼，临轩玩月，或登广榭，玳筵罗列，琴瑟铿锵，酌酒高歌，以卜竟夕之欢。至如铺席之家，亦登小小月台，安排家宴，团圆子女，以酬佳节。虽陋巷贫寒之人，亦解衣市酒，勉强迎欢，不肯虚度。此夜天街卖买，直至五鼓。玩月游人，婆娑于市，至晓不绝。"

宋周密《武林旧事》卷三："中秋：禁中是夕有赏月延桂排当，如倚桂阁、秋晖堂、碧岑、皆临时取旨，夜深天乐直彻人间；此夕浙江放'一点红'羊皮小水灯数十万盏，浮满水面，烂如繁星。有足观者，或谓此乃江神所喜，非徒事观美也。"清富察敦崇《燕京岁时记·八月》："中秋：京师之日八月节者，即中秋也。每届中秋，府第朱门皆以月饼果品相馈赠。至十五月圆时，陈瓜果于庭以供月，并祀以毛豆、鸡冠花。是时也，皓魄当空，彩云初散，传杯洗盏，儿女喧哗，真所谓佳节也。"

中秋节期间，令人向往的饮食文化项目之一是吃月饼。吃月饼是中秋节特有的食俗，但古籍中记录这一食俗却比较晚。兹将《月饼流传简史》概述如下：

明刘若愚（1583~？万历年间）《明宫史·八月》："自初一日起，

即有卖月饼者。加以西瓜、藕，互相馈送，西苑蹦藕。至十五日，家家供月饼、瓜果，候月上焚香后，即大肆饮啗，多竟夜始散席者。如有剩月饼，仍整收于干燥风凉之处，至岁暮合家分用之，曰'团圆饼'也。"明田汝成的《熙朝乐事》中也有月饼。稍后的《西湖游览志余》中也有："八月十五日谓之中秋，民间以月饼相遗，取团圆之意。"

清潘荣陛《帝京岁时纪胜•八月》："中秋：十五日祭月，香灯品供之外，则团圆月饼也。"清富察敦崇《燕京岁时记•八月》："中秋：每届中秋，府第朱门皆以月饼果品相馈赠。"

但是，如果从古书上的记载内容看，中秋节的美味食品是很多的，除月饼外还有很多美味佳肴、瓜果食品等。为了加深理解，兹再举例如下：

宋孟元老《京东梦华录》卷八："中秋：是时螯蟹新出，石榴、榅勃、梨、枣、栗、葡萄、弄色枨橘，皆新上市。"清潘荣陛《帝京岁时纪胜•八月》："时品：中秋桂饼之外，则卤馅芽韭稍麦，南炉鸭、烧小猪、挂炉肉、配食糟发面团、桂花东酒。鲜果品类甚繁，而最美者莫过葡萄，圆大而紫色者为玛瑙，长而白者为马乳，大小相兼者为公领孙。"

现在，人们对中秋节的态度虽遵旧俗而欢庆，但是关心的程度已不如以往了。特别是城镇居民们，对于中秋节的兴趣已越来越淡薄了。

总之，在我国，属于全国性的大节日还不少，例如重阳节、冬至，新中国各法定节日等。对于这些节日的饮食文化，将来有机会再写。

少数民族饮食文化岁时记

    中国是一个多民族多节日的国家。许多真切的民族感情，实在的乡土气息，特殊的民族风俗习惯和饮食文化，通常都是在节日里才充分地表现出来的。因此本节所要讨论的，中国"少数民族饮食文化岁时记"，是一个具有很浓厚民族色彩的课题，很有意义。

一、庆祝春节的少数民族

    从全国范围看，我国最大而且最普遍庆祝的节日就是春节。特别是汉族人，无论居住在什么地方，每年都要欢庆春节。但是我国少数民族例外，有庆祝春节和不庆祝春节的两种情况。下面首先要介绍的是，每年都庆祝春节的少数民族。概况如表 12-1 所示。

表 12-1　庆祝春节的少数民族和饮食文化

民族名	庆祝活动	饮食文化
满族	在家门前立起"索伦杆"，往门眉上贴彩色纸签旗，跳喜起舞和隆庆舞，举行冰雕赛和滑冰会。张灯结彩设供桌，列香烛祭天祀神。盛装后行叩拜礼和迎神礼。燃放鞭炮，互相祝贺新年等	吃"哎吉饽饽"（饺子）、手把肉和涮牛羊肉、豆面饽饽、黏糕饽饽、糕点萨其玛、艾窝窝、"吃年茶"（红茶点心席）、互相敬请吸烟等
锡伯族	自腊月开始准备过年。用熟猪头供奉"喜利妈妈"也称"佛托妈妈"。如果家中生有小孩，屋里要挂娘家送来的"喜利妈妈"神物，如小枪小弓、小鞋小帽等。屋外供奉"海尔堪神"，祈兆人畜兴旺	年三十吃米肉"达子粥"。春节期间吃南瓜馅饺子、面条、烤饼。杀年猪，做"白肉猪血灌肠"，蘸韭花酱吃。锡伯族人吃饭，父子不能同席，公公儿媳不能同席。喝红茶

民族名	庆祝活动	饮食文化
朝鲜族	除夕守岁燃放鞭炮。初一晨起烧香并向诸神叩拜，家人互拜，谓之"拜年"。相亲互拜谓之"过门拜"，外出郊游谓之"贺岁"。还有拔河、压跳跳板、荡秋千、弹伽倻琴载歌载舞	节前吃"腊八粥"。初一吃饺子，饮"屠苏酒"避邪。用大米鸡汤做"德固"饭，吃朝鲜凉面和"克依姆奇"（泡菜）。喜吃狗肉不爱喝茶
鄂伦春族	春节期间，人们自带酒互相拜年，见到亲友邻居就敬酒问好。鄂伦春人信仰甚多，过节要向天神、太阳神、北斗星、火神叩拜。向火里扔肉和洒酒。崇拜熊，过节跳黑熊舞	除夕吃手把肉。过节吃烤肉串、饺子、油拌脑浆肺。生吃狍、鹿的肝和心。稻米和面食很少。喝红茶、马奶和各种肉汤。吃熊肉但不许吃头和内脏
布依族	家家户户打扫卫生，捧香点烛敬奉天地、神圣、灶君、祖先。初一放鞭炮，与亲友邻居拜年。外出春游饮宴及参加"秧苗会"活动，载歌载舞	清晨饮用茶果。初一陈设年糕、糕点、鲜花等供品。吃熏猪肉、血灌肠、血豆腐、糍粑。用草木灰碱水浸泡江米做黑粑粑、枕头粽子。吃盐酸菜和团圆饭
瑶族	穿节日服饰，烧纸钱放鞭炮，祭祖祭灶。妇女早晨抢水，禁炊事，由男人做饭。演耕作戏，对唱山歌抛绣球，给长辈拜年。初二起亲友互拜	吃糯米年饭。用茶叶炒米花炒黄豆做"打油茶"。用小鸟肉和米粉做"鸟酢"。吃手撒面，猪血酸菜，用猪蹄炖竹笋
羌族	除夕之夜男女欢聚广场参加"跳锅庄"，半夜观看牛头朝向以决定初五"出行进香"路线。初一祀天地、神圣，拜尊长。节日期间，全家人上屋顶祭祖先一次。初五各家派人"出行进香"，其他人参加或观看打靶比赛	除夕吃菜至少五种，要有腊肉和野味。初一吃莜面、三叉形豆腐肉馅大蒸饺，吃酸汤面、熊形馍馍，饮咂酒和蜜酒，吃烤肉等
普米族	年三十各家要在祖先牌位前插青松枝烧香，太阳快落山时要朝天鸣枪三响，然后祭火塘。初一清晨妇女抢头担水，以求吉利平安。节日活动还有赛马、踢毽子、射箭、跳羊皮舞。各家要祭祖先及神圣等	吃酥油糯米饭、糯米糍粑、燕麦炒面、花椒琵琶肉、带骨肉和血灌肠。吃苦荞麦粑粑蘸蜂蜜、乳饼蘸蜂蜜。饮大麦黄酒和酥油茶

　　除了上面少数民族，每年都欢庆春节的还有达斡尔族、壮族、纳西族、白族、苗族、赫哲族、土家族、蒙古族、土族、侗族、水族、仡佬族、仫佬族、傈僳族、拉祜族、黎族、毛南族、佤族、哈尼族。在节日里，各族人民常设的美味佳肴甚多，其中有许多各

具特色。例如赫哲族的狍肉、清炖野鸡、生鱼片；门巴族的荞麦面饼卤煮辣高汤、吃糌粑和喝酥油茶；哈尼族的糯米粑粑、清炖牛肉和喝闷锅酒；拉祜族的糯米粑粑、烤红毛薯、烹兽肉、熏灌肠、吸烟及喝烤茶；纳西族的牛坨肉、腊猪肉、稗饭；仡佬族的毛稗粑粑、猪肉辣椒骨、鸡肉年饭；毛南族的五色糯米饭、甜红薯、粉蒸肉、炖牛肉等。

二、蒙古族饮食文化岁时记

在我国，蒙古族主要居住在内蒙古、黑龙江省、青海省和新疆等地。在我国古书里，"蒙古"之名最早出现于《新唐书》和《旧唐书》中，当时称"蒙兀"。到了 13 世纪，成吉思汗（铁木真）统一了蒙古族各部落，忽必烈在中国建立了王朝，史称"元"。从此，蒙古族在世界上闻名了起来，一跃而成为震耳的民族。

但是蒙古族处于沙漠草原地带，地广人稀，居住分散，对于一年四季的变化认识不深，通常是根据花草、树木、鸟兽的出没变化来判定年节的。

到了元朝，我国中原地区通用的"农历"传入蒙古，于是开始按年节生活，出现了下面民族传统节日：

1. 传统节日名称

正月初八祭祀星星节；正月十五日大喇嘛庙集会节；正月里（日子不固定）有"白月"访亲节；三月三日祭祀祖先节；六月十三日打鬼节；七月十三日传统鄂博节；七月十五日扫墓节；八月间（日子不固定）有"那达慕大会"；十二月末有"过年"和火日节等。

特别应当加以说明的是，"祭鄂博节"（又名祭敖包）和全蒙普庆的"那达慕大会"（没有固定日子的节日），它们是蒙古族生活中最重要的宗教活动日和必办的年节。蒙古族认为，"鄂博"是山神和路神阴居的地方，因此每年都要祭祀多次，而七月十三日是大祭日。至于"那达慕大会"，蒙古语是"娱乐"或"游戏"的意思，每年七八月间举行一次。相传"那达慕大会"起源于成吉思汗时代，在《蒙古秘史》中已有记载。在大会上设有许多活动项目，例如赛马、射箭、摔跤、下棋等；还有说书棚、歌舞会、商品交易会。又有临时饭店、食品店、点心和茶水摊等。

2. 饮食文化岁时记

蒙古族信仰萨满教，受教规影响很深，所以饮食生活以不违反教规为宗旨，具有独特的乡土气息。食料和供品主要是牛羊肉、奶茶、酸奶子、奶酪、奶豆腐、奶酒和炒米等。牧民吃粮食和蔬菜很少，只是一种辅助食物。居住在农业区的蒙古人与牧民不同，饮食以小麦、玉米、谷子、荞麦、马铃薯和蔬菜为主，肉食除牛、羊肉外，还有家禽与猪肉。

但无论是牧区或农区，砖茶都是他们生活中的必需品，奶茶是牧民的重要饮料。

蒙古族认为，水中的鱼和天上飞的鸟是不洁净的食物，自古不吃也谢绝请吃。在饮食方式方法、风俗习惯方面与生活环境困难有关。蒙古族终日腰系木碗、小刀、筷子，食无定时，吃饱用舌舔餐具，用衣袖擦嘴和手，古代不知洁净，终生污垢腥膻相伴，只是到了现代才有了许多改变。

三、维吾尔族饮食文化岁时记

我国维吾尔族主要居住在新疆各地，那儿是古代称为"西域"的地方之一。"维吾尔"之名是该族人的自称，元、明古籍中有"畏兀儿"音译名，意思是"团结""联合"。

自公元 10 世纪以来，维吾尔族人信奉伊斯兰教，崇拜真主"安拉"。教徒必须背诵"古兰经"。不准吃猪肉和自死的动物肉。教徒俗称"穆斯林"，意思是顺从安拉的人。根据伊斯兰教的"古兰经"规定，成年穆斯林信徒每年必须守斋一个月，斋期称"把斋""开斋""肉孜节"或称"斋月"。斋月在维吾尔族的新年之前，"开斋"后就过年。"把斋"时间都在伊斯兰教年历的九月。

"开斋节"的第一天傍晚，虔诚的教徒们要到清真寺"瞧月"，以确定进入斋月的日子。如果第一天看不到月亮第二天看到了，则第二天才宣布进入斋月。斋月期间，信徒们夜里才可以吃食物，日出之后严禁饮食，也不准抽烟和私欲。对于老人、小孩、病人和有事不能参加斋戒的人，可以区别对待。病人和有事不能按时斋戒的人，日后要补缺或交纳财物作为斋戒。

经过一个月的封斋之后，最后一天的傍晚也要"瞧月"。如果见到了新月，清真寺的钟声按时响起，宣布开斋。人们立刻欢歌饮宴，陌生人也可以进门受请，过年的愉悦气氛充满了街巷。

节日饮食很丰富，常用面粉、鸡蛋、奶油、糖做成烤饼"馕"；用大米、牛羊肉、胡萝卜、酱油、香油等做成"抓饭"；用大米、水果、糖等做成甜饭"帕罗"；用牛羊肉做荤肴，用胡萝卜、洋葱头、青菜等做素菜。还有小米干饭、馍馍、烤羊肉、奶酪、奶酒、葡萄及葡萄酒、沙枣酒等。左邻右舍举杯畅饮，眼福口福，美不胜收。

古尔邦节 根据阿拉伯语音译，"古尔邦节"可称"尔德·古尔邦"，也称"尔德·阿祖哈"。"尔德"是节日的意思，"阿祖哈"是"宰牲""献牲"的意思。因此这个节日也称"宰牲节"，但是有些少数民族称它为"库尔班节"。"尔德节"在伊斯兰教年历的十二月十日举行。

过节前，家家户户都要打扫得干干净净。每个人都要沐浴，换新衣服，到清真寺做礼拜。人们借节日之机探亲访友，参加歌舞会、游艺会，参加各种体育比赛。在饮食方面，

"古尔邦节"具有独特的风尚。按照穆斯林习惯，人们辛苦宰好的牛、羊肉不可以出售，要按照规定送一份给清真寺，其余的自己食用和送亲友。动物的血料、骨头和内脏要埋入地下。

在探亲访友过程中，主人要设宴盛情招待。常设的食物有糕、饼、瓜果、奶茶等。在清真寺周围，到处都有民族风味的食品供应，如烤羊肉串、烤面包、油炸粿子、油炸馓圈，有油炸糕、蒸糕、拉面、冷拌面、奶茶、酒等。各类食品琳琅满目，洋溢着欣欣向荣的节日气象。

四、彝族饮食文化岁时记

彝族主要居住在云南省、四川省和贵州省，经营农业和畜牧业，2010年人口约871万，是人数比较多的少数民族之一。

在1949年以前，彝族人的阶级关系区分非常严格，例如凉山彝族人，统治者是黑彝，被统治者是白彝、阿加和呷西。他们的阶级关系必须受血统论支配，永远不变。他们的饮食必须接受族规限制，永远不能相同。本文所要讨论的内容，是中华人民共和国成立后民主改革以来的情况。

彝族的年节有两种类型：一是民族性共同节日，二是地区性年节。对于地区性节日，例如居住在云南省和贵州省的一些彝族，他们有许多人与当地汉族一样，每年欢庆春节。在节日期间，人们在自家门前播青松，祈求消灾及预祝平安。也有互相拜年，互相赠送礼品的习惯。还有到野外聚餐，参加或观看赛马、摔跤等活动。大年初一的早晨，人们争先到井边打新水做饭，都说先打水的人福最大。又如一些地区的彝族人，以十月末为"过年"，大年初一不准吃青菜只吃肉和鱼类，都说吃肉和鱼才会富贵有余。还有些地区的彝族，秋收以后必须过"毕摩节"等。下面所要讨论的是民族性共同节日。

火把节自农历六月二十五日傍晚起。彝族家家户户扎松枝，燃松明，敲铜盘，打铁簸箕和大铁桶，击烂铁盆等，口喊"撵打老暮佛"，即开始了"火把节"。

关于"火把节"的来历，彝族有种种说法。一说唐代六诏之一的遭赕王被害，其夫人点燃松明招魂，由此沿袭至今。一说古代天神和地神摔跤，天神失败时放出害虫，彝族人用烟火烧赶虫子，由此相沿至今而成为节日。一说孔明南征，途中抓到孟获，人们举火把迎接，由此相沿至今而成为节日。根据史学家们的考证认为，"暮佛"就是"孟获"的音转，所以最后之说较为合情理。至于真实情况如何，有待于将来继续研究。

"火把节"的饮食文化具有与众不同的特点，名贵的食品有用牛肉炖煮的"坨坨肉"，有用牛羊肉烧烤的香辣肉串，还有五香炒蚕豆、烤小猪、糯米粑等。人们认为，吃炒蚕豆是"咬鬼头"，头与豆的发音相近似。常吃的食品还有泡水酒和荞麦粑粑等。

五、苗族饮食文化岁时记

苗族主要居住在贵州省、云南省、四川省和湖南省，广东、广西、湖北也有分布，人口 390 多万。

从历史上看，苗族在中国的出现很早，可以追溯到秦汉时代。有人认为，可以追溯到殷商时代，而且认为，洞庭湖地区的"三苗人"很可能是苗族的祖先。由于苗族有着悠久的历史，加上他们有许多人分散在全国各地，有的苗胞还有他们自己规定的传统节日，所以全苗族人的年节总数是很多的。例如广西大苗山的苗族有自己的"苗节"，四川酉阳苗胞有"花山节"，贵州台江苗胞有"鲁秀节"，云南文山苗胞有"踩花山节"等。因为节日较多，很难一一进行介绍，所以只能举例不能求全面对。

赶秋节　据当地苗胞说，一年一度的"赶秋节"其历史很悠久。节日的时间虽不固定，但大约都在每年农历的"立秋"前后。节日期间，每个寨子都推选有声望的人出来主持活动仪式，如确定集会地址，安排活动内容，场地分配，搭秋千架数目，采购供应物资，组织文艺节目等。

"赶秋节"的活动仪式很有意思，领荡秋千的人是大家推选的一对男女，称"秋公"和"秋婆"。他们一手拿着玉米，一手拿着谷子，先作丰收报告然后荡秋千。接着，成双成对的青年男女跟着荡了起来，其他各种表演活动也同时开始了，盛况之美，令人目眩。

节日饮食很丰富，有糯米粑粑、玉米粑粑，有用绥宁和步城县名产玉兰片做的佳肴"火方笋尖"，还有地方特产藏江藕心糖，传统名食"酸汤鱼""茅香烤鱼"，古文县毛尖茶，阮陵县碣滩茶等。

龙船节　贵州苗族人的"龙船节"与中国汉族人的"划龙船"，即五月五日端午节的含义完全不同。龙船节是民间地方性节日，本意是，通过节日活动达到继承传统宗教信仰的目的，达到互相了解加深友谊的目的，年青人交朋友发展爱情等。五月五日端午节划龙船的本意是，继承汉族的传统节日，包含着怀念爱国诗人屈原的意义。

"龙船节"的节日饮食具有浓厚的山寨气息。主食有糯米糍粑、玉米粑粑、江米粽子。副食有清水江中的"石斑鱼"佳肴，黎平县名产竹笋玉兰烧肉，锦屏和剑河县的山珍野鸡炖香菇等。

吃新节　正当每年六、七月间山坡上稻谷刚熟的时候，在贵州都柳江畔山寨上的苗族同胞家里，人们都在忙碌着准备欢度"吃新节"。这是一个准备迎接丰收的日子，是一个传统祭神的日子，是一年里同时举行很多种节庆活动的日子，是青年人交朋友发展伴侣关系的喜悦日子。在节日期间，苗胞们除了备办酒菜祭祀祖先和地神，还有芦笙伴奏的舞会、夜间聚餐、田间祭祖、斗牛表演等。

在节日饮食方面，有用新米蒸熟的香米饭和糯米粑、酸辣汤鲤鱼，有榕江和丛江名肴香菇鱼，有家酿米酒和驰名中外的特产独山盐酸菜，有古风名食鸟酢等。

六、傣族饮食文化岁时记

傣族主要居住在云南省西双版纳、德宏、景东、普洱等地，那儿在汉朝时是"西南夷"的地区。"傣族"之名是我国在 20 世纪 50 年代时商定的，它是傣那、傣雅、金齿、百夷等民族，在自称的基础上，共同商定后统一的称呼。

由于傣族信仰佛教，所以许多年节及年节饮食文化都与信仰有着密切的联系。例如在西双版纳，几乎所有的未成年男子都要到佛庙里去当一个时期的僧侣，以便学懂佛家礼节规定。又如傣族人的年节中，如关门节、开门节、泼水节、中秋节等，这些节日大约都在夏历六月至十月之间举行。到那时候，傣族人的礼佛和听佛爷讲经的活动，几乎每天都有。

节日期间，饮食以谷物食品为主，如糯米圈、糯米果、凉米粉、鸡汤卷粉、饵丝、粽子等，也吃鸡、鸭、烤鱼和牛肉，常以"三牲"和糕点为供品，禁吃狗肉。

泼水节　泼水节是傣族的传统节日，时间约在中国农历清明节后十天。在傣族看来，"泼水节"是最美好的日子，它有许多美好的传说。今列举两例如下。

传说一是：在很久以前，傣族居住的地方来了一个魔鬼，他抢了 11 个傣族美女做妻子，后来又抢来了一个特别漂亮的姑娘，这姑娘恨透了这个魔鬼，就假意奉承他，借机会捧他说："你本领高强，永远活着多好呀！"魔鬼失言说："我什么也不怕；只怕用我的头发勒我的脖子"。姑娘趁魔鬼熟睡之机，将魔鬼勒死，为民除了害。但是姑娘的身子被魔鬼的血水弄脏病死了。傣族人为了怀念她，每年在傣历六月举行隆重的"泼水节"，意思是帮助姑娘洗污迎新，祝贺胜利，迎接幸福的到来。

传说二是："泼水节"起源于印度婆罗门教的宗教仪式。婆罗门教徒们每年都要在规定的节日里，到河里去沐浴，意为洗邪恶。年迈不能去的由子女挑水回家泼，边泼边洗"罪过"，因代代相传而成为节日。

在现实生活中，每年的泼水节是一个令人向往的日子。姑娘们用香水向自己心爱的人泼去。人们舀水向立功的英雄们泼去，表示祝贺和崇敬的心情。除泼水之外，还有划龙船比赛，男女青年掷包求爱，放五光十色的焰火，点孔明灯，举行群众歌舞会等。热闹至极，不可言状。

在节日饮食文化方面，家家户户必做"毫咯素"，这是一种将糯米磨细，加入糖、桃仁、果脯和一种叫"咯素"的花粉，合拌后用荷叶包好蒸熟，具有特殊民族风味。另一种食品叫"毫火香片"，它是用糯米粉、糖、油脂等，合拌并做成的圆饼，吃时再用油脂炸熟，非常香脆诱人。再有一种是"毫咯饭"，它是一种将糯米浸泡在一种黄色花粉水里，然后捞出来蒸熟的食品，因为饭是黄色的，故又名"黄毫咯饭"。如果糯米浸入红色花粉水中，则所做成的饭叫"红毫咯饭"。这种饭的口感油嫩，芳香四溢，色泽喜人，是典型的少数民族风味食品。

参考文献

［1］谭麟. 荆楚岁时记评注［M］. 武汉：湖北人民出版社，1985.

［2］宋孟元老. 东京梦华录·除夕（卷十）［M］. 北京：中国商业出版社，1982.

［3］宋周密. 武林旧事·岁除（卷三）［M］. 北京：中国商业出版社，1982.

［4］明刘若愚. 明宫史·火集［M］. 北京：北京古籍出版社，1982.

［5］宋吴自牧. 梦粱录·正月（卷一）［M］. 北京：中国商业出版社，1982.

［6］宋陆游. 剑南诗稿［M］. 北京：中华书局，1976.

［7］明高濂. 四时调摄笺［M］. 北京：中国商业出版社，1987.

［8］清潘荣陛. 帝京岁时纪胜·十二月［M］. 北京：北京古籍出版社，1983.

［9］清富察敦崇. 燕京岁时记［M］. 北京：北京古籍出版社，1983.

［10］明李时珍. 本草纲目·谷部（卷二十五）［M］. 北京：人民卫生出版社，1978.

［11］中国民委. 中国少数民族编写组. 中国少数民族［M］. 北京：人民出版社，1981.

［12］鲁克才等. 中华民族饮食风俗大观［M］. 北京：世界知识出版社，1992.

［13］洪光住. 中国饮食文化岁时记［A］.［日］中山时子. 中国饮食文化［C］. 东京：角川书店，1983.

后记

　　我在 1984 年就已经下定决心要编写《中国食品科技史》，可是很不顺利。在收集资料过程中，即遭遇了许多艰辛和阻力。

　　当时，有关"食品"领域的学科地位仍然很低，或者说不如文科、理科、医学等，具有传统经典地位，尖端气势。所以，《中国食品科技史》这项研究课题想要立项，那是不可能获准如愿的。

　　在科研经费甚少的年代里，争取立项需要许多条件。例如有人说，你的课题没有科学，没有化学，是农工商雕虫小技，可以靠自己励精图治。这样的理由分明是魔障的陈词滥调。

　　的确，搞科研历来都是要先付出血汗代价的，艰辛坎坷很正常。我没有气馁，始终不渝，锲而不舍。

　　经过探赜索隐已知，在食品科技史上，我们的祖先有许多发明创造超越人世间，独占鳌头而鲜为人知。例如本书撰写的有"五谷"杂粮史、刘安发明豆腐、酱豆腐、豆豉、小磨香油、豆酱油、酿造醋等 10 多项即是如此。

　　据笔者所知，我们的祖先还有许多发明创造，需要研究颂扬。因此，《中国食品科技史》应当是一部多卷本。现在的问题是，如果等待全面完成各卷的撰写任务再集中出版，这是很难成功的。所以只能采用本书现在的编辑出版方法，分批立项，分别出版。

　　现在将要出版的书稿，原为手写稿，非电脑打印稿，各章的撰写年代不同，涉及的学科很多，写作的水平不一样，原稿发生过意外损害添乱，所以许多因素给出版社造成了莫大的困难，一言难尽，感谢宽容。在此需要深致歉意。

本书在编写和出版过程中，承蒙许多国内外专家学者的帮助、指教和鼓励。要特别感谢中国社会科学院历史研究所，清华大学汉学研究所李学勤教授；北京大学赵匡华教授；原北京市政府食品工业办公室，北京食品协会李士靖会长；美国科学基金会生物部主任，英国剑桥大学李约瑟研究所副所长黄兴宗教授；法国高等社会科学院中国汉学家，弗朗索瓦丝·萨班女士；日本原国立民族学博物馆馆长石毛直道教授；日本中日友好协会，中国研究所研究员田中静一先生；中科院自然科学史所尹良教授；河南工业大学师高民教授。对于诸位的热情支持和帮助，笔者在此谨表示最诚挚的感谢。

在此要特别感谢中国轻工业出版社的领导和编辑部的诸位专家、老师的热情支持和帮助。对于李亦兵、李克力、史祖福、方晓艳等的长期努力劳作和热情帮助，在此谨表示真诚的谢意。

由于笔者学识有限，书中不妥和错讹在所难免，真诚地欢迎海内外专家、学者、贤达们不吝赐教，明示斧正，笔者衷心感激。

中国科学院自然科学史研究所　洪光住

2019 年 2 月于北京

随书赠关 药师优练卡 / 51YAOSHI.COM / 2020优享学习卡
更多通关必备资料尽在二维码中

"考拉值"，助你从容备考复习 ✿ 药师"扫一扫"，助学 ✿ 药师"药"，上考

药师优练教材编写组 ◎ 组织编写

（2015~2019）

中药学专业知识真题优选与解析

药师优练 2020 国家执业药师 资格考试